Teubners kleine Fachwörterbücher 8

Geographisches Wörterbuch

Allgemeine Erdkunde

Von

Dr. Oskar Kende

Professor a. d. Bundesoberrealschule in Wien XV

Zweite, vielfach verbesserte Auflage

Mit 81 Abbildungen im Text

1928

Springer Fachmedien Wiesbaden GmbH

ISBN 978-3-663-15415-0   ISBN 978-3-663-15986-5 (eBook)
DOI 10.1007/978-3-663-15986-5
Softcover reprint of the hardcover 1st edition 1928

Meiner Mutter

Aus dem Vorwort zur ersten Auflage.

Der vorliegende Band der Teubnerschen kleinen Fachwörterbücher will, entsprechend den Zielen dieser Sammlung, den weiten Kreisen, die der geographischen Wissenschaft Interesse entgegenbringen, die Möglichkeit bieten, sich über die **wichtigsten Fachausdrücke und Gegenstände der "Allgemeinen Erdkunde"** auf kürzestem Wege Aufklärung zu verschaffen. ...

Behandelt werden von den Einzelzweigen der Allgemeinen Erdkunde in erster Linie die **Geomorphologie** als ihr gegenwärtiges Hauptgebiet, für die **mathematische Geographie, Ozeanographie** und **Klimatologie** wurde wenigstens eine in sich geschlossene Übersicht erstrebt. In gleicher Weise Pflanzen- und Tiergeographie, Anthropo- und Wirtschaftsgeographie heranzuziehen verbot sich in Anbetracht des vorgesehenen Umfanges der Fachwörterbücher und ihres besonderen Zweckes. **Grenzwissenschaften** (Geologie, Paläogeographie u. a.) konnten gelegentlich auch dort nicht außer acht gelassen werden, wo ihnen besondere Bände gewidmet sind; denn einerseits war manches Stichwort unentbehrlich, um die eingehend behandelte Geomorphologie zu ergänzen, anderseits ergibt ja der geographische Gesichtspunkt auch eine abweichende Behandlung. Schließlich enthält das Wörterbuch auch kurze **biographische Angaben** über die um die geographische Wissenschaft und die Entschleierung des geographischen Weltbildes besonders verdienten Männer.

Von Einzelheiten der Anlage sei nur erwähnt, daß bei Begriffen, die als selbständige Stichwörter Aufnahme gefunden haben, im übrigen Texte durch ein * auf ihre Erklärung hingewiesen worden ist, soweit dies nicht bei häufig vorkommenden oder im behandelten Zusammenhang bekannten Ausdrücken überflüssig erschien. Um nach Möglichkeit den Zusammenhang zu wahren, sind ferner durch Hinweise (f. ...) die Beziehungen zu anderen Begriffen hergestellt worden. Die gebräuchlichen Synonyme sind ebenfalls als Stichwörter angeführt; bei ihnen wird durch ein = auf jenen Ausdruck verwiesen, bei dem sich die sachliche Erklärung findet. Die **etymologische Ableitung** der fremdsprachlichen Ausdrücke wurde auf Grund der zuverlässigsten Sprachwörterbücher durchgeführt. Die angewandten Abkürzungen sind S. 233 verzeichnet. 81 Abbildungen, hauptsächlich zur mathematischen Geographie, sollen ein leichteres Verständnis des Textes vermitteln.

Bei Beurteilung der Arbeit möge man sich stets die Ziele und die Grenzen vor Augen halten, die ihr im Rahmen dieses Wörterbuches gesteckt waren. Da ein völliges Gleichmaß ausgeschlossen erschien, wird leicht der eine hier ein Zuviel, der andere dort ein Zuwenig für seine individuellen Wünsche finden. Auch bedeutete es eine namhafte Erschwerung unserer Arbeit, einmal, daß die allgemeine Erdkunde infolge der Eigenart dieser Wissenschaft so gut wie jeder streng systematischen Aufteilung in eine Stufenfolge über- und untergeordneter Begriffe und Begriffsgruppen widerstrebt, zum anderen, daß für das vorliegende Werkchen dem Verfasser keinerlei Vorbild zur Verfügung stand; hat doch schon der Entwurf des Stichwörterverzeichnisses keine geringe Mühe verursacht. Wenn aber der Verfasser sich der Schwierigkeiten und mancher wissenschaftlicher Bedenken auch schon bei der Übernahme der Arbeit wohl bewußt war, glaubte er trotzdem der Aufforderung des Verlages zur Abfassung des Bändchens folgen zu sollen, weil er mit ihm der Ansicht ist, daß sich ein geographisches Wörterbuch in der vorliegenden Form vielen nützlich erweisen kann.

Wien, im September 1920. **Oskar Kende.**

Vorwort zur zweiten Auflage.

Es ist leider aus verlagstechnischen Gründen diesmal nicht möglich gewesen, eine völlige Neubearbeitung durchzuführen. Doch zeigt jede Seite die nachbessernde Hand, die sich bemühte, auch allen dem Verfasser bekannt gewordenen Wünschen zu entsprechen, soweit dies in dem nicht erweiterten Gesamtrahmen durchzuführen war; es sind sogar an die 100 Stichwörter neu aufgenommen worden. Eine namhafte Vermehrung erfuhr auch das Verzeichnis der häufiger herangezogenen Literatur, so daß es auch jetzt wieder einen ersten Überblick über die wichtigeren Handbücher unseres Faches zu geben vermag.

Daß seit dem ersten Erscheinen dieses Büchleins das große zweibändige Lexikon der Geographie, herausgegeben von Banse, erschienen ist, hat die eigene Arbeit nicht überflüssig gemacht, da sie, wie schon ein flüchtiger Vergleich ergibt, viele Stichwörter enthält, die bei Banse fehlen. — Ergänzungs- und Verbesserungsvorschläge werde ich auch weiterhin dankbar begrüßen.

Wien, im Dezember 1927. **Oskar Kende.**

Abbrandung f. Abtragung
Abdachungsflüsse f. Folgeflüsse
Abdachungstäler f. orographische Täler
Abdämmungsbecken f. Aufschüttungsbecken
Abdämmungsstufen entstehen, wenn das normale *Flußgefälle durch Anhäufung größerer (Schutt=)Massen unterbrochen wird
Abendweite Bogen des *Horizontkreises zwischen den äußersten Punkten des scheinbaren Sonnenunterganges während eines Jahres (L 2/45) oder der Bogenabstand zwischen dem jeweiligen Untergangspunkte der Sonne und dem *Westpunkte (L 21b/14) (Abb. 45 u. 77)
Aberration des Lichtes [lat. aberráre abirren] Erscheinung, wonach ein Lichtstrahl das Auge nicht in seiner ursprünglichen Richtung trifft, sondern um den in der gleichen Zeit von der Erde zurückgelegten Weg abgelenkt wird
Abessynier mit südarabisch=semitischem, jüdischem, vielleicht auch Negerblut vermischte *Hamiten, hauptsächlich Viehzüchter und Jäger; überwiegend Bekenner einer äußerlichen Form des bereits im 4. Jahrh. eingeführten Christentums (L 5/326; 109/549 ff.; 110/102)
Abflußfaktor Verhältnis von Abfluß und *Niederschlag. Der Abfluß ist im Durchschnitt mehrerer Jahre gleich der Differenz von Niederschlag und *Verdunstung, er wächst absolut und relativ mit der Niederschlagsmenge (L 3/508; 5/163; 9, Bd. 628/44)
abflußlose Gebiete Gebiete, deren Gewässer das Weltmeer nicht erreichen; rund 23 v. H. der Festlandsoberfläche: in Australien 53,9, Afrika 30,5, *Eurasien 28,5, Nordamerika 5,0 und Südamerika 1,7 v. H. des betreffenden Festlandes. S. auch arider Erosionszyklus, arides Klima
Abflußmenge die „durch ein bestimmtes Querprofil in der Zeiteinheit abfließende Wassermenge eines Flusses, die auf Ausmessungen der Profilgröße und der Geschwindigkeit beruht und keine einfache Funktion des Wasserstandes darstellt" (L 9, Bd. 628/38)

Abfluß, spezifischer die „von 1 qkm des *Einzugsgebietes eines Flusses bei einem bestimmten Zustand der Wasserführung abfließende Wassermenge, ausgedrückt in 1 pro Sekunde" (L 9^4/38)
abgegliederte Halbinseln entstehen durch Absonderung eines festländischen Randteiles vom Rumpfe (der aber in geologisch=*orographischem Zusammenhange mit dem benachbarten Gebiete bleibt) infolge Überflutungen des Meeres oder dessen Eindringen in abgesunkene Teile des Landes; Beispiele: Kleinasien, Arabien, Hinterindien (L 2/286; 3/777). Ggs.: *angegliederte H.
Abgliederungsinseln durch Abtrennung von Festlandsrändern entstandene *Inseln (L 3/797)
Abkehrflüsse f. Flußsystem=Bezeichnungen
Ablagerung f. Aufschüttung
Ablation [lat. ablátio Wegnahme] f. Abtragung. Machatschek (L 9, Bd. 628/93) nennt mit anderen A. die durch die Sonnenwärme bewirkte Abschmelzung am *Gletscher
Abplattung der Erde f. Rotationssphäroid
Abrasion [lat. abrádere abscheren] f. Abtragung
Abrasionsbuchten Buchten, die bloß durch die Tätigkeit der *Brandungswelle entstanden sind, daher weit weniger tief als die durch die *Gezeiten ausgenagten (L 5/217)
Abrasionsebene (A.fläche) durch A., bei *Strandverschiebung, gebildete Einebnung (*Rumpffläche) (L 3/608, 637; 5/218) oder durch A. im marinen *Erosionszyklus gebildete *Peneplain (L 47^a/45)
Abrasionsinseln durch A. entstandene Inseln (L 5/225)
Abrasionsküste durch A. gebildete *Klifftüste (L 5/222; 48/151)
Abrasionsplatte soviel wie *Plattform
Abrasionsterminante [lat. términus Grenze] die von der Stärke der Brandung abhängige Lage der Endlinie der A. (L 5/218)
Absatzgesteine f. Sedimentgesteine

Abscherungsdecke „eine sedimentäre *Überschiebungsdecke, die sich von ihrem (meist südlich) zurückgebliebenen kristallinen Grundgebirgskern gelöst hat und wieder nach N. verfrachtet wurde" (v. Seidlitz, Entst. u. Verg. d. Alpen, 1926, S. 246); anders L 37¹/247

Abschließungsküste s. Küste

absolute Jahresschwankung die „durchschnittliche Differenz der extremen Einzeltemperaturen" (L 5/98)

absolutes oberes (unteres) Denudationsniveau s. Denudationsniveau und Erosionsbasis

Absorption der Wärmestrahlen der Sonne [lat. absorbére einsaugen] s. Strahlung

Abspülung s. Abtragung

absteigende Quellen jene, bei denen das Wasser von der Eintrittsstelle her auf geneigter Schicht bis zur Austrittsstelle rinnt; Ggs.: aufsteigende Quellen, bei denen auf einen absteigenden Weg ein aufwärts gerichteter folgt, in dem das Wasser durch hydrostatischen Druck emporgepreßt wird (L 9, Bd. 628/21 ff.; 11³/225; 37¹/419 ff.)

Abtragung durch *exogene Kräfte bewirkter Vorgang des Wegschaffens jenes Materials, das *Verwitterung und *Erosion ablösten; sie hat die allmähliche Erniedrigung aller Aufragungen des Festlandes zur Folge. Abtragende (doch auch zerstörende) Kräfte sind: 1. *Ablation, die Abhebung zumal des kleinsten lockeren Bodenmaterials, bewirkt durch dessen eigenes Gewicht, rinnendes Wasser oder Wind (L 2/321; 3/473). 2. *Abrasion, bewirkt durch die *Brandungswellen des Meeres, formt die *Küsten. 3. *Abspülung(*Flächenspülung),die flächenhaft arbeitende Tätigkeit von Regen- und Schmelzwasser, *Rillen, *Karren, *Erdpyramiden schaffend (L 5/147; 47a²/152). 4. Die *Bodenverlagerung (B.versetzung), bewirkt durch die Schwerkraft, äußert sich in *Gekriech, Schutthalden und *Bergstürzen. 5. *Deflation, die abtragende Tätigkeit des *Windes, erzeugt besonders in der Wüste eigenartige Formen. 6. Die *Detrition (*Exaration), bewirkt durch fließendes Eis, hat wahrscheinlich weiten Gebieten einen eigenen (*glazialen) Formenschatz mit *Karen, *Trog- und *Stufentälern, Seen erfüllten Becken gegeben. 7. Die *Evorsion, bewirkt durch stürzendes, sprudelndes Wasser, vermag selbst in hartem Gestein tiefe Löcher auszuhöhlen. 8. Die Ausnagung (L 5/140), bewirkt durch fließendes Wasser, schafft Klammen und Täler (s. auch Erosion). 9. *Korrosion (Korrasion) heißt die Abschleifung und Zerstörung, die rinnendes Wasser oder Wind durch Sand, Kies u. dgl. am festen Gestein zugleich mit der A. vollziehen

Abtragungsküste s. Abrasionsküste

Abtragungsniveau, oberes, unteres [frz. niveau wagerechte Fläche] die den Formenschatz der Landoberfläche und ihrer Teile bestimmenden Grenzen, zwischen denen die *Abtragung sich vollzieht (Stärke der *Krustenbewegungen und Höhe der *Wasserscheiden einerseits, Spiegel von Flüssen und Meer anderseits). (L 5/162, 179f.)

Abtragungsverlauf von L 48/17 f. für *Erosionszyklus vorgeschlagen

Abweichung eines Gestirns s. Deklination

Abyssische Region, Abyssische Tiefe [gr. ábyssos grundlos] auf der *hypsographischen Kurve der Erdrinde sich ergebende Erhebungsstufe unter 3000 m Meerestiefe, die bis 6000 m flach, dann steil verläuft; ihr gehören 51,8 v. H. der Krustenoberfläche an

Achsenschwankung die älteste der innerhalb der Übergangsepoche von der diluvialen *Eiszeit zur Gegenwart in den Alpen als *Gletscherschwankungen erkennbaren Etappen (*Schneegrenze 700 m unter der heutigen). "Bühl=, *Gschnitz= und *Daunstadium (Schneegrenze 900, 600 bzw. 300 m unter der heutigen) heißen die drei jüngeren Etappen

Acre engl. und nordamerik. Flächenmaß = 40,5 a (0,40467 ha)

Adam von Bremen Domscholastikus († um 1070), der als „erster deutscher Geograph" im 4. Buche seiner „Gesta Hammaburgensis ecclesiae pontificum" eine Landes- und Volkskunde Nordeuropas gibt

Adventivkrater [lat. advenire an=, hinzukommen] s. parasitische Vulkankegel

Aërophotogrammetrie [gr. aër Luft,

phós Licht, gráphein schreiben] die *Photogrammetrie von großen Höhen aus (Luftschiff); mit mehreren Kameras, deren Achsen strahlenförmig divergieren, ist die Aufnahme weiter Gegenden von einer Stelle aus möglich.

aërothérmische Höhenstufe [gr. thérmos Wärme] s. thermische Höhenstufe

Afghanen arisch-mongolisches Mischvolk im Nordosten Irans

afrikanische Rasse s. Negerrasse

afrikanische Zwergstämme s. Buschmänner

Agáve zahlreiche, besonders in Zentralamerika vorkommende, zur Familie der Amaryllis-artigen Gewächse gehörenden Arten. Einige A. liefern in ihrem Blütenschafte einen zuckerreichen Saft, der nach der Gärung in lederartigen Säcken den Pulque, das Nationalgetränk der Mexikaner, bildet. Die Blätter, mannigfach verwendet, enthalten eine sehr feste Faser, die zu Tau- und Seilerwert verarbeitet wird (Sisalhanf Hennequen, Mauritius- und Aloehanf)

agglutinierende Sprachen [lat. agglutináre anleimen, anheften] s. anfügende Sprachen

Agóne [gr. a ohne, gonía Winkel] die Linie, welche die Orte ohne Ablenkung der Magnetnadel verbindet (*magnetische Deklination)

Agrargeographie [lat. ager Acker] Landwirtschaftsg., jener Zweig der Erdkunde, der sich mit den räumlichen Verschiedenheiten der Bodenkultur und ihren Ursachen beschäftigt. (H. Bernhard, Die A. als wissenschaftliche Disziplin; PM. 1915)

Agrúmen [ital. Agrumi von agro sauer] zur Gattung Citrus gehör. Arten wie Apfelsine, Pomeranze, Limone, Mandarine (usw.)

Agulhas-Strömung reißende, bis über 100 *Seemeilen in 24 Stunden erreichende, warme *Meeresströmung an der Südküste Afrikas, Fortsetzung der bei Madagaskar von der südlichen *Äquatorialströmung des Indischen Ozeans abzweigenden *Mozambique-Strömung. Ihre Ausläufer verschmelzen mit der *Antarktischen Ostströmung und biegen dann als südindische Verbindungsströmung nach O. um. Die ant. Oststr. entsendet einen Arm als (kalte) *westaustralische Strömung längs der Westküste dieses Erdteiles nach N. — er mündet schließlich in die südliche Äquatorialströmung wieder ein —, während die Hauptmasse der ant. Oststr. der Südküste Australiens entlang weiterzieht (L 61c/139 f.)

Ägypter Don Arabien kommende *Hamiten vermischten sich mit den ihnen stammverwandten alten Ä., bei den heutigen Ä. haben auch semitisches und arabisches Blut sichtbare Spuren hinterlassen. Die auf dem Lande wohnenden, meist primitiven Ackerbau treibenden mohammedanischen *Fellachen und die christlichen (mit *Arabern stark vermischten), Gewerbe und Handel treibenden *Kopten der Städte zeigen den ägyptisch-hamitischen Typus am reinsten (L 5/325; 114/243 ff.)

Ailly, Pierre d' (Petrus de Alliaco) * 1350 zu Ailly in NW.-Frankreich, † 1420 zu Avignon, Bischof von Cambray und später Kardinal. Eigentlich Philosoph; unter seinen geographischen Arbeiten ist der die Anschauungen des *Columbus später beeinflussende „Tractatus de imagine mundi" (1410) am bekanntesten

Ainu (Aino) zur Urbevölkerung Nordasiens gehörendes Volk von besonderem anthropologischen Typus, das heute noch mit etwa 1500 Seelen Sachalin bewohnt (L 109°/600ff.)

Airys Kanaltheorie s. Wellentheorien

Akkumulation [lat. accumuláre aufschütten] s. Aufschüttung

Akkumulationsebenen aufgelagerte, aufgeschüttete, aufgesetzte *E., entstanden durch Überlagerung und Verhüllung ursprünglicher Unebenheiten entweder mit lockerem (von Wind und Wasser geliefertem) Material oder mit einer *Lavadecke (*Übergußtafeln)

Akratothérmen [gr. ákratos ungemischt, thérmē Wärme] gewöhnlich soviel wie *Thermen (Temperatur über 20° C, geringer Mineralgehalt) (L 38/279)

Aktische Region oder **Stufe** [gr. akté schroffes Ufer], auch *Kontinentalböschung auf der *hypsographischen Kurve der Erdrinde der Steilabfall

zwischen 200 und 3000 m Meerestiefe; ihr gehören 13,3 v. H. der Krustenoberfläche an (*Abyssische Tiefe)
aktive Niveauveränderungen s. Niveauveränderungen
Alaska-Strömung nordöstlich gerichtete, in der Fortsetzung des *Kuro-Schiwo liegende und im Sommer auftretende *Meeresströmung
Albertus magnus (Albert der Große, eigentlich A. v. Ballstädt) * zu Ende des 12. oder Anfang des 13. Jahrh., † 1280 in Köln, der größte deutsche Gelehrte des Mittelalters; er hat in seinen Kommentaren zu *Aristoteles auch die erdkundlichen Ansichten dieses Philosophen seinem Volke erschlossen und Fragen der physischen Geographie behandelt
Albuquerque, Alfonso' d', portugiesischer Feldherr, * 1453, † 1515, befestigt die portugiesische Herrschaft in Vorderindien (Goa 1510), erobert Malakka (1511) und die den Persischen Golf beherrschende Insel Ormuz (1515)
Aleuten (Volk) s. Polarvölker
Aleutengraben einer der *ozeanischen Gräben, südlich der gleichnamigen Inselgruppe; größte Tiefe 7383 m
Algóntium [nach den nordamerikanischen Indianerstamm der Algonkin, deren Reservation im Algonquin-Park liegt] die älteste *fossilführende Zeit der Erdgeschichte (s. geologische Zeitalter)
allochthón [gr. állos ein anderer, chthón Boden] von fremdem Boden stammend; Ggs.: *autochthon an Ort und Stelle gebildet
Alluviálboden s. Alluvium
Allúvium [lat. allúvio Anschwemmung] 1. die dem *Quartär angehörende geologische Gegenwart, (*geologische Zeitalter). 2. A., Alluviálboden, jene Bodenbedeckung, deren Material nicht aus der *Verwitterung an Ort und Stelle stammt, sondern von dort in seine gegenwärtige Lagerungsstätte erst verfrachtet wurde; bei der Entstehung ist hauptsächlich *Abspülung durch den Regen beteiligt (wie beim Lehm); so spricht man wohl auch von *Kolluvialboden. S. auch Eluvialboden.
Almagést [arab.] Titel der bereits im 9. Jahrh. vom Kalifen Al-Mamun veranlaßten arabischen Übersetzung von *Ptolomäus' ,,Megále Sýntaxis" [gr., große Zusammenstellung]; seit dem 16. Jahrh. mehrfach in lateinischer Sprache erschienen
Almagro, Diego d', spanischer Eroberer, * um 1475, † 1538, erobert mit *Pizarro von 1524 an Peru, dringt später (1535 bis 1537) allein über Bolivia im Hochland und an der Küste von Chile vor (Coquimbo)
Almeida, Francisco d', † 1510, erster Vizekönig Portugals in Vorderindien, erobert daselbst mehrere Städte (Kananur, Kalikut) und schlägt 1509 die ägyptische Flotte vor Diu
Alpiden von Ed. *Sueß geprägte (L 1³/117) zusammenfassende Bezeichnung für Alpen (mit Ausnahme der südlichen bei den oberitalischen Seen beginnenden und gegen O. sich verbreiternden Teile, die zu den *Dinariden gezählt werden), Karpathen, Balkan, Pyrenäen, Andalusisches Faltengebirge (und Kaukasus?) als einseitig gegen N. bewegte *Kettengebirge (L 37²/238)
Altaiden von Ed. *Sueß (L 1³/250) eingeführte Bezeichnung für die *karbonischen, vom Altai ausgehenden *Faltenzüge einerseits über Tianschan, westlichen Kuenlun nach O.- und SO.-Asien reichend, anderseits vom Pamir sich bis nach Europa hinein erstreckend; gegen S. begrenzt vom *Gondwanalande (L 33/349)
Alter Scheitel nennt *Sueß (L 1³/1) jenes älteste, bereits im *Prätambrium gefaltete *archäische Grundgebirge Asiens, dessen Spuren sich in den Gebirgen um das Südufer des Baikalsees bis in die Mongolei hinein nachweisen lassen (Gebiet zwischen Gr. Chingan und, mit veränderter Streichrichtung, Ostsajan-Gebirge bis zum Gobi-Altai)
Alttertiär [lat. tértius der Dritte] s. geologische Zeitalter
Altwasser die in *Tiefebenen häufigen toten, mit dem Hauptstrom bloß bei Hochwasser noch verbundenen Arme eines an Schlingen (*Mäandern) reichen Flusses, deren Reste sie darstellen, nachdem der Fluß sich an der Stelle ihrer größten Annäherung (Hals) einen

amerikanische Rasse (Indianer) von *Wagner (L 2/743) als selbständige, von Buschan (L 5/322) als über die Beringstraße aus Nordasien eingewanderte Abart der *mongolischen Rasse aufgefaßt. Hautfarbe meist rötlich- oder gelblichbraun, Kopfhaar grob und straff, spärlicher Bartwuchs, scharfrückige Nase und schwarze tiefliegende Augen; überwiegend Kurzköpfigkeit

Amphitheater von Irkutsk die von Ed. *Sueß (L 1³/12) so bezeichneten, gegen N. flach-kontaven nördlichen Randfalten des *Alten Scheitels, das *Angaraland im S. begrenzend

Amplitude, tägliche, der Temperatur [frz. amplitude Weite], der mittlere Unterschied zwischen der höchsten und tiefsten Tagestemperatur

Amundsen, Roald, norwegischer Nord- und Südpolarfahrer, * 1872 in Borje, kam zu Schiff von W. aus längs der Nordküste Amerikas bis zur Beringstraße (Lösung des Problems der „*nordwestlichen Durchfahrt", Beobachtungen über die Lage des magnetischen Nordpols), erreichte am 14. 12. 1911 (vor *Scott) den Südpol (König-Haakon-VII.-Land). Hauptwerk: „Die Eroberung des Südpols; die norw. Südpolfahrt 1910—2" (1912). 1918—25 arkt. Drift- u. Polarexp. mit d. „Maud" (GZ 1926, S. 297 f.); Mai 26 hat A. den N.-Pol überflogen

Amur-Liman-Strömung s. Kuro-Schiwo-Strömung

Anaximander griechischer Philosoph aus Milet (611—545 v. Chr.); erster Versuch, eine Weltkarte herzustellen

Ancylus-See mit dem Einschrumpfen des *Yoldia-Meeres sich bildender, durch die Absperrung des Kattegat im allgemeinen auf die Ostsee beschränkter Süßwassersee (L 64/116)

anemogén [gr. ánemos Wind, génesis Entstehung] durch *Wind gebildet

Anemométer s. Schalen(kreuz)anemometer

Aneroidbarométer [gr. a Verneinung, nerós feucht, báros Schwere, metrein messen, also Trocken-Schweremesser, weil ohne Flüssigkeit konstruiert] Instrument zur Bestimmung des *Luftdruckes (behufs *Höhenmessungen); Änderungen des Luftdruckes bewirken Zusammenpressungen einer luftleeren dünnwandigen Metalldose. In Verbindung mit einem Zeiger zum Selbstaufzeichnen eingerichtet: Aneroidschreibebarometer oder *Barograph

Anfangsmeridian als Ausgangspunkt für die Zählung der *geographischen Länge gewählter, durch einen beliebigen Punkt der Erdoberfläche gelegter *Meridian. Früher galt als A. jener von Ferro, der westlichsten der Kanarischen Inseln

anfügende (*agglutinierende) **Sprachen** solche, die ihre Gedanken durch (auch für sich allein Bedeutung besitzende) Bestimmungslaute an die Wurzeln ausdrücken; Beispiele u. a. die Sprachen Nord- und Mittelasiens ,(finnisch, mongolisch) (L 2/739)

Angaraland (nach dem sibirischen Flusse Angara genannt) von E.*Sueß (L 1¹/26) eingeführte Bezeichnung für ein altes *archäisches, seit *präkambrischer Zeit nicht mehr gefaltetes Massiv in Ostsibirien (s. auch Baltischer Schild, Kanadischer Schild, Gondwanaland) (Abb. 1)

angefügte Ebenen nach *Supan (L 3/647) jene, die entweder durch Anschwemmung oder Sinken des Meeresspiegels (Hebung des Landes) — meist an Küsten — entstanden sind

angegliederte Halbinseln entstehen durch Einbeziehung einer benachbarten Insel, die aber ein geologisch-orographisch selbständiges Individuum bleibt, infolge Zuschüttung des bisher trennenden Meeres oder durch dessen Hebung; Beispiele: Krim, Vorderindien (L 2/278; 3/777). Ggs.: *abgegl. H.

angepaßte Entwässerung die einem 2. oder 3. geogr. *Zyklus entsprechende (und daher von der *Urlandoberfläche unabhängige) Flußanordnung eines Gebirges (L 47aº/68)

Angerdorf *Straßendorf mit zu einem breiten Dorfanger erweiterter Straße (L 119⁴/294)

Annamiten s. Birmanen

anomale *Durchgangstäler [gr. an Verneinung, homalés gleich] Die Flüsse durchbrechen die größte Kette des Gebirges, die nicht die Haupt-*Wasserscheide trägt. Anomale oder *durchgreifende Wasserscheide

Abb. 1. Haupterdbebengebiete, tertiäre Faltungszonen und präkambrische Rumpfflächen (Zentralmassive). (Aus L 37²/187)

Anothermie in Binnenseen [gr. áno empor, oben; thérmos Wärme]: die normale, von oben nach unten abnehmende Temperaturschichtung (f. auch *Inversion in Binnenseen)

anreihende Sprachen Die Worte werden größtenteils durch Vorsatzsilben zusammengestellt; Beispiele: die *Bantusprachen Mittel- und Südafrikas

Anschwemmungsküsten mit den *Deltaküsten die *Aufschüttungsküsten bildend. Ausführlich L 7, Bd. 2²/295 ff., wo vom Meere gebildete thalassogene und von Flüssen gebildete potamogene A. unterschieden werden

anstehendes Gestein festes Gestein, das unter Gerölle und Schutt zutage tritt

ansteigende Küste f. Flachküste

Antarktis, Antarktischer *Kontinent, Antarktika [gr. antí entgegen, árktos Bär, auch das Gestirn in der Nordpolargegend, also dem Großen Bären gegenüber] um den Südpol gelagertes zusammenhängendes Landgebiet und Inseln (Shetlands-, Falkland-, Kerguelen-J. u. a.); rund 14 Mill. qkm bedeckend (f. auch Arktis)

antarktische Ostströmung (*Westwindtrift) kalte, nach O. gerichtete *Meeresströmung, in den höheren Breiten der Südhälften aller drei *Weltmeere

Antarktischer Polarkreis f. Polarkreis

antarktisches Florenreich die Südspitze Südamerikas und die Antarktischen Inseln umfassend, charakterisiert durch Regenwälder (Buchenart Nothofagus) oder Waldlosigkeit; häufig Moosmoore (L 4/206; 70/170 ff.; 71/154 ff.)

antarktisches Hochdruckgebiet f. Windsysteme der Erde

Antarktisches Meer (Südliches Eismeer) die zusammenhängende antarktische Wassermasse, früher vom südlichen Polarkreis polwärts gerechnet, seit Krümmel nicht mehr als geographischmorphologische Einheit betrachtet, sondern aufgeteilt unter die drei großen *Weltmeere des Atlantischen, Indischen und Stillen Ozeans, die damit bis an die Grenzen des Antarktischen *Kontinents reichen; Supan (L 3/33) tritt dagegen für die Selbständigkeit eines A. M. ein

antezedente Durchbrüche [lat. antecé-

Anthropogeographie — Antizyklone

dens vorausgehend) *progenétische bzw. *präexistierende (ursprüngliche) *Durchbruchstäler, die von antezedenten Flüssen, d. h. solchen herrühren, die schon vor einer in ihrem Gebiet eintretenden (langsamen) Gebirgsbildung bestanden, und die ihr Bett gegenüber der Hebung zu behaupten vermochten (L 3/697 ff.; 5/172 f.; 9, Bd. 627/49; 7, Bd. 2²/180 ff.; 47a²/122) (Abb. 2)

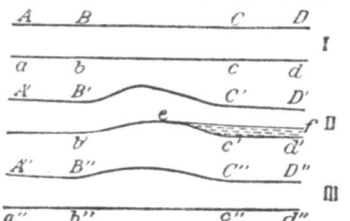

Abb. 2. Hauptstadien bei der Bildung antezedenter Durchbruchstäler. (Aus L 3/698.) „I. Vorstadium vor der Faltung, $ABCD$ Talrand, $abcd$ Talweg. II. Stadium der Deformation, Bildung einer Antiklinale $B'C'b'c'$, Geröllablagerung oberhalb der Falte in $c'd'ef$; im unteren Faltenschenkel $b'e$ verstärkte Erosion, die nach A. Pencks Annahme bei sehr langsamer Hebung dieser das Gleichgewicht halten kann, so daß keine Geröllablagerung mehr stattfindet, wenn auch die Hebung fortschreitet. III. Endstadium. Der Talrand $A''B''C''D''$ zeigt die Deformation, während der alte Talweg $a''b''c''d''$ (wenn auch natürlich nicht genau in der früheren Lage) wiederhergestellt ist"

Anthropogeographie [gr. ánthropos Mensch, gē Erde, gráphein schreiben] der das Verhältnis von Mensch und Erde behandelnde Zweig der *Biogeographie; hierher gehören also u. a. die zahlenmäßige, Rassen- und sprachliche, die kulturelle und religiöse Gliederung des Menschengeschlechtes, Formen und Leben seiner Siedlungen und Staaten (*Siedlungs- und *politische Geographie), Wirtschaft, Handel und Verkehr (*Wirtschafts- und *Verkehrsgeographie) (L: die betreffenden Abschnitte in 2, 4, 5, ferner 9, Bd. 632, 85—88, 90—93, 95—107, auch O. Schlüter, Die Erde als Wohnraum des Menschen, in L 121. Methodische Erwägungen in L 5/247ff., mit wichtigen Sonderarbeiten)

Antiklinále [gr. antí entgegen, klínein neigen], **Antiklinalkämme, Antiklinaltäler** f. Falte

Antillenströmung warme, nordwestliche *Meeresströmung im *Atlantischen Ozean an der Ostseite der Bahama-Inseln; sie bildet mit der zwischen den Kl. Antillen in das Karibische Meer eindringenden und durch Yukatan- und Floridastraße weiterziehenden *Karibischen Strömung die Fortsetzung der Nordäquatorialströmung (Nordpassattrift) und liefert die Hauptmasse des *Golfstromes (der *Florida- oder *Atlantischen Strömung) (L 3/332ff.)

Antipassáte [gr. antí entgegen, span. passáta Überfahrt, weil für die Fahrt Europa–Amerika günstig] f. Windsysteme der Erde

Antipóden [gr. pus, podós Fuß] *Gegenfüßler, die in den Gebieten entgegengesetzter Länge und Breite wohnenden Menschen

Antizyklóne [gr. kýklos Kreis] 1. horizontale, kreisförmige Luftbewegung

Abb. 3. Links Zyklone, rechts Antizyklone. (Aus L 2/594)

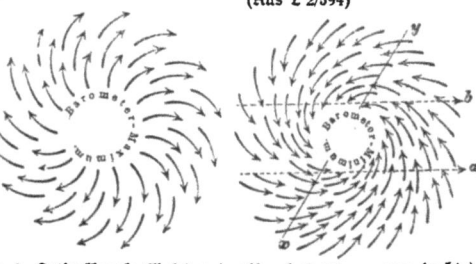

Abb. 4. Antizyklonale (links) und zyklonale Luftbewegung (rechts) auf der nördlichen Halbkugel. (Aus L 47a¹/35)

Antoeken — Apogäum

von einem *Hochdruckgebiet (Maximum) weg, auf der nördlichen Halbkugel stets im Sinne, auf der südlichen im entgegengesetzten Sinne des Uhrzeigers umkreist und durch die *Erdrotation dort nach rechts, hier nach links abgelenkt. 2. in der Mitte vertikal absteigende (= Hochdruckgebiet) und in den unteren Schichten seitwärts (gegen das Luftdruckminimum) abfließende Luftströmung, während in den oberen Schichten Luft zum Ersatz herbeiströmt. (Abb. 3 u. 4.) Ggs.: *Zyklone

Antoeken [gr. anti entgegen, oikein wohnen] s. Gegenwohner

Anville, Jean-Baptiste Bourguignon d' (1697—1782) hervorragender französischer Kartograph; grundlegend die kritische Karte von Afrika (1749). Außerdem Nouvel Atlas de la Chine (1757), Atlas antiquus (1768) und der Atlas général (1737 bis 1780) (L 15/132)

Anzapfung das Ansichziehen eines Flusses durch einen anderen, wodurch Talstücke des nunmehr (,,*enthaupteten" (,,geköpften") Flusses verlassen werden, neue Oberläufe entstehen (*Flußverlegung) und überhaupt das ganze *Einzugsgebiet der betroffenen Flüsse sich verändert. Durchbrechung der *Wasserscheide zweier Flüsse infolge kräftigerer rückgreifender *Erosion des einen (Quellgebiets=A.), womit sich die Entstehung von *Durchbruchstälern verbinden kann, oder Anschneiden eines zweiten Flußgebietes an einer anderen Stelle (Flanken=A.) bilden die Hauptfälle des durch größere Wasserfülle eines Flusses oder geringeren Gesteinswiderstand in seiner Umgebung veranlaßten Vorgangs (L 3/697; 5/ 173, 178 f.; 7, Bd. 2²/175 ff.; 9, Bd. 627; 37¹/526 ff.; 47a²/112 ff.) (Abb. 5 u. 6)

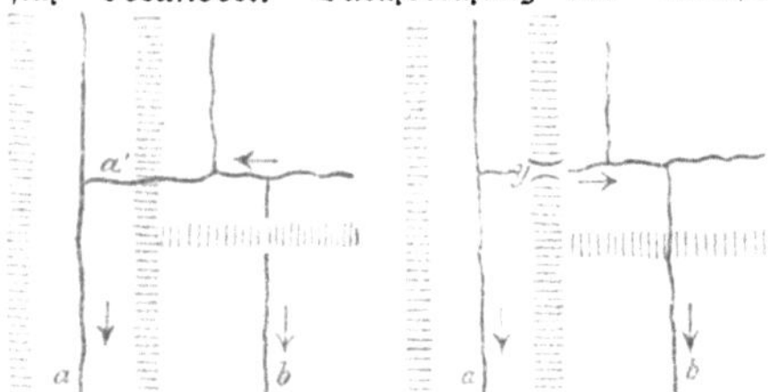

äolische Ablagerungen [gr. Aiolos der Gott der Winde] sind durch den am nachdrücklichsten in Trockengebieten (bei *aridem Klima) arbeitenden Wind vollzogen (Flugsand: *Dünen; Staubablagerungen: *Löß)

äolische Aufschüttungsbecken durch ä. Ablagerungen ausgefüllte Hohlformen, so die Mulden zwischen den tibetanischen Gebirgsfalten

äolischer Felsboden der infolge *Abtragung durch den *Wind zutage tritt

äolisches Ausräumungsbecken Hohlformen, geschaffen durch die Wind-*ablation (s. Eintiefungsbecken)

Aper [lat. apricus besonnt] schneefrei; ausapern = schneefrei werden

Aphel [gr. apó von, hélios Sonne] die weiteste Entfernung eines *Planeten von der *Sonne in seiner Bahn-Ellipse (um sie (Ggs.: *Perihel) (Abb. 31)

Apianus (eigentl. Bienewitz) a) Petrus, Astronom, *1495 im sächsischen Leisnig, † 1552 in Ingolstadt. Hauptwerk: der 1524 erschienene Cosmographicus liber (Angaben über Kometenbahnen, Bestimmung geogr. Längen und eine unechte *Zylinderprojektion). b) Philipp, Kartograph, * 1531 in Ingolstadt, † 1589 in Tübingen: Bayrische Landtafeln (1568), d. i. eine Karte Bayerns. Vgl. S. Günther, Pet. u. Phil. A. (Prag 1882)

Apogäum [gr. gaia Erde] Erdferne, größter Abstand der

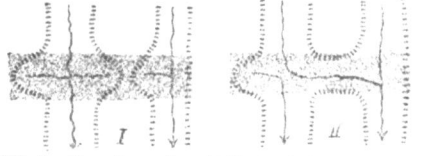

Abb. 5. Veränderungen in einem Talsystem infolge raſcherer Eroſion des Nachbarfluſſes. (Aus L 37¹,527)

Abb. 6. Anzapfung eines Flusses durch einen anderen. Grau: Zone leicht zerstörbarer Gesteine. (Aus L 37¹/528)

Apsiden — Äquatorialströmungen

Bahn eines *Planeten von der *Erde; der *Erdmond ist im A. 405500 km vom Erdmittelpunkte entfernt

Apsiden [gr. hápsis Verknüpfung] die beiden Punkte des größten (*Aphel) und kleinsten (*Perihel) Abstandes eines *Planeten in seiner Bahn-Ellipse um die *Sonne

Apsidenlinie die Verbindung dieser beiden Punkte, also die große Achse einer Planetenbahn. Die Lage der A. ist meistens keine konstante; jene der *Erdbahn verschiebt sich jährlich um etwa 61,7″, so daß das *Perihel, dessen *Länge 1920 auf ungefähr 101°33′20,5″ berechnet wurde, in etwa 21000 Jahren einen vollen Kreis durchläuft. Mit der *Solstitiallinie bildet die A. gegenwärtig einen Winkel von etwa 11°, mit der *Äquinoktiallinie einen solchen von 101½°. Daß die A. nicht mit der Äquinoktial- oder den Solstitiallinie, deren Endpunkte in der *Ekliptik die astronomischen Anfänge von Frühling, Sommer, Herbst und Winter bezeichnen, zusammenfällt, bewirkt die ungleiche Länge dieser vier Hauptjahreszeiten. Auch die A. der *Mondbahn zeigt eine Lagenänderung; das *Perigäum rückt jährlich um 40⅔° von W. nach O. weiter (Abb. 31)

Äquátor [lat. aequáre gleichmachen] s. Erdäquator, Himmelsäquator

Äquátorgrad s. Meridian

Äquátorhöhe s. Himmelsäquator

äquatoriale (tropische) **Pflanzenwelt** je nach dem Niederschlag mit den verschiedensten* Pflanzenformationen (*Wüste bis *tropischer Regenwald) und daher mehrere *Vegetationsgebiete umfassend (diese genannt in L 4/205 Nr. 6/9; L 5/229 Nr. 10 und 12/17; L 71/146ff.). Bei genügender Feuchtigkeit erzeugen die vorhandene gleichmäßige Temperatur und Lichtintensität eine außerordentliche Üppigkeit der Vegetation (Artenreichtum, dichtes Unterholz, Lianen, Luftwurzeln; Charakterbaum: Palme; (L 3/827ff.; die Landschaft schön geschildert L 8/103ff.)

äquatorialer Regengürtel, äquatoriales Windsystem s. Äquatorialklima

äquatoriale Tiefdruck=(Depressions=) **Zone** s. Luftdruckgebiete

äquatoriale Treibeisgrenze in den einzelnen Jahren schwankende Grenze, bis zu der *Treibeis äquatorwärts gelangt; auf der südlichen Halbkugel zwischen 35° und 56°, auf der nördlichen zwischen 38° und 70° Breite (L 2/523; 3/367f.)

Äquatorialklima [gr. klínein neigen] entweder soviel wie *Seeklima hinsichtlich der gleichen geringen mittleren Jahrestemperaturschwankung von rund 5—10°, höchstens 15° (*Supan L 3/110) oder = *Tropenklima, d. h. außerdem gekennzeichnet durch Regelmäßigkeit der Bewölkung und (die Wüsten ausgenommen) durch sehr große Niederschlagsmengen (äquatorialer oder tropischer Regengürtel: starke Luftfeuchtigkeit, die in den *Zenitständen der Sonne ausgeschieden wird [Verschiebung der Regenzonen mit dem Sonnenstande]; an den Wendekreisen: regenreicher Sommer und relativ trockener Winter; am Äquator: zwei Regen- und zwei [relative] Trockenzeiten). Niedriger Luftdruck, Windstillen (*Kalmen) bzw. beständige Winde (*Passate), aber „kein Wechsel kalter und warmer Luftströmungen sowie wandernder Luftwirbel" (L 5/103): äquatoriales oder passatisches *Windsystem zwischen 34° nördl. und 28° südl. Br. (L 3/130, 162, 178; 7, Bd. 1/221ff.; 47a¹/56)

Äquatorialprojektionen [lat. projicere vorwerfen, entwerfen] s. perspektivische Projektionen (Abb. 46)

Äquatorialströme s. Windsysteme der Erde

Äquatorialströmungen Die *Meeresströmungen zwischen Äquator und mittleren Breiten entwickeln im Atlantischen und Stillen Ozean je einen Stromkreis nördlich und südlich des Äquators, dort im Sinne des Uhrzeigers, hier im entgegengesetzten Sinne; den herrschenden Winden entsprechend fließen, nach W. gerichtet, nördlich des Äquators eine nördliche, südlich von ihm eine südliche Äquatorialströmung. Zwischen nördliche und südliche Äquatorialströmung schaltet sich eine nach O. gerichtete *Kompensationsströmung ein, im Atlantischen Ozean *Guineaströmung, im Pazifischen *pazifische Gegenströmung genannt. Im Indischen Ozean gelangt infolge Raummangels nicht der ganze nördliche Stromkreis und (unter dem Einfluß der *Monsune) auch die nördliche Äquatorialströmung (hier *Nordostmonsunströmung geheißen) wie die Kompensationsströmung (*indische Gegenströmung) bloß im Nordwinter zur Entwicklung (s. Monsunströmungen)

Äquatorkoordinaten [lat. coordináre zuordnen] der *Äquator ist die Grundebene (der Fundamentalkreis), die Abszisse ist die *Rektaszension, die Ordinate die *Deklination. Den Ausgangspunkt für die Zählung der Rektaszension (entgegengesetzt der scheinbaren täglichen Himmelsbewegung) bildet der *Frühlingspunkt (Abb. 16 u. 17)

Äquator, magnetischer Linie mit der *Inklination = 0 (Magnetnadel steht horizontal), auf der östlichen Halbkugel etwa in 10° nördl. Breite dem Erdäquator parallel, auf der westlichen in Amerika mit einer größeren Ausbuchtung verlaufend

äquidistánt [lat. aéquus gleich, distáre auseinanderstehen] soviel wie längentreu (s. Globus)

äquidistante *Kartenprojektionen s. wahre *Kegelprojektion, *quadratische und *oblonge Plattkarte

Äquinoktiálkolur [lat. nox Nacht; Etymologie des Wortes kolur strittig] und **Äquinoktiallinie, Äquinoktialpunkte** s. Äquinoktien

Äquinoktien die Zeit, in der Tag und Nacht einander gleich sind, der 21. 3. und 23. 9. Die beiden Schnittpunkte von *Ekliptik und *Himmelsäquator bilden die *Äquinoktialpunkte (*Frühlings- = Widderpunkt, Herbst- = Wagepunkt). Die durch den Sonnenmittelpunkt gezogene Verbindungslinie beider Ä.punkte heißt *Äquinoktiallinie, senkrecht zu ihr (die *Stern-

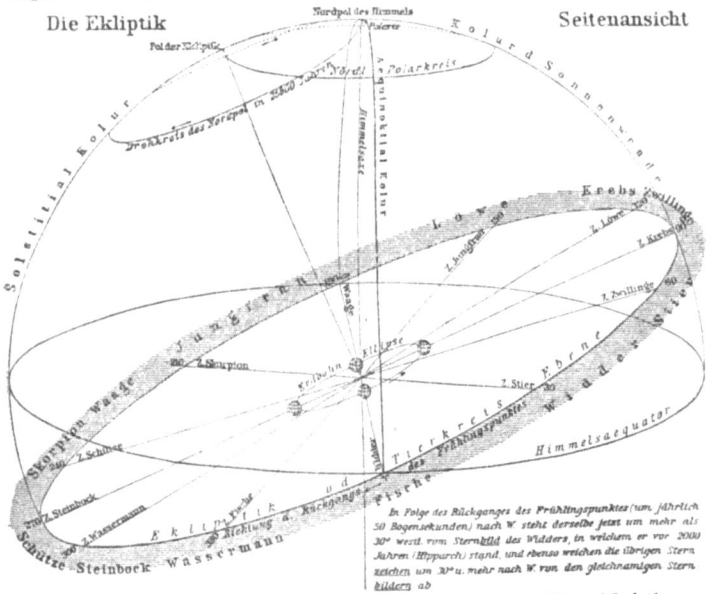

Abb. 7. Seitenansicht der Ekliptik. (Aus Sydow-Wagner, Methodischer Schulatlas. Gotha, J. Perthes)

zeichen von Krebs und Steinbock verbindend) verläuft die *Solstitiallinie. Der durch Ä.punkte und *Himmelspole gehende Hauptkreis heißt *Äquinoktialkolur oder Kolur der Tag- und Nachtgleiche, senkrecht auf ihm steht der durch *Solstitialpunkte und Himmelspole verlaufende *Solstitialkolur (Abb. 7)

äquivalént [lat. valére gelten, also gleichwertig, flächentreu] f. Globus

äquivalente Kartenprojektionen f. *flächentreue Azimutalprojektion, *Sanson = Flamsteedsche Projektion, *Stab = Warnersche Kartenprojektion, *Babinet = Mollweidesche Zylinderprojektion

Araber (den *Hamiten nahestehende) *Semiten, die als in Stämme gegliederte Nomaden, Kamel- und Pferdezucht betreibend, noch in patriarchalischen Verhältnissen dahinleben; doch sind sie auch Bauern (Fellachen), Handwerker oder Kaufleute. Mohammedaner

Aräométer [gr. araiós dünn, métrein messen] Instrument (Senkwage) zur Bestimmung des *Salzgehaltes (spezifischen Gewichtes) des Meerwassers (L 5/87; 57/41)

Araukáner (Araucos, südamerikanischer Indianerstamm, südlich vom 30. Breitenkreis beiderseits der Kordilleren wohnend. Um die Zeit der Entdeckungen ein bedeutendes Kulturvolk (L 110/51 f.)

Archaikum, archäische (archäozoische) **Ära** [gr. archaiós alt, zóon Lebewesen, lat. aera Zeitalter] f. geologische Zeitalter

Aréka= (*Betel=) Nuß die in Südasien von den Eingeborenen als Narkotikum (Betelkauen) viel verwendeten bitterlich-herb schmeckenden Samen der Betelnußpalme (Aréca Catechu)

aride Böden, besser: Trockenböden [lat. áridus trocken] Böden in Gebieten, in denen die Verdunstung den Niederschlag übersteigt, so daß sich die Bodensalze oberflächlich anreichern; mit nicht zu großem Salz= und genügendem Humusgehalt bei künstlicher Bewässerung kulturfähig (L 53b/45). Ggf.: *humide Böden

arides Erosionszyklus der bei *aridem Klima, zumal in ausgedehnten und hochgelegenen Gebieten ablaufende *geographische Zyklus, charakterisiert durch *Inselberge, versiegende Flüsse, *Endseen, *Hohlformen mit Abdachung und Entwässerung gegen die Mitte hin, wobei diese *abflußlosen *Beckenlandschaften mit dem Material der Randgebiete aufgeschüttet werden (L 9, Bd. 627/102 ff.; 46/352)

arides Klima ein Klima, bei dem die *Verdunstung die gefallenen *Niederschläge überwiegend aufzehrt, so daß sich keine eigentlichen Flüsse entwickeln können, sondern in den *abflußlosen Gebieten sich aller Verwitterungsschutt ansammelt. Vor allem der bei dürftiger Vegetationsdecke besonders wirksame *Wind, doch auch die seltenen, aber heftigen Regengüsse (*Flächenspülung) leisten einen großen Teil der Arbeit, die im normalen *Erosionszyklus das fließende Wasser besorgt. Vorherrschen der chemischen (gegenüber der mechanischen) *Verwitterung (L 2/641; 9, Bd. 627/92 ff.; 46/353). Ggf.: humides und nivales Klima

Arier soviel wie *Indoeuropäer oder *Indogermanen; durch eine gemeinsame Ursprache verbundene, durch hohen Wuchs, längliches Gesicht, lichte Augen, überwiegend helle Hautfarbe gekennzeichnete Rasse. Zu ihr gehören u. a. Kelten, Italiker, Illyrer, Griechen, Skythen, Parther, Perser, die germanischen Stämme, Litauer, Slawen, Romanen. Mit den *Hamiten und *Semiten als mittelländische (*indoatlantische, *kaukasische) Rasse zusammengefaßt (L 2/742); doch wird eine mittelländische auch als besondere Rasse neben die indogermanische und eine alpine (mitteleuropäische) Rasse gestellt und ihr die Hamiten und Semiten zugerechnet (L 5/319 ff.). Die mittelländische Rasse in diesem Sinne besitzt niederen Wuchs, länglichen Schädel, dunkle Augen; sie umfaßt u. a. Iberer, Liguer

Aristarch von Samos, Astronom, Mitte des 3. Jahrh. v. Chr. lebend, der „Kopernikus des Altertums"; ließ die Erde in der *Ekliptik um die *Sonne sich bewegen und gab als erster eine richtige

Sachwörterbücher VIII: Kende, Geographisches Wörterbuch. 2. Aufl.

Bestimmungsart für die Entfernung der Sonne von der *Erde an **Aristoteles** aus dem nordgriechischen Stageira (384—322 v. Chr.), der berühmte Systematiker des Altertums, dessen geographische Werke („Über den Himmel", „Meteorologika", „Überschwemmungen des Nils") bis in die Neuzeit nachwirkten; Gegenstände der mathematischen und physikalischen Erdkunde (ziemlich genaue Angabe des Erdumfanges, Beweise für die Kugelgestalt der Erde, Erdbeben, Meer [Salzgehalt, Gezeiten, Strömungen], Flüsse) sind behandelt

Arktis [gr. árktos Bär, auch das Gestirn in der Nordpolargegend] Nordpolargebiet, bestehend aus einem von zahlreichen Inselgruppen (Grönland, Baffinland, Parry- und Sverdruparchipel, Spitzbergen, Nowaja Semlja usw.) durchsetzten Eismeer (*Arktisches Meer); gewöhnlich wird auch der von breiten Buchten gegliederte Eisbodenrand Amerikas und Europa=Asiens dazugezählt (s. auch Antarktis)

arktische Fauna [lat. Faunus altitalischer Gott der Tierwelt] die durch gleichartige Lebensbedingungen (Arten- und Individuenarmut) gekennzeichnete Tierwelt der *Arktis mit Eisbär, Eisfuchs, Polarwolf, Renntier, Moschusochs, Schwimm- und Sumpfvögeln

Arktischer Archipel [gr. árchein herrschen, pélagos Meer, eigentl. Hauptmeer, dann Inselgruppe] die Inselwelt der *Arktis

Arktischer Polarkreis s. Polarkreis

arktisches *Florengebiet in den Ländern um den N.=Pol, charakterisiert zumal durch Flechten- und Moostundren (Torfmoore mit eingestreuten Sträuchern; L 70/113 ff.; 71/145 ff.)

arktisches Hochdruckgebiet s. Windsysteme der Erde

arktisches Klima [gr. klínein neigen] gekennzeichnet durch kurze und wenig warme Sommer (höchste Julitemperatur 0—10°). Lufttrockenheit und Windstille lassen selbst große Wintertälte (*Kältepole) ertragen (L 2/646) (s. auch Polarklima)

Arktisches (Nordpolar=)Meer *Ingressions=(*Mittel=) Meer von etwa 144,

Mill. qkm, mit Strömungen (*Ost- und *Westgrönlandstrom), aus tieferen und flacheren Meeresteilen bestehend (größte Tiefe 4850 m)

Arktogäa, Arktogäisches Reich [gr. gaia Erde] tiergeographische Region, Europa, Asien, Afrika und Nordamerika bis zum Wendekreis umfassend, gegliedert in *holarktisches, *äthiopisches, *madagassisches und *indisches Gebiet. Keine Beuteltiere und Zahnarme; dagegen Wiederkäuer, Pferde, Hirsche, Biber, Halbaffen, Hyänen (L 78/78ff.). Karten bei L 3/Tafel 20 und bei 78

Arldt, Theodor, Geograph, * 1878 in Leipzig, im höheren Lehramte in Radeberg=Sachsen tätig; veröffentlichte zahlreiche (besonders zusammenfassende) Aufsätze in verschiedenen Zeitschriften, an Büchern „Die Entwicklung der Kontinente und ihrer Lebewelt" (Leipzig 1907) und L 28

Armenier von Buschan (L 5/321) als Abkömmlinge der Hethiter bezeichnet, in ihrer vorderasiatischen Heimat Ackerbauer, in der Fremde Kaufleute und Händler

Armorikanisches Gebirge [benannt nach der alten Landschaft Armorika, der heutigen Bretagne] der westliche, in flachem, gegen Südwesten offenem Bogen streichende Teil der *paläozoischen Gebirgsfaltung, durch spätere *Dislokationen zertrümmert. Überreste in den heutigen (Rumpfschollen)gebirgen des westlichen französischen Zentralplateaus, der Bretagne, von Cornwall, Südwales und Südirland (s. auch *Daristisches, *Kaledonisches Gebirge). Den gemeinsamen (doch nicht gleichzeitigen) Entwicklungsverlauf aller dieser paläozoischen Faltengebirge nimmt *Supan folgendermaßen an: 1. *Faltung; 2. Abtragung der Faltung zur *Rumpffläche und Bedeckung mit flach gelagerten Sedimenten; 3. Zertrümmerung in Schollen, von denen einzelne aufsteigen, während die übrigen mit ihrer Decke in tieferen Niveaus verharren; 4. teilweise oder völlige Entfernung der Decke, Enthüllung der *Rumpffläche, Umgestaltung derselben durch *tektonische Bewegungen, *Verwitterung und *Abtragung (L 3/719) (Abb. 8)

Arrow-root — astronomisches Dreieck 13

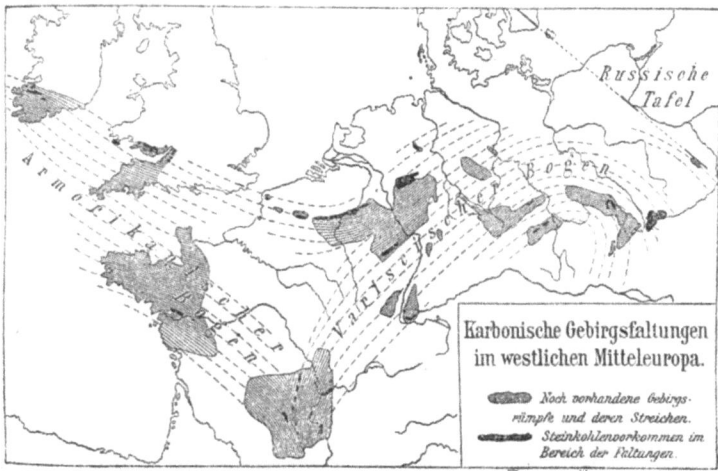

Abb. 8. Karbonische Faltungen in Westeuropa. (Aus L 37²/230)

Arrow-root [engl. spr. ärrorut, bedeutet Pfeilwurz, weil früher gegen Pfeilgift verwendet] aus den Knollen oder Wurzelstöcken gewonnenes Mehl verschiedener Gattungen einkeimblättriger Pflanzen, z. B. Tacca=, Curcuma= und Maranta=Arten (Asien und Westindien)

Arschin [türk.=tatar. Ursprungs] russisches Längenmaß = 0,71119 m

artesischer Brunnen [Name nach der französischen Landschaft Artois, wo im Kloster Lillers 1126 der erste a. B. erbohrt wurde] s. artesisches Wasser

artesisches Wasser *Grundwasser, welches nicht bloß oberhalb, sondern auch unterhalb einer wasserundurchlässigen (also nicht wie sonst gewöhnlich unter einer wasserdurchlässigen) Schicht liegt und von einem höheren, oft weit entfernten Niveau her in das Wasser oberflächlich einsinkt, gespeist wird; wird an natürlichen Einschnitten, durch eine *Verwerfung oder eine Bohrung, die obere wasserundurchlässigeSchicht geöffnet, so treibt der hydrostatische Druck das a. W. als Springquelle (*artesischer Brunnen) in die Höhe (L 3/498; 9, Bd. 628/19f.)

Arve oder Zirbelkiefer in den höheren Teilen von Alpen, Karpathen, Ural, Sibirien vorkommender Nadelbaum mit wertvollem Holze

Aschanti Volk der Sudânneger an der brit. Guineaküste (L 14¹/99 f.)

Aschenkegel f. Vulkane (L 8/43)

Asche, vulkanische f. Magma

aseismische Regionen [gr. a Verneinung, seismós Erschütterung] ganz oder nahezu erdbebenfreie Gebiete der Erde (L 37²/188)

Aspirationspsychrometer von Aßmann [lat. aspiráre anhauchen, gr. psychrós kalt, métrein messen] eine besondere Form des *Psychrometer

Asteroiden [gr. astér Stern, eídos Aussehen] f. Planetoiden

astronomische Jahreszeiten die Dauer von Frühling, Sommer, Herbst und Winter in den Abständen, wie sie durch die Berührungspunkte von *Äquinoktial= und *Solstitiallinie mit der *Erdbahn gegeben sind; die a. J. sind einander nicht genau gleich, Frühling und Sommer (Nord=Sommerhalbjahr) länger als Herbst und Winter (Nord=Winterhalbjahr) (L 2/162f.)

astronomische Ortsbestimmung f. Ortsbestimmung, geographische

astronomische Refraktion f. Refraktion

astronomisches Dreieck *Polardreieck

2*

Äſtuar [lat. aestuáre wogen, ſchäumen] trichterförmige Flußmündungen, im weſentlichen ein Werk der oft direkt gegen die Mündungen gerichteten *Gezeiten (L 37¹/654 f.)

Aſymmetrie der Kettengebirge [gr. a Verneinung, symmetría Ebenmaß] die von *Sueß für den Bau der großen Faltengebirge gemachte, heute nicht mehr überall geteilte Annahme, wonach die *Falten durch einſeitigen horizontalen Schub gegen bereits vorhandene ältere Gebirgswiderlager zuſammengeſchoben wurden (L 37′/227 ff.)

Aſymmetrie der Talgehänge (*Talungleichſeitigkeit) Täler mit verſchieden ſtark geböſchten *Gehängen; dies kann zurückzuführen ſein auf einen Wechſel verſchieden widerſtandsfähiger Geſteine, eine *Waſſerſcheideverlegung infolge verſchiedener *Eroſionskraft zweier benachbarter Flüſſe, auf *Windwirkungen, *tektoniſche Urſachen u. a. (L 5/174 f.; 9, Bd. 627/50; Söl ch PM. 1918)

Atakámagraben einer der *ozeaniſchen Gräben, hart an der peruaniſch-chileniſchen Küſte; Tiefe bis 7600 m

atektóniſche [gr. a ohne, tektoniké Baukunſt] oder gewöhnliche Täler von der *Tektonit, dem geologiſchen Aufbau des Landes, unabhängige *Täler (L 51²/74 ff.)

äthiopiſches Tiergebiet eines der tiergeographiſchen Reiche, umfaſſend das tropiſche und ſüdliche Afrika wie das ſüdweſtliche Südarabien. (Die charakteriſtiſchen Tiere bei L 4/214 ff.; 78/87 ff.; 79/59 ff.)

Atlantis ſ. nordatlantiſche Landbrücke. Zur A.-Frage PM. 1927 S. 143 ff.

atlantiſcher Küſtentypus Küſtenform mit vorherrſchender *Diskordanz der *Küſte

Atlantiſcher Ozean eines der drei großen ſelbſtändigen Weltmeere. Wichtigere Angaben: Größe ohne *Mittel- und *Randmeere 81,7 Mill. qkm (L 57/34), mit ihnen 106 Mill. (L 3/34); mittlere Tiefe zwiſchen 3070 und 4020 m, wahrſcheinlich 3260 m, größte Tiefe 8526 m (unter 19⁰36′ nördl. Breite und 67⁰38′ weſtl. Länge); mittlerer *Küſtenabſtand 606, größter 2050 km. Dem *Schelf (0—200 m) gehören 11,5 v. H., der *Kontinentalböſchung (200 bis 3000 m) 25,5, der Tiefenregion (unter 3000 m) 63,0 v. H. an. Karten bei L 58 und L 3/267, L 3/287 (Salzgehalt); 58/8—10. Vgl. auch L 14¹/109 ff. und L 56 b

atlantiſche Schwelle S-förmig gekrümmte, flache Aufwölbung des Meeresbodens von Island im N. bis zur Bouvet-Inſel im S.; auf ihr ſitzen die meiſten vulkaniſchen Inſeln auf. Seine Deutung verſucht L 33/231 ff.

atlantiſche Strömung (die frühere Bezeichnung *Golfſtrom empfiehlt ſich nicht, da bloß ein Teil der Waſſermaſſen aus dem Golf von Mexiko ſtammt) warme *Meeresſtrömung, die nördlich der Floridaſtraße (ſ. Antillenſtrömung) bis etwa 35⁰ nördl. Breite längs des Feſtlandes, dann nordöſtlich und öſtlich zieht und in fächerförmiger Auflöſung (unter 45⁰) mit anderen Meeresſtrömungen in Verbindung tritt. Der nordöſtlich gerichtete Zweig der a. St. (Golfſtromtrift, bis gegen Island wohl auch *iriſche Strömung genannt) dringt zwiſchen Faröer und Schottland hindurch und fließt parallel mit der norwegiſchen Küſte nach NNO.; ein öſtlicher Stromarm umzieht als *Nordkapſtrömung die Murmanküſte und endet nördlich der Petſchorabucht, der Hauptarm läuft als *Spitzbergenſtrömung längs der Weſtküſte dieſer Inſel, hier bis über 80⁰ nördl. Breite eine eisfreie Rinne ſchaffend. Am bedeutſamſten iſt die Wirkung der a. St. auf das Klima NW.-Europas als „Warmwaſſerheizung": Zurückdrängung der *äquatorialen Treibeisgrenze, Eisfreiheit der norwegiſchen Küſte bis über das Nordkap hinaus (L 3/333; 56 b/202 ff.; 57/128 ff.)

Atmoſphäre [gr. atmós Dunſt, sphaîra Ball, Kugel] die die Erdoberfläche umgebende Lufthülle (Ggſ.: Baryſphäre, *Bioſphäre, *Hydroſphäre, *Lithoſphäre). Die Höhe der A. dürfte 200 bis 300 km kaum überſteigen (L 2/563), ihre Zuſammenſetzung beſteht bis zu etwa 7 km Höhe zu 78 v. H. aus Stickſtoff, zu 21 v. H. aus Sauerſtoff (neben kleinſten Mengen von Argon, Kohlenſäure, Waſſerſtoff uſw.). Das Gewicht eines Kubikmeters Luft beträgt am Meeresſpiegel rund 1⅓ kg.

Atmosphärilien — Aufschüttungsbecken   15

homogene A. nennt man jenen (gedachten) Zustand der A., bei dem die Luft zu gleicher, am Meeresspiegel bei 0° C vorhandener Dichte gemengt wäre (s. auch Troposphäre)

Atmosphärilien zusammenfassende Bezeichnung für *Wind und *Wetter, *Regen und *Frost

Atoll ringförmiges, auf einer unterseeischen Erhebung (*Dultan) aufgebautes Korallenriff von einigen 100 m

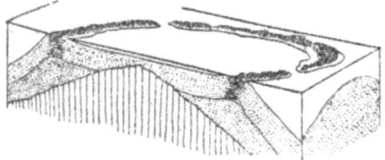

Abb. 9. Atoll. (Aus L 47a²/214)

Breite, aber nur geringer Höhe, das eine meist durch Riffkanäle mit dem Außenmeere verbundene *Lagune einschließt (L 5/226f.; 11³/408ff., 414ff.; 37¹/711ff.) (Abb. 9)

Atollhafen die natürliche Hafenbucht, die die Lagune des *Atolls bildet (L 2/479)

Atollseen *Seen, die in einem aufgeschütteten Wall von *Korallensand liegen (L 2/446)

Atrio s. Somma

Auen, *Stromauen entstehen in der Ebene als erweitertes Flußbett durch das seitliche und talabwärts Wandern der *Mäander und wachsen flußabwärts (mit Strombreite und Wassermasse). Die von einem *erodierenden Flusse (infolge Gesteinsverschiedenheiten u. a.) geschaffenen gekrümmten Täler bzw. ursprünglich eingesenkten *Talmäander werden durch Ablagung der Talsporne zwischen den Windungen zu *Talauen umgebildet, in denen sich der Fluß frei bewegt (L 3/519; 9, Bd. 627/39, 42)

Auen= (Fluß=) Ebenen *Ebenen, die als *Aufschüttungen eines durch stärkere *Seitenerosion die *Talsohle erweiternden Flusses oder durch Zuschüttung von *Seen gebildet werden können (L 3/540f.; 5/170; 9, Bd. 627/40)

aufgedeckte Dultanberge s. aufgesetzte D.

aufgelagerte Ebenen s. Akkumulationsebenen (L 7, Bd. 2²/371f.)

aufgelagerte Täler s. epigenetische Täler

aufgepfropfte Flüsse die Vereinigung mehrerer früher selbständiger *Flußsysteme zu einem neuen einzigen (L 47a²/126f.)

aufgeschüttete Ebenen s. Akkumulationsebenen (L 7, Bd. 2²/371f.)

aufgesetzte Berge (Gebirge) alle größeren und kleineren Erhebungen, die durch *Aufschüttung an der Erdoberfläche entstanden sind (*a. Dultanberge, *Dünen, Moränenhügel)

aufgesetzte Ebenen soviel wie *Akkumulationsebenen (L 7, Bd. 2²/371f.)

aufgesetzte Dultanberge nach *Supan (L 3/733) alle Bildungen, in denen das *Magma unmittelbar an die Oberfläche getreten ist; im Gegensatz zu den *aufgedeckten D., bei denen das ursprünglich nicht bis zur Oberfläche emporgedrungene Magma erst durch *Abtragung sichtbar wurde

Aufpressung der Schichten: mit der *Faltung verbundener Vorgang (L 41/56)

Aufschließungsküste s. Küste

Aufschüttung (*Ablagerung, *Akkumulation) der durch die *exogenen Kräfte neben Zerstörung und *Abtragung bewirkte Vorgang, wonach das von einer Stelle weggenommene Material an einer anderen, und zwar dann zur Anhäufung gelangt, sobald die das Material fortführende Kraft es nicht mehr zu verfrachten vermag. *Flüsse schütten auf, wo eine Verminderung ihres *Gefälles oder der Wassermenge eintritt, sie erhöhen ihr Bett und bilden *Schuttkegel, *Deltas, *Ebenen. Zu den Aufschüttungsformen des *Windes gehören *Dünen und *Löß

Aufschüttungsbecken oder =**wannen** *Hohlformen, die nicht auf wirklich beckenförmige Eintiefungen des Bodens zurückgehen (*Eintiefungsbecken), sondern durch *Aufschüttung fremden Materiales entstanden sind, sei es eines Dammes auf einer Seite (durch *Bergstürze, *Schuttkegel und Schottermassen gebildete *Damm= oder *Abdämmungsbecken), sei es eines Walles auf allen Seiten (durch *Moränen, *Dünen u. a. gebildete *Wall= oder *Umschüttungsbecken) (L 3/758ff.; 5/212; 11³/447)

Aufschüttungsboden Bezeichnung *Supans (L 3/618ff.) für jene der *Bodentypen, bei welcher die das Felsgerüst verhüllende Decke nicht an Ort und Stelle entstand (*Eluvialboden), sondern von anderswo, durch *Meer, *Fluß, *Gletscher, *Wind oder *vulkanische Ausbrüche zugeführt wurde. Der A. nimmt 37,5 v. H. der gesamten Landfläche ein (f. auch Eis-, Fels- und Wechselboden)

Aufschüttungsgebirge = aufgesetzte Berge

Aufschüttungshäfen zu denen auch die *Atollhäfen gehören: alle *Häfen, bei denen irgendein *Aufschüttungsvorgang (*Strandwall, *vulkanische Auswürflinge) einen Wellenbrecher für einen guten Ankerplatz geschaffen hat (L 3/814). Ggf.: Einbruchshäfen

Aufschüttungsinseln Nach *Supan (L 3/781) können *Inseln durch *Aufschüttung entstehen

Aufschüttungsküste hauptsächlich durch die Aufschüttung von Meer und Flüssen gebildete *Flachküste, häufig mit *Strandwällen und *Lagunen, *Haffen und *Strandseen (L 5/222)

Aufschüttungsterrassen Terrassen, die ein Fluß aus einer von ihm aufgeschütteten Talebene bei Bildung einer neuen, tiefer gelegten *Talsohle herausschneidet (L 7, Bd. 2²/118, 47a¹/107)

Aufschüttungswannen f. Aufschüttungsbecken

aufsteigende Quellen f. absteigende Quellen

Auftauchungsinseln, -küste beide dadurch gebildet, daß Teile des Meeresbodens über Wasser geraten (L 5/211, 222, 225)

Auftriebwasser aus der Tiefe des Meeres aufsteigendes kaltes Wasser als Ersatz für die von *Wind und *Meeresströmungen fortgeführten Mengen (L 2/544; 57/68, 76)

Ausbruchsgebirge *Vulkan- (also *aufgesetzte) Gebirge, so mit Rücksicht auf ihre Bildung durch *Eruptivgesteine genannt (L 2/386; 37²/212ff.)

Ausbruchsteine f. Eruptivgesteine

Ausfüllungsdelta *Delta, das ein *Fluß in der *Bucht einer *Küste (also einen einspringenden Winkel derselben ausfüllend) bildet (L 3/582; 37¹/480)

Ausfüllungsterrassen soviel wie *Aufschüttungsterrassen

Ausfurchung Bezeichnung *Passarges (L 11³/121) für *Erosion des fließenden Wassers

Ausfurchungsgrenzfläche = *Erosionsbasis

ausgefüllte Landsenken *Landsenken, deren Ausfüllungsmassen Anschwemmungen (von *Flüssen und Seen) oder *äolischen Ablagerungen entstammen (L 3/641ff.)

Ausgleichs- (Niveau-) **Fläche** in 100 bis 120 km Tiefe, auf Grund des Gesetzes der *Isostasie angenommene Zone, in der die Dichteunterschiede aufgehoben sind (L 3/16; 5/107)

Ausgleichs- (ausgeglichene)**Küste** glatte, aus *Flach- und *Steilküstenstücken zusammengesetzte *Küste, aus einer stark gegliederten Küste durch Zerstörung der Vorsprünge und Zuschüttung der Buchten (bei gleichbleibendem Meeresniveau) entstanden (L 3/806; 5/222; 9, Bd. 627/108)

Ausgleichsströmungen Sind zwei benachbarte Meeresteile von ungleicher Dichte durch eine schmale Meeresstraße verbunden, so zieht das leichtere Wasser als Ober- über dem entgegengesetzt gerichteten schweren Unterstrom; zwischen beiden eine aufsteigende Strömung vom Unter- zum Oberstrom, eine absteigende in umgekehrter Richtung

Ausgleichungsebenen nach *Wagner (L 2/387) Ebenen, die entweder durch Zuschüttung der Unebenheiten einer felsigen Unterlage (*Akkumulationsebenen) oder durch deren *Abtragung entstanden sind (*Rumpfplatte).

Ausleilen einer Schicht ihr allmähliches Dünnerwerden nach einer Richtung (Abb. L 37¹/189)

Auslaufquellen = *absteigende Quellen (L 11³/225)

Auslieger f. Tafelrestberge

Ausmaß einer Verwerfung ([*vertikale] *Sprung- oder *Schubhöhe) „der Betrag der vertikalen Verschiebung, den zwei *Schollen an einer *Verwerfung erfahren haben, gemessen auf einer zur *Verwerfungsfläche senkrechten Ebene" (L 41/84f. mit Abb. 91; 7, Bd. 2¹/121ff.) (f. auch Horizontalsprungweite)

Ausnagung f. Abtragung
Ausräumungsbecken f.Eintiefungsbecken
außenbürtige Kräfte f. exogene Kräfte
Außenhandel gegenüber dem innerhalb der Grenzen eines Staates sich vollziehenden Warenverkehre jener, der diese Grenzen überschreitet. Er besteht aus *Einfuhr (*Import), *Ausfuhr (*Export) und *Durchfuhr (*Transit); die beiden ersteren auch als *Spezialhandel, alle drei als *Generalhandel bezeichnet
Außenküste die vom offenen Meere begrenzten, oft nur geringe Vorsprünge und Einbuchtungen zeigenden Teile der Küstenlinie, gegenüber der *Innenküste, worunter die dem Inneren der Buchten entlang ziehenden Strecken verstanden werden (L 2/466; 5/220)
Außenseite von Saltengebirgen f. Innenseite von Saltengebirgen
Aussichtsweite der von einem erhöhten Punkt der Erdoberfläche überschaute Teil. Aus der Formel $a = \sqrt{\frac{2R}{1-k}} \cdot \sqrt{h}$ (wobei a den Halbmesser der überblickbaren Oberfläche, R den Erdradius, k [= 0,13] den mittleren *Refraktionskoeffizienten und h die Erhebung über die Erde darstellt) findet man für

eine Höhe von	die Weite von	eine Höhe von	die Weite von
50 m	27,1 km	1000 m	121,0 km
100 =	38,3 =	2000 =	171,1 =
500 =	85,6 =	3000 =	209,6 =

(L 2/95)
Ausstrahlung der Wärme Die von der Sonne dem Erdboden zugeführte Wärme wird von diesem nur zum kleinen Teil aufgenommen, zum weitaus größeren aber langsam an die (zumal bei größerem Wasserdampfgehalt und Wolken schlecht leitende) Luft wieder abgegeben; diese Ausstrahlung vom Boden her bewirkt eigentlich die Erwärmung der unteren Luftschichten
Australier f. Drawida
Australische Masse eines der alten archäischen, seit vorkambrischer Zeit nicht mehr gefalteten Massive im Westen Australiens (L 29/14) (Abb. 1)
australisches Tiergebiet nach 78/68, 71ff. tiergeographische Unterabteilung der *Notogäa, nach 79/72f. die neu-

holländische Provinz des indoaustralischen Reiches bildend
Auswaschungsbeben f. Einsturzbeben
Auswurfsgesteine f. Eruptivgesteine
autochthon [gr. autós derselbe, chthón Erde] f. allochthon
autochthóne Gebirge G., die dort, wo sie sich heute befinden, auch entstanden sind (f. auch Deckentheorie) (L 2/406)
Azimut [arab. assumût die Wege] oder *Richtungswinkel. Auf dem *Horizont: jeder Winkel, dessen einer Schenkel in die *Meridianlinie, dessen anderer in eine beliebige Richtung fällt; ist der eine Schenkel der *magnetische Meridian, so spricht man vom magnetischen A. — A. eines Sternes: das Bogenstück des *Horizontes zwischen jenem Winkel (oder *Nordpunkt) und jenem Punkte, wo der durch dieses Gestirn gehende *Vertikalkreis den Horizont trifft; oder auch der bei diesem Bogenstück entsprechende Winkel zwischen dem Vertikalkreis dieses Sternes und dem *Meridian. Die *Höhe des Ster-

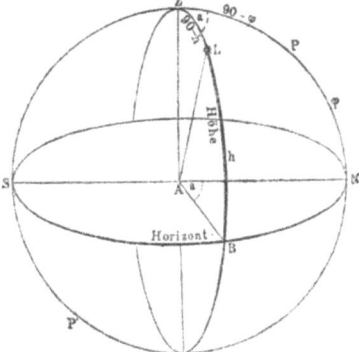

Abb. 10. Azimut, Meridian, Vertikalkreis. (Aus L 2/52.) Z = Zenit, Z' = Nadir, P = Nordpol. Azimut des Sternes L (hier von Norden gezählt) = $NZB = a$. Höhe des Sternes $L = LB = h$; sein Zenitabstand = $ZL = 90 - h$. Meridian(kreis) = $ZNZ'S$; Meridianlinie = SN. Vertikalkreis = $ZLBZ'$. Polhöhe = PN = der geographischen Breite φ; der Zenitabstand des Pols = ZP = $90 - \varphi$. Azimut und Höhe des Sternes L bilden seine Horizontkoordinaten

azimutale Projektionen — Babinet-Mollweidesche Zylinderprojektion

nes und sein A. bestimmen seine Lage in bezug auf den Horizont (Abb. 10)
azimutale Projektionen [lat. projicere vorwerfen, entwerfen] *Kartenprojektionen, bei denen alle Punkte rings um den Kartenmittelpunkt (*Projektionspol) dasselbe *Azimut haben wie auf der Erdkugel; im Gegensatz zu den Projektionen auf abwickelbaren, einseitig gekrümmten Flächen (*Zylinder-, *Kegelprojektionen) solche auf eine nicht gekrümmte Ebene, welche die Erdoberfläche an einem Punkte berührt (also auf die Ebene des scheinbaren *Horizontes). Die Richtungslinien zum Kartenmittelpunkt (auf der Erdoberfläche Stücke größter Kugelkreise, auf der Karte Bündel von geradlinigen Strahlen) schneiden sich in ihm, und alle von ihm gleichweit entfernten Punkte liegen in der Karte auf konzentrischen Kreisen. Je nach dem Gesetz, nach welchem die Länge dieser Azimutstrahlen vom Kartenmittelpunkt aus aufgetragen werden, unterscheidet man die *mittelabstandstreue, *flächentreue, *orthographische, *zentrale und *stereographische P.; die drei letzteren werden auch als *perspektivische P. zusammengefaßt (L 2/221 ff.; 20/131 ff.; 23¹/28 ff.) (Abb. 11)

azoische Ära [gr. a ohne, zóon Lebewesen] *geologisches Zeitalter, aus dem wir keine organischen Reste (*Fossilien) kennen (s. geologische Zeitalter)

Azteken zu den indianischen Urbewohnern Mittelamerikas von N. eingewandertes Volk der Nahua, auf hoher Kulturstufe stehend; ihr im 15. Jahrhundert blühendes Reich von *Cortez vernichtet (L 5/336; 109¹/172 ff.)

Babinet-Mollweidesche Zylinderprojektion unechte *Zylinderprojektion, bei der die *Meridiane Ellipsen sind, die durch Gleichteilung der *Breitenkreise bestimmt werden. Diese sind Gerade, deren Abstände polwärts kleiner werden, da die Bildstreifen zwischen zwei Breitenkreisen flächengleich gemacht sind den entsprechenden Ku-

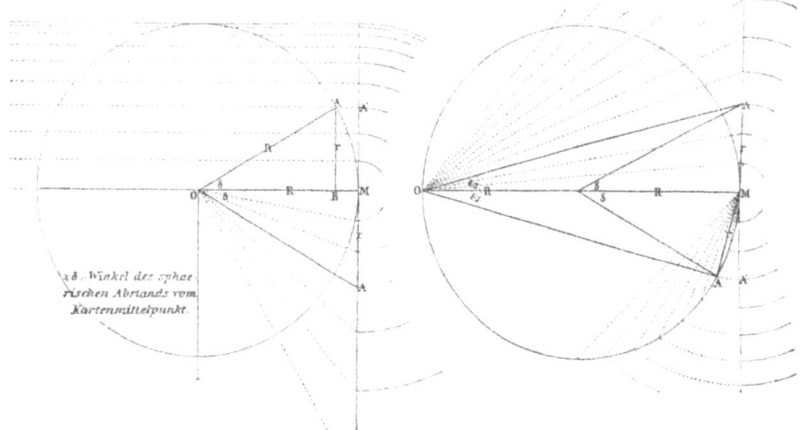

Abb. 11. Das Prinzip der drei perspektivischen und der flächentreuen azimutalen Projektionen. (Aus Sydow-Wagner, Methodischer Schulatlas.) Links 1. obere Hälfte: Orthographische (oder Parallel-) Projektion; Augenpunkt im Unendlichen, Radius der Horizontalkreise $r = R \sin \delta$. 2. untere Hälfte: Zentrale (oder gnomonische) Projektion; Augenpunkt im Erdmittelpunkt, Radius der Horizontalkreise $r = R \tan \delta$. Rechts 3. obere Hälfte: Stereographische Projektion; Augenpunkt im Gegenpol des Kartenmittelpunktes $r = 2R \tan \delta/2$. 4. untere Hälfte: Lamberts flächentreue Azimutalprojektion; Radius der Horizontalkreise gleich der Sehne entsprechender Kugelkappen, $r = 2R \sin \delta/2$

Babinets barometrische Höhenformel — Barchan

gelzonen. Flächentreu. Für Halbkugeln oder die ganze Erdoberfläche in Verwendung (L 2/214; 4/63; 5/79; 20/122f.; 23¹/82f.) (f. auch flächentreue Azimutalprojektion) (Abb. 12)

Babinets barometrische Höhenformel

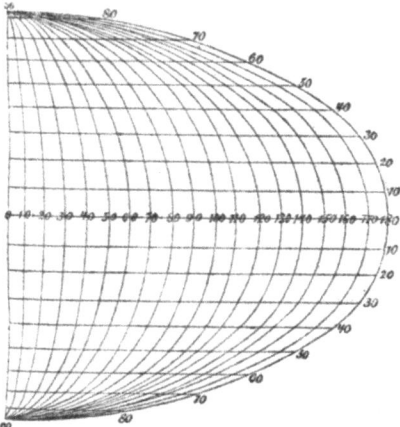

Abb. 12. Babinets-Mollweides Zylinderprojektion. (Aus L 22/108)

Mittel zur einfachen Berechnung von Höhen bis zu 2000 m (*barometrische Höhenmessung); Höhe (in m) = 16010 (1 + 0,002 [T + t]) $\frac{B-b}{B+b}$, wobei T und t die Temperaturen, B und b die Barometerstände an der oberen und unteren Station sind

Badlands-Erosion ein weit vorgeschrittenes Stadium der Zerstörung durch *Verwitterung und *Abtragung (*Abspülung, *Erosion) in den leicht zerstörbaren, undurchlässigen *Tertiärschichten des vereinsstaatlichen Dakota, ein Gewirr kleiner Schluchten und niedriger Kämme

Baffin, William, engl. Seefahrer, * 1584, † 1622, bemühte sich nach anderen um die „*nordwestliche Durchfahrt" und fand 1616 (mit Robert *Bylot) auf der „Discovery" die Baffinbai, hielt sie aber, trotzdem man bis zum Eingang des Lancastersundes vordrang, für eine geschlossene Bucht, worauf für 2 Jahrhunderte weitere Versuche englischerseits, einen Eingang zur „Nordwestpassage" zu finden, unterblieben

Baien die mehr oder minder flachen Einbiegungen der *Küste; Baien = *Buchten und *Golfe = *Meerbusen, von Sölch als Küsten- und Festlandsgliederung einander gegenübergestellt (L 5/221)

Balboa, Dasco Nuñez de, span. Eroberer, * 1475, † 1517, überschritt 1513 die Landenge von Panama (Darien) und entdeckte so den Stillen Ozean, den er Südsee (Mar del Sur) nannte

Baltischer Schild [nach E. Sueß] (L 1²/58ff.) auch *Fennostandisches Massiv] der *Fennostandiabiszum *Kaledonischen Gebirge einnehmende, aus *Urgestein zusammengesetzte Teil der *Russischen Tafel; morphologisch eine typische *Rumpffläche (L 3/711; 14¹/189f.; 35¹/794) (f. auch Angaraland, Kanadischer Schild, Gondwanaland) (Abb. 1)

Bänderung (*Blätter- oder Blaublätterstruktur des Eises) eigentümliche Erscheinung an den Gletscherzungen, wonach das Eis durch Fugen in zahlreiche „sich austeilende und übergreifende", blaue oder weißliche Blätter zerlegt wird (L 65/45 ff.)

Banse, Ewald, * 1883 in Braunschweig, bereiste mehrfach den Orient, gilt methodisch als Außenseiter, der die Gg. „aus einer Wissenschaft in den Rang einer Kunstform zu erheben" sucht (L 14¹/144). Schrieb u. a. „Die Türkei" (3. Aufl. 1919), „Das Buch vom Morgenland" (1926), gab eine „Illustrierte Länderkunde" (5. Aufl. 1927) und L 14 heraus

Bantu-Neger f. Neger

Barchan [turkmen.] (*Bogen-, *Sicheldüne) besonderer, zumal in Innerasien vorkommender *Dünentypus, halbmondförmig mit konvexer *Luv- und steilerer konkaver *Leeseite; „senkrecht zur Windrichtung gestellt, erhalten sie ihren Grundriß dadurch, daß der Wind die niedrigeren Enden der Sandhügel leichter vorwärts schleppt als die Hauptmasse in der Mitte" (L

5/188). Häufig zu weitgedehnten Zügen neben- und hintereinander angeordnet (f. auch Parabeldünen) (Abb. 13)

Abb. 13. Ansicht eines turkestanischen Barchans; rechts Luvseite. (Aus L 37¹/329)

Barentsz, Wilhelm, holl. Seefahrer, † 1597, verfolgte das Problem der *nordöstlichen Durchfahrt (um Nordeuropa und Nordasien herum nach China und Japan) und entdeckte 1594 Nowaja-Semlja, 1596 die Bäreninsel und Spitzbergen

barische Windgesetze [gr. báros Schwere] 1. Die vom Erdboden ausgehende größere Erwärmung einer Luftschichte gegenüber den benachbarten bewirkt in den Flächen gleichen *Luftdrucks über ihr eine allmähliche, gegen die anstoßenden kühleren ein deutliches Gefälle zeigende Hebung; nach dieser Richtung bewegen sich die ausgleichenden Luft- (fog. *Konvektions-) Strömungen. 2. Die im Gleichgewicht gestörte Luft strömt stets von Gegenden höheren (*Antizyklone) zu solchen niederen Luftdrucks (*Zyklone). 3. Die Stärke der Luftbewegung ist vom *Gradienten abhängig. 4. Das Buys-Ballotsche Windgesetz

Barograph [gr. gráphein schreiben] f. Aneroidbarometer

Barométer [gr. métrein messen] Instrument zur Messung des (in Zeit und Ort veränderlichen) *Luftdruckes; gewöhnlich als U-förmige, auf der einen Seite luftdicht verschlossene, auf der anderen offene Röhre mit Zentimetereinteilung verwendet. Der Luftdruck bewirkt im offenen Schenkel ein Sinken der Quecksilbersäule, die im geschlossenen Schenkel so lange ansteigt, bis ihr durch den Luftdruck das Gleichgewicht gehalten wird. Der Luftdruck einer Quecksilbersäule von 76 cm bei 0° auf 1 qcm beträgt im Meeresspiegel 1033 g (barometrischer Normaldruck). (L 14/147.) S. auch Aneroidbarometer

barometrische Höhenformel f. Babinets b. H.

barometrische Höhenmessung Das Grundgesetz, daß mit zunehmender Höhe der *Luftdruck in geometrischer Progression abnimmt, führt schließlich zur For-

mel $h_2 - h_1 = 18400 \log \frac{B}{b}$ (wobei h_2 und h_1 zwei verschiedene Höhen, B und b die ihnen entsprechenden Barometerstände bedeuten); allerdings wird die Formel verwickelter, wenn man die Temperaturen beider Stationen (Temperaturkorrektion), das Verhältnis des jeweiligen *Dampfdruckes zum Luftdruck und den Einfluß der Schwereänderung nach der wechselnden *geogr. Breite und der Höhe über dem Meere mitberücksichtigt (man besitzt Tabellen für diese Korrektionen); unter Berücksichtigung der Lufttemperatur der beiden Stationen T und t und des Ausdehnungskoeffizienten der Luft (α für 1° = 0,004) lautet die erweiterte Formel $h_2 - h_1 = 18400 \log \frac{B}{b}$ $(1 + \alpha T_0)$, wobei T_0 als *mittlere Temperatur $= \frac{T+t}{2}$ zu berechnen ist.

Da aber die letzteren Faktoren für weite Gebiete nur geringfügige Änderungen ergeben, so lautet die für Mitteldeutschland gültige Formel (bei einer geogr. Breite von 50° und einem Dampfdruck $= \frac{1}{100}$ des Luftdrucks) $h_2 - h_1 = 18464$ $\log \frac{B}{b} (1 + 0{,}002 [T + t])$

barometrische Höhenstufe die Meterzahl-Erhebung über dem Meere, die dem Sinken des Barometers (vom Normaldruck von 760 mm im Meeresspiegel) um 1 mm entspricht; sie beträgt (für 0° Temperatur) im Tiefland etwa

barometrisches Maximum — Baumgrenze 21

11, in 1000 m Höhe 12, in 2000 m 13,5 m, in 3000 m 15,3 m usw.
barometrisches Maximum s. Hochdruckgebiet, Antizyklone
barometrisches Minimum s. Tiefdruckgebiet, Zyklone
Barráncas [span. barránca Schlucht] in die Seitenwände eines *Vulkans tief einschneidende, durch das abfließende Regenwasser erzeugte, schluchtartige *Täler in radialer Anordnung (L 5/148; 37'/43)

in den westlichen Pyrenäen, das auch in seiner Kultur vielfach an vorgeschichtliche Zustände gemahnt
Bastian, Adolf, Forschungsreisender und Ethnolog, * 1826 in Bremen, † 1905 auf Trinidad, lehrte „daß infolge Gleichartigkeit des menschlichen Geistes dieselben Grundelemente des Kulturlebens (Elementargedanken) bei einigermaßen gleichen Bedingungen überall in gleicher Weise auftreten müssen, nur durch die besonderen Ver-

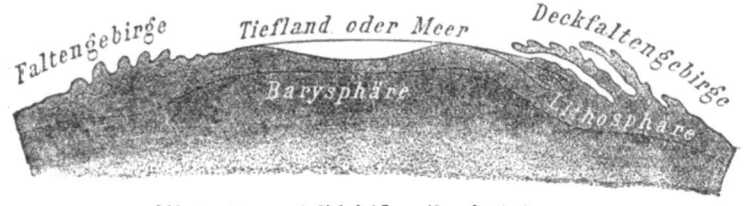

Abb. 14. **Bary- und Lithosphäre.** (Aus L 37¹/48)

Barren bis zum oder über den Wasserspiegel aufragende Uferwälle (Dämme) an Seen oder am Meere, gebildet aus den *Sedimenten mündender Flüsse bzw. dem vom Meere herbeigeführten Material (*Küstenversetzung). Häufiges Hindernis für die Einfahrt in Flußmündungen (B.mündungen)
Barrow, John, engl. Forschungsreisender, drang 1795—1802 in Südafrika bis zum Oranje vor
Barth, Heinrich, deutscher Forschungsreisender, * 1821 in Hamburg, † 1865 in Berlin. 1850—1855 für die Entdeckungsgeschichte Afrikas wichtige Reise in Sahara und Sudan von Tripolis aus. Reisen und Entdeckungen in N.- und Zentral-Afrika, 5 Bde. 1857/8 (L 5/28; 14/148; 15/139)
Barysphäre [gr. barýs schwer, sphaíra Kugel] die tiefliegenden schweren Teile der *Erdrinde. Ggs.: *Lithosphäre, *Atmo-, *Bio- und Hydrosphäre (Abb. 14)
Baschkiren ein tatarisierter finnischer Stamm des östlichen Rußlands
Basis einer Decke s. Deckentheorie
Basken sprachlich von den heutigen *Indoeuropäern geschiedenes (sog. Rest-)Volk von etwa ¾ Mill. Köpfen

hältnisse, unter denen die einzelnen Völker leben, verschieden gestaltet (als Völkergedanken)" (L 115/440)
Batáte (Ipomoea Batátas) zu den Windengewächsen gehörende Pflanze, deren stärkereiche Wurzelknollen eine der wichtigsten Brotpflanzen der *Tropen sind
Batholithe [gr. báthos Tiefe, líthos Stein] fast immer granitische *Magmamassen, die, ihre nicht durchbrochene Decke bisweilen domförmig aufwölbend, gegen die Tiefe an Breite zunehmen und mit der Magmaherde zusammenhängen
Bätische (Andalusische) **Kordillere** [Bética altröm. Provinz Spaniens] junges *Faltengebirge im S. der iberischen *Meseta, dessen Teil die Sierra Nevada ist. L 7, Bd. 2¹/190
Baumann, Oskar, österr. Forschungsreisender, * 1864, † 1899 in Wien, verfolgte 1891 den Kagera (Nilquellfluß) bis zum Ursprung. „Durch Massailand zur Nilquelle" 1894)
Baumgrenze entweder als *Polargrenze des Baumwuchses (L 2/706) oder als Höhenlinie, s. Höhengrenzen von Pflanzen

Baumsteppe f. Savanne (L 3/852)

Beaufort=Skala zwölfstufige Skala zur gefühlsmäßigen Abschätzung der Windstärke; so bedeuten: 2 (schwacher Wind) 3,1 m in der Sek., 4 (mäßiger Wind) 6,7 m, 6 (starker Wind) 10,7 m, 12 (Orkan) über 40 m (s. auch Schalen[kreuz]anemometer)

Becken (*Wannen) von ansteigenden Böschungen umgebene Hohlformen. Ihrer Entstehung nach unterscheidet L 3/746 *Aufschüttungs= und *Eintiefungs=B. (s. auch Senken)

Becken= (Wannen=) Landschaften solche, in denen *Becken — wie zumal in den *Trocken= und alten Gletschergebieten — gesellig auftreten

Beckenseen von *Supan (L 3/757) im Gegensatz zu den *Mündungsseen für Seen gewählt, die sich bilden, „wo eine gleichsinnige Abdachung von einer Vertiefung unterbrochen wird"

Beduinen [arab. Badâwî die das offene Feld Bewohnenden] die kamelzüchtenden echten Nomaden Arabiens (L 109=/370)

Behaim, Martin, Kosmograph, * um 1459 in Nürnberg, † 1507 in Lissabon, bereiste die Guineaküste, lebte einige Jahre auf den Azoren und fertigte 1492 den berühmten ersten Erdglobus an (L 17/23 ff.)

Behrmann, Walter, Geograph, * 1882 in Oldenburg, Prof. a. d. Univ. Frankfurt a. M., bereiste 1912/4 Neuguinea und China

Beludschen arisches, mit mongolischem Blute vermischtes Volk SO.=Irans

Benguelaströmung kalte *Meeresströmung im südlichen Stromkreis der *Äquatorialströmungen des Atlantischen Ozeans. Die südliche Äquatorialströmung teilt sich beim Kap San Roque, ein nördlicher Arm läuft als warme *Guayanaströmung längs der Nordostküste Südamerikas und vereinigt sich mit der nördlichen Äquatorialströmung zur *Antillen= und *Karibischen Strömung, ein zweiter, südlicher Arm fließt als warme *Brasil(ien)strömung erst längs der Küste Südamerikas, biegt dann bis 48⁰ l. Br. immer mehr gegen O. aus, um als warme *südatlantische Verbindungsströmung ganz nach O. zu fließen, und schließt, vereint mit einzelnen Ausläufern der *antarktischen Ostströmung bis zur Einmündung in die äquatoriale Strömung als B. der afrikanischen Küste entlangziehend, den Stromkreis. Zwischen die Brasil(ien)strömung und die südamerikanische Küste bis Rio de Janeiro zwängt sich die kalte *Falklandströmung, ein Arm der antarktischen Ostströmung, als *Kompensationsströmung ein (L 3/339; 57/118, 134; 61c/137/8)

Bénthos [gr. bénthos die Tiefe] die an den Meeresboden gebundenen (festliegenden, laufenden, kriechenden) Organismen, im Gegensatz zum *Nekton, den selbsttätig, auch gegen die Strömung sich bewegenden Tieren, und dem *Plankton, dem Inbegriff aller kleinen treibenden Organismen, die widerstandslos den Bewegungen des Meeres folgen

Berber die alten Libyer, Numider u. a. fortsetzendes hamitisches Volk Nordwestafrikas, umfassend die Bewohner Marokkos (die eigentlichen B. und die mit Negerblut stark vermischten *Mauren), Algeriens (*Kabylen), Tunesiens (*Zuaven) und der Sáhara (*Tuareg). Hauptsächlich Ackerbauer mit primitiver gewerblicher Technik (L 14/171 f.)

Berge „mehr oder minder isolierte, ringsum abfallende Erhebungen" (L 10²/310). Unregelmäßige Anhäufungen von B. bilden ein *Bergland (L 3/631). Kleine B. heißen *Hügel; ihr geselliges Auftreten in regelloser Anordnung nennt man *Hügelland. *Supan (L 3/741 f.) unterscheidet hinsichtlich der B. (und Hügel) 1. vulkanische B. (*Dulkane) und 2. nichtvulkan. B., die er wiederum in *aufgesetzte B. (wie *Dünen und *Moränenhügel), in Schollen=B. (*Horste) in umschichtete B., in Rest=B. (*Auslieger = *Zeugen = *Tafelrest=B., *Rumpfrest=B.) und schließlich in Umlauf=B. gliedert. Die B.= und Hügelländer aber können sein: a) vulkanischer Herkunft oder Vereinigungen von b) Schollen=B., c) Destruktions=B. oder d) Berg= und Hügelgruppen von gemischter Entstehung

Bergfeuchtigkeit die äußerst geringe Wassermenge, welche die kapillaren (haarfeinen) Hohlräume der *kristalli=

nischen Gesteine bis etwa 1000 m Tiefe erfüllt (L 3/493; 9, Bd.628/11;11³/207)
Bergklima s. Höhenklima
Bergkuppe *Berg mit flachem, abgerundetem Gipfel
Bergland s. Berge
Berglauf von Flüssen: entweder = Oberlauf im Gegensatz zum *Flachoder Unterlauf (L 2/462) oder ein durch hohe Ufer gekennzeichnetes Flußstück, im Gegensatz zum Flachlauf, bei dem das Ufer höchstens auf einer Seite höher ist (L 3/743)
Berg= (Fels=) Rutschungen Felsbewegungen an steilen Gehängen, wenn Wasserdurchtränkung die sonst vorhandene starke Kohäsion aufhebt (L 5/144)
Bergschatten der durch das Gebirge hervorgerufene Schatten, der durch die Verkürzung der möglichen Sonnenstrahlung im Gebirge eine nicht unbedeutende Rolle spielt (L 2/572; 3/67)
Bergschlipf (*Felsglitsch) Felsbewegungen an steilen Gehängen, "wenn die Reibung dadurch so stark vermindert wird, daß sich die Unterlage des Felsens mit Wasser, das er selbst durchläßt, vollsaugt und glitschig wird" (L 5/144)
Bergschrund die als deutliche Kluft in gekrümmter, etwa senkrecht zur Fallrichtung verlaufender Linie auftretende Grenze zwischen bewegtem und am Felsen haftendem *Firn
Berg= (Fels=) Sturz Felsbewegungen an steilen Gehängen, wenn nicht Wasserdurchtränkung (*Bergrutschungen), sondern Spaltenverwitterung (*Spaltenfrost) oder *Krustenbewegungen die Kohäsion aufheben (L 5/144); vgl. auch L 3/490 und 37¹/462ff.
Bergufer das höhere Ufer mancher Flüsse im Gegensatz zu dem als *Wiesenufer bezeichneten niedrigeren
Berg= und Talwinde tägliche periodische Winde. Talwind: früh und vormittags bewirkt die größere Erwärmung der Talwände gegenüber der *Talsohle einen von den *Gehängen aufsteigenden Wind; der an dem Talursprung gegenüber dem Talausgange geringere *Luftdruck erzeugt einen talaufwärts wehenden Wind. Berg=

wind: abends und nachts strömt die sich abkühlende Luft einerseits an den Gehängen herab der Talsohle, anderseits talabwärts dem Ausgange zu, wo sie unter besonderen Bedingungen (L 2/603; 47a¹/45; 60a/451) stark fühlbar wird (L 61b/74). Nach Barschall ("Entstehung der Gebirgswinde", Met. Zf. 36 [1919]) verdanken sie „ihre Entstehung der unmittelbaren Aus= und Einstrahlung des Bodens; dadurch werden nachts die dem Erdboden unmittelbar aufliegenden, abgekühlten Luftschichten genötigt, längs der geneigten Fläche des Abhanges herabzugleiten; am Tage wird jedoch die durch Berührung mit dem Erdboden erwärmte Luft vertikal in die Höhe steigen, so daß ein Talwind nicht zustande kommt"
Bering, Vitus (Veit), dän., in russ. Diensten stehender Seefahrer, * 1680, † 1741; er durchfuhr, zur Klärung der Frage eines Zusammenhanges zwischen Asien und Amerika, 1728 die später nach ihm benannte Straße, 1741 erreichte er am Prince=of=Wales=Sund Amerika (L 15/118f.; 18/82)
Beringvölker s. Polarvölker
Betschuánen mit den *Zulus u. a. zu der Kaffergruppe der *Bantu=Neger gehörendes Volk Südostafrikas; kriegerische, viehzüchtende Nomaden, seltener Ackerbauer
Bifurkatión [lat. bifurcus zweigabelig] *Flußvermischung, echte *Flußgabelung: zwei verschiedenen *Stromgebieten angehörende Flüsse treten während ihres Laufes miteinander in Verbindung, indem der von einem Fluß sich loslösende Arm sich dem anderen Stromgebiet zuwendet (L 5/177) (s. auch Wasserteilung)
Binnendelta s. Delta
Binnendepression s. Depressionen; Ggs.: *Küstendepression
Binnen(land)dünen die *Dünen im Inneren des Landes (Grundform *Barchane); Ggs.: *Stranddünen
Binneneis s. Inlandeis
Binnenhäfen die im Gegensatz zu den *Seehäfen landeinwärts gelegenen *Häfen, entweder an Flüssen als *Flußhäfen oder an größeren Seen
Binnenmeere s. Mittelmeere

Binnenseen gewöhnlich soviel wie *Seen überhaupt

Binnensenken die im Inneren der *Kontinente gelegenen, vielfach *abflußlosen *Senken im Gegensatz zu den klimatischen Einfluß des Meeres besser erschlossenen *peripherischen oder *Randsenken

biogéne Sedimente [gr. génesis Entstehung] die von den Organismen stammende Bedeckung des Meeresbodens, gegliedert in *Globigerinen=, *Pteropoden=, *Diatomeen=, *Radiolarienschlamm und *roten Ton. Ggs.: *terrigene S., die das Land liefert, geschieden (nach dem Ursprung) in vulkanische, glaziale und *Trümmergesteine oder (nach der Korngröße) in Block=, Kies=, Sand= und *Schlickablagerungen. Eine von dieser genetischen nicht wesentlich verschiedene regionale Einteilung ist die in litorale bzw. kontinentale und pelagische S.; diese, gesondert in die Ablagerungen des *Kontinentalabfalles und der *Tiefseetafel, bestehen überwiegend (neben geringen noch vom Lande stammenden Mengen) aus den Resten von Meerestieren (einem Regen gleich sinken die Schalen und Skeletteile von Myriaden Organismen beständig zu Boden) und dem vom Meeresboden, vor allem durch untermeerische *Vulkanausbrüche gelieferten Materiale; jene liefert die von den Wogen ununterbrochen angegriffene *Küste (daher die Trennung in Strand= und *Schelfablagerungen) bzw. das Land, soweit die Flüsse seine Zerstörungsprodukte dem Meere zuführen, das zuerst die gröberen Stücke, dann den Sand (vulkanischen und Korallensand) und schließlich den feinerdigen Schlamm (vulkanischen Schlamm und Schlick) ablagert. Genauere Einteilung und Karte bei L 37¹/668ff. (vgl. auch L 59; 34/471ff.; 5/87)

Biogeographie [gr. bios Leben, gē Erde, gráphein schreiben] die Beziehungen zwischen Erde und Organismen (Pflanzen, Tieren und Menschen) behandelnd und daher gegliedert in *Pflanzen=, *Tier= und *Anthropogeographie

Biosphäre [gr. sphaira Kugel] nach *Wagner (L 2/644ff.) als Wohn= und Spielraum der Lebewesen der *Atmo=, *Bary=, *Hydro= und *Lithosphäre gegenübergestellt

Birmanen mit *Siamesen, den *Thaivölkern, *Annamiten u. a. als *Indo= oder *Malaiochinesen bezeichnete, den Chinesen verwandte, doch auch einen malaiischen Einschlag verratende Völker (L 5/328)

Bleich= (Grau=) **Erden** weiße, bzw. graue, humusreiche Böden ohne Eisengehalt; hierher gehören der nordrussische *Podsol (Aschenboden) und die grauen nordischen Heide= und Waldböden (L 3/483; 11³/145; 53b/43)

blinde Täler s. Karsterscheinungen

Blindhöhlen Höhlen ohne Ausgang; Ggs.: *Durchgangshöhlen (L 5/155)

Blindseen *Seen, die nur einen unterirdischen Abfluß haben (L 5/213)

Blockdiagramm [gr. diagráphein abzeichnen] eine, die Vereinigung von Karte und geologischem *Profil darstellende, perspektivische Zeichnung, die an den Seiten eines gleichsam aus der Erdoberfläche herausgeschnittenen Blockes die *Struktur (den inneren Bau), an ihrer Oberfläche die Formen — und so als Ganzes den Zusammenhang zwischen beiden — vereinfacht (schematisiert) zur Anschauung bringt (L 2/243; 24/452f.)

Blöde (vulkanische) blockartige Auswürflinge einer vulkanischen *Eruption

Blockfelder, Bl.= oder Felsenmeere das von der *Verwitterung in kristallinischen *Massen= und Schiefergesteinen geschaffene, durch *Abspülung und Auswehung von den lockeren Massen zwischen seinen Fugen entblößte Trümmergewirr in der Kamm= und Gipfelregion (hier *Blockgipfel genannt) der deutschen Mittelgebirge

Blockgipfel s. Blockfelder

Block= (Schollen=) **Lava** die Trümmermassen, in welche die *Lava bei einer schnellen und von starker Dampfentwicklung begleiteten *Eruption zerfällt

Bö stoßartig wehender *Wind

Boddenküste stark gelappte, den Übergang von glatter zur gebuchteten vermittelnde *Küstenform, entstanden durch jugendliche Eingriffe des Meeres bei gleichzeitiger Senkung des Landes (L 2/474; 3/805; 9, Bd. 627/109)

Bodenarten Böden mit übereinstimmendem Bau und hinsichtlich der *Verwitterungsart gleichen Bedingungen der Entstehung. Ramann gibt ein System der Böden, bei dem er, klimatische Momente in den Vordergrund stellend (*aride, *humide Böden), klimatische Bodenregionen der kalten, gemäßigten usw. Zone und, nach der Farbe als *Bleich= oder *Grauerden, *Schwarz=, *Braun=, *Gelb= und *Rot=erden bezeichnete Bodenbildungen aussondert und diesen die jeweiligen sog. *Ortsböden unterordnet (L 53b/110 f.; vgl. auch L 9, Bd. 627/24 ff.; ferner L 63c und d)

Bodeneis s. Schnee=Eis
Bodenfluß s. Solifluktion
Bodengestaltung des Meeres s. Meeresboden
Bodenschub = *Getriech (L 11³/180 ff., 192)
bodenständige Bevölkerung die mit bodenständigen Berufsarten beschäftigte B. (mit Land= und Forstwirtschaft, Jagd und Fischerei, Bergbau und gewissen, an vorkommende landwirtschaftliche oder bergbauliche Erzeugnisse anknüpfenden Industrien)
bodenständige Siedlungen die dauernden Wohnplätze seßhafter Völker im Gegensatz zu den *bodenvagen S. frei umherschweifender Sammelvölker und vieler ärmerer Viehzüchter (L 5/285; 97/129 ff.)
bodenstete Pflanzen solche, die nur auf einer bestimmten Unterlage wachsen; *bodenvage, denen die Bodenart gleichgültig ist
Bodentemperatur die *Temperatur der obersten Schichten des Erdbodens, die (trockene stärker als feuchte) gegenüber der darüberlagernden Luft sich viel mehr am Tage und im Sommer erwärmen, in der Nacht und im Winter abkühlen (L 2/564 ff.)
Bodentypen Auf Grund der geologischen Entstehung und physikalischer Eigenschaften unterscheidet *Supan (L 3/617 ff.) 4 B.: *Eis=,*Fels=,*Wechsel= und *Lockerböden mit 10,7, 9,8, 3,6 und 75,9 v. H. Anteil an der gesamten Landfläche; Eis tritt nur in den Regionen des ewigen Schnees bodenbildend auf, Felsboden kann durch die glaziale *Abtragung oder durch den *Wind bloßgelegt sein, in den höheren Gebirgen bestehen verschiedene B. als Wechselböden nebeneinander, zu ¾ der Landoberfläche nehmen Schutt, Geröll usw. als Lockerboden ein, der seinem Ursprung nach entweder *Eluvial= bzw. Kolluvialboden (*Lehm, *Laterit, Gebirgsschutt) oder *Alluvialboden ist (*Aufschüttungen durch Flüsse und Seen, marine, glaziale, äolische und vulkanische Ablagerungen)

bodenvage Pflanzen s. bodenstete Pflanzen
bodenvage Siedlungen s. bodenständige Siedlungen
Bodenverlagerung, Bodenversetzung s. Abtragung (11³/173ff.)
Boden=(Sicker=)**Wasser** der in den Erdboden eindringende Teil der *Niederschläge, der fließenden und stehenden Gewässer, gewöhnlich (besonders in der *Karstwasserfrage) im Sinne von *Grundwasser gebraucht (L 3/493; 9, Bd. 628/8ff.). *Passarge nennt (L 11³/208) Sickerwasser das in Klüften, Hohlräumen und Poren einer Gesteinsmasse sich bewegende (auf= und absteigende) Wasser
Bogendüne s. Barchan
Bogenmaß bzw. Winkelmaß seine Verwandlung in Zeitmaß geschieht nach der Gleichung Bogen: 360⁰ = Zeit: 24 Stunden. Wonach
1 Gradbogen bzw. 1 Winkelgrad (1⁰) = 4 Zeitminuten
1 Bogen= bzw. Winkelminute = 4 Zeitsekunden
1 Bogen= bzw. Winkelsekunde = $\frac{1}{15}$ Zeitsekunde
1 Stunde = 15 Bogen= bzw. Winkelgrade (15⁰)
1 Zeitminute = 15 Bogen= bzw. Winkelminuten
1 Zeitsekunde = 15 Bogen= bzw. Winkelsekunden
Böhm, Edl. v. Böhmersheim, August, Geograph, * 1858 in Wien, Prof. an der Universität in Graz. Arbeiten: „Einteilung der Ostalpen" (1887), „Geschichte der Moränenkunde" (1901), „Abplattung und Gebirgsbildung" (1910)
Böhmische Masse eine gegenüber den europäischen *paläozoischen *Saltengebirgen (*Kaledonisches, *Armorikanisches, *Daristisches Gebirge) verhältnismäßig selbständige *Scholle aus *Urgestein, seit uralten Zeiten kaum vom Meere überflutet

Bolsóne [mexik. Bezeichnung für „eine mit Schuttkegeln ausgefüllte geschlossene *Hohlform im *ariden Klima" (L 47a²/143 und 218)] s. Salztonebenen
Bomben, vulkanische s. Magma
Bonnesche Projektion [eigentl. von *Mercator herrührend, lat. projicere vorwerfen, entwerfen] unechte *Kegelprojektion (Projektionsfläche der Mantel eines die Erde im Mittelbreitenkreis des darzustellenden Gebietes berührenden Kegels), bei der die Abstände der als Kurven erscheinenden *Meridiane auf allen, als konzentrische Kreisbögen gezeichneten *Breitenkreisen *längentreu (d. h. im richtigen Verhältnis zur Breite) aufgetragen werden. *Flächentreu, aber nach den Rändern zu wachsende Winkelverzerrung (die Meridiane schneiden die Breitenkreise unter schiefen Winkeln), daher nur in der Nähe des Mittelmeridians und Mittelbreitenkreises brauchbare Darstellungen bietend. Sehr häufig für Karten von Erdteilen und größeren Erdräumen verwendet (L 2/219; 5/80; 23¹/76) (Abb. 15)

Bonvalot, Pierre Gabriel, frz. Forschungsreisender, * 1853 zu Epagne, durchzog mit Prinz Heinrich von Orléans 1889/90 Tibet

Bora [wahrscheinlich vom slaw. búrja Sturm, verwandt mit lat. boreäs Nordost= und Nordwind] s. Fallwinde

Boraxseen s. Salzgehalt der Seen

Borchgrevink, Carsten, Südpolarreisender, * 1864 in Kristiania, erforschte 1894/95 und 1898—1900 vom Roßmeer aus das Viktorialand (bis 78° 50')

boreäler Klimagürtel [lat. boreäs der Nordwind] *Köppens (L 63/157 ff.) und *Wagners (L 2/643 f.), Winterkalt mit einem trockenen und einem feuchten Typus

boreäler Waldgürtel eine äquatorwärts bis zu den Gebieten immergrüner Pflanzenwelt reichende Zone, die auf der Nordhalbkugel quer durch die *Kontinente zieht, obgleich heute schon vielfach stark gerodet, noch immer etwa 32 Mill. qkm bedeckt, auf der Südhalbkugel freilich kaum mehr ½ Mill. qkm umfaßt (L 2/707)

Böschung = Abdachung; Böschungsflüsse s. primäre Böschungsflüsse

Botner s. Kare

Bougainville, Louis Antoine de, frz. Seefahrer, * 1729 in Paris, † 1811; 1766 bis 1769 Weltumse=

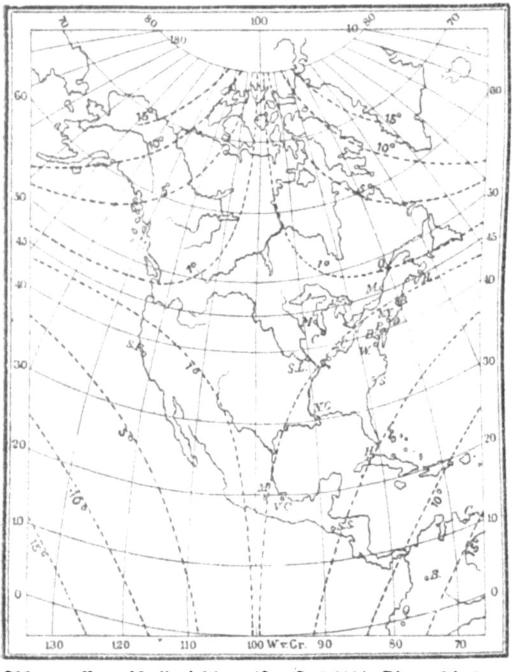

Abb. 15. Bonnesche Projektion. (Aus L 22/114.) Die punktierten Linien stellen Linien gleicher Verzerrung dar

Bougainvillegraben — Breitengrad

gelung, wobei 1767 die Louisiaden u. nördl. Salomonen entdeckt wurden
Bougainvillegraben einer der *ozeanischen Gräben; er verläuft bogenförmig vom östlichen Neuguinea bis zur Salomoneninsel Bougainville
Brackwasser an Strommündungen häufige, schwachsalzige Mischung von Fluß- und Meerwasser
Brandt, Bernhard, Geograph, * 1881 in Berlin, Prof. a. d. deutschen Universität in Prag. Reisen im Mittelmeergebiet, S.- und O.Afrika, S.-Amerika. Kulturgeographie von Brasilien (1922)
Brandung (Brandungswelle) die gegen die *Küste andringende Meereswoge, in ihrer Wirkung bestimmt von Form und Gesteinszusammensetzung der Küste, von Stärke, Anprallswinkel und Häufigkeit der Welle; als hochaufschäumende Klippen-B. gegen die Felsen der *Steilküste anschlagend, als Strand-B. den sanften Abfall der *Flachküste überflutend (L 5/209)
Brandungsebene = *Abrasionsebene
Brandungshöhle die im weicheren Gestein eines *Kliffs von den Wellen ausgenagte Höhle; eine unfertige Höhle kann als *Brandungsnische bezeichnet werden (L 5/217; 11³/388)
Brandungs(hohl)kehle in das *Kliff von den Wogen eingekerbter Hohlstreifen (L 5/209; 47a²/199)
Brandungsnische f. Brandungshöhle
Brandungsplatte f. Küstenplattform
Brandungstore (=tunnels) entstehen, wenn die *Brandung von zwei Seiten her angreift; die zunächst die beiden Torpfeiler überdachende Brücke stürzt mit der Zeit ein (L 3/604; 11³/388)
Brasilianische Masse eines der archäischen, seit vorkambrischer Zeit nicht mehr gefalteten Hauptmassive, das den größten Teil des östlichen Südamerikas erfüllt (L 29/14) (Abb. 1)
Brasil(ien)strömung f.Benguelaströmg.
Braun, Gustav, Geograph, * 1881 zu Dorpat, Prof. a. d. Universität Greifswald. Reisen in N.-Europa. Arbeiten: L 47 a; „Deutschland" (²1926 ff.), „Mitteleuropa und seine Grenzmarken" (1917); Die nordischen Staaten, 1(1924), „Nordeuropa" (1926)
Braunerden vorherrschend *humide Böden mit meist nicht großem *Humus-

gehalt, deren Farbe von einem gelben bis rotbraunen Eisenhydroxyd herrührt; besonders in den gemäßigten Breiten (West- und Mitteleuropa) vorkommend (L 9, Bd. 627/25; 11³/160)
Brauner Jura [nach d. vorherrschenden Gesteinsfarbe d. eisenschüssigen Sandsteine und Mergel der mittleren *Juraformation] f. geologische Zeitalter
Bréccie, Brétzie [ital. bréccia Lücke, Scharte; vgl. deutsch brechen] eckige, scharfkantige, durch ein Bindemittel verkittete Bruchstücke von Gesteinen und Mineralien. Ggf.: *Konglomerate
Breite eines Sternes sein Bogenabstand von der Ebene der *Ekliptik (Abb. 16)

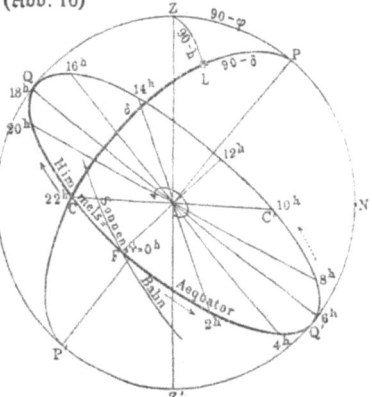

Abb. 16. Rektaszension. (Aus L 2/58)
F Frühlings- oder Widderpunkt. Breite des Sternes L = Bogenabstand bis Sonnenbahn; Länge d Sternes L = Fußpunkt des Breitenbogens bis F. Rektaszension des Sternes L = FQ'C QC = 22 h. ——> Richtung der Zählung der Rektaszension. <—— Richtung der (scheinbaren) Drehung des Himmels. L kulminiert 22 Stunden nach dem Frühlingspunkt F. Länge und Breite des Sternes L bilden seine Ekliptikkoordinaten

Breite, geographische f. geographische Breite
Breitengrad oder Meridiangrad f. Meridian; hier auch die Länge eines einzelner B. (180. Teil eines *Meridians) beim *Erdsphäroid. Breitengradmessung: die Messung irgendeines Bogenstückes eines Meridians

Breitenkreise = *Parallelkreise
Breitenparallele = *Parallelkreise
Bruce, James, engl. Forschungsreisender, *1730, †1794; 1769—1772 durchzog er Nordafrika und entdeckte die Quellen des Blauen Nils
Bruch (Mz. Brücher) f. Moore
Bruch, Bruchspalte f. Dislokationen
Bruchbeben die weitausgedehnten und starken, mit den großen *Bruchgebieten der Erde zusammenhängenden tektonischen *Erdbeben gegenüber den häufigeren, aber schwächeren, an Saltungsgebiete geknüpften *Saltungsbeben (L 37²/200)
Bruchformen durch *Verwerfungen bestimmte Oberflächenformen, wie *Bruchstufe, *Keilscholle, *Saltenschollengebirge
Bruchgebiete größere Erdräume, für deren Aufbau *Verwerfungen charakteristisch sind
Bruchgebirge = *Schollengebirge (L 2/386)
Bruch= (Verwerfungs=) Linie die Schnittlinie einer *Verwerfung mit der Erdoberfläche
Bruchlinienstufe die Stufe eines neuen *geogr. Zyklus, an Gesteinsverschiedenheiten beiderseits der alten *Bruchlinie anknüpfend (L 9, Bd. 627/66; 47a²/48, 74)
Bruchquellen f. Verwerfungsquellen
Bruchsenken an *Brüchen abgesunkene *Senken (L 5/135; 10²/360)
Bruchstruktur bei *Supan (L 3/636) jene *Strukturform, in der eine gehobene, durch *Brüche abgegrenzte *Scholle der Erdkruste als *Landstufe, *Berg oder *Gebirge selbständig auftritt
Bruchstufe durch *Bruch in eine *Landstufe verwandelte *Slachschichtung (L 3/648; 9, Bd. 627/11)
Bruchtäler die durch *Brüche veranlaßten *tektonischen Täler (L 2/424)
Brückner, Eduard, Geograph, * 1862 in Jena, † 1927 in Wien. Arbeiten: „Klimaschwankungen seit 1700" (1890), „Die feste Erdrinde und ihre Formen" (1897), (mit A. *Penck) „Die Alpen im Eiszeitalter" (1901—1909) Nachruf Pm. 1927, S. 224 f.
Brücknersche Periode der Klimaschwankungen f. Klimaschwankungen

Buchten f. Baien; f. auch Abrasions=B.
Buckel f. Gipfelformen
Bühlstadium f. Achenschwankung
Buntsandstein [nach den vorwiegend tiefroten Sandsteinen dieser untersten Gruppe der *Trias] f. geologische Zeitalter
bürgerlicher Sonnentag f. Sonnentag
Burjäten mongolisches, rund 300 000 Köpfe zählendes Volk Nord= und Mittelasiens (L 109¹/278 ff.)
Burke, Robert O'Hara, irischer Forschungsreisender, * 1821, † 1861, durchquerte mit Wills als erster Australien vom Darling bis 3. Carpentariagolf
Burton, Richard Francis, engl. Forschungsreisender, * 1821, † 1890, bereiste 1853 und später Arabien und (mit John *Speke) das südöstliche Afrika, wobei sie den Tanganjikasee entdeckten
Buschland durch Strauchformen charakterisiert; hierher gehören der inneraustralische *Strub mit seinem selbst das Feuer erstickenden undurchdringlichen Dickicht, der vorderindische *Dschungel, hauptsächlich mit Bambus und Dorngebüsch, die immergrüne *Macchia des Mittelmeergebietes mit ihren mannshohen Hartlaubgewächsen von Myrte, Ginster, Oleander, Zedernwacholder u. a. und schließlich die an höheren Niederschlag gebundene *Heide, niedriges, höchstens kniehohes Gehölz, bei uns mit Heidekraut und Glockenheide (Erika=Arten) als Hauptbestand (L 2/703; 3/849)
Buschmänner mit den ebenfalls in Südwestafrika lebenden, wahrscheinlich durch Kreuzung mit *hamitischen Stämmen hervorgegangenen *Hottentoten und den durch Mittel= und Ostafrika zerstreuten Pygmäen= (afrikanischen Zwerg=) Stämmen, am besten nach Buschan (L 5/318) als braune afrikanische „Grund"= (Pygmäen=) Rasse zusammengefaßt (mit kleiner Körpergestalt [135—144 cm], niederem, breitem Gesicht, Kraustöpfigkeit, Fettpolstern am Gesäß und Schnalzlauten in der Sprache). Auch die (jetzt ausgestorbenen) *Tasmanier und die Urbevölkerung Malakkas, Borneos, der Andamanen, Philippinen (*Negritos) usw. nach 5/318 f. Verwandte der afrikanischen Grundrasse und durch Wande=

Büßerschnee — Chromosphäre

rung bis nach Melanesien gelangt zu sein (zum Teil anderer Ansicht sind L 109,604 ff.; 111; 113)
Büßerschnee s. Zackenfirn
Buys-Ballotsches Windgesetz [spr. beiß-balló] Wendet man dem Wind den Rücken zu, so liegt (für die nördliche Halbkugel) das *Luftdruckminimum links etwas nach vorn, das *Maximum rechts etwas nach rückwärts
Bylot, Robert s. Baffin, William
Caatinga [weißer, d. h. lichter Wald] hauptsächlich im NO. und Inneren Brasiliens, aber auch in Venezuela verbreiteter tropischer, blattwechselnder Trockenwald; wichtig die Wachspalme
Caboto, Giovanni [engl. Cabot, John], Seefahrer, * um 1425 in Genua, † 1498 in Bristol. Entdeckte 1497 in engl. Diensten das Festland von Amerika (Labrador) und befuhr 1498 die Ostküste Nordamerikas, vielleicht bis Florida. Sein Sohn Sebastian (* 1472 in Venedig, † 1557 in London) veröffentlichte 1544 eine bekannte Weltkarte
Caldéra [span. caldéra Kessel] stark erweiterter *Krater, durch Explosion oder Einsturz des mittleren Vulkanteiles entstanden (L 3/734; H. Kanter, DN 1926 S. 998 ff.)
Cameron, Derney Lovett, engl. Afrikareisender, * 1844 in Radipole, † 1894 in Soulsbury, durchzog 1873 bis 1875 Mittelafrika von Ost nach West
Cámpos [ital. cámpo Feld] s. Savanne
Canáli [ital. canále Kanal] die langen, schmalen Buchten und Meeresstraßen Dalmatiens (daher *dalmatinischer Küstentypus), dadurch entstanden, daß das Meer in die Flanke des sich senkenden *Saltengebirges eindringt, zumal die Längs-, doch auch die Quertäler erfüllend, während die Kämme des Gebirges als der *Küste parallele Inselreihen auftauchen. Mit den C. eng verwandt die vielfach gewundenen *vallóni Istriens, die dort den Typus der *Dallonenküste schaffen (L 5/225)
Canons [span., von lat. cánna Rohr] schluchtartige Täler mit ganz steilen *Gehängen; entweder bei Neigung des durchlässigen Gesteins zu senkrechter Klüftung in feuchtem Klima oder bei starker *Tiefen- (und schwacher *Seiten-) Erosion wie geringer *Abspü-

lung in *Trockengebieten (L 3/539 f.; 5/174)
Cartier, Jacques, frz. Seefahrer, * 1491 in St. Malo, † 1557, kam 1534 nach Kanada und als erster zu den Großen Seen, durchforschte auch 1535/36 den St.-Lorenz-Golf und -Strom
Cassini, Giovanni Domenico, Astronom und Kartograph, * 1625 in Perinaldo bei Nizza, seit 1669 Direktor der Pariser Sternwarte, † 1712 in Paris; unter seiner Leitung wurde 1682 die älteste moderne Weltkarte, das Planisphère terrestre entworfen (L 15/131). Wahrscheinlich 1685 entstand die mappa critica Galliae. — Sein Enkel César François C. de Thury, * 1714 in Paris, † ebenda 1784, schuf 1744 die Grundlage für die erste Vermessung Frankreichs und damit zur Carte géometrique, die 1750—1793 1:86400 auf 184 Blättern erschien, „die erste topographische Karte eines großen Landes nach neuen Anforderungen"
Cenomán [nach Cenománum], der lat. Bezeichnung des frz. Le Mans] Gruppe der oberen *Kreideformation (s. geologische Zeitalter)
Challenger Expedition engl. Expedition auf der Korvette Challenger zur Erforschung der Ozeane, 1872—76. Thomson, Report of the scient. results (1880 ff.)
„Challenger"-Rücken (nach der Challenger-Expedition) s. Südatl. Rücken
Chamsin [arab. chamsin 50, weil er besonders in den 50 Tagen von Ende April bis Anfang der Nilüberschwemmung im Juni weht] s. Fallwinde
chemische *Erosion geht nach *Supan (L 3/473) bloß auf das Wasser zurück; Ggs.: *mechanische Erosion, die sich aus *Ablation und *Korrosion zusammensetzt (L 11³/115 ff.)
chemische Verwitterung s. Verwitterung
Chlorkonstante die Zahl 1,81, mit der die durch Behandlung mit einer Höllensteinlösung festgestellte jeweilige Chlormenge des Meerwassers multipliziert wird, um den Salzgehalt zu bestimmen; Salzgewicht in g in 1 kg Meerwasser = 0,03 + 1,81 Cl (L 57/39) (s. Salzgehalt des Meerwassers)
Chromosphäre [gr. chróma Farbe, sphaira Kugel] s. Photosphäre

3*

Chronométer [gr. chrónos Zeit, métron Maß] eine genau gehende und 3. B. gegen Temperatureinflüsse geschützte tragbare Uhr, die auf dem Meere durch eine besondere Aufhängevorrichtung (Cardanischer Ring) vor Schwankungen bewahrt werden kann

Cimbrischer Küstentypus die *Sö(h)rdenküste der Ostsee und Schottlands, mit der *Schärenküste des Bottnischen Meerbusens (schwedisch-finnischer Typus) zu *Hafferts aufgeschlossener (d. h. durch Buchten und Flußmündungen gegliederten) Schollenküste (d. h. steil ins Meer fallendem, ungefaltetem Tafellande) gehörend (L 96/332)

Cirrus s. Zirruswolke

Cóckpit-Landschaft [engl. cóckpit Kampfplatz (zum Hahnenkampf), Plattformdeck] *reife Karstlandschaft, die bei einheitlichem Gestein ein „Gewirr von Hügeln und geschlossenen Mulden" aufweist (L 9, Bd. 627/77) (s. auch Karsterscheinungen)

Cook, James, engl. Seefahrer, * 27. 10. 1728 zu Marton (Yorkshire), ermordet 14. 2. 1779 auf Hawaii. 1763—1767 Vermessung und Karte von Neufundland. Erste Weltumseglung 1768 bis 1771: Wiederentdeckung und Beschreibung der von ihm Gesellschaftsinseln genannten Inselgruppe um Tahiti, Entdeckung der Durchfahrt zwischen Nord- und Südinsel von Neuseeland (Cookstraße) und deren Selbständigkeit gegenüber Australien, dessen Küste er etwa von 38° s. Br. bis in den Carpentariagolf befährt. Auf seiner zweiten Reise 1772—1775 macht er von Kapstadt aus mehrere Vorstöße gegen den Süden, erreicht 1774 unter 71° 10′ die größte südliche Breite, entdeckt Neu-Kaledonien und vermag als Gesamtergebnis das Nichtvorhandensein eines angeblichen Australlandes (terra australis) festzustellen. Die dritte Weltreise 1778—1780 bringt 1778 die Entdeckung der Sandwichinseln und die Erforschung der amerikanischen Nordwestküste nördlich von 44 ½° n. Br. bis zum Beringmeer, wobei auch die Trennung Nordamerikas von Asien durch eine Meeresstraße bekannt wurde (L 15/114 ff.)

Coppernikus, Nikolaus, berühmter Astronom, * 19. 2. 1473 in Thorn, † 1543 in Frauenburg, Begründer des heliozentrischen (die *Sonne in den Mittelpunkt eines eigenen *Planetensystems stellenden) Weltbildes („De revolutionibus orbium coelestium", 1543); Lehre von der dreifachen Bewegung der *Erde, der täglichen von W. nach O, um sich selbst, ihres Umlaufes um die Sonne in der gleichen Richtung während eines Jahres und ihrer langsamen Kreiselbewegung im entgegengesetzten Sinne

Cortez, Hernando de, span. Eroberer, * 1485 zu Medellin (Estremadura), † 1547 bei Sevilla; eroberte 1519—1521 das *aztekische Mexiko (Neuspanien) und entdeckte 1543 Niederkalifornien

Creeks [engl.] die Australien eigentümlichen Wasseradern, die — oft völlig austrocknend — mit häufig kaum erkennbarem flachen Sandbette gewöhnlich bloß aus einer zusammenhangslosen Reihe von Tümpeln bestehen und sich nur nach andauernden Regengüssen zu wirklichen Flüssen zusammenschließen

Cuesta [span. Abhang eines Berges, Anhöhe] auch als *Glint, von L 9³/58 als Land- oder Erosionsstufe bezeichnet: an härteres Gestein geknüpfter Gebirgsstreifen mit steilerem (Stirn-)hang und sanfter „Stufenlehne" zwischen zwei von *subfrequenten Flüssen in weicheren Schichten gebildeten breiteren Tälern bzw. *Senken in einer Küstenebene (L 5/181; 11³/19; 46/217; 47a²/35)

Cumulus s. Kumuluswolke

Dahome Volk der westlichen *Sudanneger

dalmatinischer Küstentypus s. Canali

Dammbecken s. Aufschüttungsbecken

Dammhäfen = *Walhäfen

Dammriffe = *Wallriffe (L 11³/407 f.)

Dampfdruck s. Feuchtigkeit der Luft

Dampier, William, engl. Seefahrer, * 1652 in East Coker (Somerset), †1715 in London, entdeckte 1700 auf einer Reise nach Australien in dessen Nordwesten den nach ihm benannten Archipel und östlich von Neuguinea die Inselgruppen von Neuirland (Neu-Mecklenburg) und Neubritannien (Neu-Pommern); nach ihm benannt die

Dampierstraße zwischen diesem und Neuguinea (L 15/113)

Danien [auch Dan = Dänemark, da diese Gruppe der *Kreideformation auf dem dänischen Seeland besonders entwickelt ist] s. geol. Zeitalter

Datumsgrenze eine längs des 180.* Meridians v. Gr. über den Stillen Ozean verlaufend gedachte Linie; die östlich und westlich von ihr gelegenen Orte haben eine um einen ganzen Tag verschiedene Zeitrechnung. Von W. kommend hat man einen Tag dazuzuzählen, von O. kommend ihn abzuziehen

Daunstadium s. Achsenschwankung

Davis, John, engl. Seefahrer, * um 1550 in Sandridge b. Dartmouth, ermordet 1605 in der Nähe von Malatta. Er entdeckte 1585 die grönländische Ostküste und die nach ihm benannte Straße zwischen Grönland und Baffinsland, 1592 fand er die Falklandinseln

Davis, William Morris, Geograph, Prof. an der Harvarduniversität in Cambridge (Mass.), * 12. 2. 1850 in Philadelphia, machte zahlreiche Reisen, zumal in Amerika und Europa, 1877/78 eine Reise um die Welt. 1908/09 war er Austauschprofessor in Berlin. In deutscher Sprache liegen von seinen Werken vor L 46, 47a u. b. Die Hauptbedeutung von D. liegt in der von ihm ausgebildeten Methode, die (erklärend, nicht bloß beschreibend und in der Aufstellung von „Musterformen" neben der Induktion = Beobachtung die Deduktion berücksichtigend) in Abgrenzung von geologischer Fragestellung eine Anleitung zu geographisch-morphologischer Arbeit zu geben versucht, wozu sie sich eine neue geomorphologische Terminologie geschaffen hat (s. auch geographischer Zyklus, normaler, mariner, arider Erosionszyklus). Kritik an der Lehre von D., die bis vor kurzem in Deutschland zahlreiche Anhänger besaß, übten v. *Böhm (PM 1913 I), *Hettner (GZ 1911, 1919 u. L 49b), *Passarge (L 11³/97ff. u. ö.) L 52b und 48/17ff. Dgl. auch *Rühl, „Eine neue Methode auf d. Gebiete d. Geomorph." (Fortschr. der naturw. Forsch., 1912) und *Friederichsen, „Mod. Methoden der Erforschg., Beschreibg. u. Erklärg. geogr. Landschaften" (1914)

Decke s. Deckentheorie

Deckenschotter (älterer und jüngerer) die der ältesten und der darauffolgenden *eiszeitlichen *Moränenablagerung zugehörenden, durch die Schmelzwässer der Gletscher aufgeschütteten Schotterflächen; die dritte und die jüngste Schotterfläche wurden von *Penck — den vier angenommenen selbständigen Vereisungen entsprechend — als *Hoch- und *Niederterrassenschotter bezeichnet; häufig finden sich die vier Schottersysteme ineinandergeschachtelt (L 5/208; 64/85f.)

Deckentheorie jene Hypothese, die zur Erklärung des Gebirgsbaues die Möglichkeit annimmt, daß große Schichtkomplexe als Decken längs einer Überschiebungsfläche (*Basis oder *Sohle der Decke) über eine (meist jüngere) Unterlage auf kürzere oder weitere Entfernung (*Schubbahn, Förderlänge, Ausmaß der Überschiebung) hin fortbewegt (und erst nachträglich gefaltet) wird. Diese Schubmassen sind gegenüber ihrer innerhalb des ursprünglichen Bildungsraumes gebliebenen (also autochthonen oder wurzelhaften) Unterlage wurzellos, die Decke „schwimmt auf ihrer Unterlage. Wird diese infolge teilweiser *Erosion der *Überschiebungsdecke sichtbar, so entsteht ein *Fenster; die durch Erosion ringsum freigelegten (von der Hauptmasse losgelösten) Stücke einer Decke bleiben als *Klippen zurück. Dgl. L 7, Bd. 2¹/155ff. und S. v. Bubnoff, Grundlagen d. D. in den Alpen (1921)

Deckenverquetschung tritt gelegentlich ein, wenn eine mächtigere *Decke über eine weniger mächtige und widerstandsfähige hinweggeschoben wird; durch die D. kann der Zusammenhang der Decke mit ihrer *Wurzel bis auf geringe übrigbleibende Reste, sog. Quetschlinge, oder ganz, bis zur „Unterdrückung der Decke" unterbrochen werden

Deckert, Ernst, Geograph, * 1848 zu Taucha bei Leipzig, † 1916 als Prof. der Frankfurter Universität. Arbeiten: Nordamerika (in Sievers' Länderkunde 1913³), Cuba (1899), Beitrag Germanisches Amerika (zu L 18), Das britische Weltreich (1916). Nachruf von O. Maull in GZ 1917

Deckfalte eine „weit vorgestoßene *lie= gende Falte, die auf größere Er= streckung in der Richtung des Gebirgs= druckes den Untergrund, auf dem sie ruht, überdeckt" (L 41/15)

Deckgebirge die auf dem älteren und tieferliegenden *Grundgebirge aus metamorphen und eruptiven Bildun= gen wie eine flachwellige, zerrissene Decke gebreiteten, meist sedimentären, jüngeren Oberflächengesteine

Deckschollen = *Klippen

Defant, Albert, Meteorologe, Prof. a. d. Univ. Berlin, * 1884 in Trient (Südtirol), schrieb neben zahlreichen Ztschr.=Aufs. L 62a u. b

Deferent [lat. deférre herabtragen] s. Epizykel

Deflation [lat. defláre wegblasen] s. Abtragung

Deklination eines Gestirnes [lat. declinátio das Abbiegen], auch Ab= weichung des Gestirns: der Bogen= abstand des Gestirns vom *Himmels= äquator gemessen auf seinem *Stun= denkreise; die D. ergänzt den *Pol=

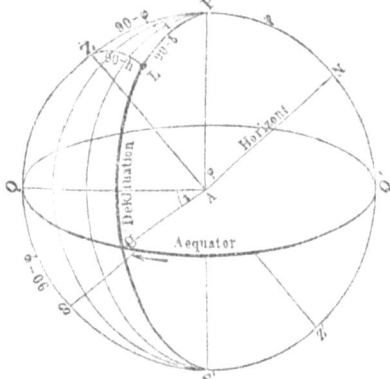

Abb. 17. Deklination eines Gestirnes. (Aus L 2/57.) Deklination des Sternes $L = CL = \delta$; [sein Polabstand $= PL = 90 - \delta$. Deklinations= (Stunden=) Kreis von $L = PLCP'$. Stunden= winkel von L (bzw. Ergänzung des Stunden= winkels zu 24 h) $= ZPL = t$. ⟵ Richtung der Wanderung der Stundenkreise. Deklination und Rektaszension (Abb. 16) des Sternes L bilden seine Äquatorkoordinaten

abstand dieses Gestirns zu $90°$. D. der Sonne, die tägliche Abweichung der Sonne vom Äquator, die, für alle Tage des Jahres genau berechnet, sich in den meisten Kalendern (D.= tafeln) finden. (Abb. 17.) Magne= tische D.: s. d.

Deklinations= (Stunden=) Kreise Kreise, die durch beide *Weltpole gehen und daher die *Himmelsachse zum gemein= samen Durchmesser haben (Abb. 17)

Delisle, Guillaume, 1675—1726, her= vorragender Kartograph, zeichnete neben zahlreichen anderen Karten seit 1700 die erste Karte Europas nach neueren Ortsbestimmungen und mit der großen Achse des Mittelmeeres in ihrer wirklichen Länge

Delislesche Kartenprojektion [lat. projícere vorwerfen, entwerfen] *echte Kegelprojektion, aus der *wahren und der *vereinfachten K. erwachsen, bei

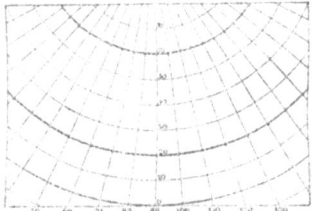

Abb. 18. Delisles Projektion auf den Schnittkegel. (Aus Fischer-Geistbeck, Stu= fenatlas für höhere Lehranstalten, 3. Teil. Bielefeld, Velhagen u. Klasing)

welcher der Kegel die Erdoberfläche in 2, dem Kartenrand und =mitte gleich= weit entfernten *Breitenkreisen schnei= det. Die im richtigen Verhältnis ge= teilten *Meridiane konvergieren in einem Punkte (Projektionspol) und schneiden die (konzentrischen) Breiten= kreise rechtwinklig. Die Meridiane kön= nen längentreu konstruiert werden, der Entwurf ist aber weder *winkel= noch *flächentreu (L 2/217; 23¹/47) (Abb. 18)

Delta [nach der Ähnlichkeit des Umrisses zwischen Flußarmen und Küste mit dem griechischen Buchstaben Δ] Sedimentab= lagerungen eines *Flusses an seiner Mündung in ein stehendes Gewässer, wobei die (steiler geneigte) unterseeische

Deltahäfen — Desquamation

Schutthalde und die darüber liegenden, nahezu horizontal geschichteten *Aufschüttungen des oberflächlichen *Schuttkegels beständig wachsend sich vorschieben. D.bildungen in Binnenseen heißen Binnen-D., an der Meeresküste nennt man sie marine (*ozeanische) D. (L 2/354 ff.; 3/579 ff.; 5/160, 170 f.; 11³/273; 37¹/479 ff.) (Abb. 19) (s. auch Ausfüllungs-D.)

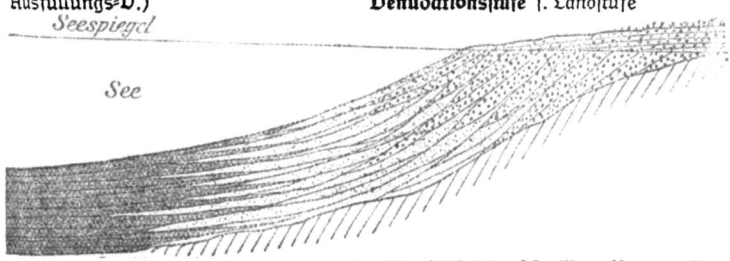

Abb. 19. Durchschnitt durch einen Deltakegel. (Aus L 37¹/482.) Schraffiert: Untergrund; groß punktiert: Geschiebe; fein punktiert: Sand; grau: Schlamm

Deltahäfen an *Deltaarmen gelegene Häfen, deren Wert meist unter der zu geringen Tiefe der einzelnen Flußäste leidet (L 2/477)

Deltaküsten *Küsten, an denen *Deltas mehrfach auftreten

Deltaseen im Anschwemmungsgebiete von *Deltas (auch durch Abschnürung einer Meeresbucht) abgedämmte Seen (L 2/446)

Denudation [lat. denudáre entblößen] die Bezeichnung entweder für *Abtragung und *Aufschüttung (L 2/319) oder bloß für die *Abtragung der *Verwitterungsprodukte (L 3/473). *Hettner beschränkt den Ausdruck D. auf eine den Fels entblößende Abtragung

Denudationsebene nach *Supan (L 3/657) eigentl. eine Ebene vermöge ihrer *Strukturform (Flachschichtung), die durch *Denudation (*Revelation) nur bloßgelegt ist (also keine *Destruktionsform) (L 5/179)

Denudationsmeter nach *Pend die Zeit, die ein Fluß bei anbauernd gleichen Bedingungen benötigen würde, um die Oberfläche seines Einzugsgebietes um 1 m zu erniedrigen (L 5/167)

Denudationsniveau [frz. niveau Wasserwage] absolutes oberes: jene Höhe, über die hinaus kein Berg der Zerstörung entgehen kann, von *Pend in 2—3000 m über der *Schneegrenze angesetzt; absolutes unteres D.: s. Erosionsbasis. Das wirkliche (lokale) D. einer bestimmten Landerhebung wird dagegen durch ihren höchsten und tiefsten Punkt bezeichnet (L 3/475; 47a²; 68) (s. auch Erosion)

Denudationsstufe s. Landstufe

Denudations=(Verwitterungs=)Terrassen die gleichmäßige Abdachung der Gehänge unterbrechende stufenartige Leisten, die durch den Wechsel härterer und weicherer Schichten entstehen (L 3/487, 541; 5/148)

denudierende Kräfte häufig soviel wie *exogene Kräfte

Depressionen [lat. depréssio das Niederdrücken, die Senkung] Einsenkungen, deren zutage liegende Fläche unter dem *Meeresspiegel liegt; *Binnen-D., wenn sie im Innern des Landes liegen, Küsten-D., wenn sie, meist mit geringen Tiefen und dem Meere künstlich abgewonnenes Land, hinter *Dünen und Dämmen der *Flachküsten sich befinden, *Krypto-D., wenn bei Seen zwar der Boden unter, die Oberfläche aber über dem Meeresspiegel liegt

Depressionsgebiete der Erdrinde die unterste, die tiefsten (unter 5500 m Meerestiefe gelegenen) *Senken umfassende *Erhebungsstufe der Erdrinde; mittlere Höhe —6000 m; bedeckt eine Fläche von ungefähr 21 Mill. qkm = 4,1 v. H. der Erdoberfläche (L 2/273)

Desquamation [lat. desquamáre ab-

[schuppen] *Verwitterungserscheinung in *Trockengebieten, zumal in Wüsten, wobei sich infolge der Temperaturschwankungen zwischen Tag und Nacht Schalen von der Dicke eines mm bis zu ½ m vom Kerne abheben (L 9, Bd. 627/93; 38/187)

Deßjatína [ruſſ. $^{1}/_{10}$] ruſſ. Flächenmaß, 1,09250 ha

Destruktión [lat. destrúctio Niederreißen] zuſammenfaſſende Bezeichnung Supans (L 3/473) für Zerſtörung (hauptſächlich durch die *Verwitterung geleiſtet) und *Abtragung (Abfuhr). Die D. wird bewirkt durch Wärme, Luft, Waſſer und Organismen

Destruktionsebene (*kontinentale Einebnungsfläche) *Peneplain im *normalen Eroſionszyklus durch *ſubaeriſche Kräfte eingeebnet (L 47a^{a}/45)

Destruktionsformen ſ. Strukturformen; zu den D. der *Flachſchichtung gehören *Täler und *Eroſionsgebirge, zu den D. der *Faltengebirge *Landſtufen, *Rumpfflächen (*Rumpfreſtberge), *Rumpfſchollengebirge (L 3/653 ff., 710 ff.)

Destruktionspäſſe (fluviatile und glaziale) ſ. Päſſe

Destruktionstäler von Sölch (L 5/172) vorgeſchlagene Bezeichnung für *Abdachungs- und *tektoniſche Täler; Ggſ.: *Konſtruktionstäler, zu denen er „alle durch *Dislokation und *vulkaniſche Kräfte unmittelbar geſchaffenen *Hohlformen rechnet, die von Flüſſen aufgeſucht und geformt wurden" (alſo *Dislokations- oder Verwerfungstäler und vulkaniſche Täler)

destruktive Höhlen ſ. urſprüngliche Höhlen

Detritión [lat. detérrere zerreiben] ſ. Abtragung

Detritus das bei der Zerſtörung (*Verwitterung) der *Geſteine als Endergebnis gebildete feine eckige Material (*Grus) (L 5/142; 38/188)

Devón [nach der engl. Grafſchaft Devonſhire] ſ. geologiſche Zeitalter

Diagenéſe [gr. diagénesis Umbildung] die phyſikaliſchen und chemiſchen Veränderungen, welche Ablagerungen nach ihrer Bildungszeit, ohne Einwirkung von Hitze und Druck, z. B. bei ihren Verfeſtigungen zu *Abſatzgeſteinen erfahren (L 38/407 ff.; J. Walther, Vorſchule der Geologie[6] S. 223)

Diagonalverwerfungen ſ. Längsverwerfungen

Diagrámm [gr. diagráphein mit Linien umziehen, abzeichnen] ſ. Kartogramm

Diathermanität der Luft [gr. diá durch, thermaínein wärmen] ihre (auch von anderen Körpern geteilte) Eigenſchaft, vorwiegend die dunkeln Wärmeſtrahlen durchzulaſſen, ohne ſich zu erwärmen. Die Wärmeſtrahlen der Sonne durchſetzen (insbeſondere die höheren, waſſerdunſtfreien) diathermanen Schichten der *Atmoſphäre, ohne ſie dabei ſtärker zu erwärmen, während Kohlenſäure und Waſſerdampf die dunkeln Wärmeſtrahlen abſorbieren (dichter Nebel oder ſtarke Bewölkung verhindern die *Strahlung)

Diatoméenſchlamm [nach der mikroſkopiſchen Algenordnung der Diatomeen, deren Kieſelpanzer in den antarktiſchen Breiten für den Tiefſeeſchlamm des Meeresbodens von großer Bedeutung iſt] *pelagiſche Sedimente (zu 36 v. H. mit anorganiſchen Beſtandteilen durchſetzter Kaltſchlamm), über etwa 23,2 Mill. qkm verbreitet (L 3/278)

Dichte,Dichtigkeit des Meerwaſſers ſ. ſpezifiſches Gewicht des Meerwaſſers

Dichteausgleichsſtröme ſ. Ausgleichsſtrömungen

Dichte der Bevölkerung = *relative B.

Dichte der Erde Die mittlere D. iſt (L 2/132) 5,52, d. h. die Maſſe der Erde beträgt das 5½fache einer gleichgroßen Waſſerkugel

Dichteverteilung in der Erdrinde die durch *Lotabweichungen, *Schweremeſſungen u. a. Beobachtungen feſtgeſtellte Tatſache der ungleichmäßigen Dichteverteilung in der *Erdrinde und die Frage nach ihren Urſachen (*Iſoſtaſie). Jenſeits einer Tiefe von 122 km ſoll die D. bereits wieder gleichmäßiger ſein (L 2/125; 47a^{1}/12)

Differentialzeiten [lat. differéntia Verſchiedenheit] die Annahme, daß auch die feſte Erde, nicht bloß das Waſſer, vom Monde *gezeitenartig angezogen wird, ſo daß die beobachteten *Fluthöhen gleich wären den wirklichen Fluthöhen des Waſſers weniger den Fluthöhen der feſten Erde (L 3/321)

Diffluenzſtufen [lat. difflúere auseinanderfließen] ſ. Talſtufen

diffuſe Reflexion des Lichtes [lat. diffúndere ergießen, ausbreiten, refléxio Umbeugung] ſ. Inſolation

Dikaearch von Meſſene: Schüler des *Ariſtoteles, um 310; zeichnete eine Erdkarte im Breiten= und Längenverhältnis von 2:3, der er als die beiden Hauptrichtungslinien Mittelmeer und Taurus einerſeits, den *Meridian Syene —Lyſimachia anderſeits zugrunde legte

Diluviále Eiszeit [lat. dilúvium Überſchwemmung, Waſſerflut, da man früher für dieſe Epoche des *Quartärs eine allgemeine Überflutung Europas annahm] die Eiszeit im *Diluvium, vor allem gekennzeichnet durch eine gegenüber der Gegenwart weit ausgedehntere Vergletſcherung. So war Nordeuropa zu etwa 6½ Mill. qkm von einer in einzelnen Teilen über 1000 m mächtigen, von Skandinavien ausſtrahlenden *Inlandeismaſſe bedeckt, ein Teil der deutſchen Mittelgebirge (Schwarzwald, Rieſengebirge uſw.) war vergletſchert, in den Alpen, in denen die *Schneegrenze wie überhaupt in unſeren Breiten etwa um 1000—1300 m niedriger lag als heute, verſchmolzen die *Gletſcher zu einer zuſammenhängenden Eismaſſe, die nach N. bis weit hinaus ins Vorland reichte. Nordamerika (mit 15 Mill. qkm) und die Landgebiete der mittleren Breiten auf der Südhalbkugel (Auſtralien, Neuſeeland!) waren ebenfalls vereiſt. Über die Urſachen der D.E., die man (L 64/7) in einer „von der heutigen verſchiedenen Verteilung von Waſſer und Land und dadurch bedingten Verſchiebung der barometriſchen *Minima (in Europa *Antizyklone im N., *Zyklone in S.), Gebirgserhebungen, Ablenkung des Golfſtromes", Polverlagerungen uſw. erblicken will, ausführlich L 67/57 ff., 117 ff.; feſtſtehend dürfte ſein ein gegenüber dem heutigen vielleicht um 4—5° kühleres Seeklima mit (nicht für alle Gegenden gleichmäßig) erhöhten Niederſchlägen und geringerem Gegenſatz der Jahreszeiten. *Penck erklärt das Anwachſen der eiszeitlichen alpinen Gletſcher gegenüber den heutigen Verhältniſſen durch verringerte Abſchmelzung und niedrigere Temperatur, nicht durch vermehrte Zufuhr bzw. größere Niederſchlagsmenge (L 68/159 ff.; 37¹/99 ff.). Sölch über Soergels Gliederung der D. E. in G3 1926, S. 88ff. (ſ. auch Klimaſchwankungen, Pluvialzeit)

Diluvialterraſſen Talterraſſen, die aus *eiszeitlichem (der *Diluvialzeit angehörendem) Ausfüllungsmaterial herausgeſchnitten ſind; auch Uferterraſſen von Seen, die einem eiszeitlich höheren Waſſerſtande entſprechen (L 3/542)

Dilúvium ſ. geologiſche Zeitalter

Dinariden zuſammenfaſſende Bezeichnung (L 37¹/897) für ſüdöſtliche Alpen (ſ. Alpiden), die dinariſchen Ketten und ihre ſüdöſtliche Fortſetzung (Helleniden) Apennin, Atlas (und der tauriſchen Ketten Kleinaſiens, der Tauriden?) als überall einſeitig nach Süden bewegte Gebirge

dirigierte Gletſchererosion [lat. dirigere richten, leiten] ſ. Gletſchererosion

disharmoniſche Erſcheinungen [lat. dis auseinander, gr. harmonía Zuſammenklang] nach *Paſſarge (L 48/119) jene, die durch die heutigen abtragenden und aufſchüttenden Kräfte nicht erklärt werden können, ſondern z. B. nur durch frühere, geänderte klimatiſche Zuſtände; im Gegenſatz zu den *harmoniſchen, bei denen dies der Fall iſt (L 9, Bd. 627/21)

Disjunktivtäler entſprechen *Supans *Grabentälern, nur läßt Obrutſchew nicht die Täler ſich ſenken, ſondern das ſie begrenzende Gebirge ſich heben (L 3/560)

diskordante Faltung [lat. discordáre nicht übereinſtimmen] ſ. konkordante Faltung

diskordante Küſte (*atlantiſcher Küſtentypus) jene, bei der die *Küſtenlinie das benachbarte Gebirge unter einem ſpitzen Winkel ſchneidet („ſo daß der Meer abwechſelnd die Ausläufer der Ketten und die Längstäler beſpült" und ſelbſt größere Ebenen nicht ſelten ſich einfügen); Ggſ.: *konkordante Küſte (*pazifiſcher Küſtentypus), bei der ein „großes *Faltengebirge mit allen ſeinen Biegungen den Verlauf der Küſtenlinie beſtimmt", und *neutrale Küſte (L 3/803, 806)

diskordante Lagerung ſ. konkordante Lagerung

Dislokationen der Lagerung
[lat. dislocáre auseinander-legen] Lageveränderungen in den oberen Schichtenteilen der *Erdkruste,

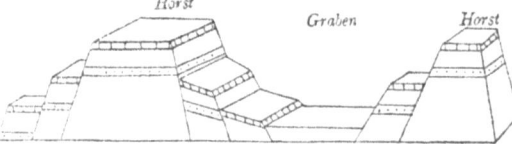

Abb. 20. Staffelbrüche mit Horst und Graben. (Aus L 9, Bd. 627/11)

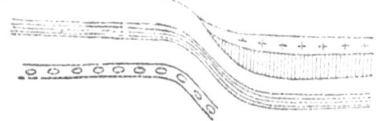

Abb. 21. Einfache (links) und zerrissene Flexur (rechts); diese mit „geschleppten" Schichtenenden an der Biegungsstelle. (Aus L 3/373)

die sich entweder in vertikaler (radialer) oder in horizontaler (zur Erdoberfläche tangentialer) Richtung vollziehen. Ein *Bruch entsteht, wenn die ursprünglich zusammenhängenden Schichtenteile längs einer *Bruchspalte eine *Verwerfung

Abb. 22. Die Hauptteile einer Falte. (Aus L 2/294)

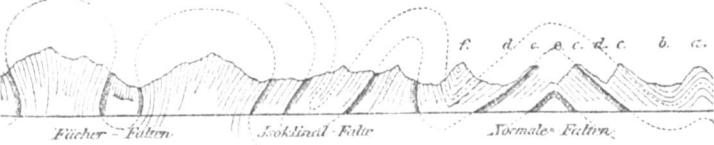

Abb. 23. Form der Falten (normale, Fächer- und Isoklinal-Falten). (Aus L 3/668)
a Antiklinalkamm, b Synklinaltal, c Isoklinalkamm, d Isoklinaltal, e Antiklinaltal, f Synklinalkamm

erfahren; von zahlreichen ausgedehnten Bruchspalten werden sie in *Schollen zerlegt; diese fallen entweder gleichsinnig nach einer Richtung als *Staffelbrüche ab oder erheben sich als *Horste über und senken sich als *Gräben unter die Nachbarschollen. Die bloße Abbiegung eines sich senkenden Schichtenkomplexes von einem stehenbleibenden ohne Bruch ergibt eine *Flexur oder *Tafelbiegung, die Zusam-

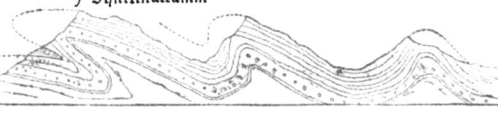

Abb. 24. Lage der Falten. (Aus L 3/668)

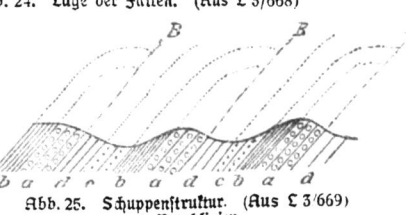

Abb. 25. Schuppenstruktur. (Aus L 3/669)
B Bruchlinien

Dislokationsbeben — Drumlins

menschiebung und Aufbiegung eines Schichtenkomplexes eine *Faltung. Als *Blatt wird eine zumal bei Erdbeben häufige, von keiner Niveauveränderung begleitete Verschiebung von Schichten längs einer Bruchspalte bezeichnet, von einer *Überschiebung spricht man, wenn mächtige Falten, nach einer Seite sich umlegend, auf andere übergreifen (*Deckentheorie). Faltung und Verwerfung kommen nebeneinander vor, charakteristisch für den Aufbau weiter Gebiete ist aber stets nur eine von beiden; je nachdem spricht man von *Faltenland oder *Schollenland (Abb. 20 bis 25)

Dislokationsbeben oder *tektonische Beben *Erdbeben, die durch *Dislokationen (*Faltung, *Verwerfung) bewirkt, an bestimmte Stoßlinien in beständigen Schüttergebieten geknüpft sind, die mit der Verbreitung der großen *Senkungsfelder und dem Gürtel junger *Faltengebirge bzw. den Gebieten noch nicht abgeschlossener Gebirgsbildung übereinstimmen (L 2/306; 3/433 ff.; 5/124; 9³/19; 34/245 ff.)

Dislokationsfläche jede Fläche, an der sich *Dislokationen vollzogen haben (L 41/4)

Dislokationstäler f. Destruktionstäler

Dislokationswannen *Wannen, die auf *Dislokationen zurückgehen (Verwerfungs-, Grabenwannen) (L 5/211 f.)

dislozierte Lagerung (*Lagerungsstörung, *gestörte Lagerung) f. Dislokationen der Lagerung

dissonante Erscheinungen [lat. dissonäre mißtönen] nach *Passarge (L 48/119) die durch Einwirkung von Kräften aus einer benachbarten Region gleicher Kraftwirkungen entstandenen Erscheinungen, im Gegensatz zu den *konsonanten, die alle in einer Zone gleicher Kraftwirkungen durch die vorhandenen Kräfte gebildeten Erscheinungen (*Erosionsformen und *Aufschüttungen) umfaßt

Distorsionswellen [lat. distórsio Verdrehung] f. Kondensationswellen

Dockhäfen *Häfen, in denen geschlossene Docks (ummauerte Wasserbecken, die mit dem Fahrwasser durch Tore verbunden sind) die Schiffe im Be- und Entladen von den *Gezeiten unabhängig machen

Dogger [Bezeichnung der engl. Steinbrecher für die unterste Gruppe der *Juraformation] f. geologische Zeitalter

Doline [slowen. Loch, Grube, Tal] f. Karsterscheinungen und Felsdolinen

Dolinenseen *Seen, die sich in Dolinen bilden, wenn Zersetzstoffe die von ihrem Boden ausgehenden Klüfte verstopfen (L 5/149; 11³/447)

Domvulkan f. Quellkuppen

Doppelküste Bezeichnung gegliederter *Küsten mit Rücksicht auf das Vorhandensein zweier Küstensäume; ein (geschlossener) äußerer (*Außenküste) entspricht dem Normalverlauf der *Küstenlinie, der innere gehört der starkgelappten Bucht an (L 2/467; 3/805)

doppelseitig zusammengesetzte Faltengebirge f. einfache Faltengebirge

Doppelvulkane (zusammengesetzte V.) *Vulkane vom Typus der *Somma, also aus einem zentralen Kegelberge und einem diesen umgebenden Ringwall bestehend

Dorf „im Ggs. zu Einzelhof und Weiler die Form geschlossenen Zusammenwohnens einer größeren Anzahl von ländlichen Familien" (L 119¹/482). Vgl. L 2/851 f. u. R. Mielke, Das deutsche D. (1912³)

Drawida dunkelhäutige, von den aus NW. eindringenden *Ariern (*Hindu nach heutiger eigener Bezeichnung) ins Innere und südliche Vorderindien zurückgedrängte, doch auch vielfach mit ihnen sich vermischende Urbevölkerung des Landes, gewöhnlich in eigentliche D. und in Kolarier (die primitiv lebenden „Dschungelstämme" des Gangesdeltas und mittleren Vorderindiens) geschieden. Don Buschan (L 5/319) mit den *Wedda auf Ceylon, den *Toala auf Celebes, den ursprünglich den ganzen Erdteil bewohnenden, jetzt auf vielleicht 50000 Köpfe zusammengeschmolzenen, auf tiefster Kulturstufe befindlichen *Australiern u. a. einer schwarzen asiatischen (indoaustralischen) „Grund"rasse zugezählt, die er als klein, langschädlig, mit aufgestülpter Nase und welligem Kopfhaar beschreibt (vgl. auch L 2/745; 109³/482 ff., 113/68)

Drumlins (Drums) in der Richtung der

Eisbewegung gestreckte Hügel von linsenförmigem Längsschnitt aus *Grundmoränenmaterial, häufig in dichteren Reihen die D.landschaft bildend. Die D. sind „entweder unter dem Eise abgelagerte Grundmoränenmassen oder wurden bei einem neuerlichen Gletscherstoß aus der Grundmoränendecke durch die Eisbewegung herausgearbeitet" (L 65/76; vgl. auch L 11³/316, 325 und 64/35f.)

Drygalski, Erich v., Geograph, * 1865 zu Königsberg i. P., Prof. an der Universität München. Reisen in Grönland 1891—1893, Südpolarland 1901 bis 1903. Zahlreiche Arbeiten, hauptsächlich über seine Reisen

Dschungel s. Buschland

Dumont d'Urville, Jules Sébastian César, * 1790 in Condé sur Noireau, † 1842, unternahm 1822, 1826—1829 und 1837—1840 Reisen um die Erde und bemühte sich besonders um die Aufhellung Neuguineas und Ozeaniens

Dünen bis 100 m hohe *Aufschüttungsformen des Sandes durch den *Wind; man unterscheidet *Binnen-D. (*Barchane), *Strand- und Fluß-D. Eine D.landschaft (lange parallele Hügelrücken) bietet ein stets sich verschiebendes Bild, da die D. ohne Verfestigung durch Pflanzen mit dem Winde wandern als *Wander-D. 2—25 m im Jahre (L 3/592ff.; 5/192f.; 11³/341 ff.; 37¹/325ff.) (Abb. 26)

fungen zwischen den *Dünenwällen bilden (L 3/759)

Dünung die über eine platte, windstille Meeresfläche hineilenden Wogen (von den Windwellen durch sanftere Böschung und abgerundete Kammformen unterschieden); als Ausstrahlung eines an entfernterem Orte wütenden Sturmes verkündet sie diesen

Durchbruchs- (*Durchgangs-) Täler *Täler, die Gebirge durchqueren (s. auch anomale, antezedente, epigenetische Durchbruchstäler, Anzapfung)

Durchfuhrhandel für einen Staat jener Warenverkehr, der seine Güter nicht in diesem Lande absetzt, sondern es auf dem Wege vom Erzeugungs- zum Absatzgebiet nur passiert

Durchgangstäler s. Durchbruchstäler

durchgreifende Lagerung jene, bei der oft mehrere Folgen geschichteter Gesteine von einem *Gang (schief) durchsetzt werden

durchgreifende Paßlinien die mit den eigentlichen, zum *Passe führenden Zugangstälern zusammenhängende Reihe von (*Durchbruchs-)Tälern in *Ketten- und *Rostgebirgen, die es ermöglichen, sich „dem einzigen zu überwältigenden *Kammpaß ganz allmählich durch größere *Haupttäler" zu nähern (L 2/433)

durchgreifende Wasserscheide Bezeichnung v. *Richthofens (L 50/688), wenn Hauptkamm und Hauptwasser-

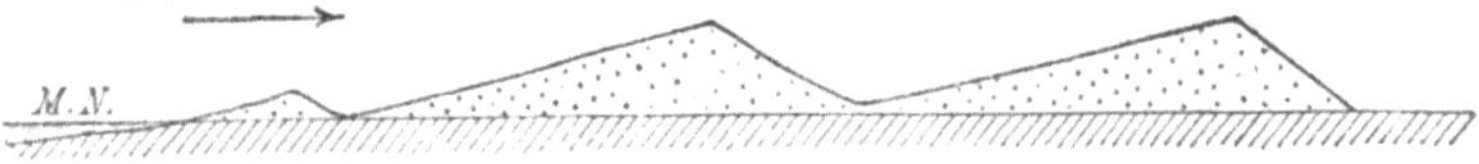

Abb. 26. Querschnitt durch eine Reihe von fortschreitenden Dünen von der gewöhnlichen Gestalt mit flacherer Luv- und steilerer Leeseite. (Aus L 37¹/328)

Dünenhügelländer von *Dünen (meist *Binnen- und *Stranddünen) gebildete Hügellandschaften (L 5/189)

Dünenküste die zu den *Anschwemmungsküsten gehörende, von *Stranddünen begleitete *Flachküste mit glattem Verlauf; hafenlos und für die Schiffahrt nicht ungefährlich, da auch der Meeresboden meist seicht ist und Sandbänke besitzt, über denen sich schon in einiger Entfernung vom *Strande die *Brandung bricht (L 2/473; 11³/430 f.)

Dünenseen *Seen, die sich in den Vertie-

scheide nicht durchaus zusammenfallen (s. auch anomale Durchgangstäler)

Durlöcher = *Dolinen

Dyas [gr. dyás Zweiheit, wegen der scharfen Scheidung des mitteldeutschen *Perm in *Rotliegendes und *Zechstein] s. geologische Zeitalter

Dynamometamorphose [gr. dýnamis Kraft, metamórphosis Veränderung] die chemischen, mineralischen und mechanischen Veränderungen, die Gesteine durch Druck erleiden. Ggs.: *Kontaktmetamorphos.

Ebbe — einsilbige Sprachen

Ebbe das periodische Zurückweichen des Meeresspiegels von der *Küste, wie die *Flut hervorgerufen durch die *Gravitationswirkungen von *Sonne und *Erdmond (s. Gezeiten). Kleinster Stand der E.: *Niedrigwasser

Ebenen (*Flachland) Gebiete der Erdoberfläche, „in denen die Ungleichheit des Bodens für das Auge verschwindet"; sie werden zu *Flachböden, wenn die Landschaft zwar einen Wechsel schwachwelliger Erhebungen mit Einsenkungen zeigt, im Verhältnis zur horizontalen Ausdehnung aber doch eben erscheint (L 2/375). Zu den *Strukturformen der E. gehören die uns als *Hoch- oder Tiefland entgegentretenden *Schichtungstafeln und die *Akkumulations-E., als ihre *Destruktionsform ergibt sich die (ebenfalls als Hoch- oder Tiefland mögliche) *Rumpfplatte (L 3/741) (s. auch Abrasions-, angefügte, Auen-, Ausgleichungs-, Destruktionsebenen, Peneplains)

Ebstorfer Weltkarte dem Kloster Ebstorf in der Lüneburger Heide entstammende, dem 13. Jahrh. angehörende, sehr berühmte mittelalterliche Weltkarte; *Radkarte, da mit kreisrundem Erdbild, 12 ¾ qm groß (L 15/54)

echte Kegelprojektion s. wahre Kegelprojektion

Ed, Egg die Stufen im Längsprofil in den Gebirgsstämmen, in allen Höhen, Gesteinsarten und bei allen Lagerungen verbreitet; über ihre Entstehung *Sölch (in der Penckfestschrift, 1918, Hilber in Mit.d. Geol. Ges. 1918, Moscheles in GR 1922) und L 7, Bd. 2²/163)

Eckert, Max, Wirtschaftsgeograph, * 1868 in Chemnitz, Prof. an der Techn. Hochschule in Aachen. „Grundr. der Handelsgeographie" (1905) und L 24

edaphische (oder *Standorts-) **Formationen** [gr. édaphos Boden] die durch örtliche Bodenbeschaffenheit (tektonische Faktoren) von den großen klimatischen *Vegetationsgrundformen abweichenden *Formationen

Edrisi, Abu Abdallah Muhammed Al-Scherif Al-Idrisi, der bedeutendste Geograph des 12. Jahrh., arab. Herkunft, * 1100 in Ceuta, † 1164; für König Roger II. von Sizilien fertigte er einen Himmelsglobus und eine silberne Tafel (Erdkarte) an, die er in einem auch durch seine Karten wertvollen Werke beschrieben hat (L 15/47)

Einbruchshäfen nach *Supan (L 3/814) solche *Häfen, die wie *Liman-, *Rias- und *Fjordhäfen durch Eindringen des Meeres ins Land infolge einer *positiven Niveauveränderung entstanden sind

Einbruchsmeere = *Ingressionsmeere

Einebnungsfläche, kontinentale = *Destruktionsebene (L 47a²/45)

einfache Faltengebirge nach *Supan (L 3/675 ff.) jene, deren *Falten in *Sedimentgestein oder schichtförmigen Lavaergüssen verlaufen. Im Gegensatz dazu *zusammengesetzte F., die aus Gürteln von *kristallinischen Gesteinen und Sedimentgesteinen bestehen; sie sind entweder *einseitig zusammengesetzte F., wenn die Sedimentgesteine bloß auf einer Seite kristallinischen Gesteinen angelagert sind, *doppelseitig zusammengesetzte F., wenn die kristallinischen Gesteine beiderseits von Sedimentgürteln, doch nicht immer symmetrisch, eingefaßt werden, oder schließlich *zonal zusammengesetzte F., die einen mehrmaligen Wechsel aufweisen (wobei zonal nur die räumliche Anordnung, nicht den inneren Bau bezeichnen soll)

einfache Verwerfung jene, bei der es sich bloß um einen einzelnen *Bruch und eine Abbruchslinie handelt; Ggs.: *zusammengesetzte V., bei der eine größere Zahl von Brüchen gleichsam als Abbruchszone vorhanden ist

Einfuhrhandel s. Außenhandel

eingeklemmte Scholle die Ausfüllung einer Spalte (Kluft), die sich bei einer *Horizontalverschiebung zwischen den beiden Verschiebungsflächen bildete

Eingradfelder s. Gradfelder

Einkehrflüsse s. Flußsystem-Bezeichngn.

Einkeilung, *keilförmige Einfaltung eines Gesteins in ein anderes, entsteht, wenn zweierlei Gesteine in *Keilen verzahnt sind (L 41/15)

einseitige Schleppung s. Schleppung

einseitig zusammengesetzte Faltengebirge s. einfache Faltengebirge

einsilbige Sprachen s. isolierende Sprachen

Einsturz- (oder *****Auswaschungs-**)**Beben** die — nicht allzu häufigen — *****Erdbeben**, die mit dem Einsturze unterirdischer, durch Gesteinsauflösung bewirkter Hohlräume zusammenhängen (*****Karsthöhlen**) (L 5/124; 37²/197)
Einsturzbecken s. Eintiefungsbecken
Einsturzdolinen nach L 5/150 Höhlen im Karst, deren Decke eingebrochen ist
Einsturzseen in eingebrochenen Erd- und Gesteinsmassen liegende *****Seen** (L 11³/447) (s. auch Dolinenseen)
Einsturztäler unterirdische *****Täler**, die durch Einsturz der Höhlendecke zu oberirdischen werden
Eintiefungsbecken können einerseits als *****Ausräumungsbecken** entweder durch strudelndes Wasser ausgehöhlt (*****Evorsionsbecken**), durch *****Gletscher** ausgeschürft (*****glaziale** Erosionsbecken) oder durch den *****Wind** ausgeweht sein (*****äolische** Ausräumungsbecken), anderseits durch unterirdische Vorgänge als Einstürze über Hohlräumen (*****Einsturzbecken**), Ergebnis *****vulkanischer** Explosionen (*****Explosionsbecken** s. auch Maare) oder durch *****tektonische** Vorgänge (bei Senkungen als *****Senkungsbecken**, in Verbindung mit dem *****Saltungsprozeß** als *****Saltungsbecken**) entstanden sein (L 3/760 ff.). Ggs.: *****Aufschüttungsbecken**
einverleibende (*****inkorporierende**, *****polysynthetische**) **Sprachen** Der Unterschied zwischen Wort und Satz wird aufgehoben, aneinandergefügte Wörter ergeben den Sinn eines ganzen Satzes; Beispiele: die amerikanischen Ursprachen (L 2/739; 4/271)
Einzugsgebiet s. Stromgebiet
Eisberge das ins Meer hinausragende Ende von *****Gletschern** polarer Landflächen (Grönland, Spitzbergen, *****Antarktis**) bricht ab und schwimmt, mit rund neun Zehntel seiner Masse eintauchend, äquatorwärts. *****Eisfelder** (*****Feldeis**) nennt man die Eisdecke des (bei — 1,7 bis — 2,0° gefrierenden) durch Schnee verstärkten Meerwassers. Durch Pressungen vielfach ineinandergeschoben, wird es zum *****Packeis**. Im Sommer in Schollen zerfallend und ins offene Meer treibend, bilden diese losen Eismassen das *****Treibeis**
Eisbildung a) im Meere tritt bei mittlerem Salzgehalt E. erst bei —1,7 bis 2,0° C ein (für 10⁰/₀₀ Salzgehalt liegt der Gefrierpunkt bei —0,5°, für 30⁰/₀₀ bei —1,6°, für 40⁰/₀₀ bei —2,2° C); b) in Süßwasserseen fehlt sie den *****warmen** Seen überhaupt, schreitet bei den *****gemäßigten** Seen von der Oberfläche allmählich nach unten fort (doch bei tieferen Landseen niemals bis zum Grunde) und kann sich bei *****kalten** Seen jederzeit einstellen (L 3/351; 5/215); c) in Flüssen tritt E., beeinflußt von der Wassermenge und der Schnelligkeit der Temperaturerniedrigung, bei Abkühlung ihrer Wassermasse auf 0° ein; neben Oberflächeneis faßt durchweg auch Grundeis (L 54/79 ff.)
Eisboden auf die Regionen des *****ewigen** Schnees (in Hochgebirgen und polaren Gebieten) beschränkt, nimmt nach *****Supan** rund 10,7 v. H. der gesamten Landfläche ein (L 3/619)
Eisbrunnen = *****Gletschermühlen**
Eisfelder s. Eisberge
Eisfuß nach *****Davis** = *****Braun** (L 47a²/209) der die polaren Küstengebiete oft umgebende, teilweise aus Süßwasser gebildete Eisgürtel
Eishöhlen *****Höhlen**, die Eis- an Stelle von Tropfsteinbildungen besitzen. In Gegenden mit einer beständigen Wintertemperatur unter 0° C vermag die kalte, schwere Luft durch den höhergelegenen Eingang in den eigentlichen Höhlensack einzudringen, doch nicht wieder abzufließen und kann daher auch nicht im Sommer von der wärmeren, leichteren Luft ersetzt werden. Vgl. Eiser und Oedl in DN 1921 S. 721 ff.
Eismeere s. Arktisches, Antarktisches Meer. Über Tiefentemperaturen und Salzgehaltverhältnisse in den E. bei L 3/360 ff.; 57/78 ff.
Eispressungen die sich über- und untereinanderschiebenden, hauptsächlich durch die *****Gezeitenströme** bewegten *****Eisfelder**; besonders in der *****Arktis** häufig und den Schiffen gefährlich
Eisschmelzströme In Süßwasser über dem Gefrierpunkt schmelzendes *****Meereis** erzeugt durch Abfließen drei Strömungen: eine oberflächliche, eine tiefere kühlere, vom Eisrand weg und eine

Eis(stau)seen — Endländer

etwas wärmere Zwischenströmung zu ihm hin (L 2/545)

Eis(stau)seen durch *Gletscher aus Bächen aufgestaute und bei Ausbruch äußerst verheerend wirkende *Seen. Auch *Inlandeis vermag an seinem Rande die ihm von der gegenüberliegenden Landfläche zuströmenden Gewässer aufzudämmen (L 3/758)

Eisstoß die an einer die Weiterbewegung erschwerenden Stelle erzeugte Anstauung und Zusammenpressung der aus Oberflächen- und Grundeis bestehenden Eisschollen eines *Flusses (L 5/166)

Eisströme häufig = *Gletscher

Eiszeit s. Diluviale Eiszeit

Eis-(*Gletscher-)Zunge der durch die *Schneegrenze vom *Firnfelde gesonderte Teil eines *Gletschers, der (im Gegensatz zum *Hängegletscher) wegen seiner mehr oder minder entwickelten E. auch *Gletscher erster Ordnung oder *Talgletscher (Nordenskjölds Fächer- oder Alpentypus s. Gletschertypen) genannt wird

Elliptik [gr. ékleipsis Verfinsterung, da alle *Sonnen- und Mondesfinsternisse in der Nähe der E. erfolgen] Der Kreis der scheinbaren Sonnenbahn während eines Jahres, also auch die bis ans Himmelsgewölbe verlängerte Ebene der *Erdbahn; die Ebene der E. geht durch den Mittelpunkt von Sonne und Erde. Der Neigungswinkel der E.-ebene gegen die Ebene des *Himmelsäquators (*Schiefe der E.) beträgt — er ändert sich jährlich um etwa ½ Sekunde — (1920) 23° 27′ 8,26″. Eine im Mittelpunkte der E. errichtete

Abb. 27. Durchschnitt durch eine Meridianebene. (Aus Sydow-Wagner, Methodischer Schulatlas.) Schiefe der Elliptik = Winkel zwischen Erdbahn-Ebene (d. h. Elliptik) und Äquatorebene (1920 = 23° 27′ 8,26″)

Senkrechte führt zum nördlichen bzw. südlichen *Pol der E.; sie weichen von den *Himmelspolen natürlich um den Betrag der Schiefe der E. ab (Abb. 7 u. 27)

Elliptikkoordinaten [lat. coordináre zuordnen] Die *Elliptik bildet die Grundebene (den Fundamentalkreis), der normal auf ihr errichtete Durchmesser der *Himmelskugel trifft diese in den Polen der Elliptik; die Abszisse ist die (astronomische) Länge, die Ordinate die (astronomische) Breite. Ausgangspunkt für die Zählung der Länge (0° bis 360° im selben Sinne wie die *Rektaszension) bildet der *Frühlingspunkt. Verwendet zur Lagebestimmung von *Wandelsternen, da sich diese nie weit v. d. Elliptik entfernen (L 5/42) (Abb. 16)

Elementargedanke in der Völkerkunde s. Ab. *Bastian

Elevationstheorie [lat. eleváre erheben] von namhaften Naturforschern in der ersten Hälfte des 19. Jahrh. vertretene Hypothese zur Erklärung der *Gebirgsbildung, nach der diese allein auf Spannkräfte der im *Erdinnern eingeschlossenen heißen Dämpfe zurückzuführen sei

Elongation eines Gestirnes [lat. lóngus lang] seine Entfernung von der *Sonne

Eluvialboden [lat. elúvio Überschwemmung] s. Eluvium

Eluvium, Eluvialboden jene Bodenbedeckung, die aus *Verwitterungsprodukten besteht, die infolge zu geringer Stärke der ihre Abfuhr bewirkenden Kräfte vom Orte ihrer Bildung nicht entfernt worden sind (s. auch *Alluvialboden)

endemische Formen in der Pflanzenwelt [gr. éndemos zu Hause] solche, die auf ein bestimmtes Gebiet beschränkt sind, außerhalb desselben nirgends vorkommen (L 71/22)

Endformen zur beinahe formenlosen *Ebene umgestaltetes Relief, das die *Urlandoberfläche schließlich infolge der dauernden Einwirkung der *exogenen Kräfte annimmt (L 47a²/3)

Endländer nicht durchaus vom Festlande gesonderte *Halbinseln, sondern mehr kleinere (Bretagne) oder größere (Somaliland, Endstück Südamerikas) keilförmige Zuspitzungen der *Erdteile

Endmoränen die an den Rändern der *Gletscher angehäuften *Moränen, abgelagert an den Längsseiten als *Ufermoränen, an der Vorder- (Stirn-) Seite als *Stirnmoränen. Die E. tritt uns „bald als schmaler Steinwall von wechselnder Höhe, bald als weite Schlamm- und Kiesfläche entgegen, in der mächtige Felstrümmer zwischen kleinen, unregelmäßigen Schutthügeln zerstreut liegen" (L 3/214)

Endmoränenlandschaft in deutlicher Abhebung von der breiten Zone der *Grundmoränenlandschaft, die den Gürtel der *Endmoränen umfassende Region, bestehend „aus unregelmäßig verteilten Hügeln und Hügelwällen, die bald durch enge Schluchten, bald durch größere Eintiefungen mit *Seen und *Mooren getrennt sind und ein außerordentlich wechselvolles Relief bilden" (L 3/620)

endogene Kräfte [gr. éndon innen, génesis Entstehung] jene, die im Innern der Erde ihren Ursprung haben und von hier aus die Erdoberfläche umformen; sie wirken im wesentlichen (trotz Zerstörung im einzelnen) durch die Schaffung gewaltiger Unebenheiten (Erhebungen, Vertiefungen) aufbauend, erzeugen *Konstruktionsformen. Hierher gehören einerseits die *vulkanischen Ausbrüche, anderseits die verschiedenen Bewegungen der *Erdkruste (*Dislokationen, *epiro- und *orogenetische Bewegungen, *horizontale und *Strandverschiebungen). *Erdbeben können Äußerungsarten der e. K. begleiten

Endschwemmkegel nach L 2/354 der flache, aus feinsten Ablagerungen aufgebaute Schwemmkegel, in den sich ein Fluß, „wie es bei zahlreichen Steppenflüssen geschieht, auf dem trockenen Lande in durchlässigem Boden verliert und über den er sich häufig teilend träge hinzieht, bis die einzelnen Adern im Sande versiegen oder Sumpfseen bilden"; diese E. können sich auch „in stehende Gewässer, das Meer oder auch wohl in das Bett eines den Fluß aufnehmenden Stromes hinausbauen und Teile derselben zuschütten"

Endseen *Seen, die einen Zufluß, aber keinen sichtbaren Abfluß besitzen

Endverwachsung von Faltengebirgen nach *Supan (L 3/686) die besondere *Scharung, wenn zwei mit ihrer konvexen Seite ungefähr nach derselben Richtung orientierten Gebirgsbögen an ihrem Ende miteinander verwachsen

Engpässe nach *Wagner (L 2/431) keine *Pässe im Sinne von Gebirgsübergängen, sondern schmale Stücke innerhalb von *Tälern

enthauptete Flüsse s. Anzapfung

Eogén [gr. éos Morgenröte, génesis Entstehung] = *Paläogen

Eohypsen [gr. hýpsos Höhe] oder Eoisohypsen, die Isohypsen älterer Landoberflächen (PM 1912 II)

Eozän [gr. kainós neu] Epoche des *Paläogen (s. auch geologische Zeitalter)

Eozoische Ära [gr. zóon Lebewesen] geologische Zeit mit den ersten Spuren von *Fossilien (s. auch geologische Zeitalter)

Ephemeriden [gr. epi auf, heméra Tag] astronomische Jahrbücher, worin die tägliche Stellung der Gestirne für längere Zeit im voraus berechnet ist

epigenétische Durchbrüche [gr. epi auf, génesis Entstehung] sind gebildet durch *e. Flüsse in *e. Tälern (L 5/173)

epigenétische Flüsse *Flüsse, die ihr Tal durch Decfschichten in eine ältere, anders gebaute Unterlage einschneiden

epigenétische Täler *Täler, die nicht der heutigen, sondern einer anders gerichteten früheren Abdachung folgen; die Flüsse konnten auch nach Entfernung der das darunterliegende Gebirge ursprünglich verhüllenden Sedimentbede, auf der sie sich entwickelten, ihren alten Weg beibehalten (L 3/561; 5/173; 47a²/119ff.; 7, Bd. 2²/178f.) (Abb. 28)

Abb. 28. Schema der epigenetischen Talbildung. (Aus L 9, Bd. 627/48.) a b: ursprüngliche Schichtoberfläche, c d: epigenetisches Tal, m: harter Rücken

epirogenetische Bewegungen — Erdachse

epirogenétische (epeirotische) Bewegungen [gr. épeiros Festland, génesis Entstehung, also die Entstehung der Kontinente betreffend] den *orogenetischen, d. h. gebirgsbildenden B. gegenübergestellt: unendlich langsame (säkulare) und jeweils verschieden gearteten Hebungen (und Senkungen) weiträumiger Teile der *Erdkruste ohne ersichtliche größere *Schichtstörungen im einzelnen, sondern nur auf größere Entfernungen in Niveauänderungen erkennbar. Orogenetisch können die aufsteigenden e. B. werden einerseits, wenn sie ein gewisses Ausmaß erreichen, anderseits wenn, je nach der Beschaffenheit des Materiales bei zu starker Beanspruchung durch Druck oder Zug *Flexuren, *Brüche oder *Faltung entstehen. E. und orogenetische B. sind so (nach *Machatschek in der Penck=Festschrift 1918) nur graduell voneinander verschieden, die einzelnen Arten der *Krustenbewegungen, für deren jeweilige Erscheinungsform bloß die Beschaffenheit des Materials, die Größe der Kraft und die Entfernung von der Stelle ihres Ursprungs bestimmend zu sein scheint, stehen überall in engem Zusammenhang miteinander, ihre gemeinsame Ursache findet Machatschek am besten durch die *Unterströmungshypothese erklärt (s. auch Strandverschiebungen) (L 9, Bd. 627/13; 34/175 ff.; 7, Bd. 2¹/69 ff.)

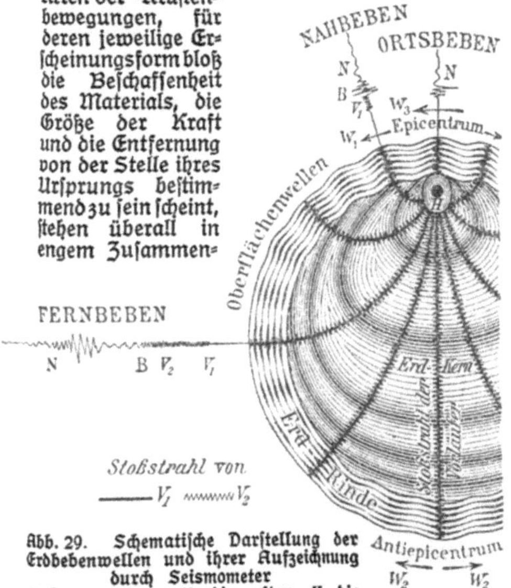

Epizéntrum [gr. epi über, kéntron Spitze, Mittelpunkt: Oberflächenmittelpunkt] bei *Erdbeben jener Ort der Erdoberfläche, der genau oberhalb des *Hypozentrums liegt; die Bewegungen gehen vom E., in dem sie sich stoßartig äußern, nach allen Seiten mit gleichmäßiger Geschwindigkeit aus, doch an Intensität allmählich verlierend und immer mehr Wellenform annehmend (Abb. 29)

Epizýkel [gr. epi zu, daneben, kýklos Kreis] ein Kreis, dessen Mittelpunkt in der Peripherie eines anderen Kreises (des *Deferenten) sich bewegt; für die scheinbare Bewegung der *Planeten wichtig (L 5/44; auch Möbius, Astronomie [SG 11] S. 80 ff.)

Eratosthenes aus Kyrene: vielseitiger griechischer Gelehrter, vor allem Geograph, um 275—196, wirkte an der Bibliothek von Alexandria, verfaßte „das erste Lehrgebäude" der Geographie in 3 Büchern, im dritten ist die Erdkarte entwickelt. Hierin ist bereits die von ihm vorgenommene Erdmessung verwertet (Messung der Strecke Syene—Alexandria und der Schattenlänge in beiden Städten mit dem *Gnomon, *Erdumfang auf 252 000 *Stadien = 397 000 km berechnet) (L 2/100; 15/15)

Erdachse die innerhalb der *Himmelsachse liegende Drehungsachse der *Erde. Sie ist infolge der Neigung der Äquatorebene zur *Ekliptik 66½° gegen die Ebene der *Erdbahn geneigt und bleibt (von den durch *Präzession und *Nutation bewirkten geringen Schwankungen abgesehen)

Abb. 29. Schematische Darstellung der Erdbebenwellen und ihrer Aufzeichnung durch Seismometer
H Hypozentrum; V_1 die ersten, V_2 die zweiten Dorläufer; B lange Wellen des Hauptbebens; N Nachbeben; $W_1 W_2 W_3$ Oberflächenwellen erster, zweiter, dritter Ordnung

Sachwörterbücher VIII: Kende, Geographisches Wörterbuch. 2. Aufl.

44   Erdäquator — Erdbahn

während des Umlaufes der Erde um die *Sonne (*Erdrevolution) mit sich parallel. Ihre Größe s. Erdsphäroid. Auf der *Schiefe der Ekliptik und dem Parallelismus der E. während des Umlaufes beruhen der Wechsel der *Jahreszeiten wie die jahreszeitlichen Verschiedenheiten in der Dauer von Tag und Nacht. Nur der *Erdäquator wird von der kreisförmigen, durch die *Refraktion etwa 90 km über die volle Halbkugel hinausgreifenden Beleuchtungsgrenze stets halbiert und besitzt daher beständig Tag- und Nachtgleiche. Dagegen zerlegt diese Beleuchtungsgrenze die übrigen *Parallelkreise, ausgenommen am 21. 3. und 23. 9., an denen alle halbiert werden und also sämtliche Punkte der Erde 12 Stunden Tag und 12 Stunden Nacht haben, in ungleiche Teile, indem sie sich zwischen 21. 3. und 21. 6. über den Nordpol hinweg bis an den oberen Rand des *Nördlichen Polarkreises vorschiebt (wodurch ein immer größeres Stück der nördlichen Parallelkreise beleuchtet, die Tage für sie immer länger, die Nächte kürzer werden), während sie sich zwischen 23. 9. und 21. 12. über den Nordpol bis an den unteren Rand des Nördlichen Polarkreises zurückzieht (wodurch ein immer kleineres Stück der nördlichen Parallelkreise beleuchtet, die Tage für sie immer kürzer, die Nächte länger werden). Liegen am 21. 3. und 23. 9. E. und *Äquinoktiallinie in einer Ebene (der Nordpol hat zwischen 23. 9. und 21. 3. andauernde Winternacht), so ist die Nordhälfte der E. am 21. 6. gegen die *Zentrallinie 66 ½° geneigt (der *Nördliche Wendekreis erhält senkrechte Sonnenstrahlen, der Nördliche Polarkreis hat 24 Stunden Tag), am 21. 12. dagegen steht sie 113½° von ihr ab (der *Südliche Wendekreis erhält senkrechte Sonnenstrahlen, der Nördliche Polarkreis hat 24 Stunden Nacht) (Abb. 30 u. 63)

Erdäquator, auch kurz *Gleicher von Nord- und Südpol (s. Erdpole) gleichweit entfernte, die Erdoberfläche halbierende Kreis; in ihm schneidet der *Himmelsäquator die Erde. Seine Größe s. Erdsphäroid

Erdbahn die Bahn des Erdumlaufes um die *Sonne. Größenzahlen: *Mittlere Entfernung der Erde von der Sonne 149 481 000 km (nach der Formel M.E.=

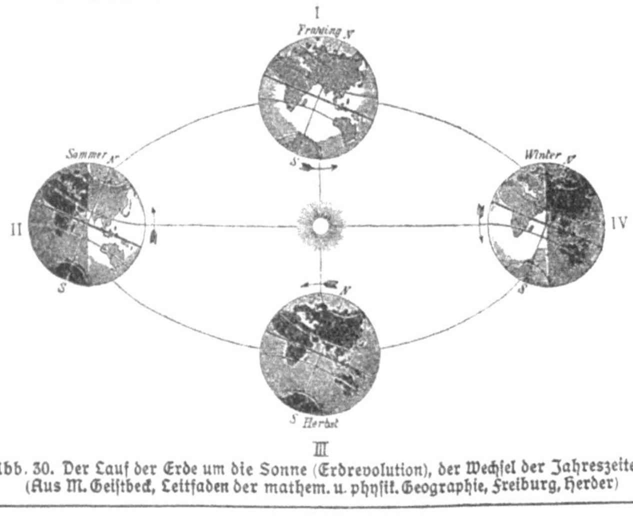

Abb. 30. Der Lauf der Erde um die Sonne (Erdrevolution), der Wechsel der Jahreszeiten. (Aus M. Geistbeck, Leitfaden der mathem. u. physik. Geographie, Freiburg, Herder)

Erdradius

sin der *Höhenparallaxe für die Sonne, wenn dieser Parallaxenwinkel mit 8,80" angenommen wird); lineare *Exzentrizität 2 504 000 km, numerische Exzentrizität f. Exzentrizität; Entfernung der Erde im *Aphel (= halbe große Achse der E. + lineare Exzentrizität) 152 Mill. km; Entfernung im *Perihel (= halbe große Achse weniger lineare Exzentrizität) 147 Mill. km; der Umfang der E. 939 200 000 km [Formel: Umfang = $2a\pi\left(1-\frac{\varepsilon^2}{4}\right)$, wobei a die halbe große Achse, π der Parallaxenwinkel, ε die numerische Exzentrizität bedeutet] (Abb. 31, 33 u. 34)

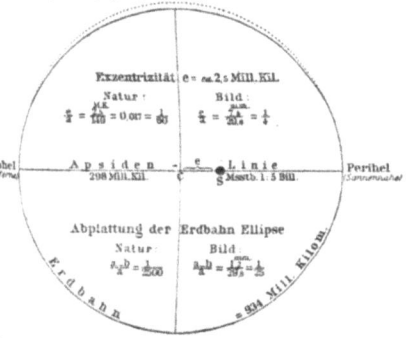

Abb. 31. Die Erdbahn-Ellipse. (Aus Sydow-Wagner, Methodischer Schulatlas)

Erdbeben natürliche Erschütterungen der Erdoberfläche, deren Ausgangspunkt unterhalb derselben liegt. *Supan (L 3/439) gibt folgende Einteilung: nach dem Ort in Erd- und *Seebeben, nach der Form der Erdbebenfläche (des *Epizentrums) in *zentrale, *lineare und *Flächenbeben; nach der Ursache in *vulkanische (*kryptovulkanische), *Einsturz- und *Dislokationsbeben; nach der Intensität in schwache, mittelstarke und starke Beben; schließlich danach, ob sie dauernde Spuren im Boden zurücklassen oder nicht (L 3/419; 37²/136 ff.). Vgl. B. Gutenberg, Grundlagen der E.kunde (1927) (f. auch aseismische Regionen, Erschütterungsgebiete, Fernbeben, Hauptbeben, homo- und Isoseisten, Längsbeben, makro- und mikroseismische Bewegungen, Nach- und Nahbeben, Periodizität der E., Querbeben und Seismometer) (Abb. 29)

Erdbebenachse die Verbindung zwischen *Hypozentrum und *Epizentrum (Abb. 29)

Erdbebenbrücken die Gebiete der Erdoberfläche, die den *Erdbeben-Wellen (aus nicht ganz aufgeklärten Ursachen) eine Hemmung entgegensetzen

Erdbebenfluten an der Meeresoberfläche auftretende gewaltige (*transversale) Wellen, die selbst einen ganzen Ozean durchlaufen können; vielleicht auf untermeerische Vulkanausbrüche oder *Bergschlipfe zurückgehend (L 2/308, 3/301 ff.; 37²/184 f.) (f. auch Seebeben)

Erdbebenherd f. Hypozentrum

Erdbebeninstrumente f. Seismograph und Seismometer

Erdbebenintensitätsskala die zur Schätzung der *Erdbeben-Stärken (außerhalb der genauen Feststellung durch die *Seismogramme) vorgeschlagene 12-gradige Skala; Grad 1 ist auf die *mikroseismischen Bewegungen beschränkt, Grad 4 erst wird leicht von den Menschen bemerkt, bei Grad 6 werden bewegliche Gegenstände durchwegs verschoben, bei Grad 7 umgeworfen, Grad 8 vermag bereits feste Häuser zu zerstören usw. (L 5/126)

Erdbebenkern jenes Erdkrustenstück in der Umgebung der *Erdbebenachse, in dem die Bodenbewegungen nicht bloß molekularer Art sind, sondern auch „körperliche Versetzungen" vorkommen

Erde Gestalt f. Erdkugel, Erdsphäroid, Geoid. Größenzahlen des E.sphäroids: für *Abplattung, *Äquator, *E.achse, Inhalt, *Meridianellipse und Oberfläche f. Erdsphäroid, für *Äquatorgrad und einzelne *Meridiangrade wie *Parallelgrade f. Meridian. Physikalischer Zustand f. Dichte der Erde, Erdkern, Erdkruste; Gewicht 5,977 Quadrillionen kg. Tiefentemperaturen f. geothermische Tiefenstufe. Der magnetische Zustand der E., der

Erdfälle — Erdmond

sich in *magn. Deklination, *magn. Inklination und *magn. Intensität ausspricht, ist der eines großen natürlichen Magneten, dessen (wohl in ständiger Bewegung befindliche) Pole nahe den Polen der E.achse liegen, der magn. Nordpol etwa in 69°18′ n. Br. und 96°27′ w. L. v. Gr. (bei der Entdeckung der H.J. Boothia Felix durch die *Roß-Exped. 1831 lag er unter 75°5′ n. Br. und 96°47′ w. L. v. Gr.), der magn. Südpol in 72°25′ f. Br. und 154° ö. L. Bewegung der E. um sich selbst f. Erdrotation. Bewegung der E. um die Sonne f. Erdrevolution, Erdbahn. Bei der *Schiefe der Ekliptik, *Exzentrizität der E.bahn, *Apsidenlinie und *Polhöhe sind stets auch die (geringfügigen) Abweichungen zu beachten (f. auch Präzession und Nutation). Vgl. auch *Planeten

Erdfälle „bestehen in langsamem bis plötzlichem Absinken von Erdmassen in Hohlräume" (L 11³/174)

Erdfließen f. Solifluktion

Erdkern Neuere, von der Erdbebenforschung unterstützte Theorien nehmen die Zusammensetzung der Erde aus einer Anzahl von verschieden dichten Kugelschalen an. Auf einen aus leichtesten Stoffen aufgebauten, 1200 km dicken Steinmantel folgt eine aus dichteren Gesteinen zusammengesetzte, 1700 km dicke Mittelzone, unter der ein aus den schwersten Stoffen bestehender, etwa 3500 km dicker Metallkern liegt. Ed. *Sueß nannte die aus *Sedimentgesteinen und Gneis bestehende, im wesentlichen durch Silizium (Si) und Aluminium (Al) gekennzeichnete äußerste Rindenschale *Sal-Zone (Dichte 2,7), die tieferen, vorherrschend aus Silizium und Magnesium (Mg) bestehenden Teile des Steinmantels

Abb. 32. Bau des Erdinneren.
(Aus L 37¹/84)

*Sima-Zone (Dichte 3,4), den Metallkern (Dichte 9,16) aber nach seinen vermuteten Hauptbestandteilen Nickel (Ni) und Eisen (Fe) *Nife (die Übergangsmittelzone, Dichte 4—6, heißt man Crofesima und Nifesima) (L 28/751 f.; 34/4 ff.; 37¹/84 ff. Vgl. Simmersbach in Jahrb. Nassauisch. Ver. f. Naturk. 1918); W. Klußmann in Gerl. Beitr. zur Geoph. Bd. XIV/1 (Abb. 32)

Erdkrume das pulverige Zersetzungsprodukt des festen Gesteins als Endergebnis der *chemischen Verwitterung aller tonhaltigen Mineralien (L 3/481)

Erdkruste die dem *Erdkern gegenübergestellte aus Sal und Sima bestehende Gesteinshülle (*Lithosphäre): auf einem Untergrund von *Gneis und *kristallinischen Schiefern lagern — wo sie nicht an der Oberfläche liegen — die *Sedimentgesteine; häufig sind beide gangartig von *Eruptivgesteinen durchbrochen (L 2/135 f.; 3/15). Schweydar (Veröff.des preuß.geodät. Instit. N. 79) lehnt die Annahme einer zähflüssigen *Magmaschicht zwischen E. und Erdkern ab. Über den vertikalen Aufbau der E. f. hypsografische Kurve der Erde

Erdkugel die für gröbere Zwecke genügende Annahme einer Kugelgestalt für die *Erde. Die Größenzahlen sind: Erdradius 6370 km, Oberfläche 509,95 Mill. qkm, Inhalt (Volumen) 1 083 487 203 799 cbkm, Umfang des *Äquators = Meridiankreises 40 024 km, Fläche eines eingradigen *Meridianstreifens 1,414 669 qkm, ein *Längengrad in 0° Br. 111,2, in 30° Br. 96,3, in 60° Br. 55,6 km, ein *Eingradfeld zwischen 0°—1° Br. 12 360, in 30°—31° Br. 10 650, in 60°—61° Br. 6086 qkm (f. auch Geoid)

Erdmagnetismus f. Erde

Erdmessung f. Erdsphäroid, Gradfelder, Meridian, Parallelkreise

Erdmond der die *Erde begleitende *Mond von kugelförmiger Gestalt, ohne Wasser und mit höchstens sehr dünner *Atmosphäre; ausgesprochene *Vulkangebirge wechseln mit Ebenen, stets ist der Erde dieselbe Hälfte seiner Oberfläche zugekehrt. Mittl. Entfernung vom Erdmittelpunkt 384 700 km

Erdpfeiler — Erdrotation

(bei Erdnähe 363300, Erdferne 405500 km), Stellung der Mondachse zur *Ekliptik fast senkrecht (88½°), Durchmesser 3476 km, Oberfläche 38 Mill. qkm (Fläche der Mondscheibe 9,5 Mill. qkm), Inhalt 22 000 Mill. cbkm ($= 1/_{81}$ des Erdinhaltes), Masse $1/_{81}$ jener der Erde. — Die Bahn des E., die aus einer geschlossenen Ellipse (num. *Exzentrizität 0,0549, Erde im Brennpunkt) durch den Zwang, gleichzeitig der sich bewegenden Erde zu folgen, zu einer die *Erdbahn in außerordentlich flachen, gegen die *Sonne konkaven Schlangenwindungen verändert ist und auch sonst manche Verwicklungen zeigt (Wanderung der *Apsiden- und *Knotenlinie), ist schwach gegen die *Ekliptik geneigt (bis zu 5° 8′ 40″ über und unter ihr) und schneidet diese in zwei Punkten (*Knoten), deren (infolge der Anziehungskraft der Sonne) sich jährlich um 19° 21′ 20″ von Osten nach Westen weiterschiebende Verbindungslinie Knotenlinie heißt. Im Laufe eines *siderischen Mondmonates umkreist der E. (dabei sich einmal um seine Achse drehend) in westöstlicher Richtung und mit ungleichmäßiger Bewegung die Erde; seine mittlere tägliche Ortsbewegung beträgt 13° 10′ 35″, im einzelnen schwankt die Geschwindigkeit, die durch die Sonne, von der er zwischen erstem Viertel und Vollmond weg-, zwischen Vollmond und letztem Viertel zustrebt, gehemmt bzw. beschleunigt wird, zwischen 0,97 und 1,09 km in der Sekunde. Durch diese seine Eigenbewegung verspätet sich seine *Kulmination täglich durchschnittlich um 4 × 13° 10′ 35″ = rund 50½ Zeitminuten. Daß wir die von der Sonne beleuchtete Mondhälfte während ihres Laufes um die Erde abwechselnd vollständig, teilweise oder gar nicht erblicken, läßt uns von verschiedenen *Mondphasen (Neumond, *erstes Viertel, *Vollmond, *letztes Viertel) sprechen

Erdpfeiler = *Erdpyramiden

Erdpole die die Erdoberfläche treffenden Endpunkte der *Erdachse (Abb. 69)

Erdpyramiden erzeugt die heftige *Abspülung des Regenwassers in Blocklehmen (*Moränen) oder in undurchlässigen Tonen; in diesen entstehen zwischen kulissenartigen Schluchten scharffirstige Kämme, die allmählich in Pfeiler aufgelöst werden, in jenen bilden sich die E., indem die Blöcke den Lehm unter sich vor der Abspülung, welche die ungeschützten lockeren Massen entfernt, bewahren (Ritten bei Bozen)

Erdradius [lat. rádius Strahl] die halbe *Erdachse

Erdrevolution [lat. revólvere umwälzen] der Umlauf der Erde um die Sonne (*Erdbahn); er vollzieht sich in einer Ellipse mit einer vom jeweiligen Sonnenabstande der Erde abhängigen (Anziehungskraft der Sonne!), also ungleichförmigen Geschwindigkeit; die schnellste Bewegung (im *Perihel) beträgt 30,3 km in der Sekunde, die langsamste (im *Aphel) 29,3 km, die mittlere Geschwindigkeit 29,76 km in der Sekunde (bedeutende Geschwindigkeit! Geschoß eines deutschen Feldgeschützes 442 m, ein Punkt am Äquator bei der *Erdrotation 465 m Geschwindigkeit in der Sekunde!) (Abb. 31)

Erdrinde = *Erdkruste

Erdrotation [lat. rotáre drehen] die Drehung der Erde um sich selbst, die sich mit gleichförmiger Geschwindigkeit in der Zeit zwischen zwei aufeinanderfolgenden *Kulminationen desselben *Firsternes, d. i. in 86 164,1 Sek. (d. i. 23h 56m 4sec) *mittlerer Zeit, vollzieht (*Sterntag); ihre *Winkelgeschwindigkeit beträgt dabei 0,00007292, die lineare Fortbewegung läßt sich aus der Formel = Winkelgeschwindigkeit × R cos φ berechnen (R bedeutet die halbe *Erdachse, φ die jeweilige *geogr. Breite), die beschleunigende Kraft der E. aus der Formel = 2v × w sin φ (v die Eigengeschwindigkeit der bewegten Masse, w die Winkelgeschwindigkeit der E.). Beweise für die E.: 1. eine aus großer Höhe (Turm) fallende Kugel kommt stets etwas östlich vor dem Fußpunkt in der ursprünglichen Fallrichtung liegenden Senkrechten zum Boden (östlich, da sie die ihrem Ausgangspunkt entsprechende größere Geschwindigkeit während des Falles beibehält); 2. jeder sich auf der Erdoberfläche frei bewegende Körper (*Winde!) wird auf der nördlichen

Halbkugel nach r., auf der südlichen nach l. abgelenkt; 3. der *Foucaultsche Pendelversuch; 4. die Tatsache der *Fliehkraft. Vgl. DN 1921, Nr. 32 und PM 1924 S. 21, 1927, S. 262

Erdsphäroid [gr. sphaira Kugel, eidos Aussehen] Daß die *Erde im allgemeinen ein *Rotationssphäroid bzw. *Rotationsellipsoid ist, beweisen: 1. die Länge des *Sekundenpendels ist um

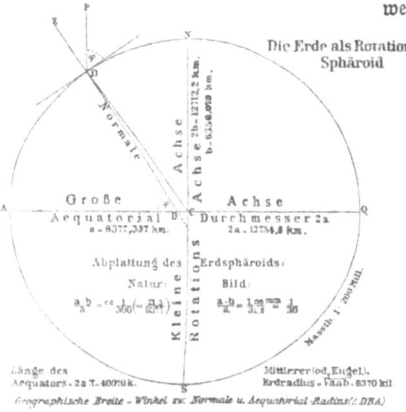

Abb. 33. **Die Erde als Rotationssphäroid.** (Aus Sydow-Wagner, Methodischer Schulatlas)

so größer, je näher man zum *Pole kommt; 2. die *Gradmessungen ergeben, daß ein *Meridiangrad gegen die Pole zu abnimmt. Größenzahlen für das E.: a, der Halbmesser des *Äquators, beträgt (nach Bessel) 6377,397 km, 2a, der Durchmesser des Äquators, daher 12754,794 km; a (n. Helmert) 6378,140 km, n. Wellisch 6378,372 km. b, die halbe *Erdachse, beträgt (n. Bessel) 6356,079, (n. Helmert) 6356,758, (n. Wellisch) 6356,896 km; die ganze Erdachse daher 12712,158 bzw. 12713,516 und 12713,792 km. Die *Abplattung $\left(\frac{a-b}{a}\right)$ ist sonach $\frac{1}{299,15}$ bzw. $\frac{1}{297,97}$ und $\frac{1}{298,3}$. Der Umfang (die Länge) des Äquators beträgt (n. Bessel) 40070,368 km, der Umfang der *Meridianellipse 40003,423 km, die Oberfläche des E.

509950714 qkm, sein Inhalt (Volumen) 1082841300000 cbkm. Die durch *Lotabweichungen, Beobachtungen mit dem *Sekundenpendel und — auf dem Meere — *Luftdruck-Messungen (mittels des der *Schwerkraft unterliegenden Quecksilber- und des von ihr unabhängigen *Siedethermometers) festgestellten Unterschiede in Richtung u. Stärke der Schwerkraft erweisen eine vom idealen Rotationssphäroide im einzelnen verschiedene Erdgestalt (*Geoid) (Abb. 33). Vgl. PM 1926, S. 162 und 193 ff.

Erdteil s. Kontinent

Ergußgesteine s. Eruptivgesteine

Erhebungsinseln nach *Pend (L 6a/192) durch örtliche Hebung des Meeresbodens, also durch *endogene (konstruktive) Kräfte entstandene *Inseln, so „wenn hier ein *Horst emporsteigt, eine Stauungszone über die Fluten gerät, oder wenn untermeerische *Vulkane bis über den *Meeresspiegel emporwachsen"

Erhebungsstufen der Erdrinde unterscheidet *Wagner auf Grund der *hypsographischen Kurve 5: ein *Kulminationsgebiet, *Kontinentaltafel und *-abhang, *Tieffeetafel und *Depressionsgebiet

Erosión [lat. erodere ausnagen] die ausnagende und fortschaffende Tätigkeit entweder des fließenden Wassers allein (*Flußerosion [L 2/332]) oder (nach *Supan [L 3/473]) des bewegten Wassers in flüssiger und fester Form wie der bewegten Luft, wobei *chemische (bewirkt durch das Wasser) und mechanische E., und bei letzterer *Ablation (s. Abtragung) und *Korrosion (s. Abtragung) unterschieden werden. *Davis gebraucht den Begriff E. noch allgemeiner, Baschin (PM 1919) definiert ihn als „Entfernung von kleinen Teilchen (Partikelchen) der *Erdkruste aus ihrer Ruhelage durch strömende Stoffe (Agentien)". Die vertikal abwärts gerichtete *Tiefen-E. bewirkt die Tieferlegung des Flußbettes, die wagrecht arbeitende *Seiten-E. unterspült die Ufer und schafft die *Talsohle (L 5/157 ff.). Über

Erosionsabbruch — Eruptivgesteine

die untere Grenze der E. (Erosions=
basis, absolutes unteres *Denuda=
tionsniveau) s. Erosionsbasis
Erosionsabbruch heißt die Erscheinung, wenn die *Erosion das normale Aus=
klingen einer *Falte an ihrer Längs=
seite (ihre Verflachung) gehindert hat
Erosionsbasis [gr. básis Schritt, Grund] auch *absolutes unteres *Denudationsniveau: die Lage der Flußmündung als jenes Punktes der *Tiefenerosion, der für die Bildung der *normalen Gefällskurve dieses Flusses und der ihm zuströmenden Nebenflüsse wie für die *Abtragung des ganzen Flußgebietes maßgebend ist. Als E. aller Flüsse wird gewöhnlich der *Mee= resspiegel angenommen, nach O. Ba= schin („Erosion und E." in DU 1919, S. 678 ff.) liegt sie unter dem Meeres=
spiegel, vielleicht sogar im tiefsten Teile der festen *Erdkruste überhaupt (L 5/158; 47a²/3). L 11³/251 spricht vom Meeresspiegel als allgemeiner E. (Aus=
furchungsgrenzfläche) und von Land=
seen, Beckenebenen, Talsohlen (für Ne=
bentäler), Flußspiegel (für Nebenflüsse) als örtlichen Ausfurchungsgrenzflächen
Erosionsgebirge *Destruktionsform, die ihren Gebirgscharakter infolge Zer=
schneidung einer *Ebene durch so zahl=
reiche *Täler erhält, daß jene nur mehr als schmälere Rippen oder breitere Er=
hebungsmassen zwischen ihnen übrig=
bleibt (L 7, Bd. 2²/373)
Erosionshöhlen hauptf. auf (mecha=
nische) *Erosion zurückgehende *Höhlen
Erosionskurve soviel wie *normale Gefällskurve eines Flusses (L 3/535)
Erosionsloch eine das *kristalline Gestein unter einer *Sedimentdecke enthüllende Lücke (L 41/61)
Erosionstäler *Täler, deren heutige Ausbildung auf die *Erosion des flie=
ßenden Wassers zurückgeht; ursprüng=
liches Querprofil die schluchtartige U=
bzw. V=Form. *Supan (L 3/561) gliedert die E. in *orographische, *tek=
tonische, *epigenetische und *Einsturz=
Täler
Erosionsterminante [lat. termináre be=
grenzen] „die vom Meer sanft landein=
wärts steigende flache Kurve, die der Ver=
tikalerosion eine Grenze setzt"; nach *Hettner wird sie erst erreicht, „wenn

49

gar kein Schutt mehr zugeführt wird und die Kurve so flach geworden ist, daß die Wasserkraft gerade noch aus=
reicht, um die Reibung am Boden zu überwinden" (L 3/549 f.). Nach Ba=
schin („Erosion und Erosionsbasis" in DU 1919) stellt die E. nur einen theore=
tischen Endzustand dar, den die *Ge=
fällskurve in Wirklichkeit nie völlig zu erreichen vermag
Erosionsterrassen zu den *Felsterrassen gehörende alte Talböden, die einem Stillstand der *Erosion entsprechen, bei dem diese einen breiten Talboden schuf (L 49 b/51 ff.)
Erosionstrichter s. Quelltrichter
Erosionsüberschiebungen *Überschie=
bungen, von denen *erodierte *Falten betroffen werden (L 47a¹/68)
Erosionszyklus s. normaler E.
Erschütterungsgebiete jene Teile der Erde, die besonders häufig von *Erd=
beben betroffen werden (Abb. 1)
erster Vertikal s. Vertikalkreis
erstes Viertel des Mondes s. Quadra=
turen
**ertrunkenes Gebirge, ertrunkene Tä=
ler** Durch die Senkung eines (gebirgi=
gen) Küstengebietes geraten Talaus=
gang und Talgehänge unter Wasser; die Wirkungen (L 47a²/32, 78
Eruption [lat. erúptio Ausbruch] die Ausbruchstätigkeit eines *Vulkans
Eruptionsperiode die auf eine längere Zeit verteilte, durch Ruhepausen unterbrochene, aber doch zusammen=
hängende *Eruptions=Tätigkeit eines *Vulkans (L 3/387)
Eruptionsprodukte *Magma, *Lava, *Lapilli, vulkanische *Asche, *Blöcke und *Bomben
Eruptivgesteine, auch *Ausbruchsge=
steine: entweder schon in der Tiefe er=
starrte Gesteine (*plutonische oder *Tiefengesteine, z. B. Granit, Sye=
nit) oder *Laven, die bis an die Ober=
fläche kamen (*vulkanische, *Aus=
wurfs= oder *Ergußgesteine). Er=
gußgesteine vortertiären, zumal *paläo=
zoischen Alters sind: Porphyr, Mela=
phyr, Diabas; *tertiäre bzw. nachter=
tiäre, z. B. Trachyt, Phonolit, Basalt. (Die Zuweisungsmöglichkeit bestimm=
ter E. an einzelne geologische Epochen

leugnet vom petrographischen Standpunkt (L 43/36.) Die E. sind meist ungeschichtet: *Massengesteine

erythräischer Graben NW. streichendes, vom Golf von Sues und dem Roten Meere eingenommenes *Bruchgebiet, nach *Sueß mit dem *syrischen und den *ostafrikanischen Gräben ein Ganzes und so die größte uns bekannte Bruchzone der Erde bildend

Esker entweder = durch *Erosion entstandene *Drumlins (L 7, Bd. 2²/236) ,oder = *Kames (L 65/77)

Eskimo (Innuit) von *Wagner (L 2/743) der *amerikanischen Rasse, von Buschan (L 5/319) einer gelben asiatischen Grundrasse zugerechnet. Breites und flaches Gesicht, Schlitzaugen, hervortretende Backenknochen. Derbreitungsgebiet: Grönland, nördlichstes Nordamerika von Labrador bis Alaska, Nordostspitze Asiens (s. auch Polarvölker) (L 109¹/66f.; 115/220f.)

Esten s. finnisch-ugrische Völkergruppe

Etangs [frz.] die „durch Abschnürung von Meeresteilen und Stauung der Flüsse entstandenen, großenteils allmählich ausgesüßten und über den *Meeresspiegel gehobenen" *Strandseen des Landes (an der franz. Südwestküste) (s. auch Lagunen, Strandvertriftung, Strandwälle)

Etésienklima [Etésien nannten die Griechen die sommerlichen Passatwinde des Mittelmeeres] ein durch winterliche Niederschläge und sommerliche Dürre gekennzeichnetes *Klima

Etmal [niederl.] in der Schiffahrt gebräuchliches Zeitmaß von einem Mittag zum anderen (24 h)

Eurásien Bezeichnung für Europa und Asien; geographisch bildet Europa bloß das westliche Endland E.s

eustatische Bewegungen [gr. eustatés feststehend] nennt *Sueß die räumlichen Veränderungen (Hebungen und Senkungen) des Meeresbodens bzw. der *Hydrosphäre; negative e. B., d. h. ein Sinken des *Meeresspiegels, kommen zustande, indem das Meer in neugebildete Einbruchskessel an den Rändern der *Kontinente eindringt, positive e. B., d. h. ein Steigen des Meeresspiegels, ergeben sich durch die fortwährende Anhäufung von *Sedimenten am Meeresgrunde

Evorsión [lat. vorsáre oft drehen] s. Abtragung

Evorsionsbecken s. Eintiefungsbecken

Evorsionsseen *Seen, die man durch *Evorsion im Gebiete *eiszeitlicher Vergletscherung entstanden glaubt

ewiger Schnee die andauernde Schneedecke oberhalb der *Schneegrenze

Exaration [lat. exaráre ausgraben] s. Abtragung

exogéne Kräfte [gr. éxō außen, genesis Entstehung; deutsche Bezeichnung: außenbürtige Kräfte] jene Kräfte, die von außen her auf die Erdoberfläche wirken, also *Schwerkraft, Temperaturunterschiede, *Wind, Wasser (die Arbeit von*Grundwasser, Flüssen,*Gletschern, *Seen und Meer), Organismen; überwiegend gehen sie, wie die Temperatur und die Bewegungen der *Atmosphäre und des Meeres, der Kreislauf des Wassers auf der Erde und das Leben, letztlich auf die Wärmestrahlung der *Sonne zurück. Die Leistung der e. K., die im wesentlichen die Schöpfungen der *endogenen Kräfte vernichten und damit *Destruktionsformen erzeugen, besteht in der *Abtragung der Erhöhungen und in der Zuschüttung der Vertiefungen mit dem bei der Zerstörung fortgeschafften Materiale. *Destruktion und *Ablagerung gleichen schließlich die Unebenheiten der Erdoberfläche aus (s. auch Abspülung, Aufschüttung, Denudation, Erosion, Verwitterung)

exotischer Block [gr. exotikós ausländisch, fremd] eine *Deckscholle von kleinstem Ausmaße (L 41/64)

Explosionsbecken [lat. explódere auspochen] s. Eintiefungsbecken

Extrusiónen [lat. extrúdere ausstoßen] die an der Erdoberfläche stattfindenden *vulkanischen Ausbrüche; Ggf.: *Intrusionen

Exzentrizität einer Ellipse [lat. ex aus, céntrum Mittelpunkt] der Abstand eines Brennpunktes vom Mittelpunkte heißt lineare E. (Formel e = $\sqrt{a^2-b^2}$, wobei a die halbe große, b die halbe kleine Achse bedeutet); das Verhältnis dieses Abstandes zur halben

exzessives Landklima — Falte

großen Achse heißt **numerische E.**
(Formel $\varepsilon = \frac{e}{a} = \sqrt{1-\frac{b^2}{a^2}} =$ für das
*Erdsphäroid [nach Bessel] 0,08169683, für die Erdbahn [bei geringfügigen Änderungen in großen Zeiträumen] rund $\frac{1}{60} = 0,016747$) (Abb. 33 u. 34)

Abb. 34. Die Ellipse. (Aus Sydow-Wagner, Methodischer Schulatlas)

exzessives Landklima [lat. excédere überschreiten] f. Seeklima
Fächerstruktur (F. falte) Form der Falte, bei der die Schenkel mehr oder weniger gegen den *Faltenkern eingebogen sind, F. sattel: wenn die Schenkel einer *Antiklinale vom Scheitel weg konvergieren, F. mulde, wenn dies bei einer *Synklinale der Fall ist. Es gibt aufrechte, schiefe und liegende F.
Faden engl. Längenmaß = 1,829 m
Falaise [frz. steil abfallende Felsenküste, Klippe] Kliff, steiles Gestade, auch Stirn einer *Schichtstufe
Falklandströmung f. Benguelaströmung
Fallen von Schichten f. Streichen von Schichten
Fallwinde unperiodische, abwärts stürzende Lokalwinde. Hierher gehören: der *Föhn, stürmischer, aber warmer und trockener Wind, der entsteht, wenn über einem Gebirge ein *Hochdruck, in der angrenzenden Ebene ein *Tiefdruck lagert; die aus den Tälern aufgesaugte, zum Kamme aufsteigende Luft gibt Regen ab, von oben her aber stürzt sie jäh, in den Alpen oft 1500 bis 2000 m herab, verdichtet und erwärmt sich dabei, wird also unten als warm und trocken empfunden. In den Alpen am bekanntesten (doch auch im Riesengebirge, in Innerasien usw. vorkommend), erhöht der F. i. Winter die Tagestemperatur nicht selten um 17° über das Normale; im Frühjahr besonders gefürchtet, weil er die *Lawinen-Bildung begünstigt und durch allzuschnelle Schneeschmelze Überschwemmungen verursacht. Die *Bora ist ein kalter, oft orkanartig an der istrisch-dalmatinischen Küste auftretender Nordostwind, zumal im Winter hervorgerufen, wenn auf den kalten Karstflächen ein *Hochdruck, über dem wärmeren Meere ein Tiefdruck lagert. Diese Stürme erscheinen an der Küste sehr kalt, da der Höhenunterschied zwischen Gebirge und Küste für eine merkliche Erwärmung zu gering ist. Von gleicher Entstehung ist der meist sehr trockene und staubaufwirbelnde *Mistral zumal der südfranzösischen Küste. Die umgekehrte Luftdruckverteilung wie bei der Bora bewirkt den (unechten) *Scirocco Dalmatiens, einen feuchtschwülen Südwest- oder Südwind, der an der Küste beim Gebirgsanstieg große Regenmengen abgibt; der (echte) Scirocco Siziliens und Griechenlands, der dem *Leveche Südspaniens, dem *Samum Nordafrikas, dem *Chamsin Ägyptens und dem *Harmattan Oberguineas entspricht, ist dagegen ein heißer und überaus trockener Südwind; die Luft ist dann „dunstig, der Himmel gelblich bis bleifarben, die Sonne gar nicht oder kaum sichtbar; seine hohe Temperatur erlangt er dadurch, daß er (auch in freier Atmosphäre) herabsteigend sich dynamisch erwärmt und infolgedessen relativ trocken wird" (*Philippson, Mittelmeergebiet[3], S. 97) (L 2/604; 3/144 ff.; 60a/582 ff.; 62b/203 ff.)
Falte (f. auch Faltung) Über die Entstehung von F., die sich wohl überwiegend als Wirkungen (zur Erdoberfläche) tangentialer Kräfte darstellen dürften, f. epirogenetische Bewegungen. Über frühere Faltungen f. geologische Zeitalter. Vgl. ferner Dislokationen der Lagerung, Deckentheorie. Je nach der Lage unterscheidet man *ste-

hende, *schiefe und *liegende F. An einer normalen F. bezeichnet man die Schichtenwölbung als *Sattel oder (da die Schichten beider *Schenkel oder Flügel der F. von hier entgegengesetzt abfallen) als *Antiklinale; zwei Sättel schließen eine *Mulde oder *Synklinale ein. Im einfachsten Falle bilden die Sättel die Gebirgskämme (Sattel- oder *Antiklinalkämme), die Mulden die Täler (*Synklinaltäler). Durch *Abtragung entfernte Sättel pflegt man graphisch durch *Luftsättel zu ergänzen. Liegen durch starke Faltung Sattel- und Muldenschichten annähernd parallel, so spricht man von *Isoklinalfalten (zwischen *Isoklinalkämmen liegt das *Isoklinaltal). Bei noch größerer Zusammenpressung können die F. oft bloß nach oben oder unten auseinanderweichen, es entsteht die Fächerfalte (die Schichten der Kämme sind zueinander: *Synklinalkämme, die der Täler voneinander geneigt: *Antiklinaltäler). Bei solchen Zusammenschiebungen kann sehr leicht der eine Schenkel zwischen Sattel und Mulde durch Auswalzung seine normale Mächtigkeit immer mehr verlieren, ja ganz unkenntlich gemacht werden; so bei der *Schuppenstruktur, bei welcher die intakt gebliebenen Teile der ursprünglichen Isoklinalfalten längs *Brüchen an der Sattelbiegung aufeinandergeschoben (und so wie Fischschuppen aneinandergelegt) erscheinen, wodurch auch ältere auf jüngere Schichten zu liegen kamen (L 2/302; 3/669; 7, Bd. 2¹/134ff.) (Abb. 22 bis 25)

Faltenachse eine im *Faltenkern oder *Faltenscheitel in der Streichrichtung angenommene Linie, meist mit welligem Verlaufe (Ansteigen, Abfallen und seitliche Ausbiegungen: *Beugungen im Streichen; zu diesen gehört auch die sog. S-förmige sigmoide Beugung, bei der "ein Faltenzug nach einer Beugung wieder in seine vorige Richtung zurückbiegt" (L 41/25)

Faltenbündel (-büschel, -system) eine Reihe „mit mehr oder weniger ähnlichem Streichen nebeneinander herlaufender", eng verbundener *Falten, also gleichzusetzen den *polyantiklinalen Faltengebirgen

Faltendecke (*Überfaltung, *Überfaltungsdecke) *Überschiebungsdecke, deren Entstehung aus *liegenden Falten wegen der mehr oder minder guten Erhaltung des Mittelschenkels sich erweisen läßt (L 41/38)

Faltengebirge *Gebirge von der Form „langgestreckter, sich deutlich von der Umgebung abhebender" und durch *Faltung entstandener Wellen (s. auch Kettengebirge, da die Bezeichnungen F. und Kettengebirge insofern gleichgesetzt werden können, als die meisten großen Kettengebirge durch Faltung entstanden sind)

Faltenkern das innerste Stück einer *Falte; das äußerste Stück ihrer Biegung heißt *Faltenscheitel (bei einem *Sattel auch *First)

Faltenland f. Dislokationen

Faltenmuldung f. gekrümmte Falten

Faltenscheitel f. Faltenkern

Faltenschollengebirge Faltengebirge, das durch *Brüche eine Zerlegung in einzelne Teile erfahren hat; gesellig auftretende F. bilden ein Faltenschollenland

Faltenstirn der vordere, oft aufgebogene oder abwärts gerichtete (abtauchende) Teil einer *liegenden oder einer *Deckfalte (f. auch Stirn einer Decke)

Faltenstruktur *Strukturform in *Faltengebirgen; *Brüche fehlen nicht, bestimmen aber nicht die Oberflächenformen

Faltensystem f. Faltenbündel

Faltenüberschiebung f. Überschiebungsfalte

Faltenwölbung f. gekrümmte Falten

Faltung f. Dislokationen

Faltungsbeben f. Bruchbeben

Faltungsbecken f. Eintiefungsbecken

Faltungsepochen *geologische Perioden, in denen, wie im jüngsten *Silur, *Karbon und im *Tertiär, Gebirgsfaltungen in größerem Maßstabe sich nachweisen lassen (Abb. 35)

Faltungsintensität die horizontale Komponente der bei der *Faltung eines Gebirges wirksamen Tangentialkraft (des seitlichen Druckes); sie bedingt den unter 90°, bei *liegenden Falten selbst über 180° hinauswachsenden Fallwinkel der Schichten (*Fallen der Schichten). Die vertikale Komponente, die *Hebungs-

Faltungsküften — Felsebenen

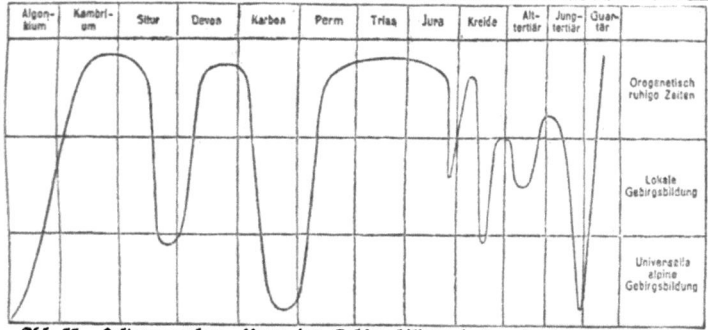

Abb. 35. **Faltungsepochen.** Kurve der Gebirgsbildung in den einzelnen geologischen Zeitaltern. (Aus L 30/76)

intensität, schafft die Seehöhe der Schichtenaufpressung (L 3/664)

Faltungsküften die von einem ins Meer abfallenden *Faltengebirge gebildete *Küste (L 5/210, 221)

Faltungssenken innerhalb einer *Faltungszone liegende *Senken (L 5/135)

Faltungstäler nennt *Wagner (L 2/424) die durch Gebirgsfaltung entstandenen *Täler

Faltungszonen größere, von *Faltung betroffene Gebiete

Fastebene f. Peneplain

Fastinsel nennt *Wagner (L 2/278) eine *Halbinsel, bei der das Verbindungsstück zwischen ihr und dem Festlande eine *Landenge ist

Faunenreiche f. tiergeographische Regionen

Faziesgebiete [lat. fácies Antlitz] Gebiete von einem bestimmten geographischen Gesamtcharakter, welcher durch die Wirkung der für sie maßgebenden *exogenen Kräfte hervorgerufen wird; so stehen die Küstenzonen aller Breiten unter dem besonderen Einfluß von *Brandung und *Gezeiten (*Abrasion und mariner Anschwemmung), die Wüsten unter der Herrschaft von *Insolation und *Wind, usw. (L 3/621 ff.)

Federbarometer = *Aneroidbarometer

Federwolken = *Zirruswolken

Feldeis f. Eisberge

Fellachen f. Ägypter

Fellata f. Fulbe

Felsbecken in Felsen eingesenkte *Becken; ihre Entstehung (*Glazialerosion, *Dislokationen) ist nicht durchaus klargestellt

Felsboden nennt *Supan (L 3/617 ff.) jenen der *Bodentypen, bei dem das feste Gestein deshalb zutage tritt, weil die *Abtragung die *Verwitterung übertrifft; je nach der Abtragungsart durch das Meer, *Flüsse, *Gletscher oder *Wind spricht man von marinem, fluviatilem, glazialem oder äolischem F.; 9,8 v. H. der gesamten Landoberfläche gehört dem F. an

Felsdolinen a) geschlossene, d. h. *Dolinen, deren Boden aus nacktem, bzw. von Verwitterungslehm bedecktem, von Wasser oder Schnee erfülltem Fels besteht; b) *Naturschachte, jene, die „entweder mittels einer verbreiterten Spalte zu einer *Blindhöhle oder mittels eines breiten Schlotes zu einem unterirdischen Flußtale führen", entstanden entweder durch Einsturz einer Decke über einem früheren Hohlraum oder durch chemische *Erosion (Vergrößerung vorhandener Klüfte) (L 3/551)

Felsebenen *Reifestadium des *ariden Erosionszyklus in *Wüsten, die ans Meer grenzen: die ursprünglich in die steileren Hänge des Hochlandes eingeschnittenen schroffen Schluchten mit felsigen Rändern erscheinen schließlich zu — zur Meeresoberfläche hin ausgeglichenen — F. abgetragen, „über die *Schichtfluten den Schutt hinbreiten und abwärts waschen" (L47a²/153)

Felsenmeer durch die *Verwitterung geschaffenes Haufenwerk lose aufeinander getürmter Blöcke, oft als Gipfelform, zumal in Granit-, doch auch in Kalkgebirgen

Felsglitsch f. Bergschlipf

felsige Talterrassen (*Felsterrassen) in den Gebirgen häufige Form der Terrassen, von den *Verwitterungsterrassen dadurch unterschieden, „daß sie die Schichtung schneiden und eine bald dünne, bald mächtigere Decke von Flußties und Schotter tragen"; gedeutet „als Reste alter Talböden, wenn sie nahezu horizontal sind, als Überbleibsel ehemaliger unterer Talgehänge, wenn sie sich nach der Talmitte zuneigen"; von anderen wieder als *Kare angesprochen, „deren Boden nach Abtragung der trennenden Zwischenwände miteinander verschmelzen"(L3/544, 571ff.; 49b/50f.)

Felsrutschungen f. Bergrutschungen

Felsschüsseln die hauptsächlich durch Regen-*Abspülung geschaffenen schüsselförmigen Vertiefungen der sog. *Teufelssteine

Felsstrand nennen *Davis-*Braun (L 47 a²/201) den obersten sichtbaren Teil der *Abrasionsplatte (f. auch Kliff)

Felsstufen jene von den *Abdämmungsstufen unterschiedenen Talstufen, die in *anstehenden Fels eingegraben sind; häufig ihre Zusammenhang mit der Gesteinsbeschaffenheit, aber auch durch *Glazialerosion nicht völlig zu erklären (L 3/538, 574ff.)

Felssturz f. Bergsturz

Felsterrassen = *felsige Talterrassen

Felswüste (*Hammada) auf weite Strecken fast ebene *Wüste, deren Boden entweder durch nacktes Gestein gebildet wird oder (und meist) mit größeren kantigen Gesteinssplittern übersät ist; die feineren Bestandteile hat der Wind entfernt; „zweifellos das Ergebnis flächenhafter*Windwirkung, die das Land bis zum Niveau einer härteren Gesteinsbank abgetragen hat" (L 9, Bd. 627/100) (f. auch L 5/190, 11³/376, 378 und Kieswüste)

Fennoskándia zusammenfassende Bezeichnung für Skandinavien, Finnland und Kola

Fennoskandisches Massiv = *Baltischer Schild

Fenster f. Deckentheorie

Fernbeben Beben, deren Herd 1000 bis 5000 km entfernt liegt; Ggf.: *Nahbeben (Abb. 29)

Ferner Bezeichnung für einen alpinen *Gletschertypus in Tirol

Fernlinge, auch *Unakas nach einem Teil der Alleghanies genannt: in der *Fastebene stehengebliebene Einzelberge, die infolge ihrer Lage in Quellgebieten der *Abtragung nicht zum Opfer fielen

Festland f. Kontinente

festländische (*Kontinental-) **Inseln** *Inseln, die durch Loslösung vom Festland infolge Meeres-*Erosion oder Absinkens an *Brüchen entstanden sind und in Gesteinsbeschaffenheit und Aufbau mit ihm übereinstimmen. Ggf.: *ursprüngliche Inseln, die sich vom Meeresboden aus gebildet haben und sich auf Hebung (*Hebungsinseln), *Aufschüttung (*Aufschüttungsinseln), vulkanische Tätigkeit (*vulkanische Inseln) oder Korallenbauten (*Riffinseln) zurückführen lassen. F. und u. Inseln können fern vom Festland (*ozeanische Inseln) oder in seiner Nähe (*festlandsnahe J.) gelegen sein (L 3/781ff.)

festlandsnahe Inseln f. festländische Inseln

Festlands- (Kontinental-) **Schelf** = *Schelf

Festlandsseen Bezeichnung R. Credners (Ergh. 86 und 89 zu PM) für *Seen, die „nachträglich auf bereits festländischem Boden entstanden" sind, im Gegensatz zu den *Relittenseen, die „einst bei tieferer Lage des Landstriches, in dem sie gelegen sind, vom Meere bedeckt waren"

Festlandstafel = *Kontinentaltafel

Feuchtböden sind im Gegensatz zu den *ariden (*Trocken-) Böden jene Böden, in denen die löslichen *Verwitterungsprodukte größtenteils ausgewaschen sind, da der Niederschlag die Verdunstung übersteigt, so daß der Überschuß die Salze zur Tiefe oder ins Meer führt: nicht aufsteigende (wie den Trockenböden), sondern sinkende Wasserbewegung ist ihnen eigentümlich. Die für F. charakteristische vertikale Dreiteilung (bei uns in einer Mächtigkeit von 0,1 bis 2 m, in den Tropen bis 100 m und darüber) hebt *Supan hervor: auf den humosen Oberboden (die Ackerkrume) folgt der von den Wurzeln der Holzgewächse durchzogene Unterboden (die eigentliche Verwitterungszone), den Schluß macht der Untergrund (der *Rohboden), in dem die *Verwitterung noch fortwirkt (L 3/482; 53b/45, 48)

Feuchtigkeit der Luft bedeutet ihren Wasserdampfgehalt; sie ist ein wichtiger klimatischer Faktor. Der jeweils vorhandene Feuchtigkeitsgehalt, bezeichnet nach Menge in g oder Druck in mm (der sog. *Dampfdruck), heißt *absolute F. *Relative F. ist das Verhältnis der wirklich vorhandenen (e) zu der bei der gegebenen *Temperatur maximal möglichen (em), ausgedrückt in Prozent (also $\frac{e}{e_m} \cdot 100$).

*Sättigungsdefizit nennt man die Differenz zwischen der vorhandenen und der möglichen Feuchtigkeitsmenge (also $e - e_m$)

fiederförmige (Quer=) Gliederung wenn von einem mauerartigen Hauptkamm fast senkrecht (gleich= oder wechselständig) kurze Querketten und *Täler abzweigen; *strahlen(=) förmige (Quer=) Gliederung, wenn von einem Erhebungsmittelpunkte aus Kämme und Täler nach den verschiedenen Seiten ausgehen; *parallele (Längs=) Gliederung herrscht in *Kettengebirgen mit parallelen Kammlinien und Längstälern; bei *rost= förmiger (Längs=) Gliederung, die sich bloß in Kettengebirgen findet, „verbinden sich in verschiedenster Weise Längs= und Quertäler zu einem Furchennetz, welches das Gebirge nach allen Richtungen aufschließt" (L 3/694); dagegen spricht *Wagner (L 2/377) von *Rostgebirgen, wenn eine Anzahl von annähernd parallel streichenden Kettengebirgen wohl miteinander nicht in Gebirgsknoten verwachsen, doch auch keine ausgedehnten *Ebenen zwischen sich einschließen

Filchner, Wilhelm, deutscher Südpolarforscher, * 1877 zu München, reiste 1904 in Tibet (Quellgebiet des Hoanghoho), leitete 1911/12 die deutsche Expedition zur Erforschung der *Antarktis, ging 1926 nach Zentralasien, 1927 hier wahrsch. ermordet. Schrieb: „Ein Ritt über den Pamir" (1903)

Filze s. Moore

Finnen f. finnisch=ugrische Völkergruppe **finnisch=ugrische Völkergruppe** hauptsächlich in Europa verbreiteter Zweig der *Mongolen; zu den Finnen gehören u. a. die etwa 2 Mill. Köpfe zählenden, auch östlich von Finnland wohnenden eigentlichen *Finnen (Suomi), die *Lappen, *Esten, *Liven, *Karelier, *Tscheremissen und *Mordwinen; zu den Ugriern die *Wotjäken zwischen Ural und Wolga, *Syrjänen im Flußgebiete von Dwina und Petschora, *Wogulen im Ural und die *Permier

Finsterwalder, Sebastian, * 4. 10. 1862 in Rosenheim, Prof. an der technischen Hochschule in München; Arbeiten zur Gletscherkunde und über *Photogrammetrie (1905)

Firn der zu graupelnförmig=körniger, unter dem Einfluß wechselnden Schmelzens und Wiedergefrierens angenommener Struktur veränderte, im Hochgebirge gefallene Schnee. Nach unten zu wird dieser Firnschnee in „ziemlich unvermitteltem Übergange" vermöge seiner eigenen Schwere in kompaktes *Firneis verwandelt. An den sanfteren Böschungen der Hochgebirgsgipfel sind die Firnmassen zu weiten Flächen (*Firnfeldern) aneinandergereiht

Firnbecken (=boden, =mulde) das Einzugsgebiet eines *Gletschers, soviel wie *Firnfeld (L 2/369; 47a¹/130)

Firneis, Firnfelder s. Firn

Firnflecken erhalten sich in vielen höheren Gebirgen bei günstiger Lage (tiefe Schluchten, Schattenseite) auch unterhalb der mit der *Schneegrenze beginnenden zusammenhängenden Schneedecke (L 2/632)

Firngebiet umfaßt die Regionen von *Firnschnee und *Firneis

Firngletscher nennt *Supan (L 3/194) jene Eisbildung, die auf die Region des ewigen Schnees beschränkt bleibt (f. Firn), also nur am Grunde der Schneehülle sich findet, welche die flacheren, die *Schneegrenze überragenden Berghänge überkleidet

Firn= (*Schnee=) Linie die Grenze zwischen jenem obersten Teil eines Tal=

*Gletschers, der noch von einer (abwärts immer dünner werdenden) Schneedecke überlagert ist, und dem schneefreien Eisstrome (L 65/9)

Firnschichtung f. Schichtung im *Firngebiet

Firnschnee gewöhnlich der Bedeutung von *Firn gleichgesetzt, also die Umbildungsformen des Hochschnees durch oberflächliches Schmelzen und Wiedergefrieren

First die höchsten Teile eines Gebirges, in denen sich die Abdachungen nach oben zu schneiden; *Wagner (L 2/435) schlägt dafür die Bezeichnung *Kammscheitel vor

First einer Falte s. Faltenkern

Firth [engl. Meerenge] schottische Bezeichnung für *Fjord

Fischer, Heinrich, Schulgeograph, * 1861 in Uckermünde, † 10. 4. 1924 in Berlin; „Methodik des Unterr. in der Erdkunde" (1905), Schulbücher; Vorkämpfer für d. erdk. Oberstufenunterr.

Fischer, Theobald, bedeutender Geograph, * 31. 12. 1846 zu Kirchsteig bei Seiß, † 18. 9. 1910 in Marburg a. L., an dessen Universität er seit 1883 lehrte; ein Meister der länderkundlichen Schilderung (s. besonders die Darstellung der drei südeurop. Halbinseln in Kirchhoffs „Unser Wissen von der Erde" und die beiden Folgen seiner „Mittelmeerbilder", 1913² und 1908). Würdigung in GZ 1912, S. 241 ff. und in PM 1910 II, S. 188

Fiumare [ital. fiume Fluß], *Torrenten, episodische oder Trockenflüsse, führen nur vorübergehend nach heftigen Regengüssen Wasser, periodische Flüsse während der Regenperiode (L 7, Bd. 2²/76 ff.)

Fixsterne [lat. fixus angeheftet] Gestirne, die ihre gegenseitige Lage für unsere Beobachtung so gut wie gar nicht (d. h. im Jahrhundert bloß um wenige Bogenminuten) ändern und in lebhaftem Glitzern leuchten; doch dreht sich der ganze Sternenhimmel scheinbar von Osten nach Westen um den *Polarstern. Zur leichteren Übersicht sondert man die Fixsterne in Gruppen (*Sternbilder) und teilt sie nach ihrer Helligkeit in Größenklassen ein, deren ersten sechs mit freiem Auge sichtbar sind

Fjärde [schwed.] s. Fö(h)rden

Fjelde [dän., Feld] die weiten, die Gipfelregion des skandinavischen Hochlandes erfüllenden Hochflächen; „von nacktem Fels gebildet, der hier und da in rundlichen Buckeln oder mächtigen Blöcken hervorragt, zwischen denen Kniepolz, kleine Sträucher oder nur Moose, Flechten und dürftiges Gras wachsen" (*Philippson, Europa, S. 641). Wohl ein Wert *diluvialer *Glazialerosion

Fjorde [norw.] schmale, langgedehnte, oft weit verästelte Buchten von trogförmigem Querschnitt, deren meist tiefgelegener Boden *Becken und gegen den Ausgang zu eine Schwelle aufweist; gesellig auftretend und auf einst oder noch heute vergletscherte *Küsten (höherer Breiten) beschränkt. Der Entstehung nach untergetauchte, durch *eiszeitliche Gletscher umgestaltete (und in ihrem Verlauf gelegentlich auch von *Verwerfungen und Gesteinsbeschaffenheit abhängige) Flußtäler (L 3/807 ff.; 5/223 f.; 64/14 ff.)

Fjordinseln „unregelmäßige und oft sehr große Bruchstücke der Gebirgsabdachung, in welche die *Fjorde eingeschnitten sind, von ganz verschiedener Größe, Gestalt und Anordnung, bald die ganze *Küste in mehrfachen Reihen begleitend, bald sich in weiten Fjordmündungen anhäufend" (L 2/482)

Fjordküste durch *Fjorde gegliederte (gebirgige und gebuchtete) *Untertauchungsküste (L 5/223; 9, Bd. 627/108)

Fjordstraßen gegeneinander gerichtete *Fjorde, die infolge *positiver Niveauveränderungen über ihre *Wasserscheide hinweg miteinander in Beziehung treten (L 5/223)

Fjordtäler die Fortsetzung der *Fjorde auf dem Lande; es sind *Stufentäler, die gewöhnlich „mit einem hohen Talschluß endigen, nach dessen Erklimmung man sich auf einem weiten Plateau befindet" (L 2/471); wahrscheinlich in einer *Interglazialzeit entstanden und durch darauffolgende *Glazialerosion umgestaltet

Flachböden im Sinne v. *Richthofens nicht völlige, etwa dem *Meeresspiegel an Glätte vergleichbare ebene Teile der Erdoberfläche, doch solche, deren klein=

flachbogige Küste — flächentreue Azimutalprojektion   57

wellige Erhebungen und flachmuldige Einsenkungen gegenüber der horizontalen Ausdehnung fast durchaus zurücktreten, also eben erscheinen können (L 2/375) (s. auch Flachland, Flachschichtung)

flachbogige Küste die nicht selten an *Küsten auftretende Girlandenform (deutsche Ostseeküste) (L 3/804)

Flächenbeben *Erdbeben, bei denen sich die Erschütterungen gleichzeitig auf ein größeres Gebiet verteilen

flächenhafte Destruktion durch *Brandung, *Wind und *Schichtfluten flächenhaft wirkende *Destruktion, im Gegensatz zu jener, deren Arbeit *punktweise (Ergebnis: geschlossene, relativ flache Bodenvertiefungen) oder *linear (durch fließendes Wasser, *Gletscher) erfolgt (L 3/474)

Flächen(ab)spülung s. Abtragung. Ausführliche Darstellung bei L 11³/240 ff.

Flächentreue bei Globus und Landkarte s. Globus

flächentreue Azimutalprojektion [arab. assumût die Wege, lat. pro-

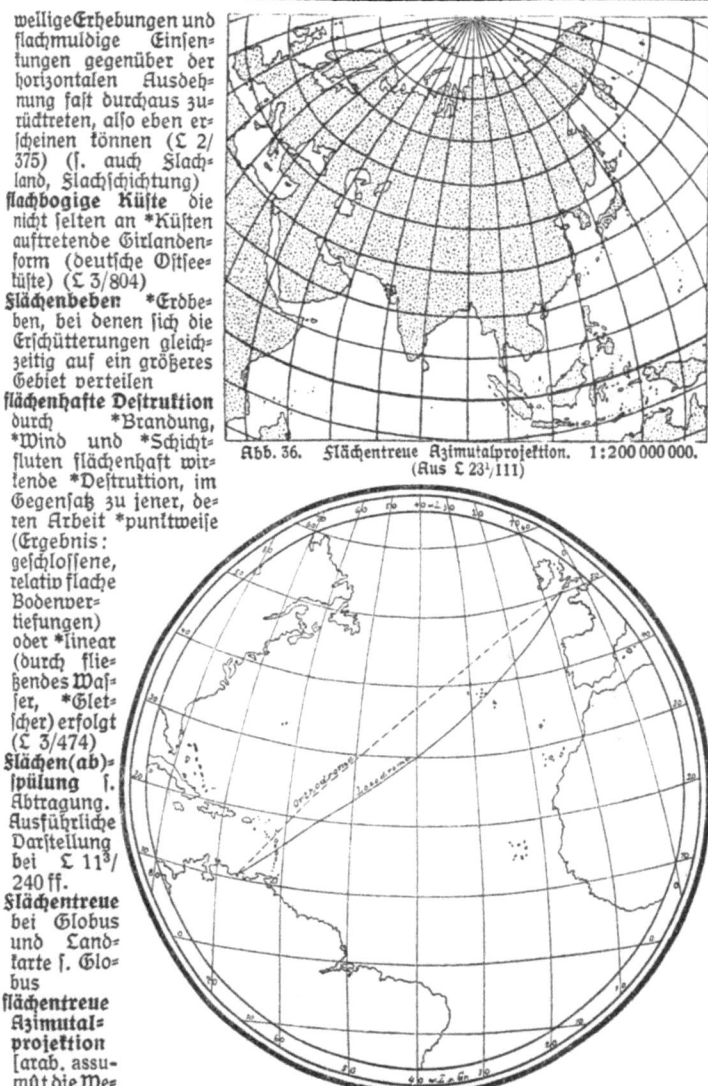

Abb. 36.   Flächentreue Azimutalprojektion.   1:200 000 000.
(Aus L 23¹/111)

Abb. 37.   Lamberts flächentreue Azimutalprojektion.   (Aus L 22/99)

jicere vorwerfen, entwerfen] *azimutale Projektion, bei der die von den *Breitenkreisen begrenzte Fläche der Karte gleich ist den entsprechenden Kugelzonen eines in gleichem Maßstabe gebildeten *Globus. Besonders für Halbkugeln verwendet. *Lamberts f. A. läßt die Abstände der Breitenkreise nach außen hin kleiner werden; zur Darstellung von Halbkugeln und größeren Landflächen verwendet, gibt sie die Formen der Länder falsch (Randverzerrung!), ihre Größe richtig wieder (L 2/228; 23¹/35, 37 u. 40) (Abb. 11, 36 u. 37)

Flachküste Einteilung nach dem Querprofil der *Küste, wenn sich „die Küstenniederung unmerklich unter den Wasserspiegel" senkt, besonders häufig, wenn *Flachland oder *Tiefebene an das Meer grenzen. Bei einer (strandlosen) *Steilküste tritt das Land (meist ein Gebirge, doch auch *Tiefland) unvermittelt mit einem (nicht immer hohen, aber doch) steilen Abfall ans Meer heran, bei der *Steigküste (*ansteigenden Küste) hebt sich das Land unter deutlichem Winkel von der *Strandebene ab"(L2/464). An F.arbeitet die *Brandung nur bei *Windstau gewaltig, sonst weniger heftig wie an Steilküsten (L 3/602 ff.; 7, Bd. 2³/287 f.)

Flachland = *Ebene

Flachlauf von Flüssen f. Berglauf

Flachmoore *Moore, deren Wasserbzw. Sumpffläche durch fortgesetzte pflanzliche Besiedlung bereits verdrängt wurde, flaches Land bereits an seine Stelle getreten ist

Flachs [*Lein, Linum usitatissimum] wichtigste Gespinstpflanze der gemäßigten Klimate. Heimat Kleinasien

Flachschichtung *Strukturform, bei der die Schichten mehr oder minder horizontal lagern; *Brüche fehlen nicht, bestimmen aber nicht die Oberflächenformen

Flachsee der in wechselnder Breite sich langsam senkende (also nur randlich überflutete) Teil der *Kontinentaltafel; er reicht im allgemeinen bis zur Tiefenlinie von 200 m (f. hypsographische Kurve der Erdkruste).

Flachseeinseln die der *Flachsee angehörenden *Kontinentalinseln

Flachseezone (*biogeographische) = *litorale Zone

Flachtäler *Täler im *Flachland, deren unendlich sanft ansteigenden Gehänge sich gegenüber der Talsohle nur undeutlich abheben (L 2/419 f.)

Flachwüsten f. Gebirgswüsten

Fladenlava im Gegensatz zu der beim Erstarren infolge starker Dampfentwicklung in Blöcke oder Schollen zerfallenden *Lava (*Block- oder *Schollenlava), die ohne größere Dampfabgabe über einen langen „zähflüssigen Zwischenzustand" ganz allmählich in runzelig zusammengeschobene oder wie Taue gedrehte, wulstige Formen übergehende Lava (L 3/387; 39c/213)

Flankenanzapfung nennt Sölch (L 5/178) jene *Anzapfung, bei der „ein erfolgreicher arbeitender *Fluß einem schwächeren in die Seite fällt und sich dessen oberes Talstück erobert"

flektierende Sprachen [lat. flectere biegen] der uns bekannte Sprachbau — Lautanfügung an die Wurzel bzw. Wurzelveränderung —, den neben den semitischen die indogermanischen Sprachen aufweisen (L 2/739; 4/271)

Flexur [lat. flexura Biegung] f. Dislokationen

Flexurgebirge =*Sattelgebirge(L2/398)

Flexurstufe durch *Flexur in eine *Landstufe verwandelte *Flachschichtung (L 3/649)

Fliehkraft die Kraft, die einen sich bewegenden Körper vom Mittelpunkt weg (in der Richtung der Tangente) treibt; die der irdischen *Schwerkraft entgegenwirkende F. beträgt am *Äquator 33,91 mm, sie nimmt (auf der Erde) mit dem Kosinus der *geographischen Breite ab

Florengebiete [lat. flos, floris Blume] f. Florenreiche, Vegetationsgebiete

Florenreiche (Vegetationsreiche) durch verwandte und ähnliche Pflanzengenossenschaften gekennzeichnete, von anderen floristisch gut unterschiedene, große Ländergebiete. L 70/113ff. nennt Fl., was L 3/915 als Gruppen bezeichnet, während er von den eigentl. Fl. als Floren = *Vegetationsgebieten spricht, Drude bildet 14, Engler 21, Diels 11, Supan 12 solcher Fl.

Floridaströmung s. Antillenströmung

Flügel einer **Falte** = Schenkel einer *Falte; F. einer Verwerfung die Schollen beiderseits einer *Verwerfung

Flugsand reiner, meist sehr gleichmäßiger Sand, wie er z. B. in den *Wüsten in großen Mengen und auf weite Strecken zur Ablagerung kommt; zu den *Aufschüttungsböden gehörend (L 3/619), bedeckt er etwa 6,2 v. H. der Landoberfläche

Flurkarten großmaßstabige Karten (1 : 2500, 1 : 5000), die, mit den gleichgerichteten Katasterkarten als Eigentumskarten bezeichnet, die Verteilung des Grundbesitzes ersichtlich machen (L 24²/223ff.)

Flußablenkung durch d. Erdrotation: vgl. PM 1925, S. 155f.

Flußalluvionen [lat. allúvio Anspülung] die von den *Flüssen angeschwemmten und aufgeschütteten Sintstoffe (*Sedimente)

Flußdichte eines Gebietes: das Verhältnis der Längen aller seiner Flüsse zu seiner Fläche; „indem dieser Wert für orographisch, klimatologisch oder geologisch verschiedene Teile eines *Flußsystems oder eines Landes berechnet wird, gewinnt man ungefähre Vorstellungen von dem Einfluß der Böschung, der Beschaffenheit des Verwitterungsbodens, der Pflanzendecke, Niederschlagsverteilung und Durchlässigkeit der Gesteine auf die Dichte der Abflußkanäle" (L 9, Bd. 628/34)

Flüsse die in bestimmten Rinnen der Erdoberfläche sich bewegenden, von den Bächen einer- und den Strömen anderseits durch die Größe unterschiedenen Wasseradern, gespeist durch Quellen, Niederschläge und Schmelzgewässer von Schnee und Eis. Tätigkeit: Verfrachtung, Ausnagung (*Erosion) und Ablagerung (*Akkumulation) (s. auch Flußsystem und Flußsystem-Bezeichnungen, Stromgebiet eines F., antezedente F., Ästuar, Delta usw.

Flußebenen von Flüssen durchzogene *Senken, die, unter der *normalen Gefällskurve gelegen, von jenen zugeschüttet wurden (L 5/170f.) (s. auch Auenebenen)

Flußerosion die *Erosion des fließenden Wassers, wobei die *Ausnagung an den Uferwänden durch die Stoßkraft des wirbelnden Wassers, an der *Sohle durch die Reibung der mitgeführten Frachtstoffe sich vollzieht (L 7, Bd. 2²/97ff.)

Flußfarbe abhängig bei normalem Wasserstande „von der Gesteinsbeschaffenheit des Flußgebietes" (Größe der Schlammführung, Menge und Art der gelösten Salze); das klarste Wasser haben die von Kalkquellen gespeisten Flüsse (L 9, Bd. 628/60; 54/81 f.)

Flußgabelungen s. Bifurkationen, Flußvermischungen, Wasserteilung

Flußgefälle der Höhenunterschied zweier Flußpunkte, verglichen mit ihrer Entfernung; meist in $^0/_{00}$ ausgedrückt

Flußgeschwindigkeit Die Bewegung des fließenden Wassers ist zunächst vom *Gefälle abhängig (Endgeschwindigkeit in einem bestimmten Punkte = $\sqrt{2gh}$, wobei g die Beschleunigung der *Schwerkraft, h die Fallhöhe bis zu diesem Punkte bedeutet), sie steht auch in geradem Verhältnis zur Wassermenge, im umgekehrten aber zur Breite des Bettes, da sie maßgebend von der Reibung der Wasserteilchen untereinander und an den Uferwänden beeinflußt wird. Die F. nimmt ab von der Mitte gegen die Ufer und von oben nach unten, sie ist am größten (Reibung an der Luft!) etwas unterhalb der Oberfläche. Der *Stromstrich, im allgemeinen über der tiefsten Rinne des Bettes liegend, pendelt bei gekrümmten Laufstrecken von einer konkaven Seite zur anderen. Unregelmäßigkeiten des Flußbettes rufen Gegenströme (bisweilen Wirbel) hervor. Aus diesen und anderen Gründen ist die Bewegung des Flußwassers keine geradlinige und fortschreitende, sondern eine nach allen Seiten abgelenkte, unstetige, rollende. Formeln zur Berechnung der F. bei L 9, Bd. 628/47 ff.; 54/67ff.; 55a/97 ff. Vgl. auch L 3/516 f.; 11¹/76 f.

Flußhöhlen die unterirdischen, Engen und Weitungen enthaltenden Laufstrecken vieler Karstflüsse (*Karsterscheinungen) (L 5/556)

Flußmäander s. Talmäander

Flußpaare zwei unweit voneinander entspringende Ströme, die nach ganz verschiedenem Laufe sich im Mün-

Flußrinnen — Flut

dungsgebiete nähern (Ganges und Brahmaputra) (L 2/458 (f. auch Zwillingsflüsse)

Flußrinnen, unterseeische f. unterseeische Flußrinnen

Flußseen nach L 2/337, 443 *Seen, die durch das aufgestaute Wasser eines Flusses, dessen Läuterungsbecken sie darstellen, gebildet sind, also offene Seen mit Zu- und Abfluß und daher durchschnittlich geringen Spiegelschwankungen; andere Einteilung in L 9, Bd. 628/66 f., wo S. mit konstantem oder mit intermittierendem Abfluß unterschieden sind und als vollkommene S. jene bezeichnet sind, bei denen die Zufuhr durch Niederschlag die Verdunstung übertrifft, als unvollkommene jene, wo die Verdunstung größer ist als der Regenfall auf der Seefläche

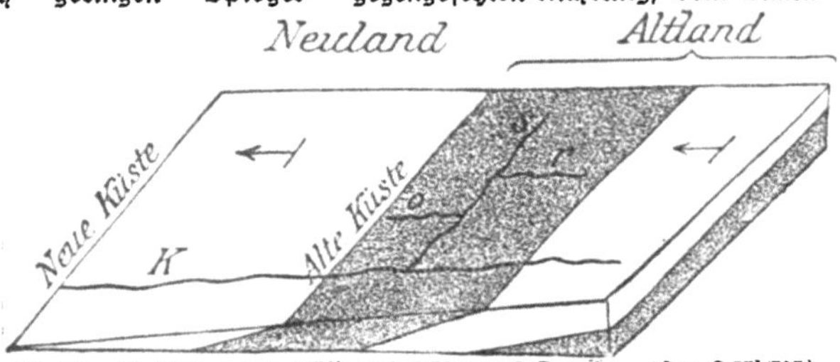

Flußsystem das aus Haupt-, Neben- und deren Zuflüssen bestehende, reich verzweigte Netz zusammengehöriger Wasseradern. Ihre obersten Verwurzelungen heißen *Quellflüsse, von denen mehrere gleichwertige und nicht bloß einer gewöhnlich den Ursprung eines Flusses bilden

Flußsystem-Bezeichnungen In Berücksichtigung von Alter und Verhältnis zum Schichtenbau besteht nach *Davis u. a. folgende Einteilung. Flüsse, deren allgemeine Laufrichtung der durch Hebung des Landes bestimmten ursprünglichen Abdachung folgt, nennt Davis *konsequente, *Pend *Solgeflüsse, *Hettner *gleichsinnige und *Passarge *primäre Böschungsflüsse. In den weicheren, nachgiebigeren Gesteinspartien, die neben Streifen härterer Schichten eine Landoberfläche zusammensetzen, entwickeln sich (in Anpassung an das Streichen der Schichten) quer zu den konsequenten die *subsequenten (Nebenflüsse Davis', von Pend als *Nachfolge- oder *Schichtflüsse, von Hettner als *nachträgliche, von Passarge als *Stufenrandflüsse bezeichnet. Längs der härteren Schichten erzeugen sie steilere Stufen; von diesen fließen ihnen in der Fallrichtung der Schichten die *resequenten oder *Eintehrflüsse, in der entgegengesetzten Richtung, vom Innenabfall der Stirn der Stufe her, die *obsequenten, *Ablehr- oder *Stirnflüsse (letztere Pends *Gegenflüsse, Passarges *rückläufige Nebenflüsse. Zur Einteilung von Davis ist jetzt auch *Philippson (L 7, Bd. 2²/185 ff.) Vgl. Abb. 38

Flußverlegungen können außer durch *Anzapfung auch durch Abdämmung des Flußlaufes (*Bergrutsche, *eiszeitliche *Moränenmassen) erfolgt sein

Flußvermischungen (echte *Flußgabelungen, *Bifurkationen) entstehen, wenn ein Flußsystem durch einen Arm zu einem anderen in Beziehung tritt (L 3/747; 5/177)

Flußverschiebungen in seitlicher Richtung entstehen durch *Seitenerosion des *Flusses infolge von *Krustenbewegungen, der *Erdrotation oder dem Streben, eine harte Gesteinschicht zwischen zwei weicheren möglichst schnell zu überqueren (L 5/159, 169 f.)

Flußwasser, Salzgehalt des: f. Salzgehalt der Flüsse

Flut das periodische Ansteigen des *Meeresspiegels gegen die *Küste, wie die *Ebbe hervorgerufen durch die

Abb. 38. Einteilung der Flüsse und Täler nach Davis. (Aus L 37¹/517.) Gekörnt, leicht, weiß: schwer erodierbare Schichten; K konsequenter, s subsequenter, r resequenter, o obsequenter Fluß

Flutbrandung — fossiles Eis

*Gravitations=Wirkungen von *Sonne und *Erdmond (s. auch *Gezeiten). Größter Stand der F.: Hochwasser
Flutbrandung die unter besonders fördernden Umständen in trichterförmigen Flußmündungen oft gewaltig und heftig anschwellenden (nicht ungefährlichen) *Flut=Wogen; „in mächtiger *Brandung stürzt sich das Wasser über die flachen Uferbänke, während in der Mitte des Stromes die Flutwelle als ungebrochener, mauerartiger Wall aufwärts fortschreitet" (L 3/313)
Flutgrenze eigentliche Grenze zwischen Fluß und Meer, an der die *Gezeitenbewegung endet (L 3/313) (s. auch Standlinie)
Fluthäfen diejenigen *Mündungs=, *Rias= und anderen *Häfen, deren Zugänge durch den *Gezeitenstrom freigehalten werden (L 2/478)
Fluthöhe (F. wechsel, F. größe) zwischen *Hochwasser und *Niedrigwasser (s. auch Tidenhub)
Flut(stunden)linien die Verbindung der auf den *Meridian von Greenwich bezogenen gleichen *Hafenzeiten
Flutmesser (*Mareograph) selbstaufzeichnender, gegen Wellenschlag geschützter *Pegel zur Bestimmung von Eintrittszeit und Höhe der *Gezeiten
Flutwechsel s. Fluthöhe
Fluvialregion [lat. fluviális in oder am Flusse lebend] *biogeographische Bezeichnung für den Lebensbezirk des Süßwassers (*Flüsse und *Seen des Festlandes)
fluviatile Destruktionspässe s. Pässe
fluvioglaziale Bildungen [lat. fluvius Fluß, glácies Eis] die durch den *Gletscherbach aus eckigen zu gerundeten, dem Bachkiesel angeglichenen Formen umgestalteten *Moränenschotter (L 9, Bd. 628/113)
Föhn [oberdeutsch und schweizer., vom lat. favónius Westwind] s. Sallwind
Sö(h)rden (Ostjütlands, *Fjärde der schwed. Ostseeküste) „meist schmale, gleichlaufend oder fächerförmig angeordnete Rinnen mit gegenüber den *Fjorden flacheren Ufern undoft bis ins Innere hinein von verhältnismäßiger Tiefe", wie diese aber mit einer Schwelle am Ausgang und häufig wannenbedecktem Boden. Dadurch, daß benachbarte F. miteinander in Verbindung treten, erscheint die *Küste, in Hunderte kleiner, vom Eise abgeschliffener Felsinseln (*Schären) aufgelöst, wie zerschlitzt. Über die Entstehung der F. herrscht noch keine Einhelligkeit, vielleicht sind sie durch das *Inlandeis geschaffen (L 5/224; 64/39 ff.)
Sö(h)rdenküste durch *Sö(h)rden gegliederte (gebuchtete) *Untertauchungsküste
Folgeflüsse s. Flußsystem=Bezeichnungen
Folge= (*konsequente) **Formen** gegenüber den *Urformen jene in unmittelbarer Abhängigkeit von ihnen erwachsenen Formen, die sich aus den Veränderungen durch *Wind und *Wetter, Regen, *Erosion der *Flüsse, *Meeresbrandung usw. ergeben (L 47a²/1 ff.)
Formatión [lat.formátio Bildung] 1. Bezeichnung für die während des Zeitraumes einer *geologischen Periode gebildete Gesteinsfolge, z. B. Trias, Jura, Kreide. Über ihr steht die *Formationsgruppe (das Mesozoikum ist eine solche), sie selbst zerfällt in verschiedene Serien (die Kreide z. B. in untere und obere), diese wieder in verschiedene Stufen (die untere Kreide z. B. in *Neocom und *Gault) als Unterabteilungen. 2. = *Pflanzen=F.
Formationsgruppe zusammenfassende Bezeichnung mehrerer *Formationen; zeitlich entspricht eine F. einem *geologischen Zeitalter
fortschreitende longitudinale Wellenbewegungen [lat. longitúdo Länge] jene, bei denen sich die Schwingung der einzelnen Teilchen in der Fortpflanzungsrichtung vollzieht; Ggs.: *fortschreitende transversale W., wenn die Schwingung normal oder transversal zur Fortpflanzungsrichtung erfolgt
fortschreitende transversale Wellenbewegungen [transvérsus schief, schräg] s. fortschreitende longitudinale Wellenbewegungen
fossile Dünen sehr alte, unter anderen Windverhältnissen als den heutigen entstandene *Dünen (L 3/595)
fossiles Eis (*Steineis) in Vertiefungen des Bodens angesammelte und zu Eis gewordene Schneemassen (*Schnee-

eis) von ziemlich großer Mächtigkeit; von einer Sand- oder Lehmdecke vor dem Auftauen geschützt, scheinen sie bei gleichbleibendem Klima selbst ganze *geologische Perioden überdauern zu können (L 3/245; 37¹/570 ff.)

Fossilien [lat. fossilis ausgegraben] als Versteinerungen erhaltene Überreste (Spuren) von Pflanzen und Tieren früherer Erdperioden (s. auch geologische Zeitalter)

Foucaultscher Pendelversuch Beweis für die *Erdrotation durch den erstmalig von L. Foucault 1852 im Pariser Pantheon ausgeführten Versuch, wonach ein sehr langes Pendel (im Verhältnis zur Pendellänge möglichst kleine Schwingungsweite), von seiner ursprünglichen Schwingungsrichtung abweichend, einen immer größeren Winkel mit ihr bildet (Drehung auf der nördlichen Halbkugel von West über Norden nach Osten); in Wahrheit drehen sich natürlich nur die Augen des Beobachters unter dem Pendel, und die Lage der Schwingungsebene bleibt unverändert. Den Ablenkungswinkel, welchen die Schwingungsebene erfährt (α), berechnet man aus der Formel = $t \cdot \sin \varphi$ (t bedeutet die Zeit, φ die *geogr. Breite); am Äquator findet also keine Ablenkung statt (da φ = Null), am Pol beträgt sie in einem Tage von 24 Stunden einen ganzen Kreis, in einer Stunde 15° (da sin 90 = 1)

Franklin, John, berühmter engl. Forschungsreisender, * 16. 4. 1786 zu Spilsby (Lincoln), † 11. 6. 1847, widmete mehrere Unternehmungen seit 1829 der Erkundung der amerikanischen Nordküste (1825—1829 mit Back und Richardson) und des amerikanischen Polarmeeres (1845 mit Crozier und Sitzjames; sie scheiterte, Aufzeichnungen fand man)

Frech, Fritz, Geologe, * 17. 3. 1861 in Berlin, † 28. 9. 1917 im Kriegslazarett zu Aleppo. Außer L 42 zahlreiche Arbeiten (auch in verschiedenen Zeitschr.) über Schlesien und Kleinasien, Geologie und Gebirgsbau der Alpen, über Vulkanismus, Erdbeben usw. Nachruf von E. Obst in PM. 1918, S. 29

freie Strömungen s. gezwungene Strömungen

freie Wellen s. Wellentheorie

Freihäfen *Häfen, die außerhalb des Zollbezirkes ihres Hinterlandes liegen; das Freihafengebiet, in dem Laden und Löschen der Güter ohne jede Zollbeschränkung erfolgen, umfaßt heute gewöhnlich nicht mehr den ganzen, sondern nur einen kleineren Teil des Hafens (L 96/345)

Fremont, John Charles, * 1813 in Savannah (Georgia), † 1890 in New York, bereiste seit 1842 das nordamerikanische Felsengebirge, das er ebenso wie den Großen Salzsee, Kalifornien u. a. genauer erkundete

Friederichsen, Max, Geograph, * 1874 in Hamburg, Prof. an d. Univ. Breslau. Arbeiten: „Method. Atlas zur Länderkunde von Europa" (1914), „Grenzmarken des europäischen Rußlands" (1915), „Landschaften und Städte Polens und Litauens" (1917), Finnland, Estland u. Lettland (1924)

Friedrich, Ernst, Wirtschafts- und Anthropogeograph, * 1867 in Klein-Lichtenau (W.-Pr.), Prof. an der Leipziger Universität. Außer Beiträgen zu L 5 und 6a und 101: L 104, ferner „Einführung in d. Wirtschaftsg." (1911²), „Geogr. des Welthandels und Weltverkehrs" (1911), Berichte über Anthropogeogr. im GJ.

Frostverwitterung (*Spaltenfrost) die in höheren Breiten und im Hochgebirge häufige Form der *Verwitterung. Durch Temperaturschwankungen, wobei sich die Gesteinsteilchen ausdehnen und wieder zusammenziehen, bilden sich Risse und Sprünge, das in diese so entstandenen oder von Anfang an vorhandenen Spältchen und Klüfte eindringende Wasser gefriert, dehnt sich hierbei aus und zersplittert das Gestein in Stücke von verschiedener Größe (L 2/322; 34/637; 37¹/372)

Frühlingspunkt oder *Widderpunkt der Schnittpunkt zwischen Sonnenbahn (*Ekliptik) und *Himmelsäquator im Frühling. Die Schnittlinie von Ekliptik und Äquator (und damit der F.) ist aber in rückschreitender Bewegung gegen Westen begriffen (*Präzession, *Nutation), und mit dem Rückwärtsgehen des F. um jährlich etwa 50 Winkelsekunden verschieben sich

Sulbe — Gebirgsbildung

selbstverständlich die in gleichen Abständen von 30° gesetzten und mit den alten *Tierkreis-Namen benannten *Sternzeichen; sie können daher mit der etwa 150 v. Chr. von *Hipparch festgestellten Lage der *Sternbilder nicht mehr übereinstimmen: der vor 2000 Jahren im westlichen Ende des Sternbildes des Widders befindliche F. steht jetzt etwa 30° weiter westlich am westlichen Ende des Sternbildes der Fische (L 2/186) (Abb. 7, 16, 39)

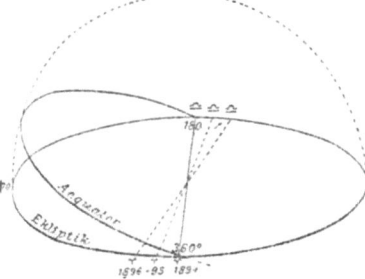

Abb. 39. Wanderung des Frühlingspunktes.
(Aus L 2/186)

Sulbe (Sullah, *Fellata) aus *Hamiten und *Sudan-Negern hervorgegangene Stämme des Sudans, mit bedeutsamer Staatsbildung am Beginn des 19. Jahrh.

Sumarolen [ital. fumáre rauchen] die durch heiße, überwiegend aus Wasserdampf bestehenden Gasausströmungen bezeichnete Phase im Ablauf der *vulkanischen Erscheinungen (s. auch Mofette, Solfatarenzustand)

Surchenpaß s. Pässe

Fuß Längenmaß; altgriech. F.=0,308m, altröm. F. = 0,296 m, preuß. (rhein.) F.= 0,313 85 m, engl. F.= 0,304 79 m

Galeriewälder s. tropischer Wald

Galilei, Galileo, berühmter Physiker und Astronom, * 1564 in Pisa, † 1642 bei Florenz; entdeckte 1610 vier *Jupitertrabanten

Galla wie die *Somali und *Masai *Hamiten des afrikan. Osthornes; kriegerische Viehzüchter und Jäger

Gama, Dasco da, berühmter portugies. Entdeckungsfahrer, * um 1469 in Sines (Prov. Alemtejo), † 1524 zu Kotschi; umsegelte Ende 1497 Süd-

afrika und fand 1498 den Seeweg nach Vorderindien (Landung in Calicut)

Gang Ausfüllungen ehemaliger Spalten und Klüfte in der *Erdrinde, sehr häufig durch *Eruptivgesteine gebildet

Ganggesteine *Massengesteine, die in Spaltenausfüllung (von schmalen, langgestreckten *Gängen) verschiedene Gesteinsschichten durchsetzen

Gassendörfer im Ggs. zu den beiderseits der Hauptstraße sich hinziehenden *Straßendörfern abseits von dieser angeordnet (Sackgassen-, offene G.); von *Schlüter (L 119⁴/294) bloß als eine Abart der Straßendörfer betrachtet, wobei die Dörfer nur an einer Seite geöffnet sind, nach Beschorner (L 5/357) „meist durch Verlängerung oder Zusammenlegung mehrerer *Rundlinge entstanden"

Gault [engl. Lokalbezeichn. f. eine Tonbildung] Abteil. der unteren *Kreide (s. Formation und geolog. Zeitalter)

Gazelle Expedition 1874—76 gleichzeitig mit der engl. *Challenger Exped. unternommene deutsche Unternehmung, sehr bedeutsam für die Meeresforschung. Bericht in 5 Bdn. (1889)

Geantiklinale [gr. gē Erde, anti entgegen, klinein neigen] eine in der Längsrichtung einer *Geosynklinale verlaufende, wahrscheinlich auf *epirogenetische Bewegungen zurückgehende Aufwölbung (L 41/3)

Gebirge „ausgedehnte, hochgelegene und zugleich durch einen lebhaften Wechsel der Höhen ausgezeichnete Teile der Landoberfläche, die sich mehr oder minder deutlich gegen ihre tiefergelegene Umgebung absetzen" (L 10²/350). Orographisch kann man mit *Supan (L 3/631) neben *Landstufen unterscheiden *Kamm-, *Ketten-, *Massen-, *Rücken- und *Plateaugebirge (s. auch autochthone Gebirge, Rumpfgebirge, Urgebirge)

Gebirgsbau s. *Asymmetrie der Kettengebirge, *Deckentheorie, *Geosynklinalen, *Kontraktionstheorie usw.

Gebirgsbildung s. Deckentheorie, Falte, Faltungsepochen, Geosynklinalen, Gleitfaltungstheorie, orogenetische Bewegungen, Unterströmungshypothese. Theorien über G. bei L 11³/28ff.; 31/129ff.; 34/154ff. Vgl. auch Brandt in DN 1920, S. 705ff., Nowak, Nat. Wochenschr. 1921, S. 892ff., Koßmat, Die mediterr. Kettengebirge (1921), Stille, Vergl. Tektonik (1924)

Gebirgsfuß „theoretisch die Grenzlinie der Gebirgsabfälle gegen die benachbarte Flächenausbreitung" oder die Grenzlinie „des Gebietes der *Abtragung durch Gewässer und Eis gegen dasjenige der *Ablagerung der Zerstörungsprodukte" (L 50/675)

Gebirgskamm die höchsten, gewöhnlich dachartig beiderseits einer *Kamm-(Scheitel-) Linie abfallenden Teile eines Gebirges; er wird bei breiterer Wölbung zum *Gebirgsstücken (s. auch Kamm- und Rückengebirge)

Gebirgsknoten das Vereinigungsgebiet mehrerer aneinandergedrängter *Saltengebirge (L 2/377)

Gebirgsrücken = *Bergrücken

Gebirgsrumpf die Bezeichnung, die sich bei *Davis-*Braun (L 47a²/77) für *Rumpffläche findet

Gebirgsschutt der als *Verwitterungsgebilde in Gebirgen zustande kommende *Schutt; in *abflußlosen Gebieten bleibt er im Lande zurück (*Eluvialboden) und hüllt die Gebirge immer höher in ihr eigenes Zerstörungsprodukt (s. äolische Aufschüttungsbecken)

Gebirgsseen s. Hochseen

Gebirgssystem Bezeichnung, welche die, zumal im gleichartigen Bau begründete, Zusammengehörigkeit verschiedener Einzelgebirge zum Ausdruck bringt; so gehören zum Alpensystem Karpathen, Apenninen, Pyrenäen usw. Anders *Supan (L 3/684f.), der von G. spricht, wenn eine oder zwei von den Merkmalen fehlen, die ein *Saltengebirge als geogr. Individuum mit besonderem Namen erscheinen lassen, nämlich: räumlicher Zusammenhang, in den Hauptzügen gleichartiger Bau und Beibehaltung der Streichrichtung

Gebirgswüsten *Wüsten mit ansehnlichem Wechsel von hoch und niedrig; Ggs.: *Flachwüsten, wo dieser Wechsel fehlt

gebrochene Faltengebirge jene *Strukturformen von *Faltengebirgen, bei denen *Brüche nicht bloß in einzelnen Teilen des Gebirges an die Stelle der Falten treten, sondern den gefalteten Gebirgskörper selbst ergreifen (seine Innenseite zertrümmern oder ganz einsinken lassen, so daß bloß die Außenzone erhalten bleibt); immerhin aber erkennt man den Gebirgskörper als solchen auch weiterhin (L 3/682ff.)

gebuchtete Küste die als *kleinbuchtige und *großbuchtige Küste vorkommende Bogenform vieler *Küsten, von *Supan (L 3/804) auf *Erosion (auch im Zusammenhange mit *positiven Strandverschiebungen) zurückgeführt

Geest an der deutschen Nordseeküste das hohe, meist aus *diluvialem und zu *Dünen zusammengewehtem Sand aufgebaute Land, der oberflächlichen Trockenheit (das Wasser versinkt im durchlässigen Boden) angepaßte Vegetation (Heide, kümmerlicher Wald)

Gefälle s. Flußgefälle

Gefällströmungen nennt *Supan (L 3/329, 331) *Ausgleichsströmungen und *Windstauströmungen zusammen (an der *Leeseite aufgestaut, senkt sich die Wasseroberfläche nach der Luvseite hin)

Gefällsstufen Stufen (*Abdämmungs- und *Felsstufen), die sich der *normalen Gefällskurve entgegenstellen; der Fluß sucht sie zu beseitigen (L 3/538; 5/173)

Gefrierpunkt a) für Süßwasser, das bekanntlich bei 4° C seine größte Dichte besitzt, liegt er unter 0°. b) bei steigendem Salzgehalt (im *Meerwasser) sinken sowohl der G. wie die Temperatur, bei der das Wasser seine größte Dichte erreicht (*spezifisches Gewicht des Meerwassers); die betreffenden G. können für einen bekannten Salzgehalt entweder aus hydrographischen Tabellen oder aus folgender Formel (to bedeutet den G., s das unmittelbar mittels *Aräometer festgestellte spezifische Gewicht) berechnet werden: $t_0 = -0{,}0086 - 0{,}064633\,\sigma_0 - 0{,}0001055\,\sigma_0^2$, wobei für σ_0 einzusetzen ist $1000 \left(s\frac{0^0}{4^0} - 1\right)$. Für 10 v. T. Salzgehalt liegt z. B. der G. bei $-0{,}6^0$, für 20 v. T. bei $-1{,}1^0$, für 30 v. T. bei $-1{,}7^0$, für 40 v. T. bei $-2{,}3^0$

Gegenflüsse s. Flußsystem-Bezeichnungen

Gegenfüßler s. Antipoden

gegenständige Talanordnung entsteht nach *Supan (L 3/545), „wenn zwei entgegengesetzt verlaufende Täler mit ihren Sammelbecken an der *Wasserscheide zusammenstoßen"

Gegenströmungen s. Kompensationsströmungen

Gegenwohner (*Antoeken) nach griech. Vorstellung die auf gleichen *Meridianen, jedoch in südlicher Breite lebenden Menschen (L 2/729) (s. auch Antipoden und Umwohner)

Gehänge s. Täler

Gehängeflüsse *Flüsse, welche die *Gehängetäler durchziehen

Gehängeformen Sie sind im wesentlichen von dem Verhalten der *Gesteine gegen die *Verwitterung abhängig; für jedes „Gestein von bestimmter Festigkeit, Zerklüftung und Lagerung besteht bei einem bestimmten *Klima eine Grenze der oberen Steilheit (*Maximalböschung), die nur örtlich überschritten werden kann" (L 37^1/403). Der *Gehängewinkel α (die mittlere Neigung) kann berechnet werden als

$$\tan \alpha = \frac{\text{relat. Abstand des Kammes von mittlerer Breite des Kammes}}{\text{der Talhöhe an seinem Fuße (c)}}$$

*Böschungen (b) gehänges von 2—3⁰ herrschen im Hügelland, von etwa 15⁰ im gefalteten Mittelgebirge, von 20—30⁰ im Hochgebirge, solche von 30—45⁰ sind bereits sehr selten (L 2/440 f.). Nicht die Neigung des Geländes, sondern die wirklichen Formbestandteile der Gehänge (glatte Wände, Schutthalden usw.) bespricht *Passarge (L 11^3/504 ff.)

Gehängegletscher s. Hängegletscher

Gehängeschutt s. Schuttkegel

Gehängetäler die „die Gehänge wasserscheidender Kämme rippenartig zerschneidenden" (L 2/422) kurzen und steilen *Quertäler im Gebirge

Gehängewinkel s. Gehängeformen

Gehöfteformen zusammengehörige Gruppe um einen Hof angeordneter Häuser. *Passarge (L 11^1/140 f.) unterscheidet als Typen das Ringhofsystem (umfriedete Häusergruppe), das Zentralhofsystem (Häuserreihe um einen Hof herum), das Hinterhofsystem (hinter dem Eingangs-Hauptwohnhaus liegt der Hof mit den Wirtschaftsgebäuden), das Vorderhofsystem (Eingang mit dem ihm gegenüberliegenden Wohnhaus durch einen, den Hof umschließenden Zaun verbunden), das Doppelhofsystem (mit Vorderhof nach der Straße zu und Hinterhof), das Labyrinthgehöfte (im Innern des abgeschlossenen Hofes entsteht durch Zäune und Häuser ein Gewirre von Gängen und Höfen), das Gartengehöfte (an Stelle des Hofes ein Garten, in oder an dem das Haus liegt) und das von einem Wassergraben umgebene Wassergehöfte (vgl. auch L 5/349)

Gehölz nach einer bestimmten Wuchsform unterschiedene *Formation, auftretend als Wald, Gebüsch oder Gesträuch (L 3/826; 5/231; 11/118 ff.)

geköpfte Flüsse s. Anzapfung

Gekriech von der Schwerkraft bewirktes, von Klima und Pflanzendecke stark beeinflußtes langsames Abwärtswandern des *Gehängeschuttes (L 11^3/188 ff., 192; 7, Bd. 2^2/29 ff.)

gekritztes Geschiebe die in und unter dem Gletschereise mitgeführten Gesteinstrümmer, mit charakteristischer Rundung der Kanten und meist unregelmäßiger Kritzung (L 34/630)

Gekroslava = *Sladenlava

Gelände der landschaftliche Wechsel von hoch und niedrig

Gelände- (Gebirgs-) **Darstellung** Die gebräuchlichsten Mittel, die Höhenverhältnisse (Unebenheiten) der Erdoberfläche auf der Karte wiederzugeben, sind: Höhenziffern, *Isohypsen, *Schraffen, *Schummerung; der Eindruck des durch die beiden letzteren geschaffenen Kartenbildes kann durch die sog. schiefe Beleuchtung reliefartig verstärkt werden (die Strahlen aus Nordwesten parallel unter 45⁰ einfallend gedacht, die von ihnen abgewendeten Gehänge liegen im Schatten). Eine Verbindung von Isohypsen und Schraffen dürfte die lesbarste G. ergeben (L 2/235 ff.; 22/135 ff.; 23^2/24 ff.; 24^1/399 ff.)

Geländeformen = *Oberflächenformen

gelappte Küsten s. Golfküsten

Gelberden *humusarme Böden von hellgelber Färbung, klimatisch bedingt (L 11^3/150; 53b/43; 53d/59 f.)

gemäßigte Seen *Seen, deren oberste Wasserschicht im Sommer, wo sie *regelmäßige Wasserschichtung zeigen,

gemäßigte Temperaturzone — geographischer Zyklus

über 4° C, im Winter, wo *Temperaturumkehr eintritt, unter 4° C liegt; umfassend auch die hochgelegenen Seen der Tropen und manche Seen des polaren Klimas

gemäßigte Temperaturzone f. Temperaturzonen

gemengte Vulkane f. Lavavulkane

gemischte Eruptionen *Eruptionen, die abwechselnd loceres und festes Material zutage fördern (L 3/395)

gemischte Niederschläge der Wechsel von Regen und Schnee (L 3/183)

gemischte Vulkane = *Stratovulkane

geneigte Falten = *schiefe Falten (L 41/11)

Generalhandel [lat. generális allgemein] f. Außenhandel

generalisieren f. Lageplan

Generalkarten als Landkarten gewöhnlich topographische Übersichtskarten im Maßstabe 1 : 200 000 und 1 : 300 000 (so die im ehemaligen österr.-ungar. militärgeographischen Institute hergestellten G. von Mitteleuropa 1 : 200 000 und G. von Zentraleuropa 1 : 300 000); als Seekarten, zur allgemeinen Orientierung dienend, meist im Maßstabe 1 : 800 000

genetische Pflanzengeographie [gr. génesis Entstehung] f. Pflanzengeographie

Geodäsie [gr. gē Erde, daíein teilen] Feldmeßkunst, Ausmessung der Erdoberfläche und ihrer Teile; hier als Zweig der mathem. Erdkunde (L 2/87ff.). (f. auch geodätische Linie, Triangulierung, trigonometrische Höhenmessung, Wegeaufnahmen)

geodätische Linie auf dem *Erdsphäroid die kürzeste Linie zwischen zwei Punkten seiner Oberfläche

geodätische Ortsbestimmung f. Ortsbestimmung, geographische

geöffnete Täler f. Täler

geographische Breite eines Ortes: der in Graden ausgedrückte Bogenabstand desselben vom *Erdäquator. Ihre Bestimmung kann erfolgen: 1. aus der *Polhöhe, die stets gleich ist der g. B., oder aus der *Mittagshöhe der Sonne nach der (für die Nordhalbkugel geltenden) Formel $\varphi = (90 - h) + \delta$ (im Sommer) oder $- \delta$ (im Winter), wobei φ die g. B., h die beobachtete, durch *Mittelpunktsreduktion richtiggestellte Mittagshöhe der Sonne an irgendeinem Tage und δ die für alle Tage des Jahres bekannte *Deklination der Sonne bedeutet; 2. aus der *Höhe von *Fixsternen (*Zirkumpolarsternen, deren genaue *Kulminations-Zeit man aber kennen muß) nach der Formel

$$\text{Polhöhe} = \frac{\text{Höhe der oberen} + \text{Höhe der unteren Kulmination}}{2};$$

3. aus der Dauer des längsten bzw. eines beliebigen Tages nach der Formel $\tan \varphi = -\cos t \cot ang \delta$, wobei für δ die Sonnendeklination am 21. Juni (23½°) bzw. des betreffenden Tages, für t der halbe, in *Bogenmaß umgerechnete Betrag der an diesem Tage gefundenen größten (doch 24 Stunden nicht überschreitenden) Tageslänge einzusetzen ist. Es ergibt sich 3. B.: Tageslänge von 15 Stunden g. B. 41° 25', von 18 Stunden 58° 28', von 24 Stunden 66° 33'

geographische Länge eines Ortes: die am *Parallelkreis gemessene, in Graden ausgedrückte Entfernung dieses Ortes vom *Anfangsmeridian. Man vermag die g. L.: 1. durch Vergleich der *Ortszeit zweier Punkte, die den von beiden sichtbaren Eintritt einer himmelserscheinung (Mondesfinsternis) feststellen oder durch Telegraphen sich zur (fast) gleichzeitigen Uhrenablesung veranlassen; 2. auf Reisen pflegt man den die *Ortszeit des Ausgangspunktes zeigenden *Chronometer mit der am Beobachtungspunkte festgestellten zu vergleichen. Andere Bestimmungsmethoden, z. B. durch Mondabstände, L 2/81

geographischer Zyklus [gr. kýklos Kreis, Kreislauf] bedeutet den von *Davis unternommenen Versuch, einen gesetzmäßigen Ablauf der Veränderungen im Formenschatz der Erdoberfläche nachzuweisen, die im wesentlichen bedingt durch die Gesteinszusammensetzung einer Landschaft und die nach Klimatypen (*arid, *humid, *nival) verschiedene Art der auf sie wirkenden abtragenden Kräfte. Der g. Z. zeigt die drei Entwicklungsstadien (*Stadium) der *Jugendzeit, der *Reije und des *Greisenalters. Die (morphologische, nicht geologische) Jugend ist ein Stadium, bei dem erst ein geringes Maß von Veränderungen des Gesamtablaufes eingetreten ist, die Reife ein solches, bei dem die Veränderungen gut vorgeschritten sind, beim Altersstadium ist die Reihe der Veränderungen nahezu vollendet (*Peneplain). Außer der Angabe des Entwicklungsstadiums hat die Beschreibung der Landformen zu erfolgen durch die Bestimmung von *Vorgang (die Art der abtragenden Kräfte) und *Struktur. Tritt aber im Ablaufe des g. J. eine Änderung der Entwicklungsbedingungen durch *tektonische Vorgänge ein, so wird, mit gleichzeitiger Unterbrechung des ersten, ein neuer Zyklus mit neuen Formenreihen eingeleitet; *Klimaänderungen (z. B. durch Einschaltung des *glazialen an der Stelle des bisherigen *normalen Erosionszyklus) oder vulkanische Ausbrüche können auch ohne tektonische Vorgänge eine Störung des normalen Ablaufes bewirken Vgl. L 49 b/61 ff.; 7, Bd. 2²/187 ff.

Geoid [gr. eidos Aussehen] die vom idealen *Rotationssphäroid im einzelnen abweichende wahre Gestalt der *Erde, definiert als Niveaufläche, die in jedem Punkte die Richtung der *Schwerkraft senkrecht durchschneidet. Diese Niveaufläche weicht, auf sehr weite Räume verteilt und in allmählichem Auf- und Abstieg, nirgends um mehr als 100 m nach oben (unter den Kontinentalmassen) oder unten (unter den Ozeanen) von der Fläche des Rotationssphäroides ab und kehrt niemals ihre konkave Seite nach außen. Zu beachten ist, daß durch die Tatsache der geoiden Erdgestalt alle Linien des *Gradnetzes in Wirklichkeit nicht die bei Zugrundelegung eines leicht berechenbaren mathem. Körpers (Rotationssphäroid) ihr zukommenden Formen und Größen besitzen; doch ist größere Genauigkeit beim derzeitigen Stand unseres Wissens nicht möglich. Vgl. A. Beroth in Gerlands Beiträgen zur Geophysik Bd. XIV/3 (Leipzig 1919) (Abb. 40)

Geoisothermflächen [gr. isos gleich, thermós Wärme] Flächen gleicher Erdwärme unter der Erdoberfläche, von deren Relief sie von bestimmter Tiefe an nicht mehr beeinflußt zu werden scheinen (*geothermische Tiefenstufe)

Geologie [gr. lógos Lehre] gewöhnlich als Erdgeschichte übersetzt, die „Lehre von der stofflichen, und zwar besonders der mineralischen Beschaffenheit, von dem Bau und der Geschichte unserer Erde" (L 37¹/1). Die Beziehungen zwischen G. und Geographie, die Abgrenzung ihrer Methoden gegeneinander, sind keineswegs unbestritten. Gegen die Schäden, zu denen eine übertriebene Betonung der G. in der Erdkunde führt, haben sich W. Branca und E. Kayser (hauptsächlich gegen A. *Penck) gewendet (Ber. d. Dt. Geol. Ges. 71. Bd.)

geologische Klimaperioden s. Eiszeit,

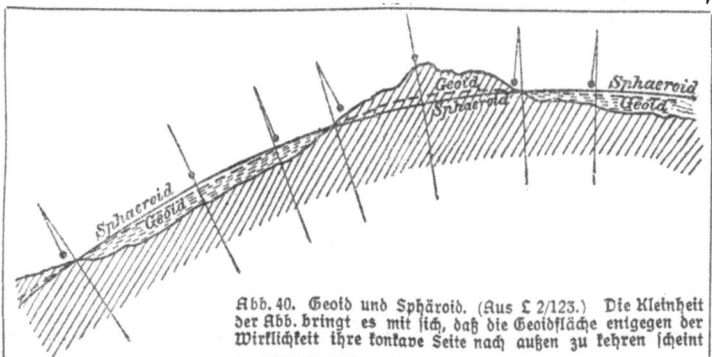

Abb. 40. Geoid und Sphäroid. (Aus L 2/123.) Die Kleinheit der Abb. bringt es mit sich, daß die Geoidfläche entgegen der Wirklichkeit ihre konkave Seite nach außen zu kehren scheint

geologische Orgeln — Geosynklinalen

Pluvialzeit, Paläoklimatologie (L 3/ 249 ff.; 68)

geologische Orgeln zu den *Karsterscheinungen gehörend, den *Dolinen ähnliche kleine, von lockerem Material erfüllte Löcher in tonigem Kalkstein von verschiedener (kamin=, sackartiger oder anderer) Form; entstanden durch die auflösende Tätigkeit des *Siderwassers (Erweiterung von Klüften), vielleicht auch gelegentlich durch die Wirbelbewegung stürzender Wässer (L 3/553; 5/142; 37¹/452 mit Abb.)

geologische Perioden die Hauptunterabteilungen jedes *geologischen Zeitalters (Tabelle am Schlusse des Buches)

Geomorphologie, *Morphologie [gr. morphé Form, Gestalt, lógos Lehre]: die Lehre von den heutigen Oberflächenformen der Erde als Endergebnis der an ihrer Entstehung beteiligten *endogenen und *exogenen Kräfte, die „Wissenschaft vom Aussehen, Werden und Vergehen des heutigen Erdreliefs" (L 5/131, hier auch kurzer historischer Überblick). Als die Aufgaben der G. bezeichnet *Philippson (Lehre vom Formenschatz der Erdoberfläche, 1919, S. 12) „die unendlich mannigfaltigen, verschiedenen Großformen angehörigen Formen der Erdoberfläche in ihren wesentlichen Eigenschaften zu erfassen und zu verstehen und sie danach zu ordnen, in ein System zu bringen; die geographische Verbreitung der Formengruppen und Typen festzustellen und zu erklären"; und schließlich die zu Landschaften vereinigten Formengruppen systematisch zu ordnen und ihre geographische Verbreitung zu verstehen. Außer den betreffenden Abschnitten in L 2, 3, 4, 5, 6, 7 und 11 noch besonders 9, Bd. 627, 10^2 und 46—52

Geonomie [gr. nómos das Zugeteilte] s. mathematische Geographie (L 2/28)

Geophysik gewöhnlich der die physikalischen Eigenschaften des Erdkörpers behandelnde Teil der Erdkunde; hierher gehören die Fragen nach dem Magnetismus der Erde, ihrer Masse und mittleren Dichte, ihrem inneren Zustand (*Erde, *Erdkern) usw. Vgl. S. *Günther, Handb. der G. (1897 ff.); A. Sieberg, Geol. Einführ. in die G. (1927)

Geopolitik untersucht in dynam. Betrachtungsweise die polit. Vorgänge der Vergangenh. und Gegenwart unter dem chorologischen Gesichtspunkt der Erdgebundenheit (L 12b/10). Seit 1927 besteht eine Zs. f. G.

Geosynklinalen [gr. synklinein zusammenneigen] in den einzelnen geologischen Perioden verschieden gelegene,

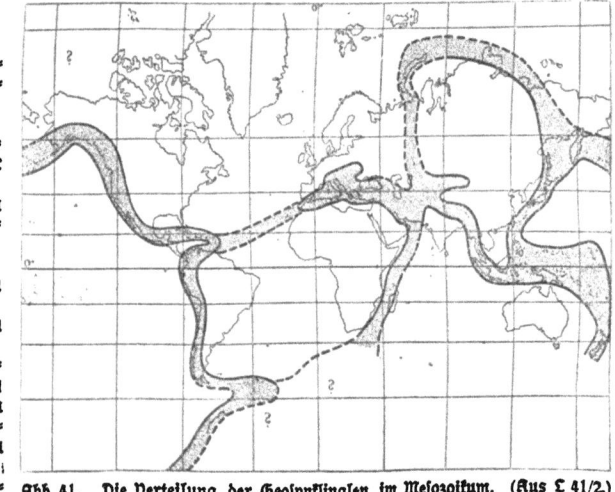

Abb. 41. Die Verteilung der Geosynklinalen im Mesozoikum. (Aus L 41/2.) Schwarz gerandet: unsichere Grenzlinien gestrichelt

Geotektonik — Gesteinsbildung 69

trogförmige, unter dem Druck sich häufender Ablagerungen allmählich immer tiefer absinkende Mulden des Meeresbodens, die an der Stelle späterer (aus ihnen gebildeter und daher im

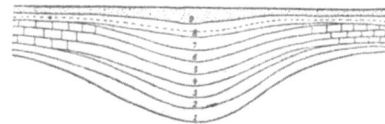

Abb. 42. Eine mit Sedimenten ausgefüllte Geosynklinale. (Aus L 37¹/907)

Verlauf mit ihnen übereinstimmender) *Faltungszonen sich befinden (L 11³/36; 31/36 ff.) (Abb. 41 u. 42)
Geotektonik als Zweig der Geologie soviel wie *Tektonik (L 41)
geothermische Tiefenstufe [gr. thermós Wärme] jene Tiefenstufe unter der Erdoberfläche, die einer Temperaturzunahme um 1° C entspricht. Sie dürfte zwischen 25 und 35 m liegen und ist von verschiedenen örtlichen Faktoren, z. B. Wärmeleitungsfähigkeit der *Gesteine, abhängig; auch scheint diese Wärmesteigerung nicht gleichmäßig zu immer größeren Tiefen zu erfolgen (L 3/9; 34/20 ff.)
gerade Aufsteigung f. Rektaszension
gerade Falten = *stehende Falten (L 41/10)
geradläufige Richtung f. Orthodrome
geradlinige Küste f. glatte Küste
Gerland, Georg, Geograph und Ethnologe, * 1833 zu Cassel, † 1919 in Straßburg. Verfaßte außer zahlreichen Aufsätzen in Zeitschriften den „Atlas der Völkerkunde" in „Berghaus' physikal. Atlas", Abt. VII (Gotha 1892). Nachruf in der G3. 1919
Gerölle f. Geschiebe
geschichtete Gesteine = *Sedimentgesteine
geschichtete Vulkane = *Schichtvulkane
Geschiebe „mehr oder weniger gerundete, immer aber kantenbestoßene" (L 65/71), von *Gletschern fortbewegte Gesteinstrümmer (*geritzte Geschiebe). Von *Walther (Geologie der Heimat, 1918, S. 114) im Gegensatz zu *Gerölle als den vom Wasser rundgeschliffenen, eiförmigen Gesteinsbruchstücken gebraucht, andere (L 37¹/474 ff.) kennen diese Unterscheidung nicht und sprechen von „G. und Geröllen, die auf dem Boden von Flüssen und Bächen fortgeschoben" werden, als den größten der von diesen noch fortbewegten festen Stoffe
Geschiebe der Gletscher f. geritzte Geschiebe
Geschiebelehm „ungeschichtetes Gemenge von *Schlamm und *Sand mit regellos darin verteilten großen und kleinen, runden, entkanteten oder eckigen Steinen (Geschiebe)" (f. auch Geschiebemergel)
Geschiebemergel meist dem *Geschiebelehm gleichgesetzt, erklärt als die zurückgebliebene *Grundmoränendecke der *eiszeitlichen Vergletscherung Norddeutschlands, „eine mehr oder weniger schichtungslose Ablagerung, die in einer lehmigen Grundmasse eine Musterkarte der allerverschiedensten, zum Teil polierten und geritzten Geschiebe einschließt" (L 37¹/595)
geschlossene Faltengebirge nach *Supan (L 3/668, 703) jene, die aus geschlossenen *Falten, d. h. *Isoklinalfalten bzw. *Schuppenstruktur und *liegenden Falten, bestehen; diese geschlossenen Falten können „nur in einem plastischen Material, in großer Tiefe und unter einer mächtigen Sedimentmasse zustandegekommen sein". Ggf.: *offene Faltengebirge
geschlossene Täler f. Täler
Geschwindigkeit der Gletscherbewegung f. Gletscherbewegung
Geschwindigkeit des fließenden Wassers f. Flußgeschwindigkeit
Gestade = *Küste; Gestadetypus f. atlantischer und pazifischer G.
Gesteine Gemenge selbständiger Mineralien, z. B. Granit (zusammengesetzte oder gemengte G.); doch werden auch einzelne Mineralien, wenn sie in großen Massen Gebirge zusammensetzen, z. B. Kalkstein, G. genannt (einfache G.). Die G., die entweder erstarrt (*Massengesteine) oder geschichtet sind (Schicht- oder *Sedimentgesteine), werden nach ihrer Entstehung eingeteilt in *Eruptivgesteine, *Sedimentgesteine und *kristallinische Schiefer (L 43/6 ff.) (f. auch kristallinische Gesteine)
Gesteinsbildung *Gesteine entstehen

auf eruptivem Wege (*Eruptivgesteine), auf chemischem Wege (Salz, Gips, *Kalksinter, Tropfstein usw.), auf mechanischem Wege (*Trümmergesteine) und schließlich unter Mitwirkung von Organismen (*organogene Gesteine, und zwar tierischen Ursprungs = *zoogene Gesteine wie Kalkstein, oder pflanzlichen = *phytogene Gesteine wie Steinkohle) (L 2/288 ff.)

Gesteinslagerung ursprünglich annähernd horizontal (*söhlig), durch Störungen geneigt. Im übrigen s. dis- und konkordante Lagerung, Dislokationen, Fallen und Streichen der Schichten, Hangendes und Liegendes

gestörte Lagerung = *Dislokation

Getreidegrenzen einerseits die *Höhengrenzen, bis zu der Getreidearten noch fortkommen können (im *Trockengebiete mit warmen Sommern höher — in Peru bis 4300 m — als in feuchten Klimaten mit kühleren Sommern), anderseits die *polaren Grenzen (Gerste in Norwegen bis 70° n. Br.)

Gewanndörfer sind Dörfer, bei denen die Feldflur in sog. Gewannen (unregelmäßig geformte und verschieden große Stücke von annähernd gleicher Bodenqualität) geteilt ist, die volkstümliche altgerman. Siedlungsweise

Gewitter Die *Wärmegewitter bzw. Gewitterregen entstehen als plötzliche Störungen des atmosphärischen Gleichgewichts durch schnell aufsteigende dampfreiche Luftströmungen infolge Überhitzung der unteren Luftschichten; L 62/116 leugnet einen engeren Zusammenhang zwischen Niederschlag und elektrischen Ladungen der Gewitterwolken, während ihn andere (L 47a¹/47) annehmen. *Wirbelgewitter begleiten den Rand einer *Zyklone, der sie weithin folgen

Gewölbe s. Sattelfalte

Geysire (Geiser) in regelmäßigen Abständen aus einer in die Tiefe führenden Röhre heißes Wasser und Dampf ausschleudernde Springquellen; am Boden der Steigröhre auf weit über 100° erhitzt, reißen die sich bildenden Dampfmassen den darüberlagernden kühleren „Wasserpfropfen" in die Höhe. Der Name von dem Urbilde, dem Geysir in Island (L 39c/168 ff.)

Gezeiten oder *Tiden zusammenfassende Bezeichnung für den nach beiläufig 6$\frac{1}{5}$ Stunden eintretenden Wechsel von *Ebbe und *Flut. Sie werden hervorgerufen durch die *Gravitationswirkungen von *Sonne und *Erdmond, wobei — da die fluterzeugende Kraft eines Gestirnes direkt seiner Masse und umgekehrt der Potenz seiner Entfernung vom Erdmittelpunkt proportional ist — die Wirkung des Mondes infolge seiner großen Nähe trotz der gegenüber der Sonne verschwindenden Masse mehr als zweimal so groß ist als die der Sonne (2,172 : 1 oder 13 : 6). Die Erhöhung des *Meeresspiegels, die Mond und Sonne im *Zenith und *Nadir des Erdäquatordurchmessers verursachen, wird für ersteren auf je 0,364 m, für letztere auf je 0,168 m berechnet, wogegen die Senkung des Wassers an den beiden um 90° davon entfernten Punkten halb so groß ist (0,182 m und 0,084 m) — die Lage von Mond und Sonne in der Erdäquatorebene angenommen. In diesem Falle vereinigen sich zur Zeit der *Syzygien die anziehenden Kräfte: das Zusammenwirken von Mond und Sonne erzeugt die *Springflut, deren theoretisches *Hochwasser sich gegenüber dem Niedrigwasser um 0,532 m + 0,266 m = 0,80 m erhebt. Da die Mond-*Kulmination aber täglich um etwa 50½' gegenüber der Sonne zurückbleibt (*Erdmond), werden sich beide Kräfte immer mehr hemmen, bis zur Zeit der *Quadraturen das Mondhochwasser mit dem Sonnenniedrigwasser zusammenfällt (*Nippflut: 0,364 — 0,084 m = 0,280 m). Da nun aber die Sonne nicht im Äquator stehenbleibt (ihre *Deklination schwankt bekanntlich im Jahre zwischen ± 23½°), so entstehen ebenso wie infolge der Änderungen der Monddeklination hinsichtlich der Höhe und Eintrittszeit der sich ablösenden Hochwasser tägliche Ungleichheiten; auch ist die Sonnenflut für die größere Erdferne im *Perihel erheblicher als für die kleinere im *Aphel, welche *parallaktische Ungleichheiten sich bei der Mondflut infolge der größeren *Exzentrizität der Mondbahn noch verstärken. Die Wan-

derung des Perihels in 21000 Jahren um die Erdbahn (*Apsidenlinie) bewirkt eine weitere Ungleichheit. — Diese theoretischen Gezeitenbewegungen werden jedoch durch eine Reihe geophysikalischer Umstände (ungleiche Tiefe des Meeres, Verlauf und Gestalt der Küsten) beeinflußt, weshalb auch die *Fluthöhen örtlich verschieden sind **Gezeitendeltas** *deltaähnliche Ablagerungen aus Sand, von den *Gezeitenströmungen beiderseits der Öffnung eines *Strandwalles gebildet; das innere Delta, durch den von der *Flut in die *Lagune hineingebauten Sand entstanden, ist verhältnismäßig groß, das äußere, dessen Sand die *Ebbe ins Meer hinausfegte, kleiner und regelmäßiger (L 46/474 f.)
Gezeitenkolke von den *Gezeitenströmungen in Flußmündungstrichtern geschaffene *Hohlformen (L 5/210)
Gezeitenrinnen durch die *Gezeitenströmungen besonders im „Boden von Flußmündungstrichtern und von *Wattenmeeren" ausgenagte *Hohlformen (L 5/210)
Gezeitenströmungen mit dem Wechsel von *Ebbe und *Flut zusammenhängende, vom Meere zur *Küste und umgekehrt gerichtete, besonders an flachen Küsten und in schmalen Gewässern auftretende Strömungen; die *Orbitalbewegung wird bei sehr großer Wellenlänge „zu einer auf viele Kilometer sich erstreckenden, horizontal hin- und hergehenden Strömung", wobei im Wellenberg das Wasserteilchen vorwärts (Flutstrom), im Wellental wieder rückwärts, dem kommenden zweiten Wellenberg entgegentreibt (Ebbestrom) (L 2/352, 538; 3/320; 57/104)
Gezeitentafeln Tabellen, welche für die wichtigsten Häfen der *Erde die Berechnung von Eintritt und Höhe der *Gezeiten-*Hochwasser enthalten
Gezeitenuferlinie = *Strandlinie
gezwungene Strömungen jene *Triftströmungen, die durch den *Wind an Ort und Stelle erzeugt sind; Ggs.: *freie Strömungen: die als gezwungene in Bewegung gesetzten und dann weiterbewegten Strömungen, wenn sie z. B. unter dem Einfluß der Küstengestaltung in Meeresgebiete mit vielleicht anderen, von ihrer Richtung abweichenden Windverhältnissen gelangen (L 3/329; 57/133) (s. auch freie und gezwungene Wellen)
gezwungene Wellen s. Wellentheorien
Giles, Ernst, Entdeckungsreisender, * 1847 in Bristol, † 1897 in Coolgardie; erforschte 1872—1876 West-, 1882 Südaustralien
Giljaken s. Tungusen
Gipfel der über den *Kamm emporsteigende Teil eines Berges
Gipfelflur der Alpen: nach *Penck (Sitzungsber. Preuß. Ak. d. Wissensch. 1919, XVII) die sanftwellige Flur nahezu gleicher Höhen in diesem Gebirge. Die Gipfelhöhe der Alpen ist eine Folge einerseits der absoluten Höhe des Gebirges, sofern für ihre Herausbildung die Wirkungen kleiner Gletscher (*Kare) in Betracht kommen, anderseits der relativen Höhe, sobald sie auf „Schneiden" (die scharfen Firste zwischen übersteilen Talgehängen) zurückzuführen sind (s. auch Grenzgipfelflur). Karte der G. der westl. Ostalpen PM 1921, Tafel 6. Vgl. L 7, Bd. 2¹/152 u. ö.
Gipfelformen ausgesprochene *Gipfel mit stumpfer Spitze (Kegel, bei konkavem Querschnitt *Hörner), mit steilerer (*Nadel, *Turm) oder flach gerundeter Spitze (*Dom, *Kuppe, *Kuppenberg, *Buckel); doch auch die *Felsenmeere gehören zu den G.
Gipfelhöhen in *Faltengebirgen die von der Stärke der ersten *Faltung, von den Wirkungen späterer *Dislokationen, der Dauer und dem Ausmaß der *Destruktion abhängige Erhebungsgrenze; die häufige Erscheinung gleicher G. benachbarter Berge (*Gipfelkonstanz) hält *Supan (L 3/690) im normalen Gang der Destruktion begründet. Arldt (L 28²/712) deutet sie als Reste alter *Rumpfflächen (s. auch absolutes oberes Denudationsniveau, Gipfelflur d. Alpen, Grenzgipfelflur, Rumpffläche)
Gipfel(höhen)konstanz [lat. constans beständig] s. Gipfelhöhen
glatte Küste in ihrer einfachsten Form die *geradlinige Küste, erzeugt hauptsächlich durch die *Küstenströmung, und zwar durch Anschwemmung, seltener als Ausglättung flach gerundeter

Küsten durch Zerstörung der Vorsprünge und Ausfüllung der Buchten (L 3/804). Ggſ.: gebuchtete K.

glazial [lat. glacies Eis] mit Eis (*Gletſchern), beziehungsweiſe der *Eiszeit zuſammenhängend

glaziale Deſtruktionspäſſe ſ. Päſſe

glaziale Eroſionsbecken ſ. Eintiefungsbecken

glaziale Flankenanzapfung ſ. Talgabelungen

glazialer Eroſionszyklus der bei *nivalem Klima, alſo heute im Hochgebirge und in polaren Breiten, zur *diluvialen Eiszeit aber im Geſamtbereich der damaligen Dergletſcherung ablaufende *geographiſche Zyklus. Charakterformen ſind: *Rundhöcker, *Kare, *Trogtäler uſw. (L 2/388; 47a²/159ff.)

glazialer Felsboden Felsboden, der infolge *glazialer *Denudation zutage liegt (Hochgebirgsregion, Gebiet des heutigen und *eiszeitlichen *Binneneiſes); er nimmt (*Supan in L 3/619) 4,5 v. H. der geſamten Landfläche ein

glazialer Formenſchatz geſchaffen durch die *Gletſcherwirkungen der *Eiszeit

Glazialeroſion, *Detrition, *Exaration [lat. glácies Eis, erodere ausnagen] die *erodierende Tätigkeit der (*eiszeitlichen) *Gletſcher; wahrſcheinlich — was von anderen beſtritten wird — ſehr bedeutſam iſt ihr Anteil an der Herausbildung des heutigen Formenſchatzes der Hochgebirge. *Supan faßt das Ergebnis der einſchlägigen Unterſuchungen (L 3/577) dahin zuſammen, daß in den meiſt vergletſcherten Alpen zwar die ſog. Glazialformen vorherrſchen, die Zahl der Ausnahmen aber doch beträchtlich groß iſt und viele ſich nicht befriedigend erklären laſſen, daß ferner in anderen Gebirgen, die auch einſt intenſiv vergletſchert waren, jene Formen ſelten ſind oder ganz fehlen, daß ſie dagegen in Gebirgen auftreten, die in der *diluvialen Eiszeit keinen Eismantel trugen. Und während *Penck=*Brückner (Alpen im Eiszeitalter) für den reinen Zuſtand der präglazialen Alpenlandſchaft eintreten, nimmt Sölch einen jugendlichen Zuſtand der Nordoſtalpen zu Beginn der Eiszeit an (L 5/203; ferner A. Heim,

über G. [in den Verhandl. des 11. intern. Geologenkongreß in Stockholm 1910] und L. Diſtel, Die Formen alpiner Hochtäler [1912], andere Arbeiten in L 3/578f.). Jüngſte Betrachtung der Streitfrage durch *Paſſarge (L 11³/318ff.) und PM 1925, S. 108 (ſ. auch glazialer Eroſionszyklus, Kare, Rundhöcker, Talſtufen, Trogtäler)

Glazialzeit = *Eiszeit

gleichartige Flüſſe nach *Supan (L 3/743) *Flüſſe, die bloß *Flachlauf oder nur *Berglauf beſitzen; Ggſ.: *ungleichartige Fl., die Berg= und Flachlauf aufweiſen

Gleicher ſ. Erdäquator

gleichförmige Faltengebirge nach *Supan (L 3/675) jene, in denen ſich keine Zone ſcharf von der anderen abhebt, weil alle Ketten aus den gleichen *Formationen beſtehen; von *ungleichförmigen S. ſpricht er, wenn ſie aus deutlich unterſcheidbaren Streifen von verſchiedener Zuſammenſetzung aufgebaut ſind. „Dieſer zonale Aufbau iſt das geographiſch wichtigſte Moment, denn er iſt, ſofern das Gebirge ſpäter nicht tiefgreifende Deränderungen erlitten hat, mit einem großen Wechſel der Szenerie verbunden"

gleichförmige Lagerung = *konkordante Lagerung

Gleichgewichtsflächen ſ. Peneplains

Gleichgewichtstheorie von Ebbe und Flut die für die Erklärung der *Gezeiten gemachte Annahme ihrer bloßen Abhängigkeit von *Mond und *Sonne bei gleichzeitiger Vorausſetzung eines „die Erdkugel mit gleichmäßiger Tiefe umgebenden Meeres, in welchem die Waſſermaſſen ohne Reibung den anziehenden Geſtirnen folgen" (L 2/533)

gleichſinnige Flüſſe ſ. Flußſyſtem=Bezeichnungen

Gleitfaltungstheorie Annahme zur Erklärung der *Gebirgsbildung, wonach die von der *Küſte gegen das offene Meer zu mit abnehmender Mächtigkeit aufgeſchütteten und in der gleichen Richtung unter immer geringerem Druck ſtehenden Sedimentmaſſen infolge der Schwerkraft, „zumal wenn plaſtiſche Zwiſchenlagen vorhanden ſind und z. B. *Erdbeben das Gleichgewicht ſtören, zur Tiefe abgleiten, ſich

Gleitflächengesetz — Gletschereis

hier zusammendrängen und in *Falten werfen" (L 5/114)

Gleitflächengesetz nennt O. Baschin (Die Naturwissenschaften 1919, S. 816) sein geographisches Gestaltungsgesetz, „das für Bewegungen von Luft und Wasser Geltung habe und den Kreis der in der Natur vorkommenden Formelemente berücksichtigt, aber auch für feste Körper gelte und namentlich für die in der Technik eine große Rolle spielende gleitende Reibung fester Körper gegeneinander in Betracht komme"; er formuliert es so: „Wenn Massen sich in gleitender Reibung gegeneinander bewegen, so besteht das Bestreben, ihren Grenzflächen eine Wogenform aufzuzwingen"; je nachgiebiger die Massen sind, desto leichter muß es zur vollen Ausbildung eines dynamischen Gleichgewichtszustandes kommen. B. führt u. a. auch die Mäanderbildung bei den Flüssen auf dieses Gesetz zurück

Gleithang die sanfter abfallende Gehängeseite im Gegensatz zum steilen *Prallhang, indem bei Flußkrümmungen das konkave Uferhänge „infolge der Untergrabung durch das seitliche Drängen des *Stromstriches stärker angegriffen wird als das konvexe" (L 9, Bd. 627/42) (s. auch Talmäander)

Gletscher gewöhnlich die zusammenfassende Bezeichnung für *Hänge- und *Talgletscher (also im Gegensatz zum *Inlandeis und die *Firngletscher ausschließend) oder die Benennung bloß für die *Eiszungen der alpinen G. und des Inlandeises (also vom *Firn als „Nährgebiet" der Eiszungen unterschieden); seltener auf „alle aus dem Schnee hervorgehenden, dauernden oberflächlichen Eisbildungen auf dem Lande" ausgedehnt (L 3/196). S. ferner alle Zusammensetzungen mit diesem Wort und mit Firn, Glazial, Lawine und Moränen, dann die Stichwörter: Drumlins, Eiszeit, Eiszungen, Gehängegletscher, Inlandeis, Kare, Ogiven, Quelltrichter, Regenerierter Gletscher, Sandr, Schmelzfiguren und Schmutzbänder der Gletscher, Talstufen und Taltrog, Trogtäler, Übertiefung der Täler, Zungenbecken

Gletscherausbruch der (oft verheerende) plötzliche Durchbruch des von einem *Gletscher zum See aufgestauten Flusses, dessen Wassermassen den Eisdamm schließlich gewaltsam sprengen (L 3/ 201; 5/201; 65/14 f.)

Gletscherbach die dem *Gletschertore und anderen Stellen der *Gletscherzunge entströmenden, in ihrem Wasserstande zumal von der Witterung und der Jahreszeit abhängigen, trübmilchigen Schmelzwässer, die das Gesteinsmaterial der *Gletscher fortführen (L 11³/306; 65/28 ff.)

Gletscherbänderung s. Bänderung d. G.

Gletscherbewegung die Fortbewegung der einzelnen Teilchen und des ganzen *Gletschers; doch „kennt man die Ursache seiner Plastizität und Bewegungsfähigkeit und die Art und Gesetze seiner Bewegung noch nicht völlig sicher ... Die gegenüber dem fließenden Wasser weit geringere, von der Mitte gegen die Ränder, von der Oberfläche gegen die Tiefe abnehmende Geschwindigkeit richtet sich nicht bloß nach dem Gefälle und dem Querschnitt seines Bettes, von dem die äußere Reibung abhängt, sondern ganz besonders nach der inneren Reibung, deren Überwindung mit Druckwirkungen im Innern des Gletschers zusammenhängt, die ihrerseits Beziehungen zum Zuwachs von den *Firnfeldern erkennen lassen; daraus wird auch die ruckweise Bewegung der Gletscher mit wechselnder Geschwindigkeit erklärt" (L 5/195). Die Erklärung für die G. sucht man in der *Translationsfähigkeit der Gletscherteilchen, überhaupt letztlich in Druckwirkungen bzw. Schmelzvorgängen (Übersicht über einige Theorien bei L 65/60 ff., 37¹/582 ff.; eine neue Theorie von H. Philipp in Nat. Woch. 1921, Nr. 21). Die tägliche Geschwindigkeit beträgt in den Alpen 0,1—0,4 m, im Himalaja 2—3,7 m (L 3/199, 201 ff., 240; 11³/307 ff.; 65/49 ff.)

Gletscherdiffluenz [lat. diffluere sich auflösen] das Auseinanderfließen eines *Gletschers (L 5/207)

Gletschereis bildet sich aus dem *Firneis, ist „von einem dichten Netz von Haarspalten durchzogen und zerfällt in unzählige, kantige, eckige Brocken, die von eigentümlich gerillten, meist

74 Gletscherende — Gletscherschwankungen

krummen Flächen begrenzt sind", die sog. *Gletscherkörner (L 3/205); diese selbst setzen sich aus zahlreichen dünnen und biegsamen Blättchen zusammen (*Translation). Die Gletscherkörner sind nicht unveränderlich, sondern wachsen, indem die größeren die kleineren auffaugen (über dieses Wachstum L 65/44). Das G. ist plastisch, „auch der kleinste lange anhaltende und langsam angewendete Zwang erzeugt nicht bloß eine elastische, sondern eine mit der Zeit wachsende Formveränderung" (L 65/39). Eine andere Strukturform des G. ist seine *Bänderung (*Blätterstruktur) (f. auch Ogiven)

Gletscherende liegt, wo die Abschmelzung d. Betrag der Zufuhr übersteigt

Gletschererosion [lat. erodere ausnagen, deutsche Bezeichnung *Gletscherschurf] die ausnagende Tätigkeit der *Gletscher an ihrem Untergrunde; sie schafft *Gletscherschliffe und *Rundhöcker, vermag wahrscheinlich aus dem (durch *Frostverwitterung gelockerten) Boden Stücke auszubrechen und weiterzuführen, wirkt in massigem Gestein mehr als schleifende, in schieferigem und lockerem mehr als *splitternde G. Von *selektiver („auswählender") G. spricht man, wenn frei sich ausbreitende Gletscher das weichere Gestein schneller angreifen als das härtere, von *dirigierter („gelenkter"), wenn die einen bestimmten Weg einzuschlagen gezwungenen Eismassen die Unterlage im ganzen gleichmäßiger (doch immerhin auch das widerstandsfähigere Gestein weniger stark) bearbeiten (L 9, Bd. 627, 81; 34/629 ff.; 7, Bd. 2²/243 ff.; 47 a²178f.; 65/78, wo Verschiedenheiten der Gesteinsstruktur, Klüftigkeit und Lagerung als die Ursachen selektiver Wirkung erblickt werden (f. auch Glazialerosion)

Gletscher erster Ordnung f. Eiszunge

Gletschergeschwindigkeit f. Gletscherbewegung

Gletscherhöhlen oft von der Oberfläche zum Grunde reichende Hohlräume im Gletschereise (L 3/215; 65/28)

Gletscherkonfluenz [lat. confluere zusammenfließen] das Zusammenfließen von *Gletschern (L 5/207). Ggf.: *Gletscherdiffluenz

Gletscherkörner f. Gletschereis

Gletscherlawinen die von einem (*Gehänge=)*Gletscher losbrechenden und abstürzenden Eisstücke; sie können sich unten wieder zu einem neuen *regenerierten, sich fortbewegenden Gletscher sammeln (L 3/199; 65/13)

Gletschermilch das durch die „feinen Zerreibungsprodukte der *Grundmoränen" getrübte, unter dem Eise fließende Wasser (L 65/76)

Gletschermühlen die durch das in *Gletscherspalten herabstürzende *Schmelzwasser ausgestrudelten, oft bis zum Grunde reichenden Löcher; zufällig herabfallende Steine vermögen ein Felsboden gewaltige Vertiefungen (sog. *Riesentöpfe) auszuschleifen (L 3/204; 5/200, 203; 65/23f.)

Gletscherschliffe die Schrammen und Furchen, die der *Gletscher durch den mitgeführten Schutt und Sand im Felsboden austrägt

Gletscherschurf f. Gletschererosion

Gletscherschutt vom Rückzugsgebiet heutiger *Gletscher oder von *eiszeitlichen Gletscherablagerungen herrührende Schuttanhäufungen (*Moränen); nach *Supan (L 3/619) nimmt er 7,1 v. H. der gesamten Landfläche ein (*Aufschüttungsboden)

Gletscherschwankungen das von deutlichen Volumsänderungen begleitete Vor- und Zurückrücken der *Gletscher, wahrscheinlich im Zusammenhang mit den *Klimaschwankungen als Wirkung mehrerer Jahre. Wachsen und Rückgang vom oberen Teil, wo die Schwankungen schwächer sind, beginnend und allmählich abwärtsschreitend; während eines Vorstoßes ist die *Gletschergeschwindigkeit größer als während eines Rückzuges. Das Phänomen als Ganzes von *Machatschek (L 65/107 ff.) so geschildert: „Die verstärkten Ansammlungen im *Firnfeld, hervorgerufen durch eine Reihe besonders schneereicher Winter, erzeugen einen sehr rasch verlaufenden Vorstoß; dann folgt eine kurze Zeit gleichbleibenden, sog. stationären Standes, und endlich beginnt die lange Periode des Rückganges, wobei in der Regel die Substanzverluste kurz nach Eintritt des Maximums sehr bedeutende sind und

Gletscherspalten — Gliederung

gegen das Ende der Rückzugsperiode abnehmen." (Vgl. auch L 3/215 ff.; 11³/314; 34/611; 7, Bd. 2²/215 ff.)

Gletscherspalten senkrecht zur Richtung des stärksten Zuges aufklaffende, bis zu 20 m breite und manchmal über 100 m tiefe Risse, „Auslösungen von Spannungen im Innern der Eismasse". Auf der *Gletscherzunge entstehen schief gegen die Mitte verlaufende *Randspalten, da der *Gletscher in der Mitte schneller fließt als am Rande, *Längsspalten beim Auseinanderfließen des Eises in Talweitungen, *Querspalten durch Auseinanderbrechen der spröden Masse, wenn der Gletscher über steilere Böschungen fließt (L 65/56 ff.)

Gletscherstruktur s. Gletschereis

Gletschertemperatur Von der Lufttemperatur sind höchstens die obersten Teile des *Gletschers beeinflußt, das Innere hat überall die Schmelztemperatur des Eises unter dem dort herrschenden Druck (etwas unter 0°, um 0,0075° pro Atmosphärendruck sinkend) (L 3/204; 37¹/583 f.; 65/40, 42)

Gletschertische entstehen auf der *Gletscher-Oberfläche dadurch, daß größere Steinblöcke auf einer durch sie vor dem Abschmelzen geschützten, also erhöhten Eisunterlage aufliegen (L 65/22)

Gletschertöpfe = *Riesentöpfe (*Gletschermühlen) (L 37¹/490, 588)

Gletschertor das gewölbte Tor, das sich gewöhnlich an der (verschieden hohen) Eismauer öffnet, mit der die *Gletscherzunge endet (L 65/28) (s. auch Gletscherbach)

Gletschertrichter in ihrer Trichterform entweder durch Wasserwirkung umgestaltete *Gletschermühlen oder entstanden durch Einsturz von Hohlräumen im Eise (L 3/215; 65/25)

Gletschertypen O. *Nordenstjöld hat jüngst (vgl. „Die Naturwissenschaften" 1919, S. 179) folgende Einteilung gegeben. Er sondert zunächst Tieflands- und Hochlandsgletscher; zu jenen gehören Schelfeis (flaches Eisfeld, auf Tiefland und flachen Meeresteilen) und Eisfußgletscher (bandförmige Eismassen an Küsten, dem allerinnersten Rand des Schelfeises entsprechend). Bei den Hochlandsgletschern unterscheidet er kontinentale Gletscher, deren äußere Form und Bewegung im wesentlichen unabhängig von den Terrainformen sind, Übergangsformen und Gebirgsgletscher. Zu den kontinentalen Gletschern gehört das *Inlandeis (Randzone und dessen Ausbuchtungen klein im Verhältnis zur Gesamtmasse), zu den Übergangsformen gehören die kalottförmigen Eisinseln (mit Eis bedeckte kleinere Inseln, deren Eispanzer sich über die Küstenlinie ins Meer hinaus erstreckt), der Spitzbergentypus (Gebirgsformen größtenteils unter Eis begraben, aber doch bestimmend für die Gestalt der Gletscher) und das Plateaueis als norwegisch-isländischer Typus (in der Form an Inlandeis erinnernd, aber doch stark beeinflußt durch die Plateaugestalt der Unterlage). Den Gebirgsgletschern schließlich entspricht der alpine Typus, bei dem die einzelnen Abflußgebiete durch höhere, teilweise eisfreie Gipfel und Kämme getrennt sind. Da die Gebirgsgletscher aber infolge weitgehender Verschiedenheit der Terrainformen und der Größe der Eisanhäufung ein sehr ungleiches Gepräge haben, ergeben sich vier Untertypen: der Alastatypus, Piedmont- oder Vorlandgletscher (das Eis sammelt sich zu einer geschlossenen Masse vor dem Ausgange des Talsystems); der Dendrittypus (ein ganzes Talsystem ist mit Eis gefüllt); der Fächer- oder Alpentypus (zusammenhängende Eismassen erfüllen den obersten Teil des Tales und vereinigen sich unten zu einer gemeinsamen Gletscherzunge); der hufeisentypus (einzelne in Felsnischen entstehende *Hängegletscher finden sich an einem Berg oder dem obersten Teil eines Tales) (vgl. auch L 7, Bd. 2²/200 ff.; 11³/312ff.)

Gletscherwirkungen s. Glazial- und Gletschererosion, glaziale Erosionsbecken, glaziale Erosionszyklus, Kare, Talstufen, Taltrog, Trogtal. Vgl. auch Lévy in G3 1922, S. 75 ff.

Gletscherzunge s. Eiszunge

Gletscher zweiter Ordnung s. Hängegletscher

Gliederung eines Erdteiles das Verhältnis der Fläche seiner Halbinseln und Inseln als seiner Glieder zur übrigbleibenden Masse als seinem Rumpfe (L 2/ 279 f., 6/122); vgl. auch die nachstehende Tabelle (aus L 6/122):

Erdteil	Flächeninhalt in qkm	Rumpf	Halbinseln	Inseln	Glieder
		in % der Gesamtfläche			
Europa . . .	9 986 000	73	19	8	27
Asien	44 181 000	80	14	6	20
Afrika	29 822 000	98	—	2	2
Australien . .	8 898 000	80	5	15	20
Nordamerika	24 056 000	75	8	17	25
Südamerika .	17 783 000	99	—	1	1

Glinte s. Schichtstufen (*Cuesta)
Globigerinenschlamm [nach der Foraminiferengattung Globigerina genannt] *pelagische Sedimente des Meeresbodens (Kalkschlamm, bis zu 66 v. H. organischen Ursprungs), ein Areal von rund 105,6 Mill. qkm bedeckend (L 2/510; 3/277 f.; 34/484)
Globularprojektion [lat. globus Kugel, proiicere entwerfen] *Kartenprojektion, bei der die *Meridiane und *Breitenkreise Kreisbögen sind; jene zerlegen den geradlinigen *Äquator,

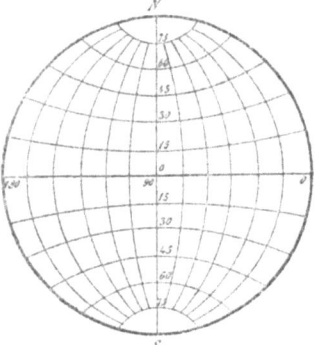

Abb. 43. Globularprojektion.
(Aus L 23¹/81)

diese den geradlinigen Mittelmeridian und den Randkreis in gleiche Teile (*längentreu). Leicht konstruierbar, aber weder *flächen- noch *winkeltreu. Für die Darstellung von Erdhalbkugeln verwendet (L 23¹/80 ff.). (Abb. 43)

Globus das körperliche, verkleinerte Abbild unserer Gesamterde als ihre einzige fehlerfreie Darstellung. Sie ist *längentreu (äquidistant), da die natürliche Entfernung zwischen 2 Punkten hier nur die entsprechende Verkleinerung erfährt, sie ist *winkeltreu (konform), da sich wie auf der Erdoberfläche alle *Breitenkreise und *Meridiane rechtwinklig schneiden (weshalb auf dem G. Länder und Meere richtige, nur verkleinerte Formen zeigen), sie ist *flächentreu (äquivalent), d. h. es sind — da die Seiten eines Erdstückes auf dem G. gleichmäßig verkleinert erscheinen — die Flächen des G. denen der Natur proportional und stehen untereinander im richtigen Verhältnis
Glutwolken die mit manchen vulkanischen *Eruptionen verbundenen trockenen, glühenden, aus Aschen- und Gasmassen bestehenden Wolken, „die sich nach Art des Sließens unter dem Einfluß der *Schwerkraft am Bergabhang abwärtsbewegen" (L 5/118)
Gnomon [gr. gnōmōn Zeiger an der Sonnenuhr] s. Schattenmesser
gnomonische Projektion = *zentrale Projektion
Golf s. Baien
Golf- (*Pends *gelappte) **Küsten** die durch (verschiedene Tiefe und wechselnd geformte) *Golfe gegliederten Festlandsränder
Golfstrom s. atlantische Strömung
Gondwánaland [nach der Landschaft Gondwána in Vorderindien] von E. Sueß (L 1¹/768) eingeführte Bezeichnung für ein altes archäisches, seit vorkambrischer Zeit nicht mehr gefaltetes Massiv (Rumpfgebirge), das von Zentralafrika nördlich vom Äquator über Madagaskar, den Süden und Westen Arabiens nach Vorderindien (Hochland von Dekhan) reicht (daher auch *indoafrikanische Masse genannt); im wesentlichen stimmt es mit der von Tiergeographen *Lemurien genannten *Landbrücke überein (s. auch Baltischer Schild, Kanadischer Schild, Angaraland) (Abb. 1)
Graben, Grabensenke, Grabenversenkung s. Dislokationen
Gräben im Meeresboden s. ozeanische Gräben

Grabentäler *tektonischen *Gräben folgende Täler
Gradabteilungskarten *topographische Karten, deren Blätter in Abhängigkeit vom Gradnetz des *Globus gezeichnet sind (die *Gradfelder sind als ebene Trapeze gedacht, die Blattränder durch *Meridiane und *Breitenkreise gebildet). Die Karte des Deutschen Reiches 1:100000 ist eine G.; ihre 675 (in *Polyederprojektion entworfenen) Blätter sind je 15 Breitenminuten hoch und 30 Längenminuten breit, so daß 8 ein ganzes *Eingradfeld ergeben
Grade der Breite s. Parallelkreise
Grade der Länge s. Meridiane
Gradfelder oder Gradtrapeze die auf dem Gradnetze des *Globus liegenden, von *Parallelkreisen und *Meridianen herausgeschnittenen Flächenstücke. Auf der Erdoberfläche sind $180 \cdot 360 = 64800$ sog. *Eingradfelder. Für das *Erdsphäroid betragen die gegen die *Pole zu kleineren Eingradfelder z. B. zwischen 0^0-1^0 Breite 12305,9 qkm, zwischen 45^0-46^0 8684,5 und zwischen 89^0-90^0 108,8 qkm. Vollständige Tabelle L 2/1100; 47a¹/194
Gradient oder Druckgefälle [lat. gradi schreiten]: der Luftdruckunterschied (in mm ausgedrückt und auf den *Äquatorgrad = 111 km bezogen) zwischen *Hoch- und *Tiefdruckgebiet, der mit zunehmender Größe längs einer bestimmten Strecke um so stärkere ausgleichende Luftbewegungen (Winde) erzeugen wird. Auf horizontaler Fläche das Maß der Luftdruckabnahme in einer zur *Isobare senkrechten Richtung; daher je steiler der G. (dichter die Isobaren), desto größere Windgeschwindigkeit. Einem G. von 1 mm entspricht eine Windgeschwindigkeit von etwa 3—5 m pro Sekunde
Gradmann, Robert, * 1865 in Lauffen (Neckar), Prof. an der Univ. Erlangen. „Siedlungsgeogr. des Königr. Württemberg" (1914), Süddeutschland in Seydlitz' groß. Geogr. 1925
Gradmessungen Messungen einzelner *Meridiangrade, um die Gestalt der *Erde festzustellen (Cassini 1718, Mechain=Delambre 1793ff.); Bonguer = de la Condamine fanden 1735—1740 in Peru den *Meridiangrad um $1^1/_3$ km kleiner als Maupertuis=Clairaut 1736/37 in Lappland, was für ein abgeplattetes *Erdsphäroid sprach. Seit 1886 besteht die um die Durchführung einer Messung möglichst aller Meridiangrade bemühte „Vereinigung der intern. Erdmessung"
Gradnetz das System sich schneidender (gedachter) Hilfslinien: *Meridiane, *Parallelkreise auf *Globus und Himmelsgewölbe
Gradstock s. Jakobsstab
Gradtrapeze s. Gradfelder
Grammkalorie [lat. calor Wärme] Wärmemenge, die einer Temperaturänderung von 1 g Wasser um 1^0 C entspricht
Granit [ital. granito körnig] kristallinisch=körniges *Tiefengestein aus Quarz, Orthoklas (Feldspat) und Glimmer. Die Formen, die G. im Landschaftsbilde stellt, wechseln nach seinem Verhalten gegen die *Verwitterung; je grobkörniger, desto leichter lockern Temperaturschwankungen sein Gefüge. „Während er (bei uns) im Hochgebirge Hörner und Spitzen bildet, zeigt er im Mittelgebirge oft kuppenartige, gerundete Berge oder rundliche Rücken, vielfach mit einzelnen Felspartien gekrönt, die an Ruinen erinnern, andere mit wollsackartigen Blöcken bedeckt, die zu *Felsenmeeren anschwellen können" (Häberle, 1916)
Grant, James Augustus, Afrikareisender, * 1827 in Naita (Schottland), † ebenda 1892; 1861—1863 erforscht er mit *Speke das Nilquellengebiet
Grasland besteht aus Wiesen, *Savannen, Grassteppen usw.
Grat scharfe Firstlinie, die entsteht, wenn sich „steiler abfallende Talgehänge wegen geringeren Talabstandes oder größerer Taltiefe unmittelbar selbst verschneiden, so daß von der ursprünglichen Abdachung nichts erhalten bleibt" (L 5/178); gerundete Rücken werden zu G., indem beiderseits in den *Kamm eingesenkte *Kare sich berühren (L 47a²/168)
Grauerden s. Bleicherden
Gravitation [lat. grávis schwer] s. Schwerkraft
Gravitationskonstante die aus einer be-

tannten Länge des *Sekundenpendels (l) zu berechnende *Schwerkraft (g), $g = l\pi^2$ ($\pi = 3{,}14159$) (L 2/108)

Gravitationsstörungen die Störungen der elliptischen *Planetenbahnen durch die Anziehung der übrigen Himmelskörper; andere Störungen stellen *Präzession und *Nutation dar

Greim, Georg, Geograph, * 1866 in Offenbach a. M., Prof. an der Technischen Hochschule in München. „Italien" (1926)

Greisenalter (*Supans „Zeit der Überreife") das letzte *Stadium im *geographischen Zyklus. Im normalen, der *Peneplain zustrebenden *Erosionszyklus gehören zu seinen Kennzeichen gefällsschwache, *akkumulierende Flüsse, die sich in Schlangenwindungen zwischen breiten Böschungen hin- und herbewegen und höchstens noch seitlich *erodieren können; niedrige *Wasserscheiden (L 3/547)

Grenzgipfelflur nennt *Penck („Die Gipfelflur der Alpen", Sitzber. d. preuß. Akad. d. Wiss. 1919, XVII, S. 256 ff.) die der oberen Erhebungsgrenze eines Gebirges entsprechende gleiche Höhe der Gipfel und Firste, durch welch letztere man sich eine leicht gewellte Ebene (Flur) gelegt denken kann (f. Gipfelflur der Alpen)

Grenzkreis = *Horizont

Grenzstraßen nennt *Wagner (L 2/491) *Meeresstraßen an der Grenze verschiedener morphologischer Gebiete, wobei sich also verschieden alte und gebaute Küstenstrecken gegenüberliegen

Grenzverlängerung f. GA 1921, S. 258

Grießbreccien an *Verwerfungsklüften zerriebenes, gleichmäßig verkleinertes Gestein (L 43/253) (f. auch Breccien)

großbuchtige Küste f. gebuchtete Küste

Großfalten sehr große, weite und flache *Falten (L 41/11)

Großformen im Gegensatz zu den *Kleinformen die auch auf Karten größten Maßstabes als Hauptgebiete von Hoch- und Tiefland in die Augen fallenden Räume der *Kontinente (L 2/277 ff.; etwas anders L 47a¹/67)

Großstädte werden gewöhnlich die Städte mit über 100 000 Einwohnern genannt; es dürfte heute über 400 G. auf der Erde geben. Als noch höhere Einheit kann man die *Millionenstädte bezeichnen, deren man rund 20 zu zählen vermag (L 2/871 ff.)

Grotten gewöhnlich im gleichen Sinne wie *Höhlen gebraucht (L 5/155)

Grund, Alfred, * 1875, 1910—1914 Prof. an der deutschen Universität in Prag, 1914 im Kriege gefallen. Arbeiten: „Die Veränderungen der Topographie im Wiener Walde und Wiener Becken" (1901), „Die Karsthydrographie" (1903), „Beiträge zur Morphologie des Dinarischen Gebirges" (1910). Nachruf in der GZ 1915, S. 65 ff.

Grundformen oder *primäre Strukturformen nennt *Sapper (L 8/33) jene Oberflächengebilde, die unmittelbar durch die *endogenen Kräfte der Erde aus den Materialien der *Erdkruste oder der Erdtiefe entstanden sind oder aber entstehen würden, wenn keine *außenbürtigen Kräfte eingriffen

Grundgebirge 1. = *Urgebirge; 2. G. *Braun („Mitteleuropa und seine Grenzmarken", Leipzig 1917) nennt G. die alle früheren Gesteinsbildungen einbeziehende Gebirgsfaltung im *Karbon. Vgl. auch Deckgebirge

Grundkarten Umrißkarten 1 : 100 000, welche die Gewässer, Siedlungen und die Gemarkungsgrenzen (Grenzen eines städtischen Weichbildes, einer Gemeinde- oder Gutsflur) verzeichnen; dienen als Vorarbeiten großer historisch-geographischer Atlanten (L 2/880; 5/369)

Grundlawinen f. Lawine

Grundmoräne die am Gletschergrunde fortgeschleppten, kantenlosen, fast gerundeten Schuttmassen (teils am festen Boden aufliegender, von Blöden durchsetzter Sand und Schlamm, teils in die untersten Eisschichten eingebettet); das Material ist entweder von der Oberfläche nach unten gelangt oder (vorwiegend) durch *Erosion dem Felsboden entnommen. Bei andauerndem allmählichen Rückzug eines Gletschers bleibt der gesamte Moränenschutt als *Grundmoränendecke zurück; es entsteht die *Grundmoränenlandschaft „mit welliger, unruhiger oder auch vollkommen ebener Oberfläche und zahlreichen dazwischen ausgesparten, meist kleinen und seichten *Wannen" (L 9, Bd. 627/83), mit „unregelmäßig

verteilten Hügeln und Hügelwällen, die bald durch enge Schluchten, bald durch größere Depressionen mit Seen und Mooren bedeckt sind und ein außerordentlich wechselvolles Relief bilden" (L 3/620) (s. auch Abb. 57)
Grundmoränendecke s. Grundmoräne
Grundmoränenlandschaft s. Grundmoräne
Grundwasser Das oberflächlich einsickernde Regen- und Schmelzwasser, in geringerem Maße wohl auch das Flußwasser (*vadoses: von oben her eindringendes Wasser), zum kleinen Teil dem Innern der Erde als Ergebnis ihrer Entgasung entstammendes sog. *magmatisches(*juveniles)Wasser sammelt sich im Boden als G., von *Supan (L 3/493 ff.) als *Bodenwasser bezeichnet, an. Andere nennen G. entweder bloß das Wasser des *Lockerbodens oder die oberste, sonst „phreatisch" geheißene Schicht mit freibeweglichem Spiegel, der sie dann als *Schichtwasser das in den Poren und Hohlräumen fester Gesteine befindliche Wasser oder die tiefere Schicht des G., wo das Wasser infolge Abwärtsfließens in das *Liegende einer undurchlässigen Schicht gelangt ist und sich daher eingeschlossen zwischen einer solchen unten und oben nicht frei bewegen kann, gegenüberstellen; im besonderen nennt z. B. Steuer *Kluftwasser das die Klüfte ausfüllende, *Spaltwasser das in Verwerfungsspalten vorkommende Wasser. Als *Karstwasser hingegen hatte *Grund ursprünglich nur das über dem normalen Spiegel eines in der Tiefe stagnierenden G. auf und ab schwankende Wasser verstehen wollen, später, als festgestellt wurde, daß es überhaupt kein stagnierendes G. gebe, nach dem Vorschlage *Penck s unter Karstwasser das gesamte in wagrechter Bewegung befindliche Kluftwasser im Kalt und vom normalen G. hauptsächlich durch das verschiedene Ausmaß der Spiegelschwankung und die größere Geschwindigkeit im Strömen unterscheidende G. verstanden, von ihm aber das sich lotrecht bewegende, überwiegend im Tropfenfall und als schwaches Wassergerinnsel an Wänden und Decken von *Höhlen, bloß nach starken Regengüssen als wirkliche *Sickerbäche auftretende (kühlere) *Sickerwasser gesondert. Nach Grund steht das alle Hohlräume erfüllende Karstwasser miteinander in Verbindung, gibt es also einen zusammenhängenden *Karstwasserspiegel. Im Gegensatz dazu steht die Lehre vom *Karstgerinne, nach der sich das Wasser im *Karste, und zwar im sog. tiefen Karste, in einem Netz von nicht miteinander verbundenen Spalten, Röhren und Höhlen abwärts und nach dem Gesetz der kommunizierenden Gefäße und des Hebers aufwärts bewegt, also keinen zusammenhängenden, einheitlichen Karstwasserspiegel besitzt; nur im sog. *seichten Karst, wo die unter dem Kalk liegenden wasserdurchlässigen Schichten der Oberfläche nahe sind, und sich die unterirdischen Gerinne nicht in größere Tiefe fortsetzen können, gebe es ein zusammenhängendes G., d. h. Karstwasser (nach L 9, Bd. 628/8 ff.; $11^3/208$ ff., 235 ff.; $37^1/413$ ff.; bes. nach L 5/151 f., wo weiteres Schrifttum). Vielfach Neues bei L 54/4 ff.
Grundwasserquellen dem *Grundwasser entstammende *Quellen, als *phreatische G. oder der *phreatischen Grundwasserschicht gespeist (und infolge ihrer geringen Tiefenlage abhängig einerseits in ihrer der Lufttwärme folgenden Temperatur, andererseits in ihrer dem Niederschlag und Verdunstung schwankenden Grundwasserspiegel gehorchenden Ergiebigkeit), als eigentliche G. dort (oft in einer langen Reihe) austretend, „wo die Landoberfläche das piezometrische Niveau schneidet" (L 5/153). Vgl. auch L 54/26
Grundwasserseen (*Quelltümpel, *Seeaugen) das in oberflächlichen Vertiefungen vom *Lockerboden bei hohem Stande zutage tretende *Grundwasser (L 3/496; 5/152); in anderer Bedeutung L $11^3/209$ ff., wo die in einer gewissen Tiefe über einer undurchlässigen Schicht dauernd ruhende Grundwassermasse G. heißt. Vgl. auch L 54/13
Grundwasserströme das gegen tiefere Stellen hin bewegte *Grundwasser (im *Karste *Karstwasser), in seiner Geschwindigkeit abhängig von der Neigung der wasserundurchlässigen Unter-

lage, von dem mit zunehmender Höhe des Wassers steigenden Druck usw. (L 5/152; 9, Bd. 628/11 mit Fig. 1; 54/ 13 u. 19; L 11³/212) (f. auch Grundwasserseen)

Grünlandmoor f. Moore

Gruppendörfer unregelmäßig angeordnete (in Gruppen stehende), nicht allzu zahlreiche Gehöfte (L 5/357)

Gruppengebirge „enger mit ihrem Gebirgsfuß verwachsene, an sich aber selbständige Einzelerhebungen" (L 2/378)

Gruppensiedlungen Dörfer und Städte im Gegensatz zu Einzel= bzw. Kleinsiedlungen (L 2/844)

Grus f. Detritus

Grusiner f. Kaukasusvölker

Gschnitzstadium f. Achenschwankung

Guayanaströmung f. Benguelaströmung

Guineaströmung die aus dem Wasser beider *Äquatorialströmungen gespeiste, keilförmig gegen den Guineagolf ausstrahlende *Kompensationsströmung

Günther, Siegmund, Geograph, * 6.2.1848 in Nürnberg, † 5. 2. 1923 in München. Arbeiten hauptsächlich auf dem Gebiete der Geschichte der Erdkunde, der mathematischen Geographie und Geophysik, außer L 16, 17, 21 b vor allem „Handbuch der mathematischen Geographie" (1890), „Handbuch der Geophysik" (2 Bde., 1897 bis 1899). Nachruf G3 1923, S. 161 ff.

Günz=Eiszeit die älteste, von *Penck= *Brückner unterschiedene alpine *Eiszeit (f. auch Klimaschwankungen), *Schneegrenze 1200 m unter der heutigen (L 64/149, 151)

Haack, Hermann, Prof., Kartograph, * 1872 in Friedrichswerth; zahlreiche Wandkarten bei Justus Perthes (Gotha), Hundertjahrausgabe des „Stieler", Geschäftsführer des Verbandes deutscher Schulgeographen, Herausgeber des GA, Mitarbeiter am G3

Haarhygrometer [gr. hygrós naß, métrein messen] Instrument zur Messung der Luftfeuchtigkeit, zumal bei Kältetemperaturen, wobei „die mit der wechselnden Feuchtigkeit wechselnde Ausdehnung eines Haares oder Haarbündels durch einen Zeiger sichtbar gemacht wird" (L 47a¹/157) (f. auch Aspirationspsychrometer)

Hackbau Form der Bodenbestellung, bei der die kulturell gering entwickelte, oft auch in der Härte des Bodens Widerstand findende Bevölkerung der Tropen überwiegend mit der Hacke (ohne Pflug und Düngung) den Boden nur oberflächlich, nicht tief zur Gewinnung von Knollengewächsen (Yams, Maniot) usw. bearbeitet (L 4/220 f.) (f. auch Plantagenbau)

Häfen mehr oder minder geeignete Anlegeplätze (Ruhepunkte) für den Schiffahrtsverkehr, *Seehäfen an der Meeresküfte, *Binnenhäfen landeinwärts (f. auch Atoll=, Aufschüttungs=, Damm=, Delta=, Doppel=, Einbruchs=, Flut=, Frei=, Insel=, Krater=, Lagunen=, Liman=, Moränen=, Mündungs=, Rias=, Riesenverkehrs=, Sammel=, Vor=, Watten= und Welthäfen)

Hafenferne die im Binnenlande liegenden Linien gleicher Entfernungen von den wichtigsten Häfen; wie die *Meerferne zunächst bloß die geographische Lage und horizontale Gliederung (nicht den orographischen Aufbau) berücksichtigend (L 96/30 ff.) (f. auch Isochronen)

Hafenzeit die Zeitdifferenz zwischen in den astronomischen Jahrbüchern enthaltenen oberen *Kulmination des *Erdmondes und dem folgenden *Flut= hochwasser (Eintritt des Hochwassers = Kulminationsstunde des Mondes + H.). Die H. eines Ortes definiert auch als die wahre *Ortszeit „des am Tage des *Neu= und *Vollmondes nach Mittag eintretenden (ersten) *Hochwassers; sie gibt also an, wie viele Stunden das Hochwasser an dem betreffenden Orte dem Durchgang des Mondes durch den *Meridian zur Zeit der *Syzygien folgt. Die H. steht ein für allemal fest" (L 2/534)

Haffe = *Nehrungen

Haffküste f. Lagunenküste

Hagel unregelmäßig geformte, bisweilen recht große Eisstücke; meist in konzentrischen Schalen um einen Schneekern. Die Entstehung des H., d. h. das Zusammenfließen zahlloser unterkühlter Tröpfchen zum erstarrten H.korn, ist noch nicht völlig geklärt

Hagelwetter ein Gewitter, dessen Niederschläge teilweise in Eisform geschehen. Graupeln sind kleiner als Hagelkörner, rundliche Eisklümpchen, die sich wohl durch schnelle Abkühlung fallender Regentropfen in kälteren Luftschichten oder ähnlich bilden

Hahn, Friedrich Gustav, Geograph, * 1852 zu Glauzig (Anhalt), † als Prof. an der Universität Königsberg 1917. Hauptarbeiten: „Inselstudien" (1883), „Frankreich, Großbritannien und die skandinavischen Länder" (in Kirchhoffs „Länderkunde von Europa" II 2, 1890), „Afrika" (in Sievers „Allgem. Länderkunde" 1901). Nachrufe durch H. Wagner in PM 1917 und G. *Braun in G3 1917

Hafen s. Nehrungen

Halbfaß, Wilhelm, Geograph, * 1856 in Hamburg, Prof. in Jena. Beschäftigt sich hauptsächlich mit Fluß- und Seenkunde. „Das Süßwasser der Erde" (1914); „Die Seen der Erde" (1922); „Grundzüge einer vergl. Seenkunde" (1923)

Halbhorst nur auf drei Seiten von Brüchen umgrenzte *Scholle (L 11³/11)

Halbinseln verschieden gestaltete und mit dem Festlandsrumpf verbundene Landvorsprünge, die ins Meer oder einen See hineinragen, so daß sie mehr oder minder umfängliche nasse Grenzen besitzen (s. auch *abgegliederte, *angegliederte, *kombinierte Halbinseln)

Halbkugel, östliche und westliche im wesentlichen mit dem Gegensatz von Alter Welt (Afrika, Asien, Europa), aber mit Australien und Neuer Welt (Amerika) übereinstimmend (L2/274f.; 3/34f.)

halbmonatliche Ungleichheit der Gezeiten: der Unterschied der *Hubhöhen zur Zeit d. *Syzygien u. *Quadraturen

Halbsekundenpendel Es dient in Form des Sterneckschen Pendelapparates zu *Schweremessungen. Das Pendel dieses Apparates ist ¼ m lang, etwa 1 kg schwer und schwingt auf einem Stativ von Achatschneiden; die Registrierung der Schwingungsdauer geschieht auf optisch-mechanische Weise mit Hilfe eines Spiegels, der am oberen Ende der Pendelstange befestigt ist; die Aufzeichnung erfolgt nach sinnreich ersonnener Methode gleichzeitig mit einer Registrierung der Zeit, wonach eine sehr genaue Bestimmung der Schwingungsdauer möglich ist; an den gemessenen Ziffern sind dann eine Reihe von Reduktionen anzubringen…" (L 47a¹/149 mit Abb.)

Halbwinde zwei*Viertelwinde (L 2/46)

Halbwüsten = *Wüstensteppen (L3/826)

Halley, Edmund, engl. Astronom, * 1656 bei London, † 1742; veröffentlichte 1701 als Ergebnis zweier Reisen die erste *Isogonenkarte

Halophyten [gr. háls Salz, phytón Pflanze] die jedem Boden mit Chloridanhäufung eigentümlichen Pflanzen, die im Gegensatz zu den meisten übrigen an Salz gewöhnt sind; es sind teils Kräuter mit derben, fleischigen Blättern, teils blattlose Sträucher, in *Wüsten und *Steppen verbreitet (L 2/714; 3/825; 71/56)

Hamiten zumal in Nord- und Ostafrika verbreitete Rasse, charakterisiert durch hohen Wuchs, länglichen Schädel, Adlernase, dunkle Augen und Haare, rötliche Hautfarbe. Zu ihr zählt man u. a. die *Ägypter, *Berber, Nubier, Galla, Somali, Fulbe (s. auch Arier)

Hammāda = *Felswüste

Handelsgeographie nach L 102 soviel wie *Wirtschafts- und *Verkehrsgeographie zusammen, nach *Günther (in L 121/28) dagegen die ältere Bezeichnung bloß für Verkehrsgeographie, nach Preißler (ebda. S. 211) mehrfach soviel wie Wirtschaftsgeographie allein. Nach *Friedrich (L 5/260ff.) ist Wirtschaftsgeographie der übergeordnete Begriff, dem er die *Produktions-, *Konsumtions-, H. und *Verkehrsgeographie unterordnet; die H. hat die Aufgabe, „Güter des* Außenhandels nach Mengen, Qualitäten und Zeiten in ihrem Laufe über die Erde (vom Herkunfts- zum Bestimmungsland und möglichst von den Herkunftsgebieten [Handelszentren, Häfen] zu den Bestimmungsgebieten) darzustellen und nach Ursache und Wirkung zu erklären"

Handelskolonien selten größere Gebiete umfassend, meist bloß Stützpunkte „zur Vermittlung des Güteraustausches zwischen der Produktion des Hinterlandes und den Erzeugnissen der europäischen

Industrie, namentlich den Industrieartikeln des Mutterlandes" (L 4/296). Vgl. auch L 2/819 und Preißler (L 121/266) (f. auch Pflanzungskolonien)

Hänge= (*Gehänge=) **Gletscher**, sog. Gletscher zweiter Ordnung (Nordenstjölds Hufeisentypus f. Gletschertypen): *Gletscher, die auf den Talgehängen oder in *Karen liegen, ohne deutlich entwickelte *Eiszunge

Hangendes hinsichtlich einer bestimmten Gesteinsschicht die über ihr liegende höhere Schicht. Ggs.: *Liegendes

Hängetäler f. Talstufen

Hangflüsse f. Flußsystem=Bezeichnungen

Hann, Julius (v.), Meteorologe,*1839 auf Schloß Haus bei Linz, † 1921 in Wien. Arbeiten neben zahlreichen fachwissenschaftlichen Aufsätzen L 10¹, 60a u. b und eine Klimatographie von Niederösterreich (1904)

Harmáttan f. Fallwinde

harmonische Analyse [gr. harmonia Einklang, análysis Auflösung] heißt die zur Herstellung der *Gezeitentafeln angewendete Berechnungsart, welche die aus der wirklichen Bewegung und Stellung von *Sonne und *Mond sich ergebenden Schwierigkeiten dadurch umgeht, daß sie die Gesamtwirkung der beiden in die einzelner stillstehender oder sich parallel zum *Äquator bewegender Körper zerlegt

harmonische Erscheinungen f. disharmonische Erscheinungen

harmonische (*Pends *kongruente) **Formen** solche, die sich unter den heutigen klimatischen Verhältnissen gebildet haben können (L 3/623) (f. auch disharmonische Erscheinungen)

Härtlinge (auch *Monadnocks) ragen als einzelne felsige Kuppen widerstandsfähigeren Gesteins aus der *Fastebene auf; diese Entstehung von *Restbergen als H. nicht unbestritten (L 3/717)

Hassert, Kurt, Wirtschaftsgeograph, * 1868 zu Naumburg a.d.S., Prof. an der Technischen Hochschule in Dresden. Reisen in Südeur., Nordamerika, Afrika. Außer L 96 Arbeiten über Montenegro (1893—1895), Württemberg (1903), Australien (1907), Geographie der Städte (1907), Die Ver. Staaten von Amerika (1922); Beitr. Nordamerika zu L 101, Das türkische Reich (1918)

Hassinger, Hugo, Geograph, * 1877 in Wien, Prof. an der Univ. Freiburg i. Br. Arbeiten: „Geomorphologische Studien aus dem inneralpinen Wiener Becken" (1905), „Die Mährische Pforte" (1914), „Kunsthistorischer Atlas (von) ... Wien" (1916), Die Tschechoslowakei (1925), Beitrag Deutschland zu L 101. Zahlr. Zeitschriftenaufsätze

Haufendörfer sehr verbreitete alte germanisch=deutsche Siedlungsform, bei der die „Gehöfte ohne bestimmten Plan, oft in größter Unregelmäßigkeit beieinanderstehen, doch so, daß sie immer durch Gärten oder unbebaute Flächen etwas voneinander getrennt sind und die Gebäude sich nicht, wie in Städten, berühren; die Wege laufen willkürlich nach verschiedenen Richtungen und das Ganze bildet ein Netz von krummen und winkeligen Gassen und Zugängen" (Schlüter in L 119⁴/453)

Haufenwolken = *Cumulus; mächtig sich auftürmend, massig und geballt

Hauptbeben „mehr oder weniger starke, durch eine erstmalige Störung bis dahin festlagernder Gesteinsmassen bedingte" *Erdbeben (L 37²/203) (f. auch Vor= und Nachbeben)

Hauptflüsse nach L 2/455 der in einem Stromsystem durch Breite, Tiefe und Wassermasse hervorragendste Fluß, dem gegenüber die anderen Wasseradern als *Neben= (oder Seiten=) Flüsse bzw. als *Quellflüsse erscheinen

Hauptwinde die Richtung eines achten Teiles der *Windrose (L 2/46) (f. auch Halb= und Viertelwinde)

Haushofer, Karl, * 1869 in München, Univ.=Prof.das.Bereiste Asien. „Das jap. Reich" (1921), Geopolitik d. Pazif. Ozeans (²1928), Beitrag Ostasien zu L 101

Haussa mit Negerblut durchsetzte *Hamiten, „das typische Handelsvolk von ganz Afrika" (L 5/326)

hawaiisches Tiergebiet tiergeographische Unterabteilung der *Notogäa (f. auch neuseeländisches Tiergebiet)

Hebungen der Erdkruste f. epirogenetische Bewegungen, Strandverschiebungen

Hebungsinseln f. festländische Inseln

Hebungsintensität f. Faltungsintensität

Hebungsklüften =*Auftauchungsklüften, letzterer Ausdruck wird von *Sölch

(L 5/211,222) vorgezogen, weil er „die Art des innenbürtigen Vorganges, die sich keineswegs immer gleich sicher feststellen läßt, nicht näher bezeichnet und offen läßt, ob der Vorgang noch fortdauert oder nicht oder gar schon wieder dem entgegengesetzten Platz macht". Vgl. f. d. Bezeichnung H. L 47a²/191 ff.

Hedin, Sven v., schwed. Forschungsreisender West- und Mittelasiens, * 1865 in Stockholm, besonders ergebnisreich seine Reisen im Tarimbecken (1894 bis 1897) und in Tibet (1899—1902 und 1905—1908); auf der letzten entdeckte er das Transhimalaja-Gebirge und stellte die Lage der Indus- und Brahmaputraquellen fest. 1923 Weltreise, plant 1927 (G3 27/96) neue Reise nach Zentralasien. Bekannteste (oft aufgelegte) Werke: „Durch Asiens Wüsten" (1899), „Die geographisch-wissenschaftlichen Ergebnisse meiner Reisen . . . 1894—1897" (1900), „Im Herzen von Asien" (1903), „Scientific Results.." (6 Bde., 1904—07), „Transhimalaja" (1909), „Zu Lande nach Indien" (1910), „Bagdad-Babylon-Ninive" (1918), Gran Cañon (1926), Süd-Tibet (1921). „Eine Routenaufnahme durch Ostpersien" (2 Bde., Stockh. 1926)

Heemskerk, Jakob van, niederländ. Seefahrer, * 1567 in Amsterdam, † 1607 in einer Schlacht gegen die Spanier; er entdeckte 1596/97 mit *Barentsz auf einer bis zur Nordspitze Nowaja Semljas vordringenden Expedition Spitzbergen

Heide (pflanzengeographisch) s. Buschland
Heidemoore s. Moore
Heiderich, Franz, Wirtschaftsgeograph, * 1863 in Wien, † 1926 in Bad Gastein. Arbeiten: „Die Erde" (1896), 2. Aufl. (L 4), „Länderkunde a) von Europa" (⁴1921), b) „der außereuropäischen Erdteile" (³1926), Herausgeber (mit R. *Sieger) von L 101, hier auch sein Beitrag über Österreich. Mehrere Aufsätze in den Mitt. Geogr. Ges. Wien
Heim, Albert, schweiz. Geologe, * 1849 in Zürich. Bekannteste Werke: „Untersuchungen über den Mechanismus der Gebirgsbildung" (1878), „Handbuch der Gletscherkunde" (1888), „Geologie der Schweiz" (1917 ff.)

Hekataeus von Milet um die Mitte des 6. Jahrh. lebend, machte Reisen (Ägypten) und schrieb als „der erste Geograph des Altertums" mehrere Werke, die auch *Herodot benutzte (γῆς περίοδος) (L 119⁴/441).
Herberstein, Sigismund, Frhr. v., österreich. Geschichtschreiber, * 1486 zu Wippach (Krain, Jugoslawien), † 1566 in Wien; veröffentlichte 1549 seine bekannten „Rerum Moscovitarum commentarii", die zum erstenmal nähere, auch kartographische Beschreibung Rußlands und Westsibiriens brachten (L 15/96 f.)
Herd, vulkanischer die Ursprungsstätte des *Magmas, entweder gemeinsam für alle *Vulkane im glutflüssigen *Erdinnern oder (*Stübels Vulkanhypothese) in einer Panzerdecke angenommen, die sich über der ersten Erstarrungskruste aus den beständig austretenden Eruptionsmassen bildete; ein solcher v. h. kann einen oder mehrere Vulkanberge speisen. Im Gegensatz zur Stübelschen Vorstellung lokalisierter, erschöpflicher, von der zentralen Region gänzlich getrennter v. h. vermutet Doelter die Haupherde im Zusammenhang mit den inneren Teilen in Tiefen von mehr als 100 km neben kleineren sekundären und peripherisch gelegenen Herden; wahrscheinlich sind „größere gemeinschaftliche Zonen, in denen das Magma hinsichtlich seiner Zusammensetzung einer gesetzmäßigen Differentation unterliegt, die räumlich in einem bestimmten Bezirk in einer gewissen chemisch-petrographischen Verwandschaft und zeitlich in einer tiefergreifenden Wandlung seiner Beschaffenheit zum Ausdruck kommt" (L 5/122). Vgl. auch L 39c/385 ff.
Herdlinien s. Stoßlinien
Herero Volk der *Bantu-Neger in Südwestafrika; früher nomadisierende Viehzüchter, jetzt angesiedelt (L 5/325)
Herodot aus Halicarnassus: berühmter griech. Geschichtschreiber, 484—424 v. Chr., der in seine Darstellung zahlreiches länder- und völkerkundliches Material aufnahm, das er teilweise auf eigenen Reisen gesammelt hatte (Unteritalien, Karthago, Ägypten (bis Ele-

phantine], Vorderasien [bis Susa], Sky=
thien [Donaumündungen]). Unter=
scheidung von drei *Erdteilen. „Trotz
seiner kritischen Haltung und seines aus=
gebreiteten Wissens hat er dennoch das
alte ionische System der Erdkunde
nicht durch ein neues zu ersetzen ver=
mocht" (L 15/11)
Herschel, Sir William, berühmter
Astronom, * 1738 in Hannover, † 1822
in Slough bei Windsor; entdeckte u. a.
den *Uranus
heteromórphe Faltengebirge [gr. héteros anders beschaffen, morphe Form, Gestalt] v. *Richthofens Bezeichnung der *zusammengesetzten Faltengebirge
heterópisch [gr. ops Antlitz = *Sazies] von verschiedener Ausbildung
heterotherm [gr. thermós warm] s. homotherm
heterotópisch [gr. tópos Ort] „an einem anderen Ort befindlich, durch den anderen Ort bedingt" (L 38¹/491)
Hettner, Alfred, Geograph, * 1859 in Dresden, Prof. an der Universität Hei=
delberg. Reisen 1882—84 in Colum=
bia, 1888—90 Peru und Bolivien, 1908 und 1912 Nordafrika, 1913/4 O.= und
S.=Asien. „Grundzüge der Länder=
kunde I: Europa" (⁴1927), II: Außer=
europ. Erdteile (³1926), „Rußland"
(³1917), „Englands Weltherrschaft"
(³1917), ferner L 49 b und 123. Hrsg.
der G3. Beb. Methodiker
Himmels= (Welt=) **Achse** die in ihrer Lage feste Achse, um die sich scheinbar das *Himmelsgewölbe mit allen Ge=
stirnen dreht
Himmelsäquator der um 90° von den *Weltpolen abstehende, alle *Meri=
diane halbierende, größte *Parallel=
kreis am *Himmelsgewölbe, der dieses in eine nördliche und südliche Halbkugel teilt. Der Winkel, unter dem die Äquatorebene gegen den *Horizont ge=
neigt ist, heißt Äquatorhöhe, sie ergänzt die *Polhöhe zu 90°
Himmelsgegenden s. orientieren, sich
Himmelsgewölbe Bezeichnung für den Eindruck, den der nach aufwärts ge=
richtete Blick eines Beobachters emp=
fängt; über dem *Horizont, in dessen Mittelpunkt er steht, steigt die (sicht=
bare) Hälfte einer gewaltigen Kugel=
fläche auf, die sich mit den an ihr an=

gehefteten Gestirnen um eine Achse zu drehen scheint. Daß wir nicht eine eigentliche Halbkugel, sondern eine Kuppel von flacher Wölbung sehen, geht auf psychologische Vorgänge, haupt=
sächlich (neben möglicherweise auch noch anderen Einflüssen) auf die Blick=
richtung zurück; dazu O.Baschin, „Die psychologische Erklärung der schein=
baren Gestalt des H." in DM 1919. Dagegen meint Fr. Zweifel (eben=
da), daß die scheinbar flache Gestalt des H. hauptsächlich auf die ganz rich=
tige Einschätzung durch unseren Ver=
stand und nur zum kleinen Teil auf psychologische Täuschung zurückgeht
Himmelspole die Endpunkte der *Him=
melsachse (Abb. 77). Über die Bestim=
mung des Himmelsnordpols s. Polhöhe
Hindu s. Drawida
Hipparch griech. Geograph aus Nicäa (Kleinasien), um 150 v. Chr., der be=
deutendste Astronom des Altertums. Schöpfer der *Gradnetzeinteilung (*Nullmeridian durch die Insel Rhodos). Für *Ortsbestimmungen läßt er bloß astronomisch=mathematische Berechnun=
gen gelten, legt als Hilfsmittel dazu einen Fixsternkatalog an. Er bemerkt bereits die *Präzession
Hippokrates von Kos, griech. Philosoph und Gelehrter (Mediziner), 460—377 v. Chr.; auch klimatologische Studien (Entstehung der *Windrose)
Hobbs, William Herbert, Geologe, * 1864 zu Worcester, Prof. an der Uni=
versität Michigan (Ver. Staaten); Hauptwerke: „Earthquakes" (New York 1907, deutsch von J. Rusta als „Erdbeben, eine Einführung in die Erdbebenkunde", Leipzig 1910) und „Characteristics of Existing Glaciers" (New York und London 1911)
Hochdruckgebiet (Luftdruckmaximum) im Verhältnis zum Druck der umgeben=
den Luft eine Stelle höheren, nach allen Seiten abnehmenden *Luftdruckes (*An=
tizyklone), ***Tiefdruckgebiet** (Luftdruck=
minimum) eine Stelle niederen, nach allen Seiten zunehmenden Luftdruckes (*Zyklone). Stets fließt die Luft von Gebieten höheren nach solchen niede=
ren Luftdruckes. Ein H. läßt als be=
harrliches Gebilde beständiges, ein T. als unruhigeres veränderliches Wetter

Hochflächen — Höhengrenzen

mit Bewölkung, Niederschlag und Sturm erwarten
Hochflächen die mehr oder minder ebenen Teile eines *Hochlandes; H. über 2000 m Höhe nennt *Wagner (L 2/382) *Hochplateaus
Hochflächenklima s. Höhenklima und Plateauklima
Hochgebirge im Gegensatz zu *Hügelland und *Mittelgebirge der vielleicht weniger in der relativen Höhe zwischen Fuß und Gipfel (in Mitteleuropa über 1000 m) als in den scharfen und schroffen Formen ausgeprägte besondere Typus (L 9, Bd. 627/61f.). Nach *Wildens (L 44/18) einfach Gebirge mit über 1300 m Durchschnittshöhe. Vgl. auch L 2/383; 5/132
Hochgestade nach Sölch (L 5/175) soviel wie *Talterrassen, *Wagner (L2/337) verwendet den Ausdruck etwas anders
Hochküsten im ganzen mit den *Steilküsten übereinstimmend und alle *Küsten bezeichnend, die von Gebirgen und höherem Land begleitet werden (L 2/465; 50/289)
Hochland s. Tief- und Hochland
Hochmoore s. Moore
Hochplateau s. Hochfläche
Hochrelief nennt Sölch (L 5/132) ein Gelände mit Höhenunterschieden von mehr als 200 m
Hochschnee der in den oberen Teilen der Hochgebirge fallende, „sehr feinkörnige, luftreiche und daher blendende weiße" Schnee (L 9, Bd. 628/98), aus dem sich der *Firn bildet
Hochschollen die relativ gehobenen unter mehreren von Bruchflächen begrenzten *Schollen; im Gegensatz dazu heißen die relativ gesenkten *Tiefschollen (L 41/80)
Hochseen in fast allen höheren Gebirgen auftretende (und mit der *eiszeitlichen Vergletscherung zusammenhängende) Zone eines besonders zahlreichen Seenvorkommens, „meist kleine *Becken auf Talgehängen und *Pässen (*Paßseen) und in den *Quelltrichtern" (L 3/767); Ggs.: die in weit geringerer Meereshöhe gelegenen *Talseen der *Täler und der mit den Tälern genetisch eng verbundenen *Randseen am Gebirgsfuße. H.- und Talseen können als *Gebirgsseen zusammengefaßt werden

Hochsohlental nennt *Passarge (L 11³/262) jenes, bei dem Teile der Sohle selbst bei *Hochwasser nicht überflutet werden
Hochstetter, Ferdinand v., Geograph und Geologe, * 1829 zu Eßlingen, † 1884 in Wien. Machte die Erdumsegelung der österreichischen Fregatte Novara 1857—1859 mit, über die ein dreibändiges Werk („Reise der österreichischen Fregatte Novara um die Erde", 1864—1866) veröffentlichte
Hochterrassenschotter s. Deckenschotter
Hochwasser von Flüssen eigentl. „Wellen, die durch eine Flußstrecke mit deutlichem Anfang und allmählich sich austönendem Ende hindurchgehen"(L 9, Bd. 628/41). Anhaltende Regengüsse, rasche Schneeschmelze usw. verursachen das oft plötzliche Steigen der normalen Wassermenge eines Flusses, im Hauptfluß besonders groß nach Aufnahme der Hochwasserwellen seiner Nebenflüsse (*Schwellhochwasser); *Stauhochwasser treten ein infolge Verstopfung des Flußbettes mit Eis, wenn dann das Abfließen nicht schnell genug erfolgen kann. Den Gefahren der H. sucht man durch H.-schutzbauten entgegenzuwirken (L 5/165; 54/51f.).
Hochwasser der *Gezeiten der höchste vom Wasser erreichte Stand, gewöhnlich *Flut genannt
Höhe 1. absolute der senkrechte Abstand eines Punktes vom Niveau des Meeresspiegels (*Seehöhe, Meereshöhe), relative die H. eines Punktes über einem anderen. 2. H. der Atmosphäre s. Atmosphäre. 3. H. eines Gestirnes das Bogenstück zwischen Gestirn und *Horizont, gemessen auf dem *Vertikalkreis dieses Gestirnes (Abb. 10). H. einer Falte: L 41/27
Höhengrenzen von Pflanzen, Kulturen usw.: die obere, für verschiedene Gewächse natürlich verschiedene Grenze, bis zu der sie in vertikaler Richtung vorkommen, abhängig von Gesteinszusammensetzung, Bodenform, N.- oder S.-Lage, Niederschlagsmenge usw. In den Alpen reicht die *Waldgrenze in der nördlichen Kaltzone bis 1900 m, in der Zentral- und südlichen Kaltzone bis 2100 m (im W. übrigens anders als im O.), die *Baumgrenze (vereinzelte

Bäume jenseits des geschlossenen Waldes) verläuft noch 200—300 m höher
Höhengürtel der Degetation s. Degetationsstufen
Höhenklima das typische, mit der Erhebung über dem Meere sich ergebende Klimabild; das *Bergklima besitzt ähnlich wie das *Seeklima geringe jährliche Temperaturschwankungen (kühle Sommer, milde Winter), das Hochflächenklima zeigt große tägliche Temperaturschwankungen (starke Bestrahlung und Wiederausstrahlung), die jährliche Temperaturschwankung nimmt langsamer mit der Höhe ab als beim Bergklima (L 2/581 ff.; 63/93 ff.)
Höhenkonstanz = *Gipfelkonstanz
Höhenkoten durch Messung bestimmte Höhenpunkte
Höhenkreis s. Theodolit
Höhenkurven, -linien = *Isohypsen, Schichtenlinien
Höhenmessung s. barometrische und trigonometrische Höhenmessung, Babinets barometrische Höhenformel
Höhenparallaxe s. Parallaxe
Höhenprofil s. nivellieren
Höhenschichten = *Isohypsen
Höhenschichtenkarten Landkarte mit *Geländedarstellung durch *Isohypsen
Höhenstufe, anthropogeographische die Verteilung der menschlichen Wohnsitze in bezug auf die Höhe (L 2/889 f.); barometrische s. barometrische Höhenstufe; der Degetation s. Degetationsstufen; thermische [gr. thermós warm] die Zahl von m, die beim Anstieg einer Temperaturabnahme um 1° C entspricht (rund 200 m)
Höhenwinkel der Winkel zwischen der Sehlinie nach einem entfernten Punkte und der Ebene des *Horizontes. Wichtigstes Meßinstrument der *Theodolit
Höhenziffern die auf den Karten als Höhenangaben sich findenden Zahlen (L 2/236) (s. auch Höhenkoten)
Höhlen, unterirdische Hohlräume, Auslaugungsformen des Wassers sind in Kalk-, Dolomit- und Gipsgebieten. Die *Brandung vermag in den verschiedenen Gesteinen H. zu bilden (Brandungs=H.) (s. auch Erosions=, Karst=, Korrosions=, Nischen=, Sicker=, Überdeckungs= und ursprünglichen Höhlen, ferner Karsterscheinungen) (L 3/ 556 ff., 604; 5/155, 217; 11³/506; 37¹/456 ff.). Dgl. Kyrle „Aufgaben d. H.-kunde" in M.G.G. Wien 1919.
Hohlformen im Gegensatze zu den Erhebungen (*Schwellformen) die Vertiefungen der Erdoberfläche; zu ihnen gehören die ozeanischen Becken, auf dem Lande die *Senken, *Gräben, *Täler, *Becken, Pfannen, Schächte, Kessel usw. (L 11³/506 ff.)
hol(o)arktisches Gebiet [gr. hólos ganz, árktos Bär, auch das Gestirn in der Nordpolargegend) tiergeographische Unterabteilung der *Arktogäa, sich erstreckend über Europa, das außertropische Asien und Afrika einerseits (als *paläarktische Region zusammengefaßt), über Grönland, Nordamerika (einschließlich Mexiko) anderseits (als *nearktische Region zusammengefaßt, wobei die Vereinigten Staaten und Mexiko als *neoboreales Gebiet auch als besonderes Übergangsland zu dem der *Neogäa angehörenden *neotropischen Gebiet ausgeschieden werden können). Die Charakertiere der einzelnen Subregionen bei L 78/80 ff., 89 f.
Holub, Emil, Afrikareisender, * 1847 in Holitz (Böhmen), † 1902 in Wien. „7 Jahre in Südafrika" (1880/1)
Homann, Johann Baptist, deutscher Kartograph, * 1663 zu Kamlach (Bayern), † 1724 in Nürnberg; begann 1702 daselbst Landkarten zu zeichnen und zu vertreiben (Homannscher „Atlas über die ganze Welt" in 126 Blättern vom Jahre 1716). „Er hat vornehmlich die technische Ausführung der Karten durch den Kupferstich auf eine höhere Stufe gehoben" (L 15/133), doch auch in der Bearbeitung manches Neue gebracht
homogéne Atmosphäre [gr. homós gleich, génesis Entstehung] s. Atmosphäre
homogéne Vulkane aus gleichartigem Material aufgebaute *Vulkane; Ggs.: *Stratovulkane, bei denen festere *Lavaschichten mit lockeren Tuff- und Geröllmassen wechseln
homöomorphe Faltengebirge [gr. hómoios gleichartig, ähnlich; morphé Gestalt] s. monogenetische Faltengebirge
Homoseisten [gr. homós gleich, seistós erschüttert] die Linien, welche die Orte

homotherm — Horizontglas

gleichzeitiger Erschütterung bei einem *Erdbeben verbinden

homothérm [gr. thermós warm] gleichmäßig warm, gleichmäßig temperiert; Ggſ.: *heterotherm ungleichmäßig warm und temperiert, und zwar kann dies sein *anotherm: nach der Tiefe abnehmend, *katotherm: nach der Tiefe zunehmend, *mesotherm: kalt, warm, kalt uſw.

Horizónt [gr. horizein umgrenzen] die am besten auf erhöhter Stelle einer ſonſt freien Ebene oder auf dem Meere von dem im Mittelpunkte befindlichen Beobachter überblickte kreisförmige Fläche und der ſie umſchließende Grenzkreis, in dem ſich Himmel und Erde zu berühren ſcheinen. Scheinbarer H., die wagrechte, im Beobachtungpunkte die Erde berührende und dort zur Richtung der Schwerkraft ſenkrecht ſtehende Ebene (zu der parallel durch den Mittelpunkt der Erde der wahre H. liegt). Natürlicher H. heißt die vom Auge des Beobachters an die gekrümmte Erde gelegte Tangentialebene; ſie umſchließt mit der Horizontalebene in der Augenhöhe des Beobachters (alſo etwa dem ſcheinbaren H.) einen Winkel, die *Kimmtiefe oder *Kimmung [holl. Kimm: Meeresſpiegel]. Dieſe beträgt für 5 m Erhebung über die Erdoberfläche 4', für 10 m über 5½', für 70 m Erhebung etwa 15'. Infolge der terreſtriſchen *Refraktion würden der natürliche H. (berechnet nach der Formel: Kimmtiefe = 107,3" $\sqrt{h}$, wobei h das Ausmaß der Erhebung über die Erde bedeutet) und die Kimmtiefe (bei uns um rund $^{1}/_{14}$) erweitert (Abb. 44 u. 45). Dgl. auch Ausſichtsweite

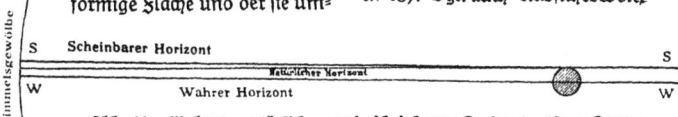

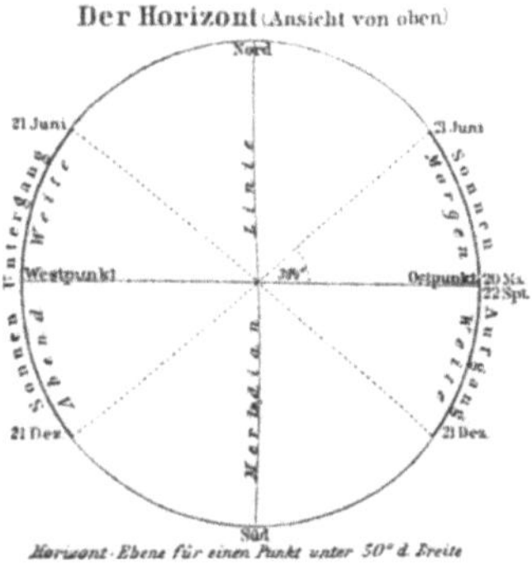

Abb. 44. Wahrer, natürlicher und ſcheinbarer Horizont. (Aus Harms, Mathematiſche Erdkunde. Leipzig, Liſt und v. Breſſensdorf)

Abb. 45. Der Horizont. (Anſicht von oben.) (Aus Sydow-Wagner, Method. Schulatlas)

Horizontaldislokationen die verhältnismäßig ſeltenen in horizontaler Richtung erfolgenden *Dislokationen; hierher gehört z.B. das *Blatt (L 3/371, 373)

Horizontale Transverſalverſchiebung = *Horizontalverſchiebung

Horizontalflexur *Horizontalverſchiebung, die nur zu einer Verbiegung der Schichten, ohne Bruch führt (L 41/69)

Horizontalhöhlen *Karſthöhlen, die uns entweder als vom fließenden oder ſtehenden Waſſer (*Karſtwaſſer) erfüllte *Waſſerhöhlen oder als aus dieſen hervorgegangene, aber durch Tieferlegung des Karſtwaſſerſpiegels trocken gelegte *Höhlen (*trockene Höhlen) entgegentreten (L 5/155)

Horizontalintenſität ſ. magnetiſche Intenſität der Erde

Horizontalparallaxe ſ. Parallaxe

Horizontalprojektionen [lat. projicere vorwerfen, entwerfen] ſ. perſpektiviſche Projektionen (Abb. 46)

Horizontalverſchiebungen horizontal gerichtete Bewegungen, *Falten und *Überſchiebungen bewirkend, doch auch für die Verſchiebung der Kontinentalſchollen wahrſcheinlich (*Wegeners Horizontalverſchiebung der Kontinente)

Horizontglas einfaches, aber vielfach zu verwendendes Inſtrument, das „mit

Hilfe einer *Libelle das jederzeitige Ermitteln einer Horizontalen" gestattet (L 47a¹/180)

Horizontkoordináten [lat. coordináre zuordnen] Der *Horizont bildet die Grundebene (den Fundamentalkreis), die Abszisse ist das *Azimut, die Ordinate die Höhe. Ausgangspunkt für die Zählung des Azimut (0 bis 360° in der RichtungS.-W.-N.-O.-S.) bildet der *Südpunkt des Horizontes (Abb.10)

Horizontkorrektion s. trigonometrische Höhenmessung

Hörner s. Gipfelformen

Hornitos den *parasitischen Vulkankegeln ähnliche Gebilde, Schlackenhügel über sekundären, durch Dämpfe auf mächtigen Lavaströmen hervorgerufenen Eruptionsherden (L 37²/86)

Horst s. Dislokationen
Horstgebirge s. Schollengebirge
Hottentotten s. Buschmänner
hub, Hubhöhe der Höhenunterschied zwischen *Hochwasser und *Niedrigwasser der *Gezeiten
Hudson, Henry, brit. Seefahrer, * um 1550, † 1611; unternahm seit 1607

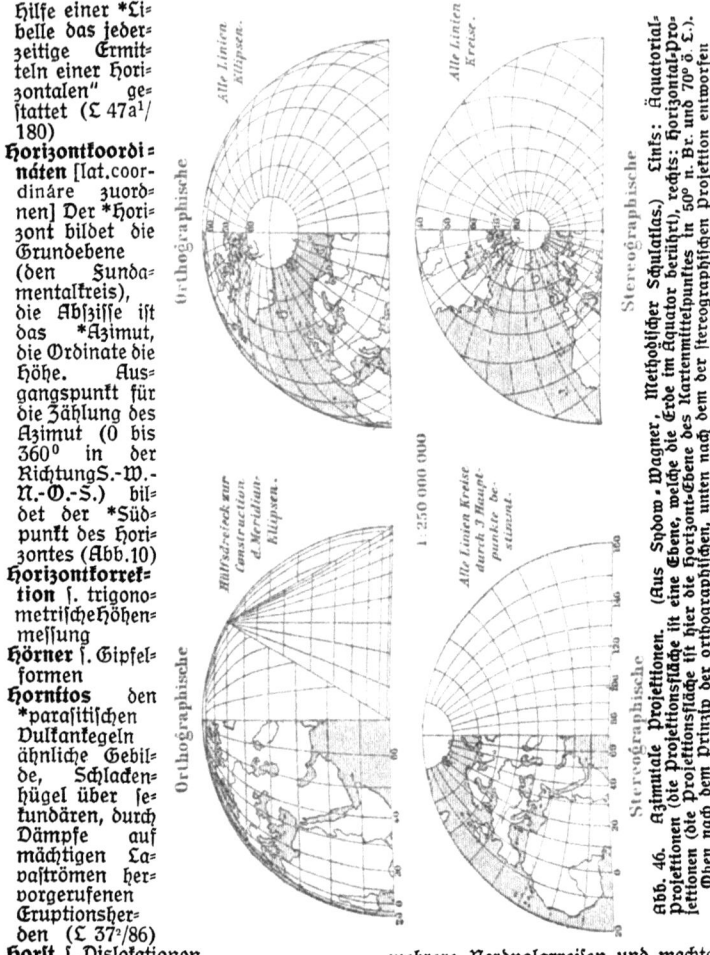

Abb. 46. Azimutale Projektionen. (Aus Sydow-Wagner, Methodischer Schulatlas.) Links: äquatorialProjektionen (die Projektionsfläche ist eine Ebene, welche die Erde im Äquator berührt), rechts: Horizontal-Projektionen (die Projektionsfläche ist hier die Horizont-Ebene des Kartenmittelpunktes in 50° n. Br. und 70° ö. L.) Oben nach dem Prinzip der orthographischen, unten nach dem der stereographischen Projektion entworfen

mehrere Nordpolarreisen und machte in Nordamerika Entdeckungen (H.fluß, H.straße, H.bai)
Hügel s. Berge
Hügelland s. Berge
Humboldt, Alex. Frhr. v., einer der Begründer der heutigen wissenschaftlichen Erdkunde, * 1769 in Berlin, †

humide Böden — hypsographische Kurve

ebda. 1859. Berühmte Reisen in Süd- und Mittelamerika 1799—1804 (Orinocogebiet, Besteigung des Chimborasso), 1829 zum Altaigebirge; wissenschaftlich bahnbrechend in der „ursächlichen Verknüpfung der Naturerscheinungen der Erdoberfläche in Abhängigkeit von ihrer räumlichen Anordnung" (L 15/154). Er hat als erster auf die *Isothermen (1817) und die *magnetische Intensität hingewiesen. Hauptwerke: „Kosmos" (5 Bde., 1845 bis 1858), „Kritische Untersuchungen über die historische Entwicklung der geographischen Kenntnis von der Neuen Welt" (1836—1839), „Voyage aux régions équinoxiales" (1811—1826). Über H.: Bruhns (3 Bde., 1872) und *Günther (1900). Vgl. auch L 120/58 ff.

humide Böden [lat. húmidus feucht] s. Feuchtböden

humides Klima ein K., bei dem die Niederschlagsmenge das Ausmaß der *Verdunstung übertrifft, so daß sich Flüsse bilden können (L 62a/157 f). Ggs.: *arides und nivales *Klima

Humus [lat. = Boden] aus organischen Substanzen bei Sauerstoffmangel entstehenden Zersetzungsprodukt, das die physikalischen und chemischen Eigenschaften des Bodens sehr verändert (L 70/229 ff.)

Humusboden ein Boden, der über 5 v. H. aus Humusstoffen (hauptsächlich Torf) besteht (L 53a/15; 53b/68 ff.)

Humussäuren beim Absterben von Pflanzen sich entwickelnd und mit deren Alkalien sich (zu humussauren Alkalien) verbindend, wirken mit an der Zerstörung des Gesteins (chemische *Verwitterung) (L 3/479)

Hungerbrunnen *Quellen, die infolge der Abnahme von den Niederschlägen bzw. im *Karste vom *Karstwasserspiegel bloß in sehr feuchten Jahren fließen, sonst aber trocken liegen; der Name, weil sie angeblich schlechte Ernten vorher künden (L 3/501; 5/153)

Hurrikane die furchtbaren *Wirbelstürme Westindiens mit Windgeschwindigkeiten von über 50 m in der Sek. und einer Fortpflanzungsgeschwindigkeit von häufig über 20 km in der Stunde (L 47a¹/47 f.; 62a/135)

Hut [bergmännischer Ausdruck] der obere (zersetzte) Teil des metallführenden *Ganggesteines

Hydatophyten [gr. hýdōr, hýdatos Wasser, phytón Pflanze] die im Wasser lebenden, in Form und Bau diesem Zustande angepaßten Pflanzen; von *Hygrophyten spricht man, wenn die Pflanzen infolge beständig feuchten Bodens und hoher Luftfeuchtigkeit bestimmte Züge (Vergrößerung des dünnen Laubes oder Spaltung des Blattes in mehrere Abschnitte, geringe Wurzelentwicklung) ausbilden; die *Mesophyten leiten bei mittlerem Stande ihres Wasservorrates über zu den *Xerophyten, die sich an Orten entwickeln, welche die Wasseraufnahme erschweren oder die Transpiration fördern: „als dickgequollene, nicht selten säulenförmige oder kugelige Pflanzenkörper bilden sie mit ihren festen glatten Häuten, der starren Form der Gestaltung bekanntlich höchst wirksame Züge im Landschaftsbilde" (L 71/46 ff.)

Hydrographie [gr. gráphein schreiben] Zweig der Erdkunde, der sich mit dem Wasser auf der Erdoberfläche, dem Meere und dem Süßwasser, oder mit diesem (*Flüsse, *Seen) allein, beschäftigt

Hydro-Isothermen die Linien, welche die Punkte gleicher Temperatur (*Isothermen) der Meeresoberfläche verbinden. Kärtchen bei L57 Fig. 10 und 15

Hydrometer, hydrometrischer Flügel: einer Schiffsschraube ähnliches Instrument zur Messung der *Flußgeschwindigkeit (Abb. L 47a¹/165)

Hydrosphäre [gr. sphaira Kugel] die Wasserhülle der Erde (s. Atmo-, Bio- und Lithosphäre)

Hygrophyten [gr. hygrós naß, feucht, phytón Gewächs] s. Hydatophyten

Hypozentrum [gr. hypó unter, lat. céntrum Mittelpunkt] bei *Erdbeben jene Stelle unter der Erdoberfläche, von der die Erschütterung ausgeht (*Erdbebenherd); die Tiefe der Erdbebenherde dürfte im allgemeinen keine allzu große sein, doch besagen die Schätzungen zwischen 100 m und km (L 5/125 ff.; 34/205) (Abb. 29)

hypsographische Kurve der Erdkruste [gr. hýpsos Höhe, gráphein schreiben]

Man vermag durch sie ein übersichtliches Bild der Massenverteilung an ihrer Oberfläche zu gewinnen und erhält sie, indem man — den Meeresspiegel als Abszissenachse angenommen — die den einzelnen Höhenstufen der *Erdkruste zukommenden Flächen als Abszissen, die entsprechenden Höhen als Ordinaten aufträgt; ihre miteinander verbundenen Endpunkte ergeben die h. K., die so von der größten Landhöhe (Mt. Everest

immergrüne Holzpflanzen Bäume und Sträucher des Mittelmeergebietes, die, sowohl die Sommerwärme als die Winterfeuchtigkeit benötigend, entweder fast beständig (mit nur ganz kurzer Entlaubung im Winter) oder durchaus fortgrünen; gegen eine allzu große Verdunstung während der Sommerdürre ist das immergrüne Laub durch eine feste, grüne bis graue Oberhaut geschützt (hartlaubgewächse)

Import [lat. importāre hineintragen, einführen] s. Außenhandel

Indianer s. amerikanische Rasse

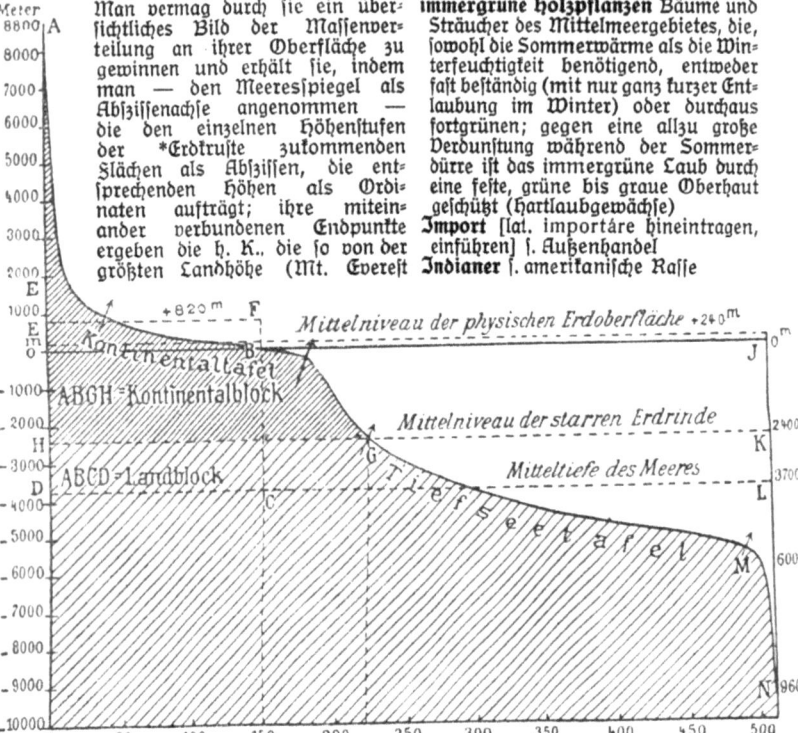

Abb. 47. Hypsographische Kurve der Erdkruste. (Aus L 47a¹/65.) Kontinentaltafel: bis zur Grenze der Flachsee; Kontinentalabhang: zwischen — 200 und — 2400 m, mit 8,6 v. H. der Krustenoberfläche; Tiefseetafel: zwischen — 2400 und — 5500 m, mit 52,3 v. H. der Krustenoberfläche; Depressionsgebiete: mit den tiefsten Senken der Erdkruste (unter — 5500 m), mit 4,1 v. H. der Krustenoberfläche

8840 m) zur größten bekannten Meerestiefe (9780 m) im wechselnden Verlaufe absinkt (*abyssische Tiefe, *arktische Region, *Kontinentaltafel) (Abb. 47)

Hypsometrie = *Höhenmessung

hypsometrische Systeme die auf Zahlenwerten beruhende Einteilung der Oberflächenformen, z. B. in *Mittel- und *Hochgebirge, *Tief- und *Hochland usw. (L 3/631 f.)

indifferente Meeresstraßen [lat. indifferens ununterschieden] nennt *Penck (L 51²/598) die unabhängig von den Erhebungsverhältnissen des benachbarten Landes verlaufenden bzw. an der Grenze zweier Strukturgebiete sich erstreckenden *Meeresstraßen

Indigo blauer, zum Färben von Textilfasern verwendeter Farbstoff, der hauptsächlich aus der zur Familie der

Schmetterlingsblütler gehörenden Indigófera-Gattung gewonnen wird

Indiktiónen [auch Römerzinszahl; lat. indictio Ankündigung] im Kalenderwesen die Ordnungszahl, die ein bestimmtes Jahr in einem sich ununterbrochen wiederholenden 15jährigen Zyklus hat. Näheres bei Ginzel, „Handbuch der math. und techn. Chronologie" III (Leipzig 1914), S. 148 ff.

indische Gegenströmung f. Äquatorialströmungen

Indischer Ozean (ohne *Nebenmeere, aber einschließlich des Südlichen Eismeeres) 73,4 Mill. qkm bzw. (mit Nebenmeeren) 75 Mill.; Bodengestalt bei L 57/18 f. Benennung bzw. Begrenzung bei L 2/503 f. Mittlere Tiefe 3960 m (L 2/505, andere Zahlen bei L 3/52). Größte bekannte Tiefe 7000 m, nahe der Südküste von Java. Gutes kleines Kärtchen mit vielen klimatischen Angaben in J. Perthes Seeatlas[10](1914) Tafel 17

indisches oder **orientalisches Gebiet** tiergeographische Unterabteilung der *Arktogäa, die beiden Indien und Südchina, den Malaiischen Archipel bis Celebes und Philippinen umfassend; Charaktertiere der einzelnen Subregionen bei L 4/214 ff.; 78/86 ff.

Indoafrikanische Masse f. Gondwanaland. Trotz der großen Ausdehnung nur der „in einzelne *Schollen zerbrochene Rest einer ungeheuren, alten Region, die zweifellos einst auch mit der *Brasilianischen Masse zusammenhing" (L 29/30) (Abb. 1)

indoatlantische Rasse f. Arier

Indochinesen f. Birmanen

Indoeuropäer f. Arier

Indogermanen f. Arier

Ingressions-Meere (oder **Einbruchs-**) [lat. ingredi betreten] Meere, die eingesunkene Gebiete erfüllen (L 2/284). Ggf.: *Transgressionsmeere

Ingressions-Straßen (oder *Überspülungs-) nach *Krümmel (L 56¹/46 ff.) abweichend vom gewöhnlichen Sinn des Wortes Ingression (*Ingressionsmeere!) *Meeresstraßen, die bloß die Abdachungen des *Kontinentalschelfs überfluten oder durch ertrunkene Flußtäler gebildet sind

Inklination [lat. incliāre neigen] f. magnetische Inklination

inkorporierende Sprachen [lat. incorporāre einverleiben] f. einverleibende Sprachen

Inlandeis zusammenhängende, das Land unter sich begrabende Gletschereismasse (Typus: Grönland, *Antarktis) (f. auch Gletschertypen, Eisberge)

innenbürtige Kräfte f. endogene Kräfte

Innenküste f. Außenküste

Innenmoräne *Moränen, die meist von der *Grundmoräne her in den Eiskörper selbst gelangt sind (Abb. 57)

Innenseite von Faltengebirgen bei bogenförmig verlaufenden *Faltengebirgen die konkave Seite im Gegensatz zur (konvexen) *Außenseite (L 2/403)

innerkontinentale Wüsten liegen im Innern der *Festländer (L 3/175) (f. auch Windschattenwüsten)

Inselberge f. Restberge

Inselfaunen die besondere Entwicklung der Tierwelt auf *ozeanischen wie *festlandsnahen Inseln (L 5/243 f.)

Inselhäfen f. Wallhäfen

Inselhorst ein *Horst, der an beiden Enden von *Brüchen abgeschnitten ist (L 41/89)

Inseln mit Ausnahme der *Kontinente jedes Land, das allseitig vom Meere umgeben ist (f. auch Abgliederungs-, Abrasions-, Aufschüttungs-, Auftauchungs-, Doppel-, Erdbeben-, Erhebungs-, festländische, festlandsnahe, Flachsee-, Fjord-, hebungs-, Kontinental-, Korallen-, Krater-, Lagunen-, Längs-, ozeanische, Quer-, Rias-, Riff-, Schelf-, Schlamm-, Schwemmland-, Schollen-, Untertauchungs-, ursprüngliche und vulkanische Inseln)

insequente (oder *Kür-) **Flüsse, Täler** [lat. insequi aufeinanderfolgen] *Flüsse (*Täler), die weder *konsequent, *subsequent, *resequent noch *obsequent sind, also „in keiner erkennbaren Beziehung zum Schichtbau stehen" (L 9, Bd. 627/46); i. S. gelangen als flache Rinnen an verschiedenen Stellen der Seitengehänge konsequenter Täler zur Entwicklung

Insolation [lat. insolāre der Sonne aussetzen] die Bestrahlung durch die Sonne (im *Perihel mit etwa $^1/_{15}$ mehr Wärme als im *Aphel); ihre Stärke wächst mit dem Sinus der Sonnenhöhe (Ggſ.: *Ausſtrahlung). Auf dem Wege durch die *Atmoſphäre werden aber einerſeits die langwelligen Wärmeſtrahlen teilweiſe, bei größerem Wege ſtärker abſorbiert (daher geringere Wärme bei Abend- und Winterſonne wie in höheren Breiten), anderſeits die Lichtſtrahlen (infolge der ſog. *diffuſen Reflexion) abgeſchwächt (daher das gleichmäßig verteilte Tageslicht) (L 2/556ff.; 5/96)

inſtantánte Niveauveränderungen [lat. ínstans drängend] ſ. Niveauveränderungen

Intenſität, magnetiſche [lat. inténsio Ausdehnung, Spannung] ſ. magnetiſche Intenſität der Erde

Interferenzen der *Gezeiten-Wellen [frz. interférer dazwiſchenkommen, aufeinanderſtoßen, alſo Durchkreuzungen] „entſtehen dadurch, daß Mond- und Sonnenwelle durch die unregelmäßig Geſtalt der Meeresräume in verſchiedene Richtungen einerſeits abgelenkt, anderſeits zurückgeworfen werden" (L 3/318); treffen die Kämme zweier Wellen der gleichen *Wellenperiode zuſammen, ſo erhöht ſich die *Fluthöhe, das Aufeinanderſtoßen von Kamm und Tal zweier Wellen kann entweder die Mond- oder die Sonnenwelle faſt zum Verſchwinden bringen, zwei gleichſtarke, aber aus verſchiedenen Richtungen kommende Flutwellen bewirken, daß „die *Hafenzeit dem Mittel aus den Zeiten entſpricht, in welchen jeweilig die beiden Einzelwellen in dem Orte ankommen" (L 2 [9. Aufl.] S. 544)

Interglazial- (Zwiſcheneis-) **Zeiten** [lat. inter zwiſchen, glácies Eis] ſ. Klimaſchwankungen. Die drei von *Penck-*Brückner in den Alpen unterſchiedenen J. heißen (die älteſte) *Mindel-Günz-J., *Riß-Mindel-J. und (die jüngſte) *Würm-Riß-J. Die kleineren Gletſcherſchwankungen der *Poſtglazialzeit führen den Namen *Achenſchwankung, *Bühl-, *Gſchnitz- und *Daunſtadium

interkolline Täler [lat. cóllis Hügel] die zwiſchen zwei ſelbſtändigen (nie völlig miteinander verbunden geweſenen) Gebirgen liegenden *Täler

Interkontinentalbahnen [lat. cóntinens térra zuſammenhängendes Land] Bahnen, welche die Randgebiete verſchiedener, untereinander zuſammenhängender *Erdteile (Europa-Aſien, Nord- und Südamerika) verbinden. Ggſ.: *Transkontinentalbahnen jene, welche die gegenüberliegenden Ränder desſelben Erdteiles verknüpfen

intermarine Kanäle ſolche, die unſelbſtändige Meeresräume miteinander verbinden; *interozeane Kanäle verbinden Weltmeere (L 2/979 f.; 96/369)

intermarine Meeresſtraßen ſolche, die zwei *Nebenmeere miteinander verbinden; *intramarine Meeresſtraßen verbinden Teile desſelben Nebenmeeres (L 96/360)

intermittierende Flüſſe [lat. intermíttere ausſetzen] ſ. Fiumare

intermittierende (*periodiſche) **Quellen** nach *Machatſchek (L 9, Bd. 628/26) jene, deren Ergiebigkeit zwiſchen meiſt großem Ertrag und gänzlichem Verſiegen mehr oder weniger regelmäßig wechſelt; *Grund (L 5/153) ſondert die periodiſchen (zeitweiligen) von den intermittierenden (ausſetzenden) Q. Ggſ.: *perennierende Quellen, die aber immerhin „in der Jahresperiode und auch in ſäkularen Schwankungen von Niederſchlag und Verdunſtung abhängig" ſind, wobei die Schwankungen deſto geringer ſind, je länger das Waſſer von der Verſiderungsſtelle bis zum Austritt braucht. Dgl. auch L 54/29

intermittierende Vulkane Benennung mit Rückſicht auf die normale Tätigkeit eines *Vulkans, bei der *Eruptionen mit Ruhepauſen wechſeln (L 3/384)

intermontane Täler [lat. inter zwiſchen, montánus gebirgig] = *intertolline Täler

interne Wellen (*Totwaſſer) eigentümliche Wellen, in tieferen Meeresſchichten an der Grenzfläche von zwei verſchiedenartigen Waſſerſchichten (leichterem Schmelz- oder Flußwaſſer und ſchwererem Seewaſſer); ſie „verraten ſich durch einen deutlichen wellenförmigen auf- und abſteigenden Verlauf der Linien gleichen Salzgehaltes und gleicher Temperatur, ſind aber an der Oberfläche kaum merkbar" (L 3/305)

interozeane Kanäle s. intermarine Kanäle

interozeane Meeresstraßen solche, die zwei Weltmeere oder ein solches mit einem *Nebenmeere verbinden; *intraozeane Meeresstraßen verbinden Teile desselben Ozeans (L 96/359)

intramarine Meeresstraßen [lat. intra innerhalb] s. intermarine Meeresstraßen

intraozeane Meeresstraßen s. interozeane Meeresstraßen

Intrusión [lat. intrúdere hineindrängen] Einpressung des *Magmas in die Erdrinde

Intrusiónsbeben s. vulkanische Beben

Inundationsbett [lat. in hinein, unda Welle] das Gebiet, das wenig tief eingeschnittene *Flüsse gewöhnlich bei *Hochwasser überschwemmen

Inundationsterrassen *Ausfüllungsterrassen, die durch die Ränder des *Hochwasserbettes eines Flusses gebildet werden. Ein ursprünglich in Fels eingegrabenes Bett wurde mit *Sedimenten zugeschüttet, in denen der Fluß neuerlich ein Bett anlegte, ein schmäleres bei normalem, ein weiteres bei *Hochwasserstand; „nur auf einer oder auch auf beiden Seiten blieben Terrassen als *Destruktionsreste zurück, bald durch neue Absätze erweitert, bald durch seitliche *Erosion verkleinert" (L 3/541 f. mit Abb.)

Inversión der Temperatur [lat. invérsio Umkehrung] a) in der *Atmosphäre: entweder die jenseits der *Troposphäre in einer fast isothermen, d. h. gleichwarmen, vielleicht sogar eine geringe Temperaturzunahme aufweisenden Luftschichte sich ergebende Veränderung (L 2/580) oder die in beckenartigen Gebirgstälern auftretende, von der Regel der Temperaturabnahme mit der Höhe abweichende Erscheinung, daß im Winter die an den Berglehnen gelegenen Punkte wärmer sind als die an der Talsohle (sog. Temperaturumkehr); letzteres dadurch bewirkt, daß bei hohem Luftdruck und ruhigem, heiterem Wetter sich die schwere, kalte Luft in den ein Abfließen der Luft erschwerenden unteren Teilen als förmlicher Luft-Kältesee ansammelt, während sie sich an den mittleren Gehängen durch das Absinken und die direkte Sonnenbestrahlung erwärmt (L 60¹/225 ff.); b) in Binnenseen: sie tritt entgegen der normalen, von oben nach unten abnehmenden, ein, wenn die *Oberflächentemperatur zwischen 0⁰ und 4⁰ beträgt, da dann die kälteren (unter die für Süßwasser 4⁰ betragende Temperatur des Dichtigkeitsmaximums gesunkenen) Schichten oben schwimmen, die wärmsten aber unten liegen (L 2/571; 5/214)

Inversión des Reliefs wenn die ursprüngliche Übereinstimmung zwischen *Struktur und Relief in ihr Gegenteil verwandelt wird (L 9, Bd. 627/70) (s. auch umgekehrtes Relief)

Irische Strömung s. Atlantische Strömung

Irmingerströmung Die *Atlantische bzw. *Irische Strömung biegt in der Nähe von Island als J. nach W. um und bewegt sich als warme *Westgrönländische Strömung dieser Insel entlang (ihre Häfen nördlich von 64⁰ eisfrei haltend), während noch die Südspitze Grönlands von der (als Fortsetzung der O. gerichteten, aus der Beringstraße kommenden Nordpolaren Eistrift erscheinenden) mit gewaltigen Padeismassen nach S. und SW. ziehenden *Ostgrönlandströmung umspült wird, die ihrerseits die *Janmayen = Polarströmung und (weiter südlich) die *Ostisländische Polarströmung nach SO. entsendet. An der Ostküste Nordamerikas läuft die der Baffinsbai entstammende kalte *Labradorströmung nach S., bis sie bei der Neufundland-Bank auf die *Atlantische Strömung trifft

Isanabásen [gr. ísos gleich, anábasis Aufsteigen] Linien, welche die Punkte gleichgroßer Hebung verbinden; für Standinavien zum Studium der *Strandverschiebungen längs der alten Strandlinien durchgeführt

Isanomálen [gr. an Verneinung, homalés gleich] Linien, welche die Orte gleicher *thermischer Anomalie verbinden

Isidorus Hispalénsis (Isid. Bischof von Sevilla), * um 560 zu Cartagena, † 636, einer der vielseitigsten Gelehrten seiner Zeit. In seinen kompendiösen, später häufig benutzten Werken, z. B. dem

„Originum seu etymologicarum libri XX" oder dem „de astronomia seu natura rerum" hat er sich auch über geophysikalische Fragen (Erdbeben, Vulkane, Gezeiten usw.) verbreitet

Isländischer Rücken Bodenschwelle im *Atlantischen Ozean mit weniger als 600 m Tiefe zwischen Grönland, Island, Faröer und Schottland, gewöhnlich als Nordostgrenze des Atlantischen Ozeans angenommen; er verhindert das Eindringen des kalten polaren Tiefenwassers in den Ozean

Isoamplituden [lat. amplitúdo die Weite] die Linien gleicher jährlicher *Wärmeschwankung; a) im Meere schwankt in manchen tropischen Gebieten (*Kalmen) die Jahrestemperatur noch nicht um 1° C, etwa ¾ des Weltmeeres besitzt keine größere Jahresschwankung als 5° C (L 2/521 f.); b) bei Lufttemperatur: s. Jahresschwankung, Äquatorial=, Land=, See= und Übergangsklima. Karte bei Sydow= *Wagner, „Meth. Schulatl.", Taf. 7

Isobáren [gr. báros Schwere] Linien, welche die Orte gleichen, auf den *Meeresspiegel reduzierten Luftdruckes miteinander verbinden

Isobásen [gr. básis Schritt] = *Isanabasen

Isobáthen [gr. báthos Tiefe] Linien, welche die Punkte gleicher absoluter Tiefe miteinander verbinden

Isochiménen [gr. cheimón Winter] die Linien, welche die Orte gleicher Wintertemperatur miteinander verbinden

isochórische Linien [gr. chóra Landstrich, Gegend] L., welche die von dem Netz der einzelnen Bahnstationen eines Gebietes gleichweit entfernten Punkte miteinander verbinden (also Linien gleicher Eisenbahnferne) (L 96/143)

Isochronanomálen [gr. anómalos uneben, unregelmäßig] Linien, welche einerseits Orte verbinden, welche früher, anderseits, welche später erreicht werden, als dies nach der berechneten mittleren Reisedauer möglich wäre (L 96/50) (f. Isochronen)

Isochrónen [gr. chrónos Zeit] die auf einen bestimmten Ort als Ausgangspunkt bezogenen Linien mittlerer Reisedauer, wobei im Gegensatz etwa zu den in der Luftlinie gemessenen gleichen (kilometrischen) Entfernungen auch die orographischen Hemmnisse des Landes berücksichtigt erscheinen (L 2/985; L 24²/663 ff.

Isodynámen [gr. dýnamis Kraft] Linien, welche die Orte gleicher *magnetischer Intensität verbinden

Isogámmen Linien, welche die Orte gleicher Abweichung der Schwere von ihrem Normalwerte miteinander verbinden

Isogónen [gr. gonía Winkel] Linien, welche die Orte (zu einer bestimmten Zeit) gleicher *magnetischer Deklination verbinden

Isohélien [gr. hélios Sonne] Linien, die Orte von gleicher mittl. Sonnenscheindauer verbinden

Isoheméren [gr. heméra Tag] Linien gleicher Reisedauer, also soviel wie *Isochronen (L 96/41 f.)

Isohyéten [gr. hyetós Regen] Linien, die Orte gleicher Regenmenge verbinden

Isohypsen, Höhenkurven, =schichten, Höhen= oder Niveaulinien [gr. hýpsos Höhe]: Linien, welche die Punkte gleicher absoluter Höhe miteinander verbinden. Durch solche I. wird z. B. ein Berg in parallele Schnitte mit bestimmten vertikalen Abständen voneinander zerlegt; wo er steiler ist, nähern sich ihre Ränder (also die I.), je sanfter die Böschung, desto mehr rücken sie auseinander. Der jeweils zweckmäßige Höhenabstand der I. ist hauptsächlich vom *Kartenmaßstabe abhängig. Die Flächen zwischen zwei I. pflegt man durch verschiedene (gewöhnlich auf Grund einer vom Hell zum Dunklen fortschreitenden Skala ausgewählte) Farben plastisch zu gestalten (L 22/127; 23²/25 ff.; 24/592 ff.)

Isohypsenküste nennt *Philippson (L 2/463) die durch küstenfremde Bestandteile gebildete *Küste; Ablehnung dieser Bezeichnung (ebda.)

Isokatabásen [gr. katábasis Herabsteigen] Linien, welche die Punkte gleicher *Senkung miteinander verbinden, eine Karte der I. in den „Veröffentlichungen der Bayr. Kommission für internat. Erdmessung" 1920 (Ggf.: Isanabasen)

Isoklinálfalten [gr. klínein neigen, also gleichsinnig geneigt] s. Falte

Isoklinalkämme s. Kalte
Isoklinaltal s. Kalte
Isoklinen Linien, welche die Orte (zu einer bestimmten Zeit) gleicher *magnetischer Inklination verbinden
isolierende (einsilbige) **Sprachen** Der Sinn wird durch die Stellung der überwiegend einsilbigen, unveränderlichen Wurzeln erzielt; Beispiele: chinesisch, siamesisch (L 2/739)
Isonéphen [gr. néphos Wolke] die Linien, welche die Orte gleichen Bewölkungsgrades miteinander verbinden
Isonotíden [grch. nótis Feuchtigkeit] Linien gleicher *Regenfaktoren (PM 1926, S. 145ff., PM 1927, S. 197 f.)
isópisch [gr. isos gleich, óps Antlitz, „*Fazies"] von gleicher Ausbildung. (Fazies); Ggs.: heterópisch
Isopléthen [gr. pléthos Fülle, Menge] die Linien, welche die Punkte gleicher Wärmemenge (z. B. in den verschiedenen Tiefen eines Sees) miteinander verbinden (L 9, Bd. 628/80)
Isorháchien [gr. rhachía Brandung, Flut], Hochwasserstundenlinien: Linien, welche Orte mit gleicher Eintrittszeit der *Flut (nachdem die *Hafenzeiten z. B. auf Greenwich umgerechnet sind) quer über das Meer miteinander verbinden
Isoseisten [gr. seistós erschüttert] die Linien, welche die Orte gleicher Erdbebenstärke (gleicher seismischer Intensität) miteinander verbinden
Isostasie [gr. isostásios gleichwiegend] bezeichnet die Lehre, wonach zur Herstellung eines Gleichgewichtszustandes einerseits der scheinbare Massenüberschuß der *Kontinente durch Auflockerungszonen von geringerer *Dichte unter ihnen, anderseits die Massendefekte — die geringere Dichte — der ozeanischen Wassermassen durch die größere Dichte der sie tragenden *Erdkruste ausgeglichen wird (L 2/130; 11³/39; 27/17 u. ö., 31/26 ff. Vgl. auch Baschin in DU. 1919, S. 738, Meißner in PM 1926, S. 262 f., Koßmat in GR 1926, die Werke von A. Born (1923) und C. S. Sandberg (1924)
Isotáchen [gr. táchos Schnelligkeit] Linien, welche die Punkte gleicher Geschwindigkeit im Querprofil des *Flusses verbinden

Isothéren [gr. théros Sommer] Linien, die Orte gleicher Sommertemperatur miteinander verbinden
isotherme Schicht der *Atmosphäre [gr. thermós warm] die fast gleichwarme Temperatur der *Stratosphäre (s. auch Temperaturabnahme der Luft mit der Höhe) (L 2/571)
Isothermen der Meeresoberfläche heißen *Hydroisothermen (L 2/524 f.)
Isothermobathen [gr. báthos Tiefe] die Linien gleicher Tiefseetemperatur
Isthmus [gr. isthmós] die griech. Bezeichnung für *Landenge
Itinera Hierosolymitana [lat. iter Weg, Reise] *Itinerare der römischen Kaiserzeit, welche Reisen nach dem heiligen Lande beschreiben, so das Itinerarium Burdigalense, um 333 n. Chr. verfaßt, mit der Beschreibung einer Pilgerfahrt von Bordeaux nach Jerusalem und zurück bis Mailand usw.
Itineraraufnahmen = *Wegeaufnahmen
Itineráre auf Karten eingetragene Wege von Forschern oder Reisenden entweder als *Wegaufnahmen in einem bisher wenig bekannten Gebiete oder als Reisekarten zur Wegweisung für Benützer, in dieser Eigenschaft mit der Angabe der Entfernungen der einzelnen Stationen voneinander; schon im Altertum bekannt
Itinerárium Antoníni ein *Itinerar der römischen Kaiserzeit (wohl um 300 n. Chr.), mit vollständigem Verzeichnis der Straßen D. römischen Reiches
Jaeger, Fritz, Geograph, * 1881 in Offenbach a. M., Prof. an der Univ. Berlin, bereiste 1904, 1906—07 Deutschost-, 1914—19 Deutschsüdwestafrika, 1925 Mexiko, Arb. über Deutschostafrika und Deutschsüdwestafrika (1911, 1913, 1920), „Afrika" (1925), Diluv. Klima in Mexiko (1926)
Jahr s. siderisches und tropisches Jahr, Mondjahr
Jahresisothermen *Isothermen der *mittleren Jahrestemperatur
Jahresmittel die Summe der *Monatsmittel, dividiert durch 12 (Monate)
Jahresschwankung die Spannung zwischen dem wärmsten und kühlsten Monat (gewöhnlich Juli bzw. Januar, nur im *See-, *polaren und *Hochgebirgs-

Klima später: August, ganz selten September, bzw. Februar und März). In den Tropen fallen die Extreme infolge der ziemlich gleichmäßigen Bestrahlung (nicht in die Zeiten der Sonnenwende, sondern) in den Beginn der *Regenzeiten. Die J., die am Äquator geringer als die *Tagesschwankung und auf der nördlichen Halbkugel weit größer als auf der südlichen ist, steigt vom *Äquatorialklima mit 1° über *Tropen= und *Übergangsklima im exzessiven *Landklima bis weit über 40° (Werchojansk 66°). Die *mittlere J. „nimmt zu vom Äquator nach den Polen und von der Küste nach dem Innern der Länder, sie ist ferner größer an den West= als an den Ostküsten" (L 5/97); die *absolute J. ist besonders für die Pflanzen von Bedeutung, da ihnen nicht die lange Dauer kalter (aber noch erttragener) Temperaturen, wohl aber schon eine kurz wirkende, einmalige (noch nicht mehr erttragene) Kälte zu schaden vermag (L 3/109 ff.)

Jahresschwankung der Meerestemperatur s. Meerwasser und Isoamplituden

Jahresschwankung der Wärme (unperiodische) der Unterschied zwischen der höchsten und tiefsten innerhalb eines ganzen Jahres verzeichneten *Temperatur (L 60b/27)

Jahreszeiten auf Verschiedenheit in der Erwärmung und Dauer der täglichen Beleuchtung beruhende Einteilung des Jahres (s. Apsidenlinie); Wechsel (Entstehung) der J. s. Erdachse

jährliche Parallaxe s. Parallaxe

Jakobsstab oder *Gradstock einfaches Instrument zur Bestimmung der Höhe

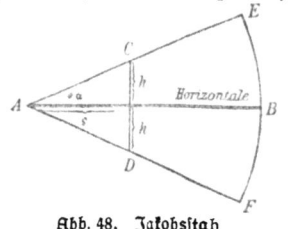

Abb. 48. Jakobsstab

eines Gestirnes (Abb. 48). Auf einem in gleiche Teile geteilten Stabe AB sitzt das längs AB frei verschiebbare und von AB halbierte Querholz CD von der Länge 2 h auf. Der Stab wird vor dem Auge in die Richtung zwischen die beiden zu visierenden Gegenstände E und F (z. B. Sterne) gebracht und nun das Querholz so lange verschoben, bis E und F vom Auge zugleich gesehen werden.

Dann ist $\tan \alpha = \frac{h}{s}$

Jakuten s. Turkvölker

Jan=Mayen=Polarströmung s. Irmingerströmung

Japangraben sichelförmiger *ozeanischer Graben an der Außenseite der japanischen Inseln und der Kurilen, mit der Tuscarora= als größter Tiefe (8513 m)

Javaner s. malaiische Rasse

Jugendzeit (Supans „Zeit der Unreife") ist im *normalen Erosionszyklus gekennzeichnet als beginnender Zertalungsprozeß mit naturgemäß noch geringer Dichte des Flußnetzes; zwischen breiten *Wasserscheiden (durch vorherrschende*Tiefenerosion bedingte) meist steilwandige Täler. Andere Formen besitzen ein *Stadium der Jugend der *aride, *glaziale und *marine Erosionszyklus (L 3/547)

Junghuhn, Franz Wilhelm, Naturforscher, * 1809 in Mansfeld, † 1864 zu Lembang auf Java, erforschte 1835–1849 Sumatra und Java

Jungtertiär die jüngere Zeit des *Tertiär, auch *Neogen genannt, *Miozän und *Pliozän umfassend (s. auch geologische Zeitalter)

Jupiter s. Planeten, Monde: nächst der Sonne größter Planet, während seiner stärksten Annäherung an die *Erde noch 600 Mill. km von ihr entfernt. Die Schnelligkeit der eigenen Umdrehung um sich selbst (10 Stunden) bewirkt starke*Abplattung($^1/_{14}$). *Schwerkraft 2,467 mal so groß als die irdische

Jura [nach dem Juragebirge] geologische *Formation mit vorherrschenden Mergeln, Eisen= und Kalksandsteinen, Korallenkalken und Schiefern (s. auch geologische Zeitalter)

juvenile Quelle, juveniler Ursprung [lat. juvenilis jugendlich] s. vadoser Ursprung

juveniles Wasser s. Grundwasser

Kabylen s. Berber

Kaffern s. Betschuanen, Sambesivölker

Kaledónisches Gebirge [nach dem alten Volksstamm der Kaledónier im Norden Schottlands] am Ende der *Silurzeit aufgefaltetes und später zertrümmertes (ältestes) Gebirge im Nordwesten Europas von sw. bis nö. Streichrichtung; Reste in den heutigen Gebirgen des nördlichen Irland, von Wales, Schottland, Norwegen und auf Spitzbergen, ja auch an der Nordküste Grönlands und an der Ostküste des ihm westl. vorgelagerten Grinnellandes, weshalb wir im K. G. eine gewaltige Gebirgskette zu erblicken hätten, die sich im *Paläozoikum in großem Bogen um den Nordatlantischen Ozean herumschlang und diesen vom Nordpolarmeer abschloß (L 3/718, 34/794f.; DN 1921/784) (s. auch *Armoritanisches, *Varistisches Gebirge und Nordatlantische Landbrücke)

Kalifornische Strömung s. Kuroschiwoströmung

Kalkkrusten als Bodenüberzug, den die infolge Sonnenstrahlung kapillar emporsteigende Bodenfeuchtigkeit in heißtrockenen Kontinentallandschaften erzeugt; für die *Verwitterung von großer Bedeutung

kalkreiche Quellen *Quellen, die ihre Benennung nach ihrem vorherrschenden Mineralgehalt (Kalziumkarbonat) führen; sie scheiden viele Absätze aus (*kalte Q. Kalkspat, warme Aragonit); schöne Beispiele mächtiger *Kalksinterabsätze in Württemberg (Cannstatt) und Thüringen (Weimar) oder in der Nähe Roms (Bildung des Travertin, Anio=Wasserfälle bei Tivoli)

Kalksinter beim Herabriefeln über Wände sich bildendes, vorhangähnliches Ausscheidungsprodukt aus verdunstendem kalkhaltigen Wasser; Beispiele in zahlreichen Kalkhöhlen, ferner die Terrassen am K. (*Sinterterrassen) an den Mammutquellen im Yellostowne=Nationalpark (s. auch kalkreiche Quellen, Stalagmiten, Stalaktiten)

Kalktuff (ohne jede Beziehung zu vulkanischen *Tuffen) ein poröser Kalkstein; eine besonders feste Art ist der Travertin, der Baustein Alt= und Neuroms

Kalmen [frz. calme Windstille] s. Windsysteme der Erde

Kalmücken (Kalmyken) mongolisches Volk in Nord= u. Mittelasien, im Kaukasusvorlande u. an der Wolga

Kältepole die Gebiete größter Kälte auf der Erde, von denen einer bei Werchojansk in Sibirien liegt (tiefstes Jahresmittel von —50,5°)

kalte Seen jene *Seen, deren oberste Schicht stets unter 4° C besitzt; sie zeigen durchweg *Temperaturumkehr. Auch Seen der gemäßigten Zone umfassend (Baikalsee)

kalte Zone entweder soviel wie *polare Temperaturzone oder zwischen dieser und der gemäßigten Zone eingeschaltet, indem (nach Köppen L 3/103) in jener alle Monate kalt sind, während in der k. Z. noch vier Monate gemäßigt (10—20° C besitzen) und bloß die übrigen kalt sind (unter 10° bleiben)

Kambrium [Cámbria keltischer Name für Wales] geologische *Formation, in Wales besonders ausgebildet (s. auch geologische Zeitalter)

Kames fluvoglaziale, in einzelnen Kuppen und Kegeln auftretende Bildungen (L 34/644)

Kammformen sind beim Felsgebirge „vorgezeichnet durch die Art und Lagerung des Gesteins und den Gesteinswechsel und werden ausgearbeitet durch die vereint an der Abfuhr der *Verwitterungsstoffe arbeitenden *Massenbewegungen, die *Abspülung und den *Wind. Je verwickelter die *Tektonit, je mannigfaltiger das Gestein, desto größer der Formenreichtum der *Kämme und Gipfel" (L 5/147)

Kammgebirge Gebirge mit deutlicher Längserstreckung und einer scharf hervortretenden *Kammlinie; treten an deren Stelle breite Rückenformen, so spricht man von *Rückengebirgen. Das Aussehen von K. und Rückengebirgen können von *Strukturformen besitzen ein *Sattelgebirge, *Keilscholle und *Saltenschollengebirge oder ein vulkanisches Gebirge; von *Destruktionsformen können *Erosions= und *Rumpfschollengebirge auch das Bild eines K. bzw. Rückengebirges (wie das eines *Plateau= oder eines *Massengebirges) bieten

Kammhöhe eines Gebirges die *mittlere (*absolute) Höhe aller Gipfel (G) und Einsattelungen (E); die mittlere K. eines Gebirges ist daher $\frac{G+E}{2}$

Kammlandschaften (*Erosionsgebirge) entstehen neben *Plateaulandschaften nach *Sölch (L 5/138) durch Umwandlung von *Flachland in Gebirge infolge *epirogenetischer Bewegungen (s. auch Kamm- und Plateaugebirge)

Kamm(scheitel-)linie s. Gebirgskamm
Kammpässe s. Pässe
Kammscheitel s. First
Kammwasserscheiden s. Talwasserscheiden

Kampfer aus dem Holze des zur Familie der lorbeerartigen Pflanzen gehörenden ostasiatischen Kampferbaumes (Cámphora officinárum) gewonnen

Kämpfer, Engelbrecht, holl. Forschungsreisender, * 1651, † 1716; 1690 bis 1692 Aufenthalt in Japan

Kamtschadalen s. Polarvölker
Kamtschatkaströmung s. Alaskaströmung

Kanadischer Schild [von Ed. Sueß (L 1²) geschaffene Bezeichnung], auch Laurentinisches Massiv seit dem Vorkambrium nicht mehr gefaltete, nunmehr zum *Rumpf abgetragene archäische Gebirgsscholle im Nordosten Nordamerikas und in Grönland (s. auch Baltischer Schild, Angaraland, Godwanaland) (Abb. 1)

Kanal- (*Dallonen-) **Küste** die durch *Canali (*Dalloni) gebuchtete *Küste, eine Abart der *Riasküste; der dalmatinische Küstentypus v. *Richthofens (L 50/302)

Kanal- (oder *Zwischen-) **Meer** nennt *Wagner (L 2/283) die verhältnismäßig seltene Erscheinung, daß die ein Meer begrenzenden Gegengestade (nicht bloß von Landvorsprüngen!) „auf längere Erstreckung in mehr oder weniger parallelem Verlaufe sich nahe gegenübertreten"

Kanaltheorie von Airy s. Wellentheorien

Kanarische Strömung s. Nordatlantische Verbindungsströmung

Känozoikum, känozoische Ära [gr. kainós neu, zóon Lebewesen; lat. aéra Zeitalter] s. geologische Zeitalter

Kant-Laplacesche (*Nebular-) **Theorie** behandelt die gemeinsame, gleiche Entstehung des Planetensystems aus einem riesigen glühenden Gas- (oder Dampf-) Ball. Eine einmal erhaltene Bewegung um seine Achse mußte mit zunehmender Verdichtung seiner Masse immer schneller werden und mit wachsender Zentrifugalkraft mußte *Abplattung an den *Polen und Anschwellung um den Äquator eintreten; letztere führte zur Loslösung und schließlichen Zerreißung eines Ringes, dessen weiterkreisende Stücke durch gegenseitige Anziehung sich zu einem geschlossenen *Planeten vereinigten. Weitere Loslösungen und Zerreißungen von Ringen ergaben (bis auf die als Stücke sich erhaltenden *Planetoiden) immer neue Planeten. Als mit der fortschreitenden Abkühlung des Hauptballs die Fliehkraft die *Schwerkraft nicht mehr zu überwinden imstande war, erhielt sich der Gegensatz zwischen diesem und den peripherischen Körpern dauernd. Zahlreiche Umstände sprechen für, manche gegen die K.-L. Hypothese (L 3/2 ff.; 37¹/27 ff.). Ausführlichere Darstellung bei Weinstein, „Entstehung der Welt und der Erde" (ANuG 223), S. 76 ff. und P. Wagner, „Grundfragen der allgem. Geologie"² (WuB 91), S. 1 ff.

Kapillare Wellen [lat. capillāris haarfein] die ganz kleinen, etwa hautfalten entsprechenden, vom *Winde erzeugten Wellen der Meeresoberfläche; die Entstehung aus dem Übereinandergleiten zweier verschieden dichter Medien (nach der Theorie von Helmholtz) erklärt bei L 3/296

Kapillarität des Bodens die in Böden mit Korngrößen unter 5 mm der Versickerung entgegenarbeitende Eigenschaft, wonach das Wasser in den Kanälchen zwischen den Körnern aufzusteigen vermag (L 9, Bd. 628/10)

Kapok die seidenartige, vorzüglich als Polstermaterial verwendete Samenwolle des zur Familie der Bombaceen gehörenden „Wollbaumes" der Tropen (Ceiba pentandra). Aus dem Stamm gewinnt man ein geringwertiges Gummi

Karbon [lat. cárbo Kohle] nach den ungeheuren in dieser Zeit gebildeten Steinkohlenlagern benannte geologische *Formation (s. geologische Zeitalter)

Kardamomen die Früchte von Elattaria Cardamomum, E. major (Indien) und Amomum Cardamomum (Sundainseln); verwendet als Gewürz und zur Ölbereitung

Kardinalpunkte des *Horizontes [lat. cárdo Hauptpunkt] gibt es vier: *Ost- und *Westpunkt, *Nord- und *Südpunkt. Wir benötigen sie, um uns zu *orientieren. Die Erweiterung der durch die *Meridianlinie und *Ostwestlinie gegebenen Vierteilung des Horizontes auf 12, 16 bzw. 32 Teile, die der Seefahrer zuerst brauchte, um die Windrichtungen genauer bestimmen zu können, nennt man *Wind- oder Strichrose

Kare (in Norwegen *Botner) in die Gehänge des Hochgebirges unterhalb der Gipfel eingesenkte breitbodige, kesselförmige Nischen (U-form); vielfach (L 9³/85) in ihrer Entstehung auf die *Erosion *eiszeitlicher *Gletscher (zumeist in Umwandlung ursprünglicher *Quelltrichter) zurückgeführt, heute von *Firnfeldern, *Hängegletschern oder *Seen eingenommen. Von beiden Seiten in die Bergrücken eindringend, erzeugen sie den eigentlichen Hochgebirgscharakter mit seinen schroffen Graten und wechselnden Gipfelformen (L 3/569 ff.; 5/206 f.; 7, Bd. 2²/263 ff.)

Karelier s. finnisch-ugrische Völkergruppe

Karibische Strömung s. Antillenströmung

Karling ein von allen Seiten durch *Kare scharfkantig geformter Berggipfel (L 9, Bd. 627/85; 7, Bd. 2²/265)

Karren s. Karsterscheinungen

Karseen in *Karen liegende *Seen (zu den *Hochseen gehörend); *Kayser (L 37¹/602) unterscheidet sie von den Karen („steilen nischenförmigen Einbuchtungen im Gehänge") als „geschlossene, meist wassererfüllte bodenförmige Austiefungen in festem Gestein"

Karst der Nordwestteil des den jugoslawischen Staat überwiegend erfüllenden Dinarischen Gebirges, besonders im alten Krain, in Istrien und Westkroatien gelegen; hauptsächlich aus Kalk aufgebaut und der Schauplatz der hier typisch entwickelten und daher nach ihm benannten *Karsterscheinungen (s. auch alle Zusammensetzungen mit K., ferner die Stichwörter Hungerbrunnen, Karren, Katavothren, Kluftwasser, Ponore, Schlundlöcher, seichter und tiefer K.)

Karsterscheinungen die an das Auftreten des im Wasser löslichen Kalkgesteins geknüpften Formen. Das auf geneigter Fläche abfließende Regen- (und Schmelz-) Wasser arbeitet messerscharfe Rippen zwischen tiefen Rinnen (die *Karren oder *Schratten) heraus, das in den Boden einsickernde weitet den Kalk zu röhrenähnlichen Spalten aus und macht ihn dadurch porös. So verschluckt der Kalk jenen Teil des Regenwassers, der bei wasserundurchlässigem Gestein oberflächlich abrinnt, und leitet es in Spalten bis zu einer undurchlässigen Schicht, die das Wasser mehrerer Spaltklüfte zu Quellen, die in bedeutender Mächtigkeit zutage treten, und Flüssen sammelt. Dabei werden einerseits die Eingänge zu diesen Spalten im Laufe der Zeit zu Trichtern verbreitert (*Dolinen), die, 2—20 m Tiefe und 10—100 m Durchmesser besitzend, den Karst wie blatternarbig erscheinen lassen, anderseits die Spalten selbst durch die fortgesetzte Auswaschung schließlich zu *Höhlen umgestaltet, in denen sich der Kalk wieder in Form von Tropfsteinen (*Stalagmiten, *Stalaktiten) absetzt. Viele dieser Höhlen werden auch von Flüssen durchströmt, die auf oberflächlich lagerndem, undurchlässigem Gestein entstanden sind, aber auf Kalk übertretend, in Schlundlöchern (*Ponoren, *Katavothren) verschwinden und ihren Lauf unterirdisch fortsetzen; die bis zum Schlundloch normal ausgefurchten Täler sind hier scheinbar *blind, die Talbildung ist lückenhaft; nur wo das Dach der Höhle auf größere Strecken eingestürzt ist, erhalten die früheren Höhlen das Aussehen offener Täler. Sonst fehlen als charakteristisches Merkmal ganzen Landschaften Wasserläufe an der Oberfläche: Wasserarmut auf der Höhe, Wasserreichtum in der Tiefe sind bezeichnende Gegensätze. Seen bilden sich, wenn anhaltende starke Regengüsse die *Poljen, die man überwiegend als im Zusammenhang mit der Gebirgsfaltung entstandene, langgestreckte Einbruchsbecken auffaßt, überschwemmen oder der Grundwasserspiegel, sei es immer, sei es nur im Frühjahr zur Zeit der Schneeschmelze, den Boden der Poljen erreicht (ständige und periodische Seen) (L 3/550 ff.; 5/149 ff.; 7, Bd. 2²/65 ff.; 9, Bd. 627/74 ff.; 37¹/456 ff.) (s. auch Cockpit-Landschaft)

Karstgerinne s. Grundwasser (L 54/22 f.)

Karsthöhlen die zu den *Karsterscheinungen gehörenden zahlreichen *Höhlen des *Karstes; sie gehen nach *Grund (L 5/155) alle „auf Klüfte und Schichtfugen zurück, die durch Auswaschung und Auslaugung erweitert worden sind" (*Erosions- und *Korrosionshöhlen) und treten entweder als senkrechte *Vertikalhöhlen (*Schlote), die übrigens auch durch Einsturz geschaffen sein können, oder als wagrechte *Horizontalhöhlen auf

Karst(wasser)quellen *Quellen im *Karste; das durch die zahllosen Spalten und Klüfte zur Tiefe geführte Regenwasser tritt an der wasserundurchlässigen Schicht als (oft mächtige, bach- und flußartige, Mühlen treibende und Boote tragende) Quelle zutage. Nach *Grund (L 9, Bd. 628/27) ist ihr Fließen dadurch hervorgerufen, daß „der Austrittspunkt der Quelle innerhalb der *Karstwasserschwankung liegt; kann die Quelle längs einer ausstreichenden Kluftspalte ihren Austrittspunkt verschieben, so hebt sich dieser mit dem Steigen und senkt sich mit dem Sinken des *Karstwassers, die Quelle ist *perennierend; kommt er über den jeweiligen Karstwasserspiegel zu liegen, so versiegt die Quelle", sie wird periodisch. Einwendungen gegen diese Theorie und eine Erklärung der K. unter Annahme eines *Karstgerinnes in L 9, Bd. 628/26 f. Vgl. auch L 5/153 f.

Karstseen die *Seen in den zahlreichen Hohlformen des *Karstes (*Karsterscheinungen: *Dolinen, *Poljen u. a., vgl. auch *Blindseen) (L 2/445; 54/103)

Karsttrichter trichterförmige, gelegentlich über 30 m erreichende Vertiefungen der Kalklandschaften, die das Regenwasser weiterleiten, doch auch manchmal ganze Bäche aufnehmen, die dann unterirdisch weiterfließen; von *Kayser (L 37¹/454 f.) von den *Dolinen unterschieden, von *Sölch (L 5/149) u. a. ihnen gleichgesetzt

Karstwasser s. Grundwasser (L 3/499; 5/151; 7, Bd. 2²/72 f.; 9, Bd. 628/17)

Karstwasserschwankung die Schwankungen des *Karstwasserspiegels; ihre Größe ist abhängig „sowohl von den jahreszeitlichen Schwankungen des Niederschlags als von dem Ausmaß der Klüftung; dieses aber vergrößert sich mit dem morphologischen Alter des Karstes" (L 9, Bd. 628/18); im älteren mit geräumigeren Klüften und Höhlen ist die K. um so kleiner

Karstwasserspiegel s. Grundwasser

Karstzyklus der *geographische Zyklus im *Karste. Er wird nach *Grund (85. Versammlung deutscher Naturforscher und Ärzte in Wien, 1913) eingeleitet, wenn die Karstoberfläche vom Grundwasserspiegel (*Karstwasserspiegel) entfernt wird; ein junges Karstgebirge hat zwischen den einzelnen *Dolinen dolinenfreie *Riedelflächen. Durch das Wachstum der Dolinen an Zahl und Größe werden die Riedelflächen mit allmählicher Ausreifung sich zu Graten verschmälern; das Reifestadium selbst tritt ein, indem die Grate stellenweise erniedrigt werden, die Dolinen vielfach miteinander verwachsen, so daß ihre Zahl abnimmt; die kleinen Räume zwischen ihnen bleiben als spitze, kegelförmige Hügel stehen (*Cockpitlandschaft). Das Altersstadium beginnt, indem die Oberfläche sich immer mehr der *Korrosionsbasis, dem Grundwasserspiegel, nähert; oberirdische Hydrographie, die unterirdische ablösend, tritt auf, begünstigt durch das in diesem Stadium besonders häufige Einstürzen von Hohlräumen. Die Unebenheiten werden allmählich beseitigt und endlich ist der Karst bis zum Grundwasserniveau zu einer *Rumpffläche erniedrigt (L 9, Bd. 627/76 f. mit Abb.; den Standpunkt vor Grund bei L 3/559, 5/184). Vgl. auch L 7, Bd. 2²/75 f.

Karte des Deutschen Reiches 1 : 100 000 ſ. Gradabteilungskarten

Kartenleſen die unbedingt notwendige Fertigkeit, den vielſeitigen Inhalt einer geographiſchen Karte durch Verſtändnis der ihr eigentümlichen Sprache ausſchöpfen zu können, nicht bloß um Raumbeziehungen feſtgeſtellter geographiſcher Objekte zu erſchließen, ſondern bis zur Erklärung geographiſcher Erſcheinungen vorzudringen. Die Hauptſache bleibt für den Anfänger ſtets Vergleich zwiſchen Karte und Natur. Einführungen in das K. bieten Egerer, „K.", gemeinverſtändliche Einführung" (Stuttgart 1918) und Derſelbe, Einführung in das Kartenverſtändnis (AHuG 610), Tſchofen-Hofrichter, „Wandtafeln für den Unterricht im K." (Wien 1911) und von demſelben „Naturbilder zur Einführung in das K." (Wien 1914), A. Berg, „Geographiſches Wanderbuch"[2] (Leipzig 1918). Vgl. N.*Krebs, „Die Bedeutung der geographiſchen Karte" (Geogr. Abende, Heft 6, Berlin 1919)

Kartenmaßſtab das (ſtets auf die Länge bezogene) Zahlenverhältnis der Verkleinerung (Verjüngung) des Kartenbildes gegenüber der Natur; die Angabe 1 : 5 000 000 bedeutet alſo, daß 1 mm auf der Karte 5 Mill. mm = 5 km in der Natur entſpricht (L 2/197 ff.; 23^{1}/14 ff.).

Kartenmeſſung das Meſſen von Längen, d. h. Entfernungen —, am beſten, wenn alle größten Kugelkreiſe faſt durch gerade Linien wiedergegeben ſind (ſ. auch Längentreue und Kurvimeter), von Flächen (*Planimeter) und Höhen (mittels Übertragung in ein *Profil, ſ. auch *Volummetrie) (L 2/ 253 ff.; 23^{2}/61 ff.).

Kartenplaſtik die plaſtiſche Darſtellung der Geländeformen (L 24^{1}/503 f.)

Kartenprojektionen [lat. projicere vorwerfen, entwerfen] die verſchiedenen Gradnetzentwürfe der geographiſchen Karten als Verſuche, die doppelt gekrümmte Kugeloberfläche der Erde auf einer Ebene auszuſtellen, was ohne fehlerhafte Abweichungen gegenüber der richtigen Lage und den wirklichen Entfernungen, die bloß der *Globus aufweiſt, nicht möglich iſt. Gleichzeitig läßt ſich in einem Entwurfe nur entweder *Flächentreue oder *Winkeltreue erreichen, daneben eine beſchränkte *Längentreue; die Fehler ſind um ſo geringer, je kleiner das dargeſtellte Gebiet iſt. Man unterſcheidet *Zylinderprojektionen, *Kegel- und *azimutale Projektionen (ſ. auch Globularprojektion und Polyederprojektion). Tabellariſche Überſicht der wichtigſten K. in L 23^{1}/88; ebda. S. 89 ff. Vorſchläge zur Wahl von K. für beſtimmte Gebiete. Vgl. K. Kretſchmer, „Anleitung zum Kartenzeichnen" (Berlin 1911); A. Egerer, „Herſtellung von Karten und Krokis" (AHuG 611)

Kartogramm [lat. chárta Papier, gr. gráphein ſchreiben] „im allgemeinen die geographiſche Anordnung von Verhältniszahlen, die innerhalb begrenzter Erdoberflächenſtücke Geltung haben oder auf ſolche bezogen ſind"; Ggſ.: *Diagramm, bei dem „dieſe Zahlenwerte des Vergleiches wegen in Linien oder geometriſche Figuren überſetzt werden" (L 2/877) (ſ. auch Blockdiagramm)

Kartographie [gr. gráphein ſchreiben] am beſten deutſch wohl als Kartenkunde bezeichnet, die Lehre von der Kartenherſtellung (Wahl der *Kartenprojektion, des Karteninhaltes) und der Benützung der Karte (*Kartenleſen) (L 23)

kartographiſche Aufnahmen vgl. L 26 und Schnauder, „Geographiſche Ortsbeſtimmung" (AHuG 606)

Kartometer [gr. métrein meſſen] ſ. Kurvimeter

Kartometrie = *Kartenmeſſung

Kaſſia= (Zimtblüten=) Öl, mannigfach verwendetes Öl von Cinnamomum Cassia (China, zur Familie der lorbeerartigen Gewächſe gehörender Baum)

Kataklysmentheorie [gr. kataklýzein überſchwemmen] die noch in der erſten Hälfte des 19. Jahrh. zur Erklärung der geologiſchen Erdgeſchichte herangezogene (unrichtige) Annahme, daß die Erde von Zeit zu Zeit aus unbekannten Urſachen von umwälzenden Kataſtrophen betroffen wird. Vgl. Zittel, „Geſchichte der Geologie und

*Paläontologie bis zum Ende des 19. Jahrh." (1899)

Katarakte [gr. katarrháktes Wasserfall] von *Wagner (L 2/332) den *Stromschnellen gleichgesetzt, von *Supan (L 3/536) als Vorstadium der letzteren angenommen; bei K. fällt das Wasser noch über eine Böschung herab, bei diesen hat es die Stufe bereits überwunden und schießt es in wagrechter Richtung, aber noch immer pfeilschnell, dahin

Katasterkarten s. Flurkarten

Katavóthre [neugr., Kluft, Abgrund] s Karsterscheinungen

Katechu (Acácia Catéchu, A. Suma) mimosenähnliche Pflanze (Birma, Nordindien), deren Holz zum Blaubzw. Braunfärben verwendet wird

Katothermie in Binnenseen [gr. káto hinter, thermós warm] im Gegensatz zur *regelmäßigen Wärmeschichtung (*Anothermie) eine verkehrte, d. h. mit der Tiefe zunehmende Wärmeschichtung, wie man sie im Winter bei *gemäßigten Seen findet (L 3/351; 5/214)

kaukasische Rasse s. Arier. Gegen den Ausdruck „Kaukasier" Degel, GA 1918, S. 68f.

Kaukasusvölker in ihrer Mehrzahl von *Wagner (L 2/742) wie die *Basken infolge ihrer abweichenden Sprachen als „Restvölker" innerhalb der *indoatlantischen Rasse bezeichnet. Zu den Ackerbau und Viehzucht treibenden, teils christlichen, teils mohammedanischen K. gehören u. a. *Osseten, Georgier oder *Grusiner, *Lesghier, *Mingrelier; auch die *uralaltaischen Tscherkessen pflegt man hierher zu zählen

Kaurifichte (Agathis australis) s. Kopal

Kautschuk wird aus dem Milchsaft mehrerer Bäume gewonnen, die den Familien der Moraceen (Sicusarten), Euphorbiaceen (Heveaarten und Manihot) wie Apocynaceen angehören

Kayser, Emanuel, Geologe, * 1845 in Königsberg (Preußen), Prof. emer. an der Universität Marburg. Arbeiten: L 37 und L 39b

Kees Bezeichnung eines alpinen Talgletschers (*Gletschertypen) in Kärnten

Kegelberge die Form der *aufgesetzten *Stratovulkane

Kegelprojektionen [lat. projicere vorwerfen, entwerfen] *Kartenprojektionen, bei denen die Projektionsfläche der Mantel eines die Erdkugel längs eines *Breitenkreises berührenden oder längs zweier Breitenkreise schneidenden Kegels ist. Bei den echten K. erscheinen die Breitenkreise als Bogen konzentrischer Kreise, deren gemeinsamer Mittelpunkt in der Spitze des Kegels als der Verlängerung der geradlinigen Mittelmeridians liegt, die *Meridiane als geradlinige Seitenlinien des Kegels. Hierher gehören *wahre und *vereinfachte K., ferner die *Delislesche Kartenprojektion. Bei der unechten K., zu denen *Bonnesche und *Stab=Wernersche Projektion gehören, sind die Meridiane Kurven

Keile enge *liegende Falte mit scharfem Scharnier, wobei Antiklinal= (Sattel=) und Synklinal= (Mulden=) K. unterschieden werden (L 41/14)

keilförmige Einfaltung s. Einteilung

Keilscholle s. Schollengebirge

Kentern der *Gezeitenströme der Wechsel der Stromrichtung; er erfolgt bei normalen Verhältnissen bei *Mittelwasser, was sich unmittelbar aus der Auffassung der *Gezeiten als einer fortschreitenden Welle ergibt, da jedes Wasserteilchen eine *Orbitalbewegung ausführt und dazu die Zeit einer *Wellenperiode benötigt (sich also 6 Stunden nach vor= und 6 nach rückwärts bewegt); das K. erst bei Mittelwasser, also 3 Stunden vor *Hoch= bzw. *Niedrigwasser, bewirkt auch die auf den ersten Blick seltsame Beobachtung, daß das Meerwasser noch 3 Stunden lang Flutbewegung zeigt (z. B. stromaufwärts gerichtet ist), wenn der Wasserspiegel schon sinkt, und umgekehrt (vgl. die Abb. S. 105 in L 57). Wo dagegen das K. nicht nach Hoch= und Niedrigwasser sich vollzieht, geht dies auf Wirkung des „ansteigenden seichten Meeresgrundes zurück, wodurch der vordere Schenkel der Welle eine Verkürzung erleidet; das Einsetzen des Ebbestromes unmittelbar nach Hochwasser entspricht dem Branden der *Windseen" (L 3/320)

Kepler, Johannes, berühmter Mathematiker und Astronom, * 1571 zu Weil in Württemberg, † 1630 zu Re=

Keplersche Gesetze — Kimmung 103

gensburg. 1593 Prof. in Graz, 1601 in den Diensten Kaiser Rudolfs II. in Prag, seit 1628 in Wallensteins Diensten zu Sagan. 1609 erscheint die „Astronomia nova", die beiden ersten *Keplerschen Gesetze, 1619 seine „Harmonices mundi", das dritte enthaltend **Keplersche Gesetze** 1. Die Bahnen der *Planeten sind Ellipsen, in deren einem gemeinsamen Brennpunkte die Sonne steht. 2. Der von der Sonne zum Planeten gezogene *Leitstrahl oder *Radiusvektor überstreicht in gleichen Zeiten gleiche Flächenräume; oder (anders ausgedrückt): Die Winkelgeschwindigkeiten der Planeten verhalten sich umgekehrt wie die Quadrate ihrer jeweiligen Entfernungen; oder (noch anders): Die Bogen (oder die linearen Fortbewegungen), die in gleichen Zeiten von den Planeten zurückgelegt werden, verhalten sich umgekehrt wie die jeweiligen Entfernungen von der Sonne. 3. Die Quadrate der Umlaufszeiten zweier Planeten verhalten sich wie die Kuben ihrer *mittleren Entfernungen von der Sonne
Kerbtal V=förmiges Tal ohne Talsohle, s. auch Klamm
Kermadecgraben einer der *ozeanischen Gräben, nördlich von Neuseeland, östlich der Kermadec=Inseln (größte Tiefe 9427 m)
Kern einer Decke ihre ältesten Gesteine
Kern einer *Falte s. Faltenkern, Mulden= und Sattelfalte
Kessel a) auf der Landesoberfläche das durch *Kesselbrüche geschaffene *Senkungsfeld; b) im *Meeresboden s. ozeanische Kessel
Kesselbrüche „ein System konzentrischer, bogenförmig verlaufender (=*peripherischer) *Brüche um ein *Senkungsfeld" (L 41/94); *Supan (L 3/372) nennt nur kleine „Einstürze von rundlichem oder polygonalem Umriß" so
Kettengebirge mehr oder weniger parallele *Kammgebirge, aber mit (diesen fehlender) ausgeprochener Längstalgliederung; doch kann das K. auch *Massive und *Plateaugebirge umfassen. Als *Destruktionsformen der K. bezeichnet *Supan (L 3/742) die *Rumpfgebirge und *Kettenschollen, als *Strukturformen nennt er *normale und *gebrochene Faltengebirge, die er beide gleicherweise einteilt a) nach der Gestalt in geradlinige und bogenförmige, b) nach der *Faltungsintensität in offene und geschlossene und c) nach der zonalen Gliederung in *monoantiklinale und *polyantiklinale, diese wieder in *gleichförmige und *ungleichförmige; die ungleichförmigen Faltengebirge können sein *einfache oder *zusammengesetzte, letztere endlich *einseitige, *doppelseitige und *zonale
Kettenschollen *Rumpfschollengebirge mit den Merkmalen eines *Kettengebirges, bei denen die Bruchlinien fast überall mit den alten *Falten übereinstimmen (L 3/719)
Kettung entsteht, wenn ein Gebirgsbogen die Richtung eines anderen derart kreuzt, „daß der eine über das Ende des anderen fortstreicht" (L 44/17)
Keuper [fränkische Bezeichnung] buntfarbige Sandsteine und Mergel der oberen *Trias (s. geolog. Zeitalter)
Kiepert, Heinrich, bedeutender (historischer) Kartograph, * 1818 in Berlin, † daselbst 1899. Hauptwerke: „Atlas antiquus" (^{11}1892), „Neuer Handatlas der Erde" (^{3}1893—1895)
Kieswüste (*Serir): ihren Boden bedecken kleine Quarzstücke, die der Wind aus größeren Gesteinsmassen ausgenagt und gerundet oder kantig zugeschliffen hat; „flache Furchen deuten hier auf gelegentliche Wasserwirkung, flache schüsselförmige Vertiefungen, die durch Winderosion ausgehoben sind, unterbrechen die gleichsinnige Abdachung" (L 9, Bd. 627/100) (s. auch L 5/190, 38/327 und Felswüste)
Kietz die Slawensiedlung, die in Ostelbien neben einer neu gegr. deutschen Stadt fortbestand oder sich bildete
Kilometermaß umgewandelt in Zeitdauer: eine *Wegstunde wird ungefähr 5 km gleichgesetzt, es legen in der Stunde zurück: ein trabendes Pferd durchschnittlich 12 km, Schnellkampfer 47 km, Eilzug 60 km, Rennautomobil 120 km, Flugzeug 200 km und mehr
Kimmerische Faltung [Kimmerier ist der Name eines Volkes] s. Saxonische Faltung
Kimmtiefe s. Horizont
Kimmung s. Horizont

Kippthermometer besonders eingerichtetes Thermometer, das zur Bestimmung der Temperaturen in der Tiefsee (*Meerwasser) dient; in normaler Lage bis dahin hinabgelassen, wo es die Temperatur der Wasserschichten messen soll, wird nachher „auf mechanischem Wege ein rasches, ruckweises Umkippen bewirkt, wodurch der Quecksilberfaden an einer bestimmten Stelle abreißt;

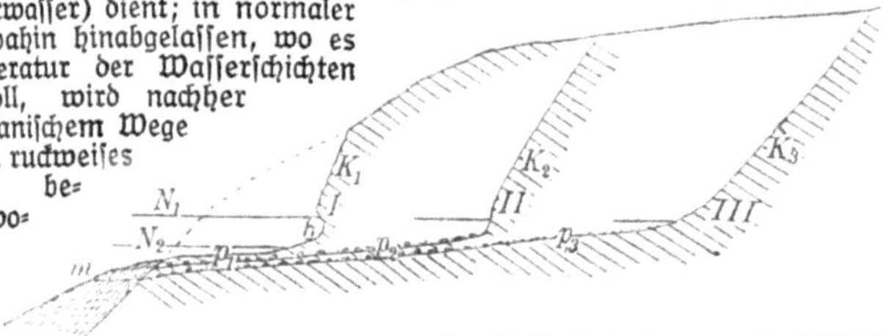

Abb. 49. Entwicklung einer Kliffküste. (Aus £9, Bd. 627/111.) K_1 K_2 K_3 rückschreitendes Kliff; b Brandungskehle; p_1, p_2, p_3 submarine Plattform; m Meereshalde; N_1 höchstes, N_2 tiefstes Meeresniveau

seine Länge entspricht der angenommenen Temperatur, die auf einer Skala abgelesen werden kann" (£ 47a¹/ 161 mit Abb.)
Klamm gleichmäßig enge, steilwandige Schlucht ohne Talboden (U-Form) als, vielleicht durch strudelndes Wasser (*Evorsion) gebildetes Werk einseitiger *Tiefenerosion, gelegentlich begünstigt durch die Neigung des Gesteins zu senkrechter Klüftung (Quadersandstein, viele Granite) und klimatisch oder anderweitig verursachte mangelhafte *Abspülung der Seitengehänge. Bei allmählicher Zerstörung und Abtragung (*Destruktion) der Gehänge bzw. eintretender Abspülung geht die U- in die V-Form, die K. ins *Kerbtal über, das im übrigen an erster Stelle in der Entwicklungsreihe des normalen Tales steht (£ 11³/261 f.)
Klastische Gesteine [gr. klastós zerbrochen] f. Trümmergesteine
Klei ein an Humus reicher Ton, zu dem die Marschböden unter einem Wiesenrasen verwittern (£ 11³/147)
Kleinbuchtige Küste f. gebuchtete Küste
Kleinformen f. Großformen
Kliff der von der *Brandung benagte und durch fortgesetzten Einsturz untergrabener Felswände oft weit zurückgedrängte Abfall einer *Steilküste
Kliffgletscher der grönländischen Steilküste (*Kliff) vorkommende Schneeanhäufungen, die sich, vom *Inlandeis hinabgeweht, zwischen dem steileren oberen und sanfteren unteren Teil des Kliffs ansammeln und gelegentlich kleine *Gletscher von höchstens 30 m Länge erzeugen

Kliffküste *Steilküste mit einem *Strand [*Abrasionsküste] (£11³/424) (Abb. 49)
Kliffreihen werden von *Davis-*Braun (£ 47a²/194) als Zeichen des *Reifestadiums in der Entwicklung einer *Küste angeführt (*Kliff)
Klima [gr. klinein neigen, da „schließlich alle Vorgänge im Luftkreise sehr eng mit der Neigung des *Himmelsäquators gegen den *Horizont, d. h. der *Schiefe der *Ekliptik" zusammenhängen] „der mittlere Zustand und gewöhnliche Verlauf der *Witterung an einem gegebenen Orte" (£ 61a/7). Wärme, *Luftdruck (Winde) und Wasserdampfgehalt der *Atmosphäre (f. Feuchtigkeit der Luft, Niederschlag) sind die Elemente des K. (f. auch *Äquatorialklima, mathematisches K., *arides, *humides, *nivales Klima)
Klimaänderungen Während es selbstverständlich ist, daß es in der geologischen Vergangenheit stets aus verschiedenen (solaren, atmosphärischen und geographischen) Ursachen, über die zusammenfassend Eckardt (£ 67/83 ff.) unterrichtet, K. (*Klimaschwankungen) gegeben hat—die diluviale *Eiszeit war eine solche—, muß anderseits als unbewiesen abgelehnt werden sowohl die Annahme einseitiger, ausgesprochen periodischer K. (regelmäßig wiederkehrender, über die ganze Erde fortschreitender Kälte- oder Wärmewellen) als auch eine andauernde, gleichsinnige Änderung der klimatischen Faktoren (beständige Wärmeabnahme an der

Erdoberfläche). Allmählich geht das Klima der geologischen Vergangenheit in das der Gegenwart über und hat sich in historischer Zeit einseitig (Austrocknung der Kontinente!) nicht gewandelt (L 2/650, 3/253 ff., 67/70 ff.); die heutigen klimatischen Zonen sind nicht bloß unverändert, seitdem wir geschichtliche Kunde haben, sondern „solange es Leben auf der Erde gibt, haben klimatische Zonenunterschiede bestanden" (L 67/78, 136)

Klimagebiete s. Klimagürtel

Klimagürtel (klimatische Erdgürtel) die größten Erdräume mit gewissen gemeinsamen Eigentümlichkeiten des *physischen Klimas; ihnen untergeordnet nach *Wagner (L 2/644) sind die *Klimaregionen, diesen wieder die *Klimagebiete, diesen schließlich die *Klimaprovinzen

Klimaprovinzen s. Klimagürtel, -typen, -zonen

Klimaregionen s. Klimagürtel, -zonen

Klimaschwankungen die feststehende Form der *Klimaänderungen; hierher gehören einmal die 35 jährige **Brücknersche Periode**, wonach (vielleicht im Zusammenhange mit einer 35 jährigen Periode der Sonnenflecken) innerhalb dieses Zeitraumes kühl-feuchte und warm-trockene Witterungsperioden miteinander abwechseln (L 3/236 ff.). Zum anderen aber auch die freilich z. B. von Eckardt (L 67/62 ff.) nicht geteilte Auffassung, daß sich bei der *diluvialen Eiszeit in den Alpen nach *Penck-Brückner eigentlich vier Eiszeiten (die nach den Flüssen mit guten Aufschlüssen benannten *Günz-, *Mindel-, *Riß- und *Würm-Eiszeit) unterscheiden lassen, die von drei warm-trockenen „*Interglazial"-Zeiten mit teilweise sogar gegenüber der heutigen kleineren Eisbedeckung unterbrochen waren. Die Ursachen der eiszeitlichen K. werden von Th. Arldt in folgenden zusammenwirkenden Umständen erblickt (Zeitschrift für Gletscherkunde, Bd. 11, 1918, nach einem Auszuge in d. Naturw. Wochenschrift 1919, Heft 42): 1. Erhebung ausgedehnter Gebirge, 2. Bildung von Tiefseebecken im Ozean, 3. die Senkung des gesamten Ozeangrundes und korrespondierend damit die Hebung der kontinentalen Gebiete, 4. intensive vulkanische Tätigkeit mit Höhenstaubwolken, 5. kleine *Exzentrizität der *Erdbahn, 6. Aufenthalt des Sonnensystems in sternenarmen Gebieten des Weltalls, 7. geringere Wärmestrahlung der Sonne, 8. geringere *Schiefe der Ekliptik, 9. Verringerung des Kohlendioxydgehaltes der Luft, 10. die Verteilung von Land und Meer im Sinne Kerners. Folgende Umstände erzeugen pliotherme Perioden: 1. vorwiegend aus niedrigen *Rumpfebenen bestehende Kontinente, 2. das Fehlen *abyssischer Gräben, 3. Hebung des Ozeangrundes und Senkung der Kontinentalschollen, 4. vulkanische Ruhe, 5. große Exzentrizität der Erdbahn, 6. Aufenthalt des Sonnensystems in steinreichen Gebieten des Weltalls, 7. große Wärmestrahlung der Sonne, 8. große Schiefe der Ekliptik, 9. Vermehrung des Kohlendioxydgehaltes der Luft. Dagegen führt Eckardt („Die hauptsächlichsten Fundamentalsätze der paläoklimatischen Forschung", PM 1919) die K. bloß auf das Zusammentreffen einfacher, rein geophysikalischer und geographischer Verhältnisse zurück (Massenverteilung in vertikaler Richtung, Verteilung und Gestalt der Landmassen usw.) (s. auch Diluviale Eiszeit). Vgl. auch L 31/152 ff.

Klimatische Schneegrenze jene gedachte „Linie, oberhalb welcher die Sonnenwärme nicht mehr ausreicht, um den auf horizontaler und unbeschatteter Fläche im Laufe eines Jahres gefallenen Schnee zu schmelzen"; orographische S. heißt jene, welche „die unteren Ränder der in geschützter Lage vorkommenden dauernden Schneeflecken und Schneefelder verbindet" (L 65). Mittlere f. S. nennt *Supan (L 3) „die Schneegrenze auf einer angenommenen horizontalen Fläche, wo der Gegensatz von Sonnen- und Schattenseite, von Wind- und *Leeseite, von feuchter und trockener Seite wegfällt". Über die wirkliche S. s. Schneegrenze

Klimatypen die Haupttypen des *physischen Klimas, die man erhält, wenn man vom Zusammenspiel und der einheitlichen Wirkung der klimatischen Faktoren ausgeht (s. z. B. *arides, *humides und *nivales Klima). So sondert die neuere Einteilung von *Köppen (L 63/118ff.) zwei tropische und drei warm-gemäßigte Regenklimate, ferner je zwei trockene, boreale und Schneeklimate, die durch Aneinanderfügung von Buchstaben mit bestimmter Bedeutung („Klimaformel") noch näher charakterisiert werden. Die gleichen Grundsätze befolgt die nur wenig von ihm abweichende Einteilung von *Passarge (L 11²/43ff.). *Philippson (L 7, Bd. 2¹/219ff.) zählt 5 K. auf (Äquatorialklima, Klima der äußeren Tropenzone, subtropische Klimate, Klimate der gemäßigten Zone, Polarklimate), deren jedes Unterabteilungen besitzt. Karte der K. bei Friedrich, Einführung in die Wirtschaftsgeogr. (²1911). Nimmt man aber als Ausgangspunkt der Einteilung die Erdräume mit einer gewissen Gleichartigkeit ihres Klimas, so erhält man *Klimazonen (als Unterabteilung K.provinzen, K.gebiete, K.gürtel, K.reiche)

Klimazonen Gliederung der Erde in Gebiete, die innerhalb ihrer Grenzen klimatisch möglichst gleichartig sind, voneinander aber sich gut abheben, auf Grund bestimmter klimatischer Faktoren. Vgl. die Übersicht bei L 62a/167ff.

Klinometer [gr. klinein neigen, métrein messen: also Neigungsmesser] Transporteur oder *Kompaß mit einem frei spielenden Sentel, zur Bestimmung von *Fallen und *Streichen der Schichten (L 47a¹/187f.)

Klippen s. Deckentheorie

Kluft (*Spalte) der gelegentliche Zwischenraum zwischen der Verschiebungsfläche zweier *Schollen

Klufttäler von Klüften, die den Flüssen mittelbar den Weg weisen, abhängige *Täler (L 5/172, 50/202ff.)

Kluftwasser s. Grundwasser

Klute, Friedr. Eug., Geograph, * 29. 11. 1886 in Freiburg i. B., seit 1921 Prof. in Gießen, bereiste 1912 Afrika, 1923/4 Patagonien. „Forschungen am Kilimandscharo" (1920), hrsg. Handbuch der geogr.Wissenschaft (1928)

Knoten, Knotenlinie der Mondbahn s. Erdmond

Koch-Grünberg, Theod., Völkerkundler, * 1872 zu Grünberg in Hessen, † 1924 auf einer neuen Südamerikaexped. Reisen 1903--05 und 1911 bis 13 in Südam. Zahlr. Arbeiten

Kohlensäuregehalt a) der *Luft (0,03 v. H.) s. Atmosphäre, b) im Meere (zunehmend mit der Tiefe) s. Meerwasser

Kokosnuß die Frucht der Kokospalme (Cocos nucifera); ihr Kern, zerschnitten und getrocknet als *Kopra bezeichnet, schmeckt haselnußartig und wird in vielerlei Zubereitungen genossen. Die reife Nuß dient zur Gewinnung des Kokosöls und der Kokosbutter (Speisefett), ferner zur Seifen- und Kerzenfabrikation. Die faserige Hülle der K. (Coir) wird zu Bürsten, Tauwert usw. verarbeitet

Kolke rundliche, kesselartige Vertiefungen im Gestein, durch Wasserausstrudlung mit Geröll und Blöcken entstanden; von der *Brandung an *Steilküsten erzeugt (L 5/209) oder, heute vielfach seenerfüllt, im Binnenlande zur *diluvialen *Eiszeit gebildet (*Evorsionsseen, *Gletschertöpfe) (L 2/451)

Kolluvialboden [lat. collúvio Zusammenfließen] s. Alluvialboden

Kolumbus, Christoph, * um 1450 (1446?) in Genua, † 1506 in Valladolid. 1492 (nach dem Fall der letzten Maurenfeste Granada) stellte Spanien dem von Pierry d'*Ailly und *Toscanelli beeinflußten K. drei Schiffe zur Verfügung (3. August Abfahrt von Palos), um die weit näher, als es der Wirklichkeit entsprach, vermutete Ostküste Aliens (Gewürzinseln) auf einer nach W. gerichteten Fahrt zu erreichen. Wurde K. auf seiner ersten Reise zum Entdecker Amerikas (der „westindischen" Inseln: Guanahani == San Salvador = ? Watlingsinsel, Kuba und Haiti), wobei er noch bis zu seinem Lebensende starr (gegen die begründeten Einwände anderer) daran festhielt, Ostasien betreten zu haben, so fand er auf seiner dritten Reise (1498) das Festland von Südamerika (Golf von Paria, Orinocomündung) und auf seiner letzten (1502) das Festland von Zentralamerika (Honduras, Panama) (L 5/19; 15/75ff.)

Kombinationstiden (=fluten) f. Nebengezeiten

kombinierte Halbinseln nennt *Supan (L 3/779) *Halbinseln, die durch Zusammenschweißen mehrerer Inseln untereinander und mit dem Festlande gebildet wurden; Beispiele: Florida, Apenninen=H.

Kometen zeitweilig auftauchende, zumeist dem freien Auge unsichtbare Gestirne mit einem fast stets von der Sonne abgewendeten Lichtschweif. Ihre Bahnen sind Parabeln, selten Hyperbeln, bei den periodisch die Sonne umkreisenden K. Ellipsen

Kompaß [spätlat. compassáre abmessen] oder *Bussole Instrument, aus einer über einer *Windrose schwebenden Magnetnadel bestehend; man benützt ihn, um sich zu *orientieren, indem man die blau angelaufene Spitze der Nadel mit der Nordrichtung der Windrose zur Deckung bringt. Zu berücksichtigen ist nur noch die *magnetische Deklination, d. i. die Abweichung der Nadel von der genauen N.=Richtung (L 47a¹/169)

Kompaßrose = *Windrose

Kompaßstriche die Bezeichnung bei den Germanen für die einzelnen Teile der *Strichrose; ein Strich der Germanen entspricht dem *Viertelwind der Romanen $(360 : 32 = 11 \frac{1}{4}°)$

Kompensations= (Ersatz=, *Gegen=) **Strömungen** [lat. compensáre gegeneinander abwägen, ausgleichen] die durch die Winde indirekt hervorgerufenen *Meeresströmungen (Ggs.:*Triftströmungen), da im Rücken jeder (gezwungenen) Triftströmung für die weggeführten Wassermassen Ersatz geschaffen werden muß (f. auch Äquatorialströmungen, Auftriebwasser).

Kondensationswellen [lat. condensáre dicht zusammendrängen] heißen auch die *longitudinalen Wellen eines *Erdbebens; die *Transversalwellen heißen auch *Distorsionswellen

Konfluenz der Gletscher [lat. confluére zusammenfließen] f. Gletscherkonfluenz

Konfluénzstufen f. Talstufen

konfórm [lat. confórmis gleichförmig] soviel wie winkeltreu (f. Globus)

konfórme *Kartenprojektionen *Mercators Projektion, *stereographische Projektion

Konglomeráte [lat. conglomeráre zusammenballen] aus eckigen Gesteinsstücken verkittete Gerölle. Ggs.:*Breccie

kongruénte Formen [lat. cóngruens übereinstimmend] f. harmonische Formen

Konjunktión [lat. conjúngere verbinden] die Stellung zweier Gestirne, die gleiche Länge haben; die K. von *Sonne und *Erdmond (bei welcher der Mond zwischen Sonne und *Erde steht, so daß kein Sonnenstrahl auf die uns zugewendete Seite fällt), heißt *Neumond

konkordánte Faltung [lat. concordáre übereinstimmen] jene, bei der die übereinanderliegenden Schichten die gleichen Biegungen besitzen; Ggs.:*diskordánte F., bei der die einzelnen Schichten verschieden zusammengestaut sind (z. B. die tieferen stärker als die höheren), so daß die Schichtflächen voneinander nicht gleich entfernt blieben (L 41/34)

konkordánte Küste f. diskordánte Küste

konkordánte (gleichförmige) **Lagerung** von Schichten: nach *Wagner (L 2/292) jene, bei der die Schichten annähernd parallel übereinanderliegen, wenngleich horizontal oder vertikal gestellt, geneigt, übertippt oder gebogen; Ggf.: *diskordánte (ungleichförmige) L., wenn eine Schicht sich in anderer Neigung an eine zweite Schichtenreihe anlehnt oder über deren *Schichtenköpfe hinwegstreicht (L 41/55)

konsequente Flüsse [lat. cónsequi nachfolgen] f. Flußsystem=Bezeichnungen

konsequente Formen = *Folgeformen, also jene Formen, die durch Veränderungen der *Urformen entstehen, aber „noch ganz von ihnen abhängen" (L 5/180); Ggf.: *subsequénte F. (soviel wie Nachfolgeformen) jene, bei denen „immer mehr Struktur und Kräftespiel" (die *exogenen Kräfte) die Geländeformen bestimmen

konsonánte Erscheinungen [lat. consonáre zusammenklingen] f. dissonánte Erscheinungen

Konstánte, barometrische, f. barometrische Konstante

Konstanz der Gipfelhöhen f. Gipfelkonstanz

Sachwörterbücher VIII: Kende, Geographisches Wörterbuch. 2. Aufl.

Konstruktionsdurchbrüche [lat. constrúctio Zusammenfügung] nach Sölch (L 5/173) (noch nicht nachgewiesene) Durchbruchstäler, die an Querverwerfungen und Spalten entstanden sind

Konstruktionsformen (Bauformen) nach Sölch (L 5/133) jene, die durch die *innenbürtigen Kräfte geschaffen sind; sie entsprechen also im ganzen *Supans *Strukturformen; Ggs.: *Destruktionsformen

Konstruktionstäler s. Destruktionstäler

konstruktive Höhlen = *ursprünglicheh.

konstruktive Pässe s. Pässe

Konsumtionsgeographie [lat. consúmptio Aufzehrung] nach *Friedrich (L 5/260) mit der Aufgabe, die Verbreitung des Verbrauchs von Konsumtionsgütern (Nahrungsmittel, Kleidung, Heizstoffe) bzw. einzelner Konsumtionsstoffe (z. B. von Baumwolle) nach absoluten und relativen Mengen, nach Qualität und Zeit des Verbrauches darzustellen und zu erklären (s. auch Produktions-, Handels-, Verkehrs- und Wirtschaftsgeographie)

Kontaktmetamorphose [lat. contáctus Berührung, gr. metamórphosis Veränderung] jene physikalischen und chemischen Veränderungen, die beim Eindringen von *Magmamassen zwischen ältere Gesteine an den Berührungsstellen durch die Wirkung der Hitze und der überhitzten Gase und Dämpfe hervorgerufen werden

Kontinentálabfall [lat. cóntinens zusammenhängend] = *Kontinentalböschung, s. Attische Region

Kontinentálabhang s. hypsographische Kurve der Erdrinde

Kontinentalblock die Massenerhebung der Erdrinde, von den höchsten Auftragungen des Festlandes bis zum *mittleren Niveau der starren Erdkruste (ABGH auf Abb. 47)

Kontinentálböschung s. Attische Region

Kontinentáldünen nach L 2/396 die „Sandberge der Wüsten", also soviel wie *Supans *Binnenlanddünen

kontinentale Ablagerungen des Meeresbodens soviel wie *terrigene Ablagerungen (also teils der *Küste, teils dem Innern des Landes entstammend)

kontinentále Einebnungsfläche s. Destruktionsebene

kontinentale Flüsse s. marine Flüsse

kontinentáles Klima = *Landklima

Kontinentálinseln = *festländischeInseln

Kontinentalküsten nach L 2/470 *Küsten, welche die Formen eines untertauchenden Festlandsrandes widerspiegeln, meist aus älterem und festerem Gestein zusammengesetzt; im Ggs. zu den, das Niveau der Niederung nicht übersteigenden *marinen Küsten, bei denen das Meer mit seinen Anschwemmungen den „Küstenverlauf" des ehemaligen Kontinentalrandes mehr und mehr verdeckt (daher auch *Anschwemmungsküsten). Dagegen bei L 5/222 der Einwand, daß Meeresanschwemmungen sich auch an K. entlang ziehen und gerade die schönsten Meeranschwemmungsküsten im Bereich der *Kontinentaltafel liegen

Kontinentalschelf = *Schelf

Kontinentáltafel auf der *hypsographischen Kurve der Erdrinde die Erhebungsstufe zwischen 8840 m über und 200 m unter dem Meeresspiegel; sie verläuft bis 2000 m Meereshöhe steil (bis 1000 m führt sie auch den besonderen Namen Kulminationsgebiet) und verflacht sich dann (besonders zwischen 200 m über und unter dem Meeresspiegel); der K. gehören 35,0 v. H. (dem Kulminationsgebiet davon 7,9 v. H.) der Krustenoberfläche an

Kontinente die unter zusammenhängenden Landmassen der Alten Welt (*Eurasien und Afrika) mit 79,9 Mill. qkm, der Neuen Welt (Nord- und Südamerika) mit 37,6, Australiens (7,6) und der *Antarktika (14 Mill. qkm?). Die Festländer (*Erdteile) sind die sechs größten Stücke der K.: Eurasien (50,7 Mill. qkm), Afrika (29,2), Nordamerika (20,0), Südamerika (17,6), Antarktika und Australien

Kontinentverschiebungen s. Wegeners Horizontalverschiebung der Kontinente (vgl. auch PM 1925, S. 51, und 1926, S. 9 ff.). Als Ursachen der K. gelten eine äquatorwärts gerichtete Kraftkomponente, die *Polflucht, und eine nach W. gerichtete, die Westtrift

Kontraktionstheorie [lat. cohärere zusammenziehen] von J. D. Dana, A. Heim, vor allem aber von Ed. *Sueß ausgebildete Hypothese zur Er-

Konvektionsströmungen — Korallenriff 109

klärung der Grundzüge im Antlitz der Erde, also der *Dislokationen; danach schrumpft in erster Linie die unstarre *Erdkern infolge Abkühlung seit Jahrmillionen zusammen, die nach außen festere („nach innen aber mit wachsendem Druck und Temperaturgrade plastischer werdende") *Erdkruste muß sich dem unter ihr schwindenden Kerne anpassen. „Es wird sich dabei vorzugsweise einerseits um ein Nachbrechen, ein Einsinken einzelner Teile längs großer Bruchlinien unter dem Einfluß der *Schwerkraft und anderseits um einen Zusammenschub der nun auf einen engeren Raum beschränkten *Schollen handeln: zentripetale (gegen die Mitte gerichtete) und tangentiale (seitliche) Bewegungen beherrschen den Vorgang, der damit nach außen zur Hauptsache durch *Senkung und *Faltung charakterisiert ist" (L 5/112). Den durch die K. nicht erklärten Umstand selbständiger *Hebungen der Erdkruste sucht die sog. *thermische Theorie (von M. Reade) verständlich zu machen, indem sie annimmt, daß „infolge von Temperaturschwankungen, die auf physikalischer und chemischer Ursache beruhen, die unterhalb der festen Erdkruste anzunehmende magmatische Zone Volumenänderungen, und zwar neben Zusammenziehungen auch Ausdehnungen erleiden und so Hebungen und Senkungen herbeiführen soll" (ebd.). Über die K. zusammenfassend L 30/23 ff. Dgl. auch Nölke in GR 1924 und 1927

Konvektionsströmungen [lat. convehere zusammenbringen] s. barische Windgesetze

konvektive Niederschläge s. zyklonale Niederschläge

Koordinaten, geographische [lat. coordinäre zuordnen] Als solche werden, um die Lage jedes Punktes auf der Erdoberfläche festlegen zu können, bezeichnet der Abstand vom *Äquator im Bogen (als Breite) und der im *Parallelkreis gemessene Abstand vom *Nullmeridian (als Länge)

Koordinaten, rechtwinklig-[sphärische eines Gestirnes: a) in bezug auf den *Horizont sind es Höhe und *Azimut (*Horizontalkoordinaten); b) in bezug

auf den Äquator sind es *Rektaszension und *Deklination (*Äquatorkoordinaten); c) in bezug auf die *Ekliptik sind es seine Länge und Breite (*Ekliptikkoordinaten) (Abb. 10, 16 und 17)

Köppen, Wladimir Pet., Klimatologe, * 25. 9. 1846 in Petersburg, für die Entwicklung der neueren Klimakunde von besonderer Bedeutung. Langjähr. Hrsgb. der Meteor. Zs. (mit Hann) und der Annalen der Hydrogr. Neben zahlreichen Einzelarbeiten L 63

Kopra s. Kokosnuß

Kopten s. Ägypter

Korallenbauten die gesellig lebenden, riffbildenden Korallentiere, gebunden an salziges, ungetrübtes, durch Wellenschlag die Nahrungszufuhr vermittelndes Wasser, dessen Temperatur im kältesten Monat nicht unter 20° C sinkt, wie an einen meist festen Untergrund als Boden für ihr buschartig nach aufwärts gerichtetes Wachstum und im allgemeinen beschränkt auf Tiefen bis zu 50 m, höchstens 80—90 m, erzeugen entweder die den *Küste von *Inseln oder Festländern umgebenden *Saum- und *Wallriffe oder mitten im Meere die selbständigen *Riffe, d. h. die als *Krustenriffe oder als *Atolle auftretenden eigentlichen Koralleninseln. Die Darwinsche (Senkungs-)Theorie der *Korallenriffe läßt das Atoll aus einem Wallriff, um eine Insel (durch *positive Niveauveränderungen) hervorgehen (Abb. bei L 3/790); doch ist sie bloß auf die tiefen und einheitlichen Korallenbauten anwendbar, aber auch da nur, soweit sie sich auf die Niveauveränderung beziehen (L 3/793), im Stillen Ozean haben „Hebungen und Senkungen mehrfach gewechselt und besitzt fast jede Atollgruppe ihre eigene Geschichte (L 9³/123. Dgl. auch L 3/785ff.; 5/226; 9³/120 ff.; 11³/411 ff.)

Korallenboden einer der *Bodentypen, von *Supan (L 3/617) dem *Lockerboden zugezählt

Koralleninseln s. Korallenbauten

Korallenriff das stockförmige, buschartig auseinanderwachsende Grundgerüst der riffbildenden Korallen (s. Korallenbauten), an dessen Weiterbildung aber auch andere kalkerzeu-

8*

gende Meerestiere (Foraminiferen, Kalkalgen, Mollusken usw.) lebhaft beteiligt sind (L 34/456ff., 39b/135ff.)

Korallensand erfüllt mit dem *Korallenschlamm die Zwischenräume der *Riffe der *Korallenbauten und beteiligt sich mit der Tiefengrenze unter 500 m an der Bedeckung des Meeresbodens (*biogene Sedimente). K. entsteht aus zerkleinerten „Trümmern von Korallen, Bruchstücken der Gehäuse von Foraminiferen, Mollusken, Echinodermen usw." (Vgl. L 37¹/671)

Korallenschlamm aus dem Material der *Korallenriffe gebildeter Schlamm

Korallenschlick *Korallenriffen entstammender *Schlick, innerhalb der Tiefengrenze von 200—3300 m an den Ablagerungen des Meeresbodens beteiligt, „eine amorphe kalkartige Masse" (L 3/275) mit etwa 86 v. H. kalkhaltigen organischen Bestandteilen

Koróna der Sonne [lat. coróna Kranz] s. Photosphäre

korrespondierende Höhen [lat. correspondére übereinstimmen] die Beobachtung der t. H. der Sonne oder eines *Fixsternes (in gleicher Höhe über dem *Horizont, vor und nach der *Kulmination) von einem festen Punkte aus zur Bestimmung der *Ortszeit

Korridorpässe sind „in der Kammlinie trogförmig eingeschnitten, rechtwinklig dazu sanft gewölbt; Joch oder Scharte, durch Gletscher umgearbeitet" (L 7, Bd. 2²/318)

Korrosión, Korrasión [lat. corrádere zusammenkratzen, corródere zernagen] s. Abtragung

Korrosionsbasis der für den *Karst, dem oberflächlich fließende Gewässer und damit die entsprechende Erosionsbasis fehlen, als *absolutes unteres Denudationsniveau geltende *Grundwasserspiegel (L 47aᵃ/130)

Korrosionshöhlen *Höhlen, die vorwiegend durch *chemische Erosion entstanden sind

kosmischer Staub [gr. kósmos Weltall] „aus zerriebenem meteorischen Stoff bestehende, stets mehr oder weniger eisenreiche, dem Weltall (nicht der Erde) entstammende Staubteilchen der Luft" (L 37¹/341)

Kosmographie [gr. gráphein beschreiben] Weltbeschreibung; die Form, in der uns zumal das kompilatorische Wissen der mittelalterlichen Beschäftigung mit der Erdkunde (im weitesten Sinne des Wortes) überliefert ist (L 15/31ff.)

Kráter [gr. kratḗr Mischkessel, in dem die Griechen Wein und Wasser mengten] die trichterförmige Öffnung am Gipfel (weniger jene an den Seiten) eines *Vulkans, durch welche die *Eruptionen erfolgen (L 39c/203)

Kraterberge *Vulkane mit *Kratern, zum Unterschied von Vulkanen ohne Krater, die „entweder monogene Bildungen sind, die nie einen Krater besaßen, oder Ruinen, deren Krateraufsatz durch *Denudation entfernt wurde" (L 3/736)

Kraterhäfen eingestürzte *Krater, in die das Meer eingedrungen ist, „natürliche Hafenbecken von einheitlichem Bau" (L 2/479)

Kraterinseln nach *Wagner (L 2/486) *vulkanische Inseln, die entstehen, „wenn die Aufschüttungstätigkeit des *Eruptionsvulkans bald nach Überschreitung des *Meeresspiegels endigte und Teile des *Kraterrandes einstürzten"

Kraterseen die in den *Kratern nichttätiger *Vulkane gebildeten Seen (L 2/445; 3/759)

Krebs, Norbert, Geograph, * 1876 Leoben, Prof. an der Universität Berlin. Arbeiten: „Die Halbinsel Istrien" (1905), Beitrag „Italien" zu L 101, „Die Ostalpen u. das heutige Österreich" (²1928), L 9b, zahlreiche wertvolle Zeitschriftenaufsätze (G3, ZGEB, Mitt. Geogr. Ges. Wien)

Kreide (nach der weißen Schreibtreide, die neben Kalk- und Sandsteinen [Quadersandstein], Mergeln [die hellfarbigen Mergel und Sandsteine des nach Plauen bei Dresden benannten „Pläners"], Tonen, Korallentalken usw. in dieser *geologischen Periode entstanden sind) s. geologische Zeitalter

Kreislauf der Luft auf- und absteigende Luftströme, die sich zu einem ineinanderfließenden System verbinden (s. Windsysteme der Erde)

Kreislauf des Wassers „Von den Niederschlägen fließt ein Teil oberflächlich ab, ein Teil verdunstet, ein Teil wird von den Organismen aufgenom-

Kretazeische Formation — Kulmination

men und kehrt erst nach deren Tod wieder in den K. d. W. zurück, und der Rest versinkt in den Erdboden, um an anderen Stellen wieder zutage zu treten (*vadose Quellen), oder chemisch bei der Umwandlung wasserfreier in wasserhaltige Mineralien gebunden zu werden" (L 3/493). Diese chemischen Prozesse entziehen dem K. d. W. einen im Gesamtausmaß immer größeren Betrag. Den Ursprung einer der völligen Austrocknung der Erde entgegenwirkenden Neuzufuhr von Wasser suchen die einen in den *juvenilen Quellen, andere (Nat. Woch. 1921, Nr. 6) in kosmischen Einflüssen. Vgl. L 55 b

Kretazeische Formation [lat. créta Kreide] s. *Kreide und geologische Zeitalter

Kretschmer, Konrad, Geograph, *1864 in Berlin, Prof. an der Universität daselbst. Hauptwerke (außer L 15): „Die physikalische Erdkunde im christlichen Mittelalter" (1889), „Die Entdeckung Amerikas" (1892), „Historische Geographie von Mittel-Europa" (1904), „Die italienischen *Portolane des Mittelalters" (1909)

Kreuzfaltungen nennt man das Sichschneiden verschiedener (eines älteren und jüngeren) Faltensysteme, wobei stets eines maßgebend die Hauptrichtung des Gebirges als Ganzes bestimmt (L 3/667)

kristallinische Gesteine jene (überwiegend *Eruptiv-)Gesteine, die teils wohlauskristallisierte Mineralien, teils solche enthalten, die infolge wechselseitiger Behinderung im Wachstum bei ihrer Bildung nur unvollkommen entwickelt sind. Einteilung L 39 b/53

kristallinische Schiefer *Eruptiv- und *Sedimentgesteine, die unter hohem Druck und hohen Temperaturen schieferige Struktur angenommen haben (Gneis, Glimmerschiefer, Phyllit)

kritische Schicht = *Sprungschicht

Krustenbewegungen = *Dislokationen

Krustenriffe die auf untermeerischen Bodenerhebungen der *Flachsee krustenartig aufsitzenden *Korallenbauten

Kryptodepressionen [gr. krýptein verbergen] s. Depressionen

kryptotope Decke [gr. kryptós verbor-

gen, tópos Stelle] eine *Decke, deren Bildungsstätte sich nicht feststellen läßt (L 41/54)

kryptovulkanische (magmatische, *Intrusions-) **Beben** jene, die auf Einpressungen gewaltiger *Magmamassen in die *Erdrinde zurückgehen (L 37²/201)

kryptovulkanische Erscheinungen jene, bei denen die *Magmamassen nicht bis zur Erdoberfläche gelangten (*Lakkolithe, *Maare)

Kulissenfalten kulissenartig am Außenrande eines bogenförmigen *Sattelgebirges auftretende Züge, „sekundäre *Antiklinalen, die gewissermaßen der Biegung widerstrebten" und die Richtung senkrecht zur faltenden Kraft beibehielten (L 3/674; 44/60)

Kulm [lat. cúlmen Gipfel] s. geologische Zeitalter

Kulminatión [lat. cúlmen Gipfel] der höchste (obere K.) bzw. niedrigste Stand (untere K.), den die Gestirne bei ihrer scheinbaren täglichen Bewegung am Himmelsgewölbe erreichen;

Abb. 50. Die Drehkreise der Sterne. (Aus Sydow-Wagner, Methodischer Schulatlas)

dies geschieht bei ihrem zweimaligen Durchgang durch den *Meridian (der, wie die Beobachtung zeigt, alle Drehkreise der Gestirne halbiert). Zur Zeit der oberen Sonnen-K. weist der *Schattenmesser auf dem *Horizonte genau die Nordsüdrichtung (*Mittagslinie) (Abb. 50)

Kultivationskolonie [lat. cultúra Anbau, frz. cultiver anbauen] jene *Pflanzungskolonien, in denen das Mutterland sich nicht mit der Ausbeutung von Land und Volk begnügt, sondern die kulturelle Hebung der Eingeborenen sich angelegen sein läßt

Kulturgeographie = *Anthropogeographie (L 2/28, 32)

Kulturpflanzen die absichtlich in Pflege genommenen Nutzpflanzen, von *Wagner (L 2/895) auf rund 500 Arten geschätzt; davon liefern nicht mehr als 350 Nahrungs- und Genußmittel

Kümmerflüsse Flüsse, deren Wassermenge gegenüber der Ausgestaltung ihrer Täler zu gering, „verkümmert" ist, in keiner Beziehung zur Form des Talbodens steht (L 47a²/116)

Kumulus=Wolke [lat. cúmulus Haufe] s. Wolken

Kunstgeographie s. B. *Brandt in PM 1921, S. 15ff.

Kuppe, Kuppenberg s. Gipfelformen

Kuppeleis jene Form des *Inlandeises, „das niedrige Inseln völlig bedeckt" (L 3/230)

Kuppelgebirge *Gebirge, die eine einzige größere kuppel- oder blasenförmige Aufwölbung der *Erdrinde darstellen, daher auch als *Sattelgebirge bezeichnet (L 44/17, 60; 47a²/59)

Kuppelgewölbe (=sattel) nach *Kayser (L 37¹/240) langgestreckte *Sättel von *Falten, bei denen die Schichten vom Scheitelpunkt des *Gewölbes ringsum steil in die Tiefe fallen

Kuppengebirge *Bergland mit *Kuppenbergen

Kupstendünen die in einiger Entfernung von der *Küste auftretende kuppige Dünenlandschaft „mit regelloser Anordnung der Hügel und Mulden, oft schon dicht bewaldet" (L 9, Bd. 627/117), die aus der ursprünglich reinen Reihenform infolge Zerstörung durch den *Wind und neuen Aufbau entsteht

Kurden: iranische Sprache redendes Mischvolk von großer Wildheit, in den Gebirgen zwischen Tigris und Araxes (L 109²/401 ff.)

Kürzflüsse = *insequente Flüsse

Kurilenströmung aus d. Beringmeer kommende, südw. fließende und im Winter auftretende kalte *Meeresströmung

Kuroschiwoströmung [jap. kuroschiwo blaues Salz] die nördliche *Äquatorialströmung des Pazifischen Ozeans biegt bei den Philippinen nach N. um und fließt als nordöstlich gerichtete K., als Golfstrom des Pazifischen Ozeans bezeichnet, den Japanischen Inseln entlang, von der Festlandküste aber durch die nach S. ziehenden (wahrscheinlich als *Ausgleichsströmungen aufzufassenden) kalte *Amur=Liman=Strömung und die aus dem Gelben Meere kommende *Oyaschiwoströmung ferngehalten. In der gegen O. quer über den Ozean streichenden *Nordpazifischen Verbindungsströmung setzt sich die K. fort, läuft gegen S. sich wendend als *Kalifornische Strömung dieser Halbinsel entlang und schließt durch Einmündung in die nördliche Äquatorialströmung den Stromring

Kurvimeter (oder *Kartometer) [lat. cúrvus gekrümmt, gr. métreïn messen] Instrument zur unmittelbaren Messung von gekrümmten Linien auf einer Karte; „in der einfachen Gestalt drehbare, gezähnte Rädchen, am Ende eines Stiftes befestigt, oder solche, die bei der Drehung ein kleines Zählwerk in Bewegung setzen" (L 2/246)

Küste schmälerer oder breiterer Streifen, mit dem die Landoberfläche sich in steiler oder sanfterer *Böschung zum Meere senkt (s. auch Strand). *Konkordante oder *Längsküste, wenn ein „großes Faltengebirge mit allen seinen Biegungen den Verlauf der *Küstenlinie" bestimmt, *diskordante oder *Querküste, wenn diese nicht mehr oder minder parallel zum Gebirge zieht, sondern dessen Ketten und Täler unter einem spitzen Winkel schneidet (L3/803); erstere können in der Regel in verkehrsgeographischer Hinsicht (Verbindung zwischen K. und Binnenland) als *Abschließungsküsten, diese als *Aufschließungsküsten bezeichnet werden (s. auch u. a.: Abrasions=, Abtragungs=, Anschwemmungs=, Aufschüttungs=, Auftauchungs=, Ausgleichs=, Außenküste, atlantischer, cimbrischer, ligurischer und pazifischer Küstentypus, Bodden=, Delta=, diskordante, Doppel=, Dünen=, Saltungs=, Fjord=, Flach=, gebuchtete, glatte, Golf=, Hebungs=, Kanal=, Kon=

tinental=, Lagunen=, Landformen=, neutrale Küste, Plattform einer Küste, Rias=, Schelf=, Schollen=, Steil=, Strand= küste, Strandverschiebungen, Küsten= gliederung)
Küstenabstand (*Küstenentfernung, *Küstenferne, *Meerferne) die zur Einschätzung des ungehinderten oder durch orographische Hemmungen be= einträchtigten klimatischen Einflusses des Meeres nicht unwichtige Berech= nung mittels Ausmessung und graphi= scher Darstellung der Flächen zwischen den Linien, welche die Punkte gleichen K. miteinander verbinden; gut veran= schaulichend — man vgl. die nach= stehende Tabelle aus L 6a/124 —, be= sonders der Wert des mittleren K.

Festland[1]	Es liegen Prozente der Fläche in km Ent= fernung vom Meere						Küsten= abstand in km	
	0—250	250—500	500—1000	1000—1500	1500—2000	2000—2500	mittlerer	größter
Europa....	51	23	19	7	—	—	340	1550
Asien....	29	16	23	17	11	4	770	2400
Afrika...	23	19	31	23	4	—	670	1800
Australien..	43	29	28	—	—	—	350	920
Nordamerika.	41	23	26	9	1	—	440	1650
Südamerika.	31	22	31	16	—	—	540	1600
Alles bekannte Land....	37	19	24	14	5	1	560	2400

[1] Erdteile ohne Inseln.

Küstendüne s. Barchan
Küstenebene, nach L 47a²/26 eine Ebene zwischen Meer und Gebirge, aus dessen Zerstörungsprodukten sie als gehobener und trocken gelegter Teil des Meeres= bodens besteht
Küstenentfernung, Küstenferne s. Kü= stenabstand
Küstenentwicklung entweder (L 6a/122 f. mit nachfolgender Tabelle) das Ver= hältnis der wirklichen Küstenlänge zu jener, die sie geringstenfalls haben könnte, oder (L 3/816) das Verhältnis von Fläche zu Umfang, d. h. die Angabe, wieviele qkm eines Landes auf 1 km *Küste kommen; in beiden Fällen herangezogen, um das Ausmaß der *Gliederung abzuschätzen. Vgl. auch L 2/281 f.

Festland[1]	Flächen= inhalt qkm	Küsten= länge km	Küsten= ent= wick= lung
Europa...	9 219 000	37 900	3,55
Asien....	41 480 000	69 900	3,19
Afrika....	29 205 000	30 500	1,64
Australien..	7 601 000	19 500	2,01
Nordamerika	19 982 000	75 500	4,86
Südamerika	17 629 000	28 700	1,96

[1] Erdteile ohne Inseln.

Küstengliederung die durch Küsten= inseln, durch „Hohlformen, in die das Meer einzudringen vermag, und tren= nende Vollformen, durch *Buchten und Küstenvorsprünge" (L 2/466) bewirkte Formenabwandlung der *Küste, welche (bei recht schwieriger Unterscheidung in manchem Einzelfalle) die *Gliederung eines Erdteiles im kleinen wiederholte
Küstenlinie die vom offenen Meer be= grenzte äußere Küste (*Außenküste) überspringt Inseln und Buchten, ist also fast gerade, die innere K. folgt allen Aus= und Einbuchtungen, ist also viel= gestaltig und größer als jene (*Doppel= küste) (s. auch Strand und Strandlinie)
Küstennebel entstehen, wenn vom Lan= de her wehende kalte Luftströmungen mit wärmeren, wasserdampfgesättig= ten über dem Meere zusammentreffen
Küstenplattform (*Brandungsplat= te) das an das *Kliff unter dem *Mee= resspiegel sich anschließende, sanft ab= gedachte, felsige Randstück; eine Wir= kung der unter dem Meeresspiegel immer mehr sich abschwächenden *Brandung, wird sie „von den hin= und herbewegten *Trümmern korrodiert und beständig tiefer gelegt; das feinere Material wird von dem Unterstrom seewärts geführt u. am Fuß der Platt= form als *Meereshalde abgelagert" (L 9, Bd. 627/111). (S. L 37¹/638 ff., 47a²/208) (Abb. 49)
Küstenriffe s. Saumriffe
Küstenstraßen *Meeresstraßen, die, auf die *Küsten beschränkt, „die Verbin= dung von Küstengewässern mit dem offenen Meere oder von *Buchten und *Golfen untereinander" darstellen (L 51²/596)

Küstenströmung der *Küste entlang gerichtete, die *Küstenversetzung bewirkende Strömung, auf schräg auflaufende Wellen, weniger auf *Gezeitenströme zurückzuführen (L 3/601, 613)

Küstenvermessungen der besondere, von den an *Küsten stationierten Schiffen bei topographischen Aufnahmen einzuhaltende Vorgang (L 2/96 und „Handbuch für K.", hrsg. vom Reichsmarineamt [Berlin 1906])

Küstenversetzung die (von Windstärke und Größe des *Geschiebes abhängige) durch die Meereswogen besorgte Umlagerung des von *Brandung und Flüssen gelieferten Materials an der Küste entlang (L 3/613; 5/219; 7, Bd. 2²/296 ff.; 11³/391; 37¹/655 f.)

Küstenwüsten die seltsame Erscheinung, daß es — wie z. B. im westlichen Südamerika — trotz unmittelbarer Meeresnähe zur Wüstenbildung gekommen ist; erklärt mit kaltem Küstenwasser des Meeres und der Windrichtung vom Lande weg (die vorhandenen Seewinde bringen es als abstiegende Winde zu keinem Regen) (L 3/165)

Küstenzone die Küstenstriche der Erde, von *Supan (L 3/622) als eigenes *Fazieszgebiet bezeichnet wegen des Vorhandenseins zweier Agenzien, die dem übrigen Festland fehlen, der *Brandung und der *Gezeiten, und der beiden Prozesse, die sich nur hier vollziehen, der *Abrasion und der marinen Anschwemmung

Labialeruptionen [lat. lábium Lippe] jene *vulkanischen Ausbrüche, welche die Auswurfsmassen nicht um einen Mittelpunkt annähernd kreisförmig anhäufen (*Zentraleruptionen), sondern, wie dies zumal in früheren Erdperioden geschah, aus langgestreckten, lippenförmigen Spalten erfolgen, entweder aus lockerem Material *Schlackenwälle oder aus zähflüssiger *Lava (Gebirgszüge, aus dünnflüssiger weite Tafeln aufbauend (L 3/393) (s. auch Lavaund Lockereruptionen)

labiler Gleichgewichtszustand der *Atmosphäre besteht dann, wenn die *Temperaturabnahme mit der Höhe für 100 m 1° C übersteigt, so daß sich aufsteigende Luftströme entwickeln können; Ggs.: *stabiler G. d. A., der

sich einstellt, wenn die Temperaturabnahme geringer als 1° C ist (bzw. mit der Höhe sogar zunimmt), da die zu unterst liegenden kalten Schichten ein Aufsteigen von Luft verhindern (L 3/75)

Labradorströmung s. Irmingerströmung

Lage eines Gestirnes Sie ist festgelegt bei Angabe 1. von seiner *Höhe (bzw. seinem *Zenitabstand) und *Azimut in bezug auf den *Horizont; 2. von seinem *Stundenwinkel und seinem Polabstand in bezug auf den Pol; 3. von *Deklination und *Rektaszension in bezug auf den *Äquator (Abb. 10 und 17, s. auch Koordinaten, rechtwinklig-sphärische)

Lageplan (*Situation) einer Karte die Grundrißzeichnung, welche die horizontale Ausdehnung der geographischen Gegenstände (Küste, Ortschaften, Gewässer, Wege usw.) entweder — bei größerem *Kartenmaßstabe — geometrisch richtig oder — bei kleinerem Maßstabe und Auswahl des Wichtigen — durch bestimmte Zeichen (*Signaturen) wiedergibt, die manche Objekte im Verhältnis zum Maßstabe verkleinert (Ringzeichen für Ortschaften), andere (Bahnen, Flüsse) vergrößert. Ein besonders hohes Ausmaß von Veränderungen am L. (Vernachlässigung des Nebensächlichen, Betonung des Wesentlichen) erfordert der Übertragung aus einem größeren in einen kleineren Maßstab (das sog. *Generalisieren) (L 2/231, 23²/22 ff.)

Lagerung s. diskordante, dislozierte, gestörte, gleichförmige, isostatische, konkordante, saigere, söhlige L.

Lagerungsstörung = *Dislokation

Lagunen [ital. und span. lágo, von lat. lacus See] s. Sandbänke

Lagunenhafen den *Hafen bildet eine *Lagune

Laguneninseln = *Atolle

Lagunen= (oder *Haff=) **Küste** die von *haffen (*Strandseen) und *Lagunen begleitete *Küste. „Flüsse münden oft in die Strandseen ein; zeitweilig bricht das Meer über den *Strandwall herein und das Lagunenwasser wird brackisch; ganze Systeme solcher Strandseen können sich aneinander schließen" (L 11¹/99)

Lahn, die, tirol.-steir. Bezeichnung (bayr. Läuen) für Lawine, Sturzbach

Lakkolithe [gr. làkkos Vertiefung, Zisterne; lithos Stein] *Magmamassen, die (meist durch einen schmalen Stiel mit dem Magmaherde verbunden) von unten her zwischen die Schichtfugen des *Sedimentgesteines eingepreßt wurden und an ihrer dicksten Stelle die überlagernde Decke domförmig aufwölbten (L 37¹/215ff.) (s. auch Batholithe)

Lamberts flächentreue Azimutalprojektion s. flächentreue Azimutalproj.

Lampe, Felix, Schulgeograph, * 1868 in Berlin, Prof., Direktor am Zentralinstitut f. Erziehung und Unterricht daselbst. Beitrag „Polargebiete" zu L 101, L 122, „Berlin und die Mark" (²1909). Spez.-Geb. Schulfilme

Landblock s. mittlere Krustenhöhe; Ggs. Wasserblock: die zu einem Block (von 1336 Mill. cbkm Inhalt) vereinigt gedachte gesamte Wassermasse der Erde (361 Mill. qkm Grundfläche und 3,7 km Höhe) (L 2/270)

Landbrücken die Verbindungsstücke vermuteter Landzusammenhänge in früheren geologischen Epochen (s. Permanenz der Kontinente und Ozeane). Wegeners Kontinentalverschiebungshypothese leugnet das einstige Vorhandensein von L.

Landengen s. Zwischenländer

Landesvermessungen Die heutigen L. beruhen 1. auf astronomischer *Ortsbestimmung wichtiger Punkte und 2. auf den Ergebnissen der *Triangulierung. Hilfsmittel: *Theodolit, *Photogrammetrie

Landferne für *Ozeane die Entfernungen von der nächsten Küste, der Abstand von Punkten auf ihnen von dieser (als Gegenbegriff s. Meerferne) (L 96/31)

Landfläche der Erde Sie beträgt rund 149 Mill. qkm (davon 100,5 oder 39 v. H. auf der Nordhalbkugel), die Wasserfläche der E. umfaßt etwa 361 Mill. qkm (davon 154,5 oder 61 v. H. auf der Nordhalbkugel); Land und Wasser verhalten sich also wie 29,2 : 70,8 v. H. der Erdoberfl., oder 1 : 2,42

Landformenküsten nennt *Passarge (L 48/146) „alle *Küsten, für die die Oberflächengestaltung des Landes maßgebend ist" (s. Kontinentalküsten); aber es ist für seinen Begriff gleichgültig, „ob eine Senkung stattfand, ob *Schollen oder *Salten aus dem Meere emporgestiegen sind oder ob primäre Aufschüttung der Küste vorliegt". Einen anderen Typus nennt er *Meeresbodenküsten, die nach ihm „in weitaus der Mehrzahl einer Hebung des Landes ihre Entstehung verdanken dürften, allein auch durch Austrocknung eines abgegliederten Meeres, an Landseen auch durch *Anzapfung durch Flüsse oder durch unterirdisches Ablaufen" entstanden sein können

Landhalbkugel jene (konstruierte) Hälfte der *Erdkugel, bei der die größtmögliche Landmasse beisammen zu liegen kommt; der Pol dieser L. liegt im Inselchen Dumet nördlich der Loiremündung und sie umfaßt 125 Mill. qkm Land, das Meer nimmt noch 51 v. H. (L 2/268) bzw. 54 v. H. (L 3/31) Meeresfläche. Ggs.: *Wasserhalbkugel mit der größtmöglichen Wasserfläche; ihr Pol liegt im Meer östlich von der Neuseeländischen Südinsel, sie besitzt nur 24 Mill. qkm Land, das Meer nimmt 90 ½ v. H. (L 2/268) bzw. 89 v. H. (L 3/31) ein

Land- (*kontinentales) Klima s. Seeklima

Landschaftskunde neu gepflegter Zweig der Erdkunde, der einen enger begrenzten Erdraum in seiner geographischen Mannigfaltigkeit (Aufbau, Klima, Pflanzenkleid, Tierwelt, Siedlungen usw.) überblickt und seine Eigenart zu erfassen sucht; ähnliche Typen werden zu Landschaftsgruppen, weiterhin zu Landschaftsregionen vereinigt. Vgl. L 11

Landschwelle der Ebenheit noch sehr nahe kommend, ganz sanfte Erhebung

Landsenken s. Senken

Landstaffeln der staffelförmig abgesunkene Rand Ostasiens (*Staffelbrüche), wobei der östlichere stets tiefer als der westlichere liegt (L 2/376; 37¹/270ff.; 34/136f.; 7, Bd. 2¹/80 f., 192f.)

Landstufe mit scharfer Biegung in eine tiefer gelegene übergehende Fläche, entstanden entweder als *Struktur-

Landterrassen — Längsstraßen

form durch Verwerfung (*Bruch= bzw. *Flexurstufe) oder als *Destruktionsform im wesentlichen durch *Verwitterung und *Denudation (*Denudationsstufe); so wird ein *Sattelgebirge von verschieden zerstörbaren Gesteinen in L. zerlegt

Landterrassen Hochflächen (*Rumpfflächen), die durch das allmähliche Zurückweichen höher liegender harter Schichten über weichen hervorgegangen sind (L 47a²/42)

Land= und Seewinde tägliche periodische Winde. Vormittag bildet sich über dem stark erwärmten Lande ein (paar 100 m hohes) *Tiefdruckgebiet; zum Ersatz für die von hier aufgestiegene und oben gegen das Meer abfließende Luft strömt unten der „*Seewind" zum Lande; nachmittags kühlt sich das Land rascher ab und entwickelt ein kleines *Hochdruckgebiet, das in der Nacht den „Landwind" gegen das Meer hinausschickt (Abb. 51)

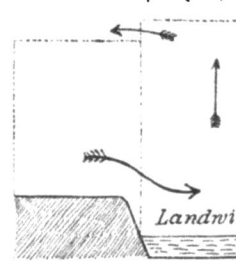

Abb. 51. Entstehung von Land= und Seewinden. (Aus Steinhauff = Schmidt, Lehrbuch der Erdkunde für höhere Schulen, VI³)

Länge eines Sternes der Bogenabstand zwischen *Frühlingspunkt und jenem Punkte der *Ekliptik, in dem diese von dem Breitenbogen des Sternes (s. Breite eines Sternes) getroffen wird (Abb. 16)

Längengrad einer Breite oder Parallelgrad s. Meridian; hier auch die Größe eines L. am *Äquator (von zwei Meridianen begrenzter Teil des Äquators)

Längengradmessung die Messung eines beliebigen Bogenstückes eines *Breitenparallels (L 2/64)

Längenmessung auf Karten die Ausmessung bestimmter Entfernungen im Vergleich mit dem auf der Karte befindlichen Maßstab (s. auch Kartenmessung) (L 2/244; 23²/62 ff.)

Längentreue bei Globus und Landkarte s. Globus

Längsbeben s. lineare Erdbeben

Längsflüsse in Beziehung zur Erstreckung der *Wasserscheide *Flüsse, die mehr oder minder ihr gleichgerichtet sind. Ggs.: *Querflüsse, die annähernd senkrecht zu ihr stehen

Längshorst = *Längsscholle (L 2/412)

Längsinseln nach *Wagner (L 2/483) solche *Kontinentalinseln, „deren Körper aus dem System eines Faltenzuges derart herausgeschnitten ist, daß die Streichungsrichtung mit der Längsachse der Inseln übereinstimmt"; Ggs.: *Querinseln „mit meist verwickelteren Umrissen"

Längskämme *Kämme von *Faltengebirgen, die in der Richtung der *Falten verlaufen (L 3/665)

Längsküste = *konkordante Küste

Längsmoränen die Reste von *Oberflächen= und *Innenmoränen, die in streifenförmiger Anordnung in der *Grundmoränendecke schwindender *Gletscher auftreten (L 3/214)

Längsschollen *Rumpfschollengebirge, bei denen die Bruchlinien parallel zu den alten *Falten verlaufen (Sächsisches Erzgebirge). Ggs.: *Querschollen

Längsspalten a) bei Gletschern s. Gletscherspalten; b) bei Erdbeben von großer Stärke neben *Radialspalten auftretend

Längsstörungen = *Längsverwerfungen

Längsstraßen *Meeresstraßen zwischen zwei *Längsküsten, „an den Stellen gegenseitiger Annäherung von mehr oder weniger parallelen oder bogen=

Längsströme — Lehmwüsten

förmigen Faltenzügen" gelegen (L 2/493). Ggf.: *Querstraßen
Längsströme jene *Flüsse, die etwa parallel zu den Haupterhebungen eines *Erdteils und der sie trennenden *Wasserscheide verlaufen (L 2/459)
Längsstufen *Denudationsstufen, die mit den Hauptflüssen parallel ziehen
Längstäler *Täler, die im *Streichen der *Schichten eines (*Falten=) Gebirges verlaufen (L 3/692)
Längs= (oder streichende) **Verwerfungen** *Verwerfungen, die parallel zum *Streichen der Schichten gerichtet sind. Ggf.: *Querverwerfungen solche, die quer, bzw. annähernd rechtwinklig zum Streichen verlaufen, und *Diagonal= (oder spießeckige) Verwerfungen, die schief dazu gestellt sind
Lapilli [ital. lapillo Steinchen] s. Lava
Lapparent, Auguste de, franz. Geologe, * 1839 zu Bourges, † 1908 zu Paris. Hauptwerke: „Traité de géologie" (3 Bde., mehrfach aufgelegt, 5. Aufl. 1906), „Leçons de géographie" und „Abrégé de Géologie".
Lappen s. finnisch=ugrische Völkergruppe
Laterit [lat. láter Ziegelstein] *humide Bodenart (mehr oder minder eisenschüssiges Tonerdehydrat) von roter oder gelbbrauner Farbe und tonähnlicher (aber nicht plastischer) Beschaffenheit, in den Tropen außerordentlich verbreitet. Über die Entstehung des L., nach Walther (PM 1916) ein Gebilde des *Diluviums, gehen die Ansichten noch stark auseinander (vgl. L 11³/170 ff.; 34/284)
Laufen s. stehende Wellen
Lauge Koch, Erforscher Grönlands, unternahm 1926/27 eine neue Exped. dorthin; über die Exped. 1921 G3 1923, S. 286 ff.
Láva [lat. laváre waschen] s. Magma
Lavablöcke s. Blocklava
Lavadecken tafelartig ausgebreitete *Lavamassen, als *Übergußtafeln bezeichnet (L 2/393; 3/639)
Lavaeruptionen [lat. erúptio Ausbruch] im Ggs. zu den *Lockereruptionen *Lava fördernde vulkanische Ausbrüche; sie schaffen, wenn sie um einen Mittelpunkt herum erfolgen, *homogene Berge mit oder ohne *Krater oder nur mit kraterförmigen Vertiefungen am Gipfel, als *Labialeruptionen Gebirgszüge oder Tafeln
Lavaherd s. Herd, vulkanischer
Lavahöhlen Blasenräume in *Eruptivgesteinen (L 5/155)
Lavakegel = *Lavavulkane
Lavaseen die in den Vertiefungen (*Kratern, *Einsturzbecken?) tätiger *Schildvulkane angesammelte flüssige *Lava, „die in Zwischenräumen anschwillt und dann überfließt oder die Wandung des Berges, meist an der schwächsten Stelle, in Gestalt einer gewaltigen Fontäne durchbricht; dann sinkt der Lavasee wieder und überkrustet sich mit fester Lava" (L 5/132 f.). Vgl. auch L 37²/42 f.; 34/110
Lavavulkane *homogene Vulkane, die sich aus *Lava zusammensetzen, aber gegenüber den *gemischten oder *gemengten *Vulkanen, die aus einem Wechsel von *Schlacken, *Aschen und Lavaströmen bestehen, verhältnismäßig selten sind (*Quellkuppen, *Schildvulkane, *Übergußtafeln)
Lavierung = *Schummerung
Lawine [lat. lábi gleiten] größere, plötzlich ins Gleiten kommende und beim Herabstürzen wachsende Schneemassen, die — auch durch den Luftdruck, der bei der rasend schnellen Fahrt nach abwärts entsteht — gewaltige Zerstörungen anrichten können; *Staublawinen, wenn der trockene, pulverige Neuschnee über der gefrorenen älteren Schicht ins Rollen gerät, *Grundlawinen (die meist dieselben Bahnen, „Lahngänge", einhalten), wenn der zusammengebackene schwere alte Schnee, durch die Schmelzwässer vom Boden abgelöst, sich an den steileren Hängen nicht mehr halten kann
Leeseite die vom Wind abgekehrte Seite. Ggs.: *Luvseite
Lehmann, Otto, Geograph, * 1884 in Wien, Prof. an der Univ. daselbst, wichtige Zeitschr.=Aufsätze
Lehmwüsten mit *Salz= und *Sandwüsten eng verbunden; L. häufig mit dem feinsten Material in den *Salztonebenen oder in den Vertiefungen von Sandwüsten, von denen man spricht, wo Sand flächenhaft oder in *Dünenform an ihren Rändern oder in ihrem Inneren abgelagert erscheint. „Die

großen Flugsandgebiete und Kontinentaldünenlandschaften der Erde aber finden sich fast stets in der Nachbarschaft großer, flächenhaft aufschüttender, noch bestehender oder schon erloschener Flüsse" (L 9, Bd. 627/101). Nach Schaffer (L 38/334) ist die Sandwüste „hauptsächlich von Quarzsand gebildet, der aus der trockenen Verwitterung von *Massengesteinen und in wohl noch viel größerem Maße von *Schichtgesteinen hervorgeht. Untergeordnet kann auch der Sand fließender oder stehender Gewässer das Material bilden"

Leichhardt, Ludwig, deutscher Forschungsreisender, * 1813 zu Trabatsch in Brandenburg, verschollen 1848 auf dem ersten Versuch einer ostwestlichen Durchquerung Australiens, das er seit 1841 (mit Unterbrechungen) bereist hatte

Leichter s. Seeleichter

Leitlinien eines Faltengebirgssystems die Hauptstreichrichtungen seiner Gebirge; die L. für einige wichtige Faltengebirge bei L 44/61 ff.

Leitstrahl oder *Radiusvektor eines Planeten: seine jeweilige Entfernung von der Sonne

Lemurien [nach den Lemúridae, einer Familie der Halbaffen, zur Erklärung ihres Verbreitungsgebietes genannt] s. Gondwánaland

Lenz, Oskar, Geograph, * 1848 in Leipzig, † 1925 in Soos b. Baden-Wien. Bereiste wiederholt Afrika (1874—1877, 1879—1881, 1885 bis 1887; wichtiger 1880 die Durchquerung der Sahara von Tanger bis Timbuktu). Außer zahlreichen Zeitschriftenaufsätzen: „Timbuktu, Reise durch Marokko, Sahara ..." (2 Bde., 2. Aufl., Leipzig 1892) und Abschnitt „Afrika" in L 6a²

Lepsius, Richard, Geologe, * 1851 in Berlin, † 1915 als Prof. an der Techn. Hochschule in Darmstadt. Werke: „Geologie von Deutschland"(2 Bde., 1887 ff.), „Die Einheit und die Ursachen der *diluvialen *Eiszeit in den Alpen" (1910)

Leroy-Beaulieu, Paul, franz. Geograph, * 1843 zu Saumur, † 1916 in Paris. Hauptwerke:„De la colonisation chez les peuples modernes" (1891) und „La Sahare, le Soudan ..." (1904)

Lesghier s. Kaukasusvölker

Letten s. Tone

letztes Viertel des Mondes s. Quadraturen

Levêche [span., spr. lewétsche; ? vom lat. leváre aufheben] s. Fallwinde

Lianen Gewächse, die ihre biegsamen Stämme an Stützen in die Höhe führen und sich von Baum zu Baum schlingen; besonders für den *tropischen Wald bezeichnend

Lias [Bezeichnung der englischen Steinbrecher für die unterste Gruppe der *Juraformation] s. geologische Zeitalter

Libelle gewöhnlich als Dosenlibelle, Prinzip und Zweck der *Wasserwage; der auf dem Wasser schwimmende Öltropfen zeigt, sobald er in der Mitte steht, die horizontale Lage der Dose an

Lido [ital., Ufer, Mz. lidi] s. Sandbänke

liegende Falten s. Falte

Liegendes in Hinsicht auf eine bestimmte Gesteinsschicht die unmittelbar unter ihr liegende Schicht. Ggs.: *Hangendes

ligurischer (oder *mittelländischer) **Küstentypus** *konkordante Küste, verkehrsgeographisch (L 96/330) wegen ihrer relativen Ungunst als geschlossene oder *Abschließungsküste bezeichnet

Limane (Limanküste) die mannigfach umrissenen Buchten besonders Beßarabiens, die (im Gegensatz zu *Haffen und *Lagunen, mit denen sie sonst in ihrer Entstehung aus abgeschnürten Meeresteilen verwandt sind) senkrecht in die *Küste eindringen und „stets mit dem Relief der umliegenden Steppen und mit dem Bau der Täler, deren Fortsetzungen sie sind, übereinstimmen" (L 3/813)

Limanhäfen die an *Limanen erwachsenen *Häfen, von *Wagner(L 2/478) zu den *Sluthäfen gerechnet

Limnologie [gr. limné See] Seenkunde. Zweig der *Hydrographie. Vgl. A. Forel, „Handbuch der Seenkunde" (Stuttgart 1900), *Halbfaß, „Der gegenw. Stand d. Seenforschung" in „Fortschritten der naturw. Forsch." VI und VII (1912/13). Ders., „D. Seen d. Erde" (1922) und „Grundz. einer vergl. Seenkunde" (1923)

lineare Destruktion s. flächenhafte D.

lineáre *Erdbeben jene, bei denen die Orte gleichzeitiger Erschütterung (s. Homoseisten) längs einer fast geraden Linie liegen; *Längsbeben gehen parallel zum *Streichen der *Schichten, *Querbeben kreuzen die Streichrichtung in spitzen bis rechten Winkeln

listrische (oder *Schaufel=) **Fläche** [gr. listron Schaufel] eine *Dislokationsfläche, „die erst flach ansteigt und dann nach der Erdoberfläche hin steiler wird, also eine nach oben konkave Form aufweist" (L 41/75 mit Abb. 80)

Lithosphäre [gr. lithos Stein, sphaira Kugel] die äußere, leichte Gesteinshülle des Erdkörpers (Landoberfläche bzw. Seen= oder Meeresgrund). Ggs.: *Barysphäre (s. *Atmo=, *Bio= und Hydrosphäre) (Abb. 14)

litorale Ablagerungen des Meeresbodens [lat. litus Küste] s. biogene Sedimente

litorale Sedimente s. biogene S.

Litorálzone Gebiet des *Meeresstrandes; *biogeographisch umfaßt sie auch die *Flachseezone

Litorína=Meer den *Ancylussee ablösende, neuerlich sich ausbreitende — auch auf die norddeutsche Küste übergreifende — Meeresbedeckung (nach der Litorina litorea, der gemeinen Uferschnecke genannt); es weicht schließlich der heute noch andauernden Rückzugsbewegung und Aussüßung des Meeres in der Ostsee (L 64/117)

Liven s. finnisch=ugrische Völkergruppe

Livingstone, David, berühmter engl. Afrikaforscher, * 1813 in Blantyre bei Glasgow, † 1873 im Dorf Tschitambo (Afrika), entdeckte 1849 den Ngami-See in Südafrika, durchkreuzte 1852 bis 1856 Südafrika (Entdeckung der Viktoriafälle des Sambesi), entdeckte 1859 (4. Reise) den Njassa-See und weilte 1867—1873 im oberen Kongogebiet (1868 Entdeckung des Bangweolo-Sees, 1869 des Lualaba)

Llános [span., Ebenen] s. Savanne

Loch [gälisch: See, Bucht] schottische Benennung wassererfüllter Hohlformen, in Form und vielfach auch Entstehung auf *Glazialerosion zurückgehend

Lockerboden nennt L 3/618 f. jenen der *Bodentypen, bei dem Schutt, Geröll, Kies, Sand und Erde (als *Fluvial= oder als *Aufschüttungsboden) die Oberfläche bedecken. Der L. nimmt 75,9 v. h. der gesamten Landfläche ein (s. auch Eis=, Fels= und Wechselboden)

Lockereruptiónen [lat. erúptio Ausbruch] die im Gegensatz zur *Lava (*Lavaeruptionen) lockeren, meist bereits abgekühlt zu Boden fallenden Auswürflinge *vulkanischer Ausbrüche wie *Blöcke, *Bomben, *Lapilli, Sand und *Asche. Zentrale L. (um die Auswurfsstelle als Mittelpunkt) schaffen *Aschen= oder *Schlackenkegel auf dem Festlande, *Tuffkegel auf dem Meeresgrund, durch *labiale L. können lange *Schlackenwälle gebildet werden (L 3/395; 39c/92 ff.)

Log (Logge) Instrument zur Bestimmung der Schiffsgeschwindigkeit; die einfache Handlogge, eine in Knoten eingeteilte Leine, an deren Ende ein sektorenförmiges Brettchen befestigt ist, läßt die Länge des zurückgelegten Weges aus der in einer am Loggeglas (Sanduhr) abgelesenen Zeit abgerollten Leinelänge nur ungefähr abschätzen; die Zahl der Knoten (Abstand von 7 ½ m), die sich während der Loggezeit (meist 15 Sek.) abwickeln, entspricht etwa der Zahl der vom Schiffe in einer Stunde zurückgelegten Seemeilen (L 2/50 und Schulze, Nautik [Samml. Göschen 84] S. 26 ff.)

lokale Niveauveränderungen s. Niveauveränderungen

lokale Winde hierher gehören *Land= und *Seewinde, *Berg= und *Talwinde, *Bora, *Föhn und *Mistral

Lokalmoränen sind solche, deren Gesteinsmaterial vorwiegend aus der Nähe stammt (L 7, Bd. 2²/232)

longitudinále Wellenbewegungen [lat. longitúdo Länge] s. fortschreitende l. W.

Löß lehmige, zu senkrechter Klüftung neigende Bodenart von gelblicher Färbung, ungeschichtet, aber von horizontal gelagerten Mergelknollen (sog. L=männchen) und von feinen Kanälen, den Hohlräumen ausgewitterter Gräser, durchzogen; nach v. *Richthofen aus Staubablagerungen hervorgegangen, die in abflußlosen Steppengebieten entstanden, später den normal entwässerten Randländern einverleibt wurden,

120 — Lotabweichungen — Luftdruckgebiete

nach Obrutschew zwar ebenfalls äolischer Entstehung, aber direkt aus den abflußlosen Becken in die Randgebiete hineingeweht, von anderen wieder als Hochwasseranschwemmungen bzw. Schlammablagerungen *eiszeitlicher Schmelzwässer bezeichnet. Auch Soergel (Löße, Eiszeiten und paläolithische Kulturen, 1919) hält den L. für glazial (nicht interglazial) entstanden, und zwar in einer Landschaft mit im wesentlichen Steppencharakter. Kosmische Entstehungsmöglichkeit nach Keilhack in DN 1920. L.böden sollen etwa 3,6 v. H. der Gesamtfläche der Erde, 7 v. H. in Europa einnehmen. Geschichteten L. ohne die Kapillarstruktur der feinen Kanälchen nennt man mit Rücksicht auf seine Bildung in Seen Seelöß (L 5/193 f.; 11³/367 ff.; 34/698 ff.; 37¹/342 ff.)

Lotabweichungen die Abweichung (der Winkel) der an einem bestimmten Punkte durch das Lot gegebenen Richtung der *Schwerkraft von ihrer durch eine Senkrechte zur Meridiankrümmung an dieser Stelle feststellbaren theoretischen Richtung

Lotmaschinen besondere Apparate zur unmittelbaren, auch bei voller Fahrt möglichen Bestimmung größerer Tiefen in Seen oder Meer; ein neueres System beschrieben in L 47a¹/160

Lotstörungen = *Lotabweichungen

Löwl, Ferdinand, Geologe, * 1856 in Proßnitz (Mähren), † 1908 infolge eines Sturzes vom salzburgischen Gaisberg. Hauptwert: „Geologie" (Wien 1906), vorzüglich für Geographen. Nachruf in G3. 1908

Loxodrome [gr. lóxos schief, drómos Lauf] auf der Erdkugel die alle *Meridiane unter gleichem Winkel schneidende Kurve; der Seemann denkt bei Entfernungen zweier Punkte an die L., die ihn die gleiche Fahrtrichtung (dasselbe *Azimut) beibehalten läßt (s. Orthodrome). Vgl. A. v. *Böhm, Begriff und Verlauf d. L. (Wien 1926) und H. *Wagner in PM 1927, S. 9 ff. (Abb. 37, 53 und 65)

lückenhafte Talbildung der Wechsel von ober- und unterirdischen Talstücken, das Verschwinden von Flüssen als Teilphänomen der *Karsterscheinungen

Lückenpaß s. Pässe

Luftdruck der in der *Atmosphäre infolge der *Schwerkraft mit der Tiefe zunehmende Druck; daher sind die der Erde näher gelegenen Luftschichten stärker zusammengepreßt, sie enthalten dichtere Luft als die höheren. Die Erwärmungsverschiedenheiten der einzelnen Erdstriche erzeugen lokale L.-verschiedenheiten, diese wieder bewirken die als *Winde bezeichneten ausgleichenden Luftströmungen. Die Messung des L. geschieht mittels *Barometer, *Aneroidbarometer und *Siedethermometer (s. auch Babinets barometrische Höhenformel, barische Windgesetze, barometrische Höhenstufe, Beaufort-Skala, Berg- und Talwinde, Fallwinde, Hochdruck- und Tiefdruckgebiete, Höhenmessung, Land- und Seewinde, Monsune, Schalenkreuzanemometer, Windsysteme der Erde, Zyklone und Antizyklone). Vgl. L 62a/84 ff.

Luftdruckgebiete „Über der ganzen Erde zeigt der *Luftdruck eine breitenparallele Anordnung in 7 Zonen." Den durch Erwärmung gebildeten drei L. (*äquatoriale Tiefdruckzone, nördliches und südliches polares Hochdruckgebiet über den Polarkalotten) fügt die *Erdrotation vier Zwischenglieder ein, und zwar auf der Nord- und Südhalbkugel je eine subpolare (*subarktische) Tiefdruck- (Depressions-) Zone in 66 und 62⁰ Br. und je eine *subtropische Hochdruckzone in 34⁰ und 28⁰ Br. Diese Zonen „erfahren aber, ähnlich wie die *mathematischen Temperaturzonen, wieder erhebliche Abwandlungen durch die Verteilung von Wasser und Land", wobei zu beachten ist, daß überall, wo in ostwestlicher Richtung Land und Meer wechseln, die oben angeführte Folge der L. nur auf den Meeren zu finden ist; hier sind die L. permanent, wandern aber mit der Sonne; dagegen beherbergen die Festländer in der warmen Jahreszeit *Minima und in der kalten *Maxima als von der Erwärmung abhängige periodische Gebilde. „Ziemlich regelmäßige Ausbildung und auch geringe Veränderung zwischen Januar und Juli zeigen die L. (Tabelle I) auf der so gleichmäßig mit Wasser bedeckten Südhalbkugel, nur ist hier im Januar der Roßbreitenhochdruck (die subtropische Hochdruckszone) in den Kontinenten unterbrochen (südamerikanische, südafrikanische und australische *Zyklone im Südsommer infolge Erhitzung des Landes und Luftauflockerung), während diese im Juli gerade die Kerne enthalten (südamerikanische, südafrikanische und australische *Antizyklone). Größere Wandlungen zeigt die Nordhalbkugel: im Januar zieht der geschlossene Gürtel des Hochdrucks über Meere (nordpazifisches, nordatlantisches und nordindisches Passatgebiet) und Länder, hat aber in den letzteren seine Kerne (nordamerikanische und ostasiatische Antizyklone), die sogar bedeutend nordwärts erweitert über diese hingelagert sind, so daß der eigentlich im Norden angeschlossene Depressionsgürtel auf die Meeresflächen allein (nordpazifische und nordatlantische Zyklone) zurückgedrängt wird. Im Juli erlangt umgekehrt dieser letztere eine außerordentliche Geschlossenheit und Erweiterung über die Kontinente hin (europäisch-asiatische Zyklone, nordamerikanische Zyklone), so daß der südlich angrenzenden Hochdruckszone nur beschränkte Flächen auf den Ozeanen verbleiben (nordpazifisches und nordatlantisches Passatgebiet). So ergeben sich durch Anwesenheit von Wasser und Land aus den planetarischen (d. h. für jeden unter dem Äquator am stärksten erwärmten, rotierenden Planeten geltenden) Luftdruckgürteln die tellurischen, d. h. irdischen wirklichen Hoch- und Tiefdruckgebiete, zwischen denen sich im einzelnen durch einen steten Wechsel von Kommen und Gehen häufige, das *Wetter mitbedingende Verschiebungen vollziehen" (L 3/139; 5/99f.; 60a/466ff.; 62a/97ff.). (s. auch Windsysteme der Erde und Abb.)

Tabelle der Hauptwindgebiete der Erde.
p. = permanent

a) nördlicher Winter:
1. nordpolares Hochdruckgebiet: —
2. nördliches subpolares Tiefdruckgebiet:
nordpazif. nordamerik. nordatlant. ostasiat.
Zyklone (p.) Antizykl. Zyklone (p.) Antizykl.

3. nördliches subtropisches Hochdruckgebiet:
nordpazif. nordatlant. (Mittelmeer- nordind.
Passatgeb. Passatgeb. geb.) Passatgeb.
(Antizykl.) (Antizykl.) (Antizykl.)
4. äquatoriales Tiefdruckgebiet: —
5. südliches subtropisches Hochdruckgebiet:
west- u. südam. südatl. südafr. südind. austr.
ostpazif. Zykl. Passat- Zykl. Passat- Zykl.
Passatgeb. geb. geb.
(Antizykl.) (Antizykl.) (Antizykl.)
6. südl. subpolares Tiefdruckgebiet ⎫ : —
7. südpolares Hochdruckgebiet ⎭

b) nördlicher Sommer:
1. nordpolares Hochdruckgebiet: —
2. nördliches subpolares Tiefdruckgebiet:
nordpazif. nordamer. nordatlant. europ.-asiat.
Zyklone (p.) Zyklone Zyklone (p.) Zyklonen
3. nördliches subtropisches Hochdruckgebiet:
nordpazif. nordatlant. europ.-asiat.
Passatgeb. Passatgeb. Zyklonen
(Antizykl.) (Antizykl.)
4. äquatoriales Tiefdruckgebiet: —
5. südliches subtropisches Hochdruckgebiet:
südpazif. südam. südatl. südafr. südind. austr.
Passat- Anti- Passat- Anti- Passat- Anti-
geb. zykl. geb. zykl. geb. zykl.
(Antizykl.) (Antizykl.) (Antizykl.)
6. südl. subpolares Tiefdruckgebiet ⎫ : —
7. südpolares Hochdruckgebiet ⎭

Luftdruckmaximum [lat. máximum das größte], **L.minimum** [lat. mínimum das kleinste] s Hochdruckgebiet
Luftelektrizität die in der *Luft enthaltene (gegenüber der Erde positive) Elektrizität; ihre Größe entzieht sich wie jede vollständig gleichmäßige elektrische Ladung der Beobachtung (L 5/69) (s. auch Gewitter, Polarlichter)
Luftfahrt im Dienste der Geogr.: Perlewitz in G3 1926, S. 8ff.
Luftfalte die durch die Luft gezogenen (theoretischen) Ergänzungen von in Wirklichkeit bereits *abgetragenen *Salten; sie sind meist *Luftsättel, während *Luftmulden häufiger unter der Erdoberfläche zu zeichnen sind
Luftlinie die wegen der mannigfachen, auf der Erdoberfläche befindlichen Hindernisse bloß bei Hinwegdenken dieser

hemmnisse zu erzielende, kürzeste (mathematische) Verbindung zwischen zwei geographischen Objekten
Luftmulde die *Mulde einer *Luftfalte
Luftsattel der *Sattel einer *Luftfalte
Lufttemperatur Ihre *Wärmequellen sind beeinflußt durch die *atmosphärische *Absorption eines Teiles der Sonnenstrahlen (*Strahlung), durch die Höhenlage über dem Meere (*Temperaturabnahme mit der Höhe), vor allem aber durch den Gegensatz im thermischen Verhalten von Wasser und Land. (Gründe für dieses Verhalten nach *Meding [L 5/96] : 1. der höhere Feuchtigkeitsgehalt und Bewölkungsgrad über dem Wasser; 2. die stärkere Reflexion der Strahlung an der glänzenden Wasserfläche; 3. die größere Wärmekapazität des Wassers gegenüber dem Gestein; 4. die Verschleppung der dem Wasser zugeführten Wärme nach der Tiefe und in die Ferne durch *Meeresströmungen und Wellen; 5. die Überführung von Wärme in latente Form beim Verdunstungsvorgang, der über dem Wasser ungleich stärker ist als auf dem Lande.) Das Land empfängt viel Wärme, gibt aber auch viel ab, hält also nicht Haus mit ihr, wogegen das Wasser zwar durch Strahlung weniger erwärmt wird, sich aber auch weniger abkühlt als das Land und so Wärmemengen für kalte Perioden aufspeichert (s. auch Meerwasser). Diese „thermische Trägheit" des Wassers bewirkt erstens, „daß die Temperatur über dem Wasser bei Nacht und im Winter höher und bei Tag und im Sommer niedriger ist als auf dem Lande (d. h. also, daß das *Landklima größeren täglichen und jährlichen *Wärmeschwankungen unterworfen ist als das *Seeklima) und zweitens, daß die *mittlere Jahrestemperatur in höheren Breiten, wo die kalten Perioden lange andauern, auf der See, in niederen Breiten aber auf dem Lande höher ist" (L 3/88). Doch ist die Erwärmungsfähigkeit des Landes selbst wiederum verschieden je nach Rauheit, Farbe und Feuchtigkeitsgehalt des Bodens (L 2/564f.); „besonders verschieden verhalten sich nackter Fels, Wald, Schnee- und Eisfläche" (L 5/97), und zwar „hindert der Wald, besonders in großen zusammenhängenden Flächen, hohe Temperatur durch Beschattung des Bodens, Vergrößerung der ausstrahlenden Fläche und Verdunstung, wird die Lufttemperatur bei einer Schneedecke erniedrigt, da diese sich nicht über $0°$ erwärmt, also entweder beständig ausstrahlt oder schmilzt, in beiden Fällen Wärme beansprucht, anderseits läßt sie die Wärme im Boden aufspeichern, was einer späteren Zeit zugute kommt"; das Eis des Meeres verleiht diesem die Wirkung höherer Kontinentalität (s. auch Tagesschwankung)

Luftwirbel werden wegen ihrer milderen Form die *Wirbelstürme gemäßigter Breiten genannt (L 47a¹/46)

Luftzirkulation [lat. circulári umherlaufen] s. Windsysteme der Erde und Luftdruckgebiete

Lunárien [lat. lúna Mond] Vorrichtung zur Darstellung der Bewegung des Mondes um die Erde; gewöhnlich in Verbindung mit einem *Tellurium, welches die Erdbewegung um die Sonne veranschaulichen soll (und dann auch Telluro-Lunarium genannt). Steinhäuser, „Grundzüge der math. Geographie"³ S. 86ff. und mehrfache Erläuterungshefte zu den Erzeugnissen der verschiedenen Firmen (z. B. E. Schotte u. Co. in Berlin)

Lunárnutation s. Nutation

Lunárpräzession s. Präzession

Lunation = *synodischer Monat

Lunisolarjahr [lat. sol Sonne] Zeitrechnung, die gleicherweise die Sonnen- und Mondbewegung (*Sonnen- und *Mondjahr) berücksichtigt

Luvseite die dem Winde zugekehrte Seite. Ggs.: *Leeseite

Lyell, Sir Charles, berühmter Geolog, * 1797 zu Kinnordy (Forfar), † 1875 in London, Begründer der neueren Geologie („Principles of Geology" 1830—1833), die im Gegensatz zu den *Kataklysmikern eine langsame Entwicklung der Erde annahm und die Veränderungen der Erdoberfläche auf *Verwitterung, *Denudation, *Erosion usw., also die noch heute wirksamen Ursachen zurückführte

Mäander [nach dem gleichnamigen

Fluß in Kleinasien genannt], *Ser=
pentinen die schlangenartigen (mit
abnehmendem Gefälle, also in der
Ebene, sich häufenden) Krümmungen
von Flüssen, oft durch ganz geringfü=
gige Hindernisse an die Stelle der nor=
malen, geradlinigen Bahn gesetzt; der
*Stromstrich, gegen das steilere Kon=
kavufer (*Prallhang) gerichtet, ar=
beitet, vielleicht auch vom Winde un=
terstützt, durch Abtragung am Konkav=
und Aufschüttung am flacher gebösch=
ten Konverufer (*Gleithang) an der
Vergrößerung der Krümmungen, die
gleichzeitig immer mehr talabwärts
verschoben werden. F. M. Exner (Sitz=
ber. Akad. Wiss. Wien 1919) erklärt die
M. aus freien Schwingungen des Was=
sers quer zur Längsrichtung der Flüsse.
„Die Formel für die stehende Schwin=
gung liefert eine Beziehung zwischen
der Flußgeschwindigkeit, der Breite des
M.gürtels, seiner Wellenlänge und
Tiefe, die beim Vergleich mit mehreren
natürlichen Flußläufen der Größen=
ordnung nach ungefähr stimmt." Im
Gegensatz zu den besprochenen freien
M. stehen die ursprünglich eingesetz=
ten (s. Auen) und die bei Einleitung
eines neuen geographischen *Zyklus
in das sich hebende Land eingesenk=
ten M. (L 3/517 ff.; 9, Bd. 627/38 f.,
42 ff.). (s. auch Altwasser, Auenebenen,
Talmäander)

Maare [lat. mare Meer] meist kreisför=
mige und heute wassererfüllte Einsen=
kungen in das Gelände, durch gewal=
tige vulkanische Explosionen entstan=
dene *Krater, aus denen aber niemals
*Magma ausfloß; häufig von einem
niedrigen Wall lockerer Auswurfsmas=
sen umgeben (L 11³/60)

Mac Clure, Sir Robert John, engl.
Seefahrer, * 1807 zu Wexford (Jr=
land), † 1873 zu Portsmouth, fand
1850—1853 von der Beringstraße aus
über Melvillesund und Barrowstraße
die sog. *nordwestliche Durchfahrt (in der
Richtung von W. nach O., *Amund=
sen in der umgekehrten Richtung)

Mácchia [ital., forsik. máqui Gebüsch]
s. Buschland

Machatschek, Fritz, Geograph, * 1876 in
Wischau=Mähren, Prof. an der Univ.
Wien. Arbeiten über den Schweizer
Jura (1905), Alpen (²1916), Beitrag
Asien und Australien in L 5, Bd. 2;
9, Bd. 627 und 628, Lösbe. v. Russ.=
Turkestan (1921), „Verein. Staaten
von Amerika" (1924), „Mitteleuropa"
(1925), „Sudeten und Westkarpathen=
länder" (1926); Zeitschriftenaufsätze
über Norwegen, Böhmisches Massiv,
Alpen, Zentralasien u. a.

madagássisches Gebiet tiergeographi=
sche Unterabteilung der *Arktogäa,
Madagaskar umfassend; Affen, Huf=
tiere fehlen, Halbaffen, Schleichkatzen
stark vertreten (L 5/242; 78/85 f., 92 f.)

Magalhaẽs [engl. Magellan], Hernão
de, portug. Entdecker, * um 1480,
† 1521 auf den Philippinen, be=
wirkte 1519—1522 in spanischen Dien=
sten die erste Weltumseglung (O. nach
W.), entdeckte dabei u. a. die nach ihm
benannte Straße zwischen dem Feuer=
land und Festland von Südamerika

Mágma [gr. mágma Gemisch] das im
Schmelzfluß befindliche, von Gasen
stark durchsetzte Silikatgestein des *Erd=
innern, das entweder zusammenhän=
gend zähflüssig als *Lava aus den
*Kratern des Gipfels oder den Seiten=
spalten des *Vulkans herausdringt oder
durch die Kraft der gleichzeitig ausbre=
chenden Gase und Dämpfe als feine
Asche bzw. gröberer Sand in die
Luft geblasen, oft auch als hasel= bis
walnußgroße *Lapilli und als zusam=
mengerollte Lavafetzen (Bomben)
ausgeworfen wird

magmatísche Beben s. vulkanische Beben

magmatisches Wasser s. Grundwasser

magnetische Deklination [lat. declinátio das Abbiegen] oder m. *Mißwei=
sung: der Winkel, den die durch die
m. Achse der Magnetnadel ge=
legte Vertikalebene — der *m.
Meridian — mit dem *Meridian des
Beobachtungsortes einschließt (*Kom=
paß). Die m. D. zeigt außer tägl. und
jährlichen Variationen auch säkulare Ver=
schiebung; diese bedeutet für Deutsch=
land, wo das Nordende der Magnet=
nadel westl. vom astron. Meridian
liegt, derzeit (1926) eine jährl. Ab=
nahme der m. D. um etwa 12'; Mitte
1926 betrug die m.D. für Potsdam 6°33'

magnetische Gewitter anormale, un=
regelmäßige erdmagnetische Störungen

magnetische Inklination [lat. inclināre sich neigen] der (konstante) Winkel, unter dem eine in ihrem Schwerpunkt um eine horizontale Achse frei bewegliche Magnetnadel sich gegen den *Horizont neigt. Die mit der Zeit und dem Orte veränderliche m. I. beträgt für Deutschland (1925) ungefähr 66° N.
magnetische Intensität der Erde [lat. intendere anspannen] die Stärke der magnetischen Richtkraft der Erde; Horizontalintensität der in der Horizontalebene wirkende Anteil der m. I., festgestellt an einer auf einer Spitze horizontal spielenden Magnetnadel, Vertikalintensität die in der Vertikalebene wirkende erdmagnetische Kraft, gefunden aus den Schwingungen einer um eine horizontalachse im *m. Meridian beweglichen Magnetnadel
magnetische Kurven s. Isodynamen, Isogonen, Isoklinen
magnetische Pole der Erde s. Erde
magnetischer Äquator die jene Orte verbindende Linie, deren *magnetische Inklination gleich Null ist (d. h. die Magnetnadel wagrecht steht)
magnetischer Meridian s. magnetische Deklination
magnetischer Zustand der Erde s. Erde
magnetisches Azimut s. Azimut
magnetisches Moment der Erde die Stärke ihrer *magnetischen Intensität, von C. F. Gauß (1832) der Wirkung von etwa 8500 Trillionen einpfundigen Magneten gleichgesetzt
makroseismische Bewegungen [gr. makrós groß, seismós Erschütterung] jene Bewegungen eines *Erdbebens, die auch ohne Instrumente bemerkt werden; makroseismisches Feld das Gebiet, in dem ein Erdbeben auch ohne Instrumente empfunden wird. Ggs.: *mikroseismische Bewegungen und mikroseismisches Feld (Abb. 29)
malaiische Rasse Buschan (L 5/321) bezeichnet sie bloß als durch Vermischung mit den beiden Grundrassen der braunen afrikanischen (s. Buschmänner) und der indoaustralischen (s. Drawida) entstandene Unterrasse der *mongolischen Hauptrasse, an die sie in ihrem physischen Typus vielfach erinnert (bei etwas geschmeidigerem Körperbau ähnliche Hautfarbe, Kurzköpfigkeit, straffes schwarzes Haar); verbreitet auf Ostmadagaskar (Wanderungen!), der Malakkahalbinsel und den ihr vorgelagerten Inseln. Einzelne Stämme, wie die (mit Hindublut durchsetzten) *Javaner, haben eine bemerkenswerte Kulturhöhe erreicht

Malaiochinesen s. Birmanen
Malm [Bezeichnung der englischen Steinbrecher für die oberste Gruppe der *Juraformation] s. geologische Zeitalter
Mandingo (Mande) Volk der westlichen Sudan-*Neger, mit bedeutsamer Staatsbildung im 13. Jahrh.
Mandschu s. Tungusen
Mangbattu s. Niam-Niam
Mango (M.-Pflanze) die wohlschmeckenden Steinfrüchte des in den Tropen viel kultivierten M.baumes (Mangifera indica und laurina, zur Familie der Anacardiaceen gehörend)
Mangroven Gehölzformation an ruhigen, schlammreichen Buchten der Tropen (und Subtropen); die Äste der Bäume oder Sträucher stützen sich auf zahlreiche, in den Boden hineinwachsende Luftwurzeln wie auf Stelzen
Maniok (Manihot) eine artenreiche Gattung aus der Familie der Euphorbiaceen (wolfsmilchartigen Pflanzen), deren stark mehlhaltige Wurzeln geröstet ein geschätztes Nahrungsmittel der Tropen, das Maniokmehl und das noch feinere Tapioka (oder brasilianisches „*Arrow-root"), geben
Maori die eingeborenen, heute auf rund 43 000 Köpfe zusammengeschmolzenen *Polynesier Neuseelands
Marco Polo berühmter mittelalterlicher Reisender, * 1254 in Venedig, † ebenda 1323. Besuchte zwischen 1271 und 1295 Zentralasien, China, die Sundainseln, Japan, Ceylon, Persien und Armenien; sein Reisebericht bildet eine der wichtigsten Quellen für die Kenntnis des damaligen Ostasien (L 15/41 f.)
Mareograph [lat. mare Meer, gr. gráphein schreiben] s. Flutmesser
Margerie, Emmanuel de, franz. Geologe, * 1862 zu Paris, schrieb (mit *Heim) „Die *Dislokationen der Erdrinde" (Zürich 1888, Synonyme in drei Sprachen) und (mit G. de la Noë) „Les formes du terrain" (Paris 1888)

Marianengraben einer der *ozeanischen Gräben, am Außen(Ost=)rand der Marianeninseln hinziehend (9636 m größte Tiefe); südliche Fortsetzung des *Japangrabens

marine Ablagerungen [lat. marinus zum Meer gehörig] s. Dünen, Küstenversetzung, Strandsaum, Strandwall, Nehrungen, Haken; die gesamten m. A. scheinen nicht einmal 1 v. H. der Landoberfläche einzunehmen (L 3/620)

marine Flüsse nach *Supan (L 3/742) jene *Hauptflüsse, die das Meer erreichen, im Gegensatz zu den *kontinentalen Fl., bei denen dies nicht der Fall ist; jenen gehören 96,2, diesen 28,9 Mill. qkm des Festlandes an

marine Küsten s. Kontinentalküsten

mariner Erosionszyklus der im *Strandgebiet sich abspielende, vom Lande her besonders unter dem Einfluß von *Verwitterung und *Abspülung der Gehänge, vom Meere her durch Wellen, *Gezeiten und Strömungen zustande kommende Ablauf des *geographischen Zyklus. Jedes *Stadium hat seine Küstenformen, das Endstadium ist eine etwas unter dem Meeresspiegel gelegene ebene Fläche (Platte) (L 47a²/4)

mariner Typus der Niederschläge = *ozeanischer Typus der Niederschläge

marines Flachland durch Meeresanschwemmungen gebildeter flacher Küstensaum, durch *negative Strandverschiebungen zur Ebene erweitert (L 2/391)

Marinus von Tyrus, griech. Geograph aus dem 2. Jahrh. n. Chr. Bestimmte zum Entwurf einer Gradnetzkarte die Lage von Ländern und Orten zu *Meridianen und *Parallelkreisen, die er geradlinig und rechtwinklig zog (*Plattkarte)

maritimes Klima [lat. maritimus am Meer gelegen] so viel wie *Seeklima

Marktflecken Übergangstypus vom *Dorfe zur *Stadt (L 2/844)

Marrobbio [ital. Bergkopfen] s. stehende Wellen

Mars s. Planeten, Monde. M. besitzt manche Ähnlichkeiten mit der *Erde: *Abplattung an den *Polen, *Jahreszeitenwechsel; auch Wasser ist vorhanden. An Wärme empfängt er von der Sonne nur etwa $2/5$ so viel als die Erde. *Schwerkraft bloß 0,38 der irdischen

Marschen aus organischem und anorganischem *Schlick aufgebauter, allmählich den *Meeresspiegel auch bei *Hochwasserstand übertragender, fetter Boden, der Wiesenkultur und damit Viehzucht begünstigt

Marschendörfer, Marschhufendörfer s. Reihendorf

Martonne, Emmanuel de, frz. Geograph, * 1873 zu Chabris (Indre), schrieb „Traité de géographie physique" (4. A., 3 Bde., Paris 1925 ff.)

Masai s. Galla

Massenbewegungen die von der *Schwerkraft bewirkten, durch die *Verwitterung usw. unterstützten „Abwärtsbewegungen von Gesteinsmassen, die sich in Fels= und Bodenbewegungen teilen, je nachdem sie festes Gestein oder lockeren Boden erfassen" (L 5/144); hierher gehören u. a. *Bergsturz, *Erdfließen, *Felsglitsch, *Felssturz, *Erdtrieb

Massendefekte der Erdrinde s. Dichteverteilung in der Erdrinde. Es handelt sich meist um jene Gebiete, die, wie die Räume unter den großen Gebirgen der Erde, eine geringere als die für sie berechnete normale *Schwerkraft besitzen (L 47a²/11)

Massengebirge (*Massive) Gebirge, die ungefähr gleich lang und breit sind. *Supan (L 3/741) gliedert sie ihrer Entstehung nach in Schollengebirge (Horste), vulkanische Gebirge, Erosionsgebirge und Rumpfschollengebirge. Bilden die Gipfelregion der M. nicht *Kämme, sondern ist sie auf größeren Strecken eben, so nähern sich die M. den *Plateaugebirgen

Massengesteine s. Gesteine und Eruptivgesteine

Massiv (tektonisch) bedeutet „eine durch *Erosion (oder durch Abgleiten der Sedimenthülle?) freigelegte Masse aus alten *kristallinen Gesteinen" (L 41/67); sie können *wurzelnd oder (in *Saltengebirgen) *wurzellos sein

Massive s. Massengebirge

Massûdi, Abul=Hassan Ali, arab. Schriftsteller, † 957 in Alt=Kairo, machte größere Reisen in Asien und

9*

Afrika, die er beschrieb (,,Marudschal-dschab", d. h. goldene Wiesen und Edelsteingruben); besonders ausführlich sind China, Indien, Persien und Ägypten dargestellt

Maté (M.tee, Paraguaytee, Yerba de M.) aus den koffeinhaltigen Blättern von Ilex paraguariensis gewonnen (trop. Südamerika); angenehm schmeckendes Erfrischungsmittel

mathematische Klimagürtel s. mathematisches Klima

mathematisches (oder *solares) **Klima** ein *Klima, das unter Voraussetzung keiner Atmosphäre und nur festen Landes zustande käme, bedingt durch den Wechsel der Tages- und Jahreszeiten bzw. durch die jeweilige *geographische Breite; die *mathematischen Klimagürtel sind daher durch *Wende- und *Polarkreise begrenzt. Im Gegensatz dazu ist das *physische Klima jenes, welches das Vorhandensein einer Atmosphäre und ihres Wasserdampfgehaltes und damit den Einfluß der Höhenlage wie den thermischen Gegensatz zwischen Wasser und Land (*Lufttemperatur) und so auch die Entfernung einer Landschaft vom Meere, ferner die pflanzliche Bodenbedeckung mitberücksichtigt (L 2/557; 5/95ff.). S. auch Temperaturzonen und Wetter

mathematische Temperaturzonen s. Temperaturzonen

Matten der kurzen Vegetationsperiode höherer Gebirgslagen (durch ihre in der Erde verzweigten Organe) angepaßte *Pflanzenformation; charakteristisch mit dem Boden angeschmiegte Rasen mit den farbenprächtigen Blüten der niedrigen Stauden

Maud-Expedition norweg. Nordpolexped. 1918—25 unter *Amundsen und Sverdrup; bedeutf. meteor. Ergebnisse. Vgl. Breitfuß in 3GEB. 1925

Maull, Otto, Geograph, * 1887 in Frankfurt a. M., Prof. an der Univ. daselbst. Bereiste Südeur. und (1924) Brasilien. L 93, dann ,,Griech. Mittelmeergebiet" (1922), Beitrag Griechenland und Südam. zu L 101, ,,Südeuropa" (1928)

Mauren s. Berber

Maximalböschung [lat. máximus der größte] s. Gehängeformen

mechanische Erosion s. chemische Erosion

mechanische Sedimente aus der Zerstörung anderer hervorgegangene und durch ein Bindemittel wieder verkittete Gesteine wie *Breccien, *Konglomerate, Grauwacken usw. (L 47a^1/98)

mechanische Verwitterung durch Temperaturschwankungen, *Spaltenfrost usw. bewirkter Zerfall d. Gesteins

Meding, Ludwig, Geograph, * 1879 zu Frankfurt a. M., Prof. an der Universität Münster i. W. 1911/12 Weltreise. Beitr. zu L 5, Bd. 2; ,,Die Polarländer" (1925)

Meerbusen = *Buchten

Meere Gliederung der zusammenhängenden (ungefähr 361 Mill. qkm bedeckenden) Wasserfläche der Erde in 3 *Weltmeere oder *Ozeane (*Atlantischer, *Indischer und Stiller Ozean, unter die auch das *Antarktische M. heute gewöhnlich aufgeteilt wird) und in zahlreiche *Nebenmeere (s. auch alle Zusammensetzungen mit Meer, ferner Eisbildung im M., Mittel- und Randmeere, spezifisches Gewicht des M.wassers, Mittelwasser, Salzgehalt des M.wassers, Wasserblock, Gezeiten, Wellentheorien, Watten-M., Windmeer, Lufttemperatur, Eisschmelzströme, Eismeere, Ingressions- und Transgressions-M., Binnen-M., biogene Sedimente, Chlorkonstante, Eisbildung im M., harmonische Analyse, Reibungskoeffiz. d. M.wassers, ozeanische Becken)

Meer(wasser)eis das besonders in seichteren Wasser an polaren Küsten und Inseln entstehende zäh-plastische Eis, zunächst als einjähriges biegsames *Feldeis (in der *Antarktis von 1—1½ m, in der *Arktis 2—2½ m Dicke) weite Strecken bedeckend, dann in Lagen mehrerer Jahre durch *Gezeitenströme und Wind zu *Packeis bis 10 m zusammengestaut, dessen größeren und kleineren Eismassen durch offenes Wasser (*Waken) voneinander getrennt sind (L 2/521; 57/81 ff.)

Meerengen am besten wohl auf besonders schmale *Meeresstraßen zu beschränken, wie den Bosporus, Kl. Belt, Dardanellen, Straße v. Messina (0,5, 0,6, 2,0 und 3,5 km breit); entstanden entweder durch örtlichen Einbruch oder Untertauchung von Tälern usw.

Meeresanschwemmungsinseln = *Schwemmlandinseln

Meeresboden a) Oberflächenformen im allgemeinen. Im Gegensatz zur Landoberfläche ist der M. im ganzen sehr einförmig, „außerordentlich flachwellige Formen in sanftem An- oder Abstieg überwiegen durchaus" (L 57/24); ist er doch auch dem Einfluß jener Kräfte entzogen, welche die Mannigfaltigkeit des oberseeischen Reliefs erzeugen: mit den *Atmosphärilien fehlt die *Verwitterung, mit den *Flüssen die Talbildung, wogegen die chemische Zersetzung durch das Meerwasser selbst sehr allmählich vor sich geht; vor allem erfolgen auch keine nennenswerte Wegführung und Umlagerung von Bodenprodukten; im Gegenteil, der M. ist „die Stätte einer zwar langsamen, aber im Laufe der Jahrtausende doch merklichen und ununterbrochenen Ablagerung von Sinkstoffen verschiedener Art" (*biogene Sedimente). b) Bedeckung f. biogene Sedimente. c) Besondere Tiefenverhältnisse f. auch *ozeanische Gräben und Schwellen.) Während die *mittlere Höhe aller Festländer rund 700 m beträgt, wird die mittlere Tiefe aller *Ozeane auf etwa 3700 m geschätzt; auf dem Lande liegen in einer Meereshöhe von über 2000 m bloß 3,2 v. H. der gesamten Erdoberfläche, während 59,4 v. H. von dieser in einer größeren Meerestiefe als 2000 m sich befinden (genauere Tabelle L 57/15). Für die wichtigsten Ozeane und Nebenmeere sind folgende Flächen und Tiefen berechnet worden (L 2/505 ff.; 3/263):

(JM bedeutet *Ingressions-, TM *Transgressions-, MM *Mittel-, RM Randmeer.)

	Fläche qkm	mittl. Tiefe m	größte bekannte Tiefe m
I. Atlantischer Ozean	106 000 000	3330	8526
1. Arktisches MM (JM)	14 100 000	1200	3850
2. Amerikanisches MM (JM)	4 320 000	2230	6269
a) Golf von Mexiko	1 600 000	1490	3809
b) Bahama-RM	400 000	490	4180
3. Europäisches MM (JM)	2 970 000	1430	4404
a) Jonisches Meer	575 000	2100	4404
b) Adriat. Meer	135 000	240	1223
c) Ägäisches Meer	190 000	570	2200
d) Schwarzes Meer	460 000	1120	2170
4. Kanal u. Irische See (TM)	213 380	60	263
5. Nordsee (TM)	575 000	94	677
6. Ostsee (TM)	420 000	55	463
7. Hudsonbai (TM)	1 230 000	130	229
8. St. Lorenz-Golf (TM)	240 000	125	589
II. Indischer Ozean	75 000 000	3900	7000
1. Rotes Meer (JM)	440 000	1100	2359
2. Persischer Golf (TM)	240 000	25	84
3. Andamanen-Randmeer (JM)	800 000	870	4177
III. Großer Ozean	180 100 000	4030	10793
1. Australasiatisches MM (JM)	8 150 000	1220	6504
a) Molukken-Seen (JM)	2 770 000	1750	6504
(Banda-, Celebes-, Sulu-See ua.)			
b) Südchinesisches Meer (JM)	2 320 000	1650	4965
c) Malaiisches Schelfmeer (TM)	1 750 000	50	119
(Java- oder Sunda-See, Borneo-See, Golf von Siam)			
d) Nordaustral. Schelfmeer (TM)	1 400 000	205	130
(Carpentaria-Golf u. Arafura-See)			
2. Ostchinesisches Meer (TM)	1 250 000	190	1651
3. Japanisches RM (JM)	1 000 000	1350	3258
4. Ochotskisches RM (JM)	1 530 000	840	3370
5. Westl. Beringm. (JM)	1 370 000	1920	3939
6. Golf v. Californien (JM)	160 000	850	2274

Übersichtliche Tiefenkarte der Ozeane in L 3, Tafel 1 und L 57, Fig. 3. d) *Schelf (L 2/502ff.; 3/264ff.; 5/86; 57/24ff.)

Meeresbodenküste f. Landformenküste
Meereshalde f. Küstenplattform
Meereshöhe f. Höhe
Meeresleuchten der durch unzählige mikroskopische Tierchen (hauptsächlich durch Geißeltierchen und Noctiluca

miliaris) zumal in tropischen Meeren hervorgerufene wunderbare nächtliche Glanz des Meerwassers

Meerespforten die wenigen „engeren Lücken in der Umwallung einzelner Meeresbecken, die auf weithin die einzigen Zugänge zum benachbarten Meere darstellen" (L 2/490), wie die Straßen von Gibraltar, Ormus u. a.

Meeresschwinden die an den Küsten von *Karstländern sich findenden Hohlräume im Kalk, durch die das Meerwasser ins Land einströmt, imstande Mühlen zu treiben (und daher auch Meermühlen genannt), aber nicht an der gleichen Stelle wieder zutage tritt. Ob diese in das Kluftsystem des Karstes verschwindenden Wassermengen sich in großer Tiefe wieder insMeer verlieren (L 3/500) oder in höheres Niveau hinaufgepreßt werden (DN 1921, S. 67), ist noch ungewiß

Meeresspiegel (*Meeresniveau) = Meeresoberfläche; aus dem Schwankungen, denen er vielfach unterworfen ist, hat man einen (idealen) mittleren Wasserstand, das *Mittelwasser, berechnet, das die Grundlage für alle Messungen, auch auf dem Lande, bildet

Meeresstraßen, eigentliche M. (zum Unterschied von den *Küstenstraßen) nennt *Penck (L 51²/597) jene, die „einzelne Meeresteile untereinander oder mit dem Ozean" verbinden

Meeresströmungen „die dauernde Vorwärtsschiebung von Oberflächenwasser in gleicher oder nur jahreszeitlich wechselnder Richtung" (L 2/539). Die M., die man nach der Richtung, in die sie fließen, benennt, kennzeichnet man je nach ihrem Verhältnis zur Temperatur der benachbarten Meeresgebiete als warme oder kalte (eine von höheren nach niederen Breiten ziehende M. wird kühl erscheinen). Als Hauptursache der M. gelten die Winde, namentlich die beständig wehenden; *Erdrotation, Küsten- und Bodengestaltung wirken erheblich verändernd ein; dazu kommen *Ausgleichsströmungen, auch können Luftdruckschwankungen und Eisschmelze in geringem Maße M. hervorrufen. Vgl. auch Br. Schulz, Unsere Kenntnis von den Ursachen der M. (DN 1920, S. 1013ff.) *Supan (L 3/331) gibt folgende Einteilung: *Gezeitenströmungen, Gefälls- (d. h. *Ausgleichs- und *Windstau=)Strömungen und drittens Windströmungen, und zwar primäre oder *Triftströmungen und sekundäre oder *Kompensationsströmungen (L 2/541ff.; . 3/326ff.; 57/123ff.). S. auch Äquatorialströmungen, Agulhas-, Alaska-, antarktische Ost-, Antillen-, atlantische Strömung, Benguela-, Guinea-, Irminger-, kalifornische und Kuroschiwo-Strömung, nordatlantische und nordpazifische Verbindungsströmung, Peru- und Sachalinströmung

Meerestore größere, kaum noch als solche zu bezeichnende *Meeresstraßen, wie die breiten Lücken zwischen Island=Färöer=Schottland=Norwegen (L 2/490)

Meereswellen im Gegensatz zu den *Gezeitenbewegungen charakterisiert durch eine Bewegung bloß der Form, der nur eine ganz geringfügige, in sich zurückkehrende Verschiebung der einzelnen Wasserteilchen aus ihrer Lage entspricht; Wellen sind „nur periodische Änderungen der Gestalt des Wasserspiegels" (L 57/89), die einzelnen Wasserteilchenschwingen „nur in senkrechten Kreisen oder Ellipsen um ihre Ruhelage (*Orbitalbewegung) und übertragen die Bewegung allmählich auf Nachbarteilchen", was den Eindruck der sich fortbewegenden Welle hervorruft. Wenn die Wellenberge schneller laufen als die Wellentäler, überkippen sich die Wellenkämme. — Man unterscheidet *Wellenhöhe (H): d. h. die senkrechte Entfernung zwischen höchstem und tiefstem Punkt einer Welle (durchschnittlich einige, selten über 10 m), die im Verhältnis zur Kleinheit der Wellenhöhe zunehmende und diese durchschnittlich 19—39 mal übersteigende *Wellenlänge (L): d. h. die wagrechte Entfernung zwischen zwei Wellenkämmen, die *Wellenperiode (T): d. h. die (rund 5—9 Sekunden betragende) Zeitdauer zwischen zwei aufeinanderfolgenden Wellenbergen und die (in m und sek gemessene) Fortpflanzungs- (*Wellen-) Geschwindigkeit (C), der Quotient aus Weg und Zeit $\left(C = \frac{L}{T}\right)$, verschieden nach Höhe und Länge der Wellen wie nach

Meerferne — Meerwasser

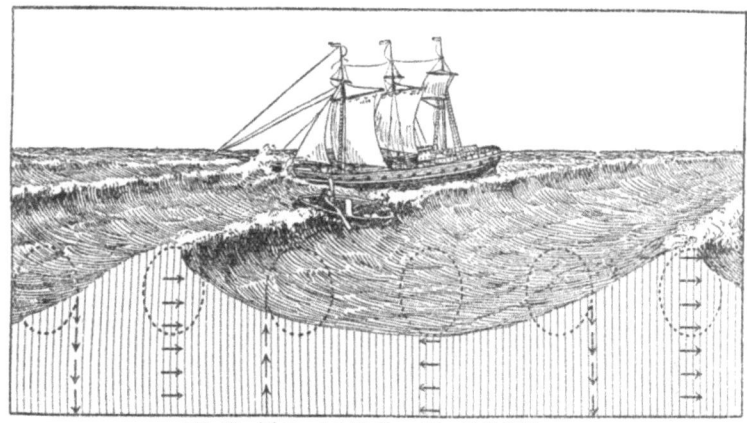

Abb. 52. Schema der Wellen. (Aus L 47a¹/76)

der Meerestiefe (sie wächst in größerer Tiefe wegen der geringeren Reibung). Da die Wellenform der *Trochoide angenähert ist, lassen sich (allerdings nur sehr schätzungsweise) deren Gleichungen zur Berechnung der einzelnen Elemente verwenden (Formeln: $C = \frac{g}{2\pi}T$, $L = \frac{g}{2\pi}T^2$, wobei $\frac{g}{2\pi}$ [g bedeutet die Beschleunigung der Schwere] gleichgesetzt werden kann 1,56) (L 2/528ff.; 3/294ff.; 5/92; 57/89ff.) (Abb. 52)

Meerferne die durch Linien gleichen Abstandes von der Küste ermittelten größten und mittleren Entfernungen der Festländer von ihren Meeren (ihres *Küstenabstandes) als ungefährer Ausdruck ihrer Zugänglichkeit

Meermühlen = *Meeresschwinden s. auch Strudellöcher

Meerwasser a) chemische Zusammensetzung: das M. besitzt etwa 3,5 v. H. gelöste feste Stoffe als sog. Meeressalze (*Salzgehalt des M.: 77,8 v. H. Kochsalz = Chlornatrium, 10,8 v. H. Chlormagnesium, 4,7 v. H. Bittersalz = schwefelsaure Magnesia, 3,6 v. H. Gips = schwefelsaurer Kalk, 2,5 v. H. schwefelsaures Kalium usw.). An Gasen enthält das M. Kohlensäure (nicht frei, sondern in chemischen Verbindungen), ferner Sauerstoff und Stickstoff; Sauerstoff wird mehr absorbiert als Stickstoff, so daß die Luft des M. nicht wie die *atmosphärische von jenem 21, von diesem 78 Raumteile, sondern etwa 30—35 v. H. Sauerstoff gegenüber 70—65 v. H. Stickstoff aufweist; der für das Tierleben wichtige Sauerstoff sinkt im allgemeinen mit der Tiefe und zunehmender Temperatur (kaltes Oberflächenwasser ist gewöhnlich am sauerstoffreichsten), die Stickstoffmenge bleibt durch alle Tiefen die gleiche; im Gegensatz zum tierischen gibt das pflanzliche *Plankton (bei Vorhandensein von Licht) Sauerstoff ab und nimmt Kohlensäure auf (L 2/511 ff.; 3/291; 5/87; 57/38ff.). b) Farbe: „Schaltet man alle Reflexerscheinungen von Himmel, Nebel, Wolkenschatten, von Sonnen-, Mond- und Sternenglanz, von Gestaden, Eisbergen usw. aus, so bleibt nur eine geringe Abstufung zwischen Blau und Grün als die am *Xanthometer festgestellte Eigenfarbe des M." (L 5/88). Die Ursache erblickt man in der Eigenschaft des M., die Strahlen von verschiedener Wellenlänge (Farbstufe) ungleich stark (die vom roten Teil stärker als die vom blauen) zu absorbieren, ferner spielen in der Nähe des Landes von dorther stammende anorganische Beimengungen (Kalk, Tonerde usw.), sonst organische Stoffe (*Plankton) eine große Rolle (schwebende Substanzen reflektieren das Licht stärker). c) Sichttiefe (Durchsichtigkeit): die Tiefe, bis zu der eine weiße Blechscheibe von 40—50 cm Durchmesser noch vom menschlichen Auge wahrgenommen werden kann; sie schwankt nach dem Grade der (in der Nähe der Küste am stärksten angehäuften) anorganischen und der vornehmlich die kühleren Meeresteile durchsetzenden organischen Trübungen zwischen 10 und 66 m (L 2/515 f.; 3/291 ff.; 5/88; 57/60 ff.). d) Menge: 1336 Mill. cbkm (= *Wasserblock von 361 Mill. qkm Grundfläche und 3,7 km Höhe) (L 57/ 36 f.). e) *mittlerer Reibungskoeffizient des M. f) Temperatur: sie geht vor allem auf die *Sonnenstrahlung (ganz wenig auf die Erwärmung vom *Erdinnern) zurück. Das M. erwärmt sich und erkaltet (wie das Süßwasser) sehr langsam (Wärmeaustausch und Wärmeverteilung sind daher im Meere gleichmäßiger als auf dem Lande; s. auch Lufttemperatur). Das Wärmefassungsvermögen (die Wärmekapazität) des M. ist so groß, daß die gleiche Wassermenge, die 1 cbm M. bei der Abkühlung um 1° abgibt, die Temperatur von 3000 cbm Luft um 1° erhöhen würde. Im ganzen sprechen *Davis-*Braun (L 47a¹/75 mit schematischer Figur) von einem Temperaturkreislauf im M. α) Temperatur der Meeresoberfläche: die *mittlere Jahrestemperatur, die mit ostwestlichen Abweichungen von den *Breitenkreisen (mit Ausnahme des Indischen Ozeans sind infolge der *Meeresströmungen in den niederen Breiten bis zu 45° die Westseiten, in den höheren die Ostseiten wärmer) von den Tropen mit etwa + 29° gegen die *Pole (— 2°) abnimmt, beträgt für die Gesamtoberfläche des M. + 17,4° (da 53 v. H. 20° und darüber haben); im allgemeinen ist dabei die Nordhalbkugel wärmer als die südliche (Kärtchen bei L 57 Fig. 13). Die tägliche und jährliche Temperaturschwankung ist bei dem schlechten Wärmeleitungsvermögen des M. sehr gering; jene beträgt durchschnittlich ½—1°, diese etwa 1—15°, im Mittel weniger als 5°; in unseren Breiten übersteigt gewöhnlich der Temperaturunterschied zwischen kältestem und wärmstem Monat nicht 8°. Gegenüber der kältesten Luftschicht ist die Oberflächenwassertemperatur fast überall um rund 0,8° höher (L 3/ 345 f.; 5/89; 57/64 ff.). β) Die Wärmeübertragung in die Tiefe geschieht, in Weiterführung der Oberflächenerwärmung, durch Leitung, Strahlung (beides sehr gering) und (überwiegend) durch Konvektion [lat. convéhere mit sich führen], d. h. durch „Auf= und Abwandern der erwärmten Teilchen selbst infolge von Änderungen ihres spezifischen Gewichtes, das erhöht wird durch Ausstrahlung bei Nacht und im Winter, sowie beim Gefrier= und Verdunstungsprozeß" (L 5/90); sie vollzieht sich ferner durch die das Wasser oft bis über 100 m aufwühlenden Wellenbewegungen, die Meeresströmungen und die zur Tiefe absinkenden schwebenden Substanzen. Im offenen Ozean zeigt sich deutlich eine Dreiteilung in der Temperaturabnahme mit der Tiefe: bis zu 200 m rasche Abnahme, von da bis gegen 900 oder 1000 m allmählichere, von abnehmendem Salzgehalt begleitete Minderung und weiter bis zum Boden fast gleichbleibende Temperatur und Salzgehalt (L 3/354 ff.; 57/75 ff.). γ) Temperatur in der Tiefe: die Gleichmäßigkeit der Temperatur ist hier noch ausgeprägter als an der Oberfläche; gegenüber den für diese gefundenen nordsüdlichen Differenzen zwischen + 29° und — 2° bewegen sich im offenen Ozean die Verschiedenheiten in 400 m Tiefe zwischen + 17° und + 2° (wobei auffallenderweise das Wasser der beiden gemäßigten Zonen oft um 6°—8° wärmer ist als das der Äquatorialzone), in 1000 m zwischen 8° und 1°, am Meeresboden (aber nur mehr als Wirkung der Bodengestaltung durch *ozeanische Schwellen und Mulden, nicht der *geographischen Breite) zwischen 3° und 0°. In *Binnenmeeren herrscht im allgemeinen (Verschiedenheiten im Salzgehalt von Oberfläche und Tiefe erzeugen Änderungen) nach Zöppritz (L 57/79 f.) folgender Zustand: „Die Bodentemperatur eines durch unterseeische Schwellen

Megasthenes — Mercators Projektion

abgegrenzten Meeresbedens hängt von der Zugangstiefe der Schwelle ab oder, was dasselbe ist, von der Maximaltiefe der Verbindungsstraße mit dem offenen Ozean, und wird nach folgender Regel gefunden. Ist die mittlere Wintertemperatur über dem abgeschlossenen Meeresbeden tiefer als die Temperatur des benachbarten Ozeans im Niveau der Verbindungsschwelle, so ist das ganze Becken unterhalb dieses Horizontes mit Wasser von jener Wintertemperatur gefüllt; ist aber die Wintertemperatur höher als die des offenen Ozeans im Niveau der Schwelle, so ist das Binnenmeer mit Wasser von der Temperatur dieses Niveaus gefüllt." Über die Verhältnisse in Eismeeren L 3/360 ff.; 57/82 ff. g) *spezifisches Gewicht des M. h) *Gefrierpunkt des M. i) *Eisbedeckung im Meere, *Meereis

Megasthenes gr. Historiker, der als Gesandter des Seleukos Nikator in Indien weilte und dieses Land in seinen "Indika" schilderte

mehrflächige Rümpfe d. h. die auf verschiedene *Erosionszyklen zurückgehende Ausbildung mehrerer *Rumpfflächen, wie sich z. B. in Norwegen und anderen Gebirgen erkennen lassen (L 3/722) (s. auch *mehrzyklische Gebirge)

mehrzyklische Gebirge solche, in denen neben den Formen des gegenwärtigen *Erosionszyklus sich auch noch Formen früherer Zyklen finden, nach deren *Unterbrechung jeweils ein neuer einsetzte (L 47a²/61 ff.)

Meile Wegemaß; die altrömische M. = 1,479 km; die italienische (= Seemeile) 1,852 km; die english mile = 1,52399 km; die englische "geographical (nautical) mile" = die französische mille marin (Seemeile) = 18,551 km; die deutsche geographische M. = 7,42044 km; die engl. Statute oder British Mile (deutsch: englische M.) = 1,60933 km

Meinardus, Wilhelm, Geograph, * 1867 in Oldenburg, Prof. an der Universität Göttingen. Bearbeitete u. a. den Abschnitt "Die Lufthülle der Erde" in L 6a

Mela, Pomponius, aus dem span. Tingentera, Mitte des ersten nachchristlichen Jahrh.; seine kompilatorischen 3 Bücher "de chorographia" sind die älteste Beschreibung der antiken Welt

Melanesier [gr. mélas schwarz, nésos Insel] nach L 5/322 (aber nicht allgemein geteilter Ansicht; vgl. L 109²/159 ff., 113/96 ff., 115/207 ff.) aus den braunen afrikanischen (s. Buschmänner) und der indoaustralischen Grundrasse (s. Drawida) hervorgegangen, auf einem Teil der pazifischen Inselwelt (Melanesien: die Inseln der Schwarzen, wie Salomonen, Neuhebriden, Fidschiarchipel) vertreten; auf Neu-Guinea zum etwas abweichenden *Papuatypus ausgebildet. Im allgemeinen: hohe Gestalt, Langköpfigkeit, krauses, schwarzes Kopfhaar, braunschwarze Hautfarbe

Melonenbaum (zur Familie der Caricaceen gehörend) mit melonenartigen, wohlschmeckenden Früchten

Mercator (eigentl. Kremer), Gerhard, im flandrischen Rupelmonde * 1512, als Kosmograph des Herzogs zu Jülich in Duisburg † 1594. Nach mathematischen und technisch-künstlerischen Gesichtspunkten durchgeführte Reform der deutschen Kartographie. 1554 erschien M.s Große Karte von Europa (s. Bonnesche Kartenprojektion), 1569 seine Welt(See-)karte in der nach ihm benannten Projektion (s. Mercators Projektion), 1595 — nach seinem Tode — die von ihm gezeichneten Karten als "Atlas sive cosmographicae meditationes de fabrica mundi" (erstmaliges Auftreten der Bezeichnung Atlas)

Mercators Projektion [lat. projicere vorwerfen, entwerfen] echte *Zylinderprojektion — die Projektionsfläche ist der Mantel eines Erde im *Äquator berührenden Zylinders —, bei der die *Breitengrade (Abstände der *Breitenkreise) gegen den Pol hin wie die *Längengrade oder der Sekante oder im umgekehrten Verhältnis des Kosinus der Breite wachsen (Auseinanderziehung!); daher ist die Vergrößerung in den höheren Breiten sehr stark; während z. B. auf der Kugel ein *Gradfeld unter 60° Br. halb so groß ist wie eines am *Äquator, beträgt es bei M. P. zwei Äquatorialgradfelder, die Flächenvergrößerung ist daher vierfach. Einen Pol besitzt die M. P. überhaupt

Mergel — Meridiankrümmungsradius

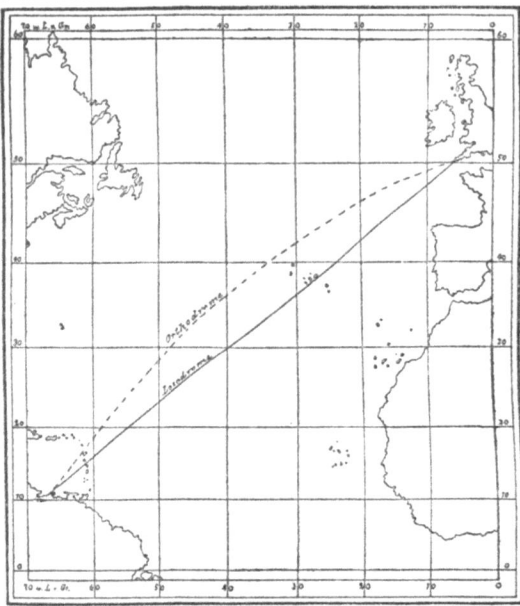

Abb. 53. Winkeltreue Zylinderprojektion (Mercator). (Aus L 22/104)

nicht. Breitenkreise und *Meridiane sind parallele, gerade Linien. *Winkel-, aber nicht *flächentreu. Die *Loxodromen sind gerade Linien (auf der Kugel Kurven), daher dieser Entwurf schon lange für die Schiffahrt in Gebrauch steht. Heute auch noch für Erdübersichten angewendet, wo die Größenverhältnisse gleichgültig sind (Klima-, Verkehrs- und wirtschaftsgeographische Karten der Erde) (L 2/208 ff.; 23¹/66 f.; 24¹/170 ff. u. ö.) (Abb. 53)

Mergel s. Tone

Mergelböden s. Tonböden

Meridian [lat. merídies Mittag] auch Meridian- oder *Mittagskreis: der durch *Nord- und *Südpunkt gehende *Vertikalkreis. Seine Ebene schneidet jene des *Horizonts in der Meridianlinie. Den M. des Himmels entsprechen in dem den *Globus überspannenden Netz von Hilfslinien die durch die *Erdpole senkrecht zum *Erdäquator verlaufenden 180 M.-kreise (oder 360 M.-halbkreise), auch *Grade der Länge genannt. Das von je zwei solcher M. eingeschlossene Flächenstück des Globus heißt *Meridianstreifen oder *Längengrad, der von je zwei M. begrenzte Teil der *Parallelkreise heißt ebenfalls *Längen- (oder *Parallel-)grad (von denen es also, den 360 M.halbkreisen entsprechend, 360 gibt); am Äquator mißt ein solcher Längen-Parallelgrad, hier *Äquatorgrad genannt (nach Bessel), 111,3066 km, in 23° Breite 102,5105, in 67° 43,6145 km, am Pole 0 km. Der durch die *Parallelkreise gebildete 180. Teil eines M. heißt, ebenso wie die ganze Globusfläche zwischen zwei Parallelkreisen, *Meridian- oder *Breitengrad. Als *Anfangs- oder Null-M. der Erde wird gegenwärtig fast allgemein der durch die Sternwarte von Greenwich (bei London) gewählt. Die bloß für die Kugel gleichen Meridiangrade (180. Teil eines M.) nehmen beim *Erdsphäroid polwärts zu; sie betragen (nach Bessel) für 0°—1° Breite 110,5638 km, für 45°—46° 111,1292, für 89°—90° 111,6798 km. Vollständige Tabellen L 2/1099; 47a¹/192 (Abb. 10)

Meridianbogen Stücke der *Meridianellipse

Meridianellipse der Schnitt durch das *Erdsphäroid längs eines *Meridians; Größe (Umfang) der M. s. Erdsphäroid

Meridiangrad oder *Breitengrad s. Meridian

Meridiankrümmungsradius der Krümmungsradius für einen Punkt der *Me-

Meridianlinie — Mikroskop-Theodolit

ridianellipse in einer bestimmten *geographischen Breite
Meridianlinie s. Meridian, Nordpunkt und Südpunkt
Meridianquadrant [lat. quadráre viereckig machen] der vierte Teil der *M.-ellipse; er beträgt (nach Bessel) 10 000,856 km
Meridianstreifen oder *Längengrade s. Meridian
Merkur s. Planeten. Wegen seiner zu geringen Entfernung von der Sonne (kleinen *Elongation) mit freiem Auge schwer sichtbar. Die Sonne erwärmt ihn 6⅔mal so stark als die Erde. *Schwerkraft nur 0,38 der irdischen
Merz, Alfred, Geograph, * 24. 1. 1880 in Perchtolsdorf b. Wien, † 16. 8. 1925 in Buenos Aires. Seit 1921 Prof. und Direktor des Inst. f. Meereskunde in Berlin. Zahlr. Reisen bes. zu ozeanogr. Zwecken. *Meteor. Exp. Nachruf in GZ 1926, S. 1 ff.
Merzbacher, Gottfried, Forschungsreisender, * 9. 12. 1848 in Bayersdorf, † 15. 4. 1926 in München, bereiste 1892, 1902/03, 1907/08 das Tianschangebiet, Arbeiten darüber PM Ergh. 149 [1904] und London 1905
Mésas [span. mesa der Tisch] = *Tafelberge
Meséta, iberische [span. meséta Tischfläche, Tafel] die durch *Abrasion entstandene *Rumpffläche alter (karbonischer) Faltengebirge im überwiegenden Teile der span. Halbinsel, als *Rumpfschollengebirge anzusprechen, da im *Tertiär große *Verwerfungen einerseits die Außenränder, anderseits im Innern Erhebungen und Senkungen schufen
Mesophyten [gr. mésos mitten, phytón Gewächs] s. hydatophyten
mesotherm [gr. mésos mittel, thérmos Wärme] s. homotherm
Mesozoikum, mesozoische Ära [gr. zóon Lebewesen] s. geologische Zeitalter
Meßtischblätter auf Grund der Aufnahme mittels des „Meßtisch"-Instrumentes durchgeführtes Kartenwerk des Deutschen Reiches im *Kartenmaßstabe 1 : 25 000; Entwurf meist in *Polyederprojektion. *Gradabteilungskarte, deren einzelne Blätter 6 Breitenminuten hoch und 10 Längenminuten

133

breit sind, so daß 60 ein ganzes *Eingradfeld ergeben (s. auch Egeter, Kartenkunde, AMuG 610, S. 40 u. 48 ff.)
metamorphische (Schiefer-) **Gesteine** jene *Gesteine, die (wie manche Gneise) durch mechanische, chemische und Wärmeeinwirkungen bei hohem Druck umgewandelte (metamorphisierte) alte *Sedimente sind
Metamorphóse [gr. metamórphosis Veränderung] die Veränderung der Gesteine durch äußere Kräfte, wie Druck und hohe Temperatur, aber mit Ausnahme der *Verwitterung (s. auch Kontakt-M.)
Meteor-Expedition deutsche Forschungsfahrt 1925/26 in den Südatlant. Ozean; organisatorisch und wissenschaftlich das Werk von A. *Merz. Berichte in der ZGEB 1926/27
Meteoriten [gr. metéoros in der Luft befindlich] s. Sternschnuppenschwärme
mexikanischer Graben einer der *ozeanischen Gräben des Stillen Ozeans, Mexiko anliegend (5428 m)
Meyer, Hans, Geograph, * 1858 zu Hildburghausen, Prof. an der Universität Leipzig, machte (1882, 1884, 1886—89, 1898, 1908) Reisen in Südasien, Nordamerika, Süd- und Ostafrika, Südamerika; 1889 Besteigung der Spitze des Kilimandscharo. Veröffentlichte u. a. „Ostafrik. Gletscherfahrten" (1893); „Der Kilimandscharo" (1900), „In den Hochanden v. Ecuador" (1907) und (mit anderen) „Das deutsche Kolonialreich" (1914)
Middendorff, Alexander Theodor v. Sibirienreisender, * 1815 in Petersburg, † 1894 in Helenorm (Livland); 1842—45 wichtige Reisen in Nord- und Ostsibirien (Taimyr- und Amurland)
Mikronesier s. Polynesier
mikroseismische Bewegungen [gr. mikrós klein, seismós Erschütterung] Bewegungen eines *Erdbebens, die nur mittels besonderer Instrumente bemerkt werden
Mikroseismisches Feld jenes außerhalb des makroseismischen Feldes gelegene Gebiet, in dem die Bewegungen des Erdbebens nur mittels besonderer Instrumente wahrgenommen werden
Mikroskop-Theodolit größerer, mit Ablesemikroskop versehener *Theodolit

Milchstraße über das ganze *Himmelsgewölbe sich erstreckende Anhäufung von Sternen

Millionenstädte s. Großstädte

Mindel-Eiszeit nach *Penck = *Brückner in den Alpen auf die *Mindel-Günz-Interglazialzeit folgende *Eiszeit (s. auch Klimaschwankungen), Schneegrenze 1300 m unter der heutigen (L 64/151, 153)

Mindel-Günz-Interglazialzeit s. Interglazialzeiten

Mingrélier s. Kaukasusvölker

Miozän [gr. meiōn weniger, kainós neu] Epoche des *Neogen; s. geologische Zeitalter

Mistral [frz., span. maestral, ital. maëstrale der Meisterwind] s. Fallwinde

Mißfärbungen werden alle Abweichungen gegenüber dem Blau der Hochsee von den Seeleuten genannt; sie gehen hauptsächlich auf ein massenhaftes Auftreten kleiner Lebewesen (*Plankton) zurück; rote Krebse wie die Sapphirina schaffen die „blutigen Seen", Quallen erzeugen gelbliche, Salpen grünliche Strecken usw. (L 2/516)

Mißweisung (magnetische) s. magnetische Deklination

mitgeschleppte Schollen entstehen, wenn „einzelne Stücke des Mittelschenkels oder der *Basis einer *Überschiebungsdecke" (L 41/51) mitgenommen werden; bei kleineren Stücken spricht man von Schubsplittern

Mittag Zeit des höchsten Sonnenstandes am Tage; die Sonne geht durch den *Meridian des Beobachtungsortes

Mittagshöhe der Sonne: ihre Höhe zu Mittag über dem *Horizonte, gemessen auf dem *Meridian des Beobachtungsortes. Man bestimmt die M. d. S. durch *Gnomon, *Quadranten, *Jakobstab und *Spiegelsextant (Abb. 55 u. 68)

Mittagskreis s. Meridian

Mittagslinie s. Nord- und Südpunkt

Mittagslöcher halbkreisförmige, mit der Rundung gegen N. gerichtete Löcher in der Gletscheroberfläche, durch das Einschmelzen kleiner Gesteine hervorgerufen (L 65/23)

Mittagsverbesserung die Zeit, um welche die Sonne vor (21. 6.—21. 12.), bzw. nach (21. 12.—21. 6.) ihrem höchsten Stande den *Meridian kreuzt

Mittagszeit s. Schattenmesser

mittelabstandstreu heißt eine *Kartenprojektion, wenn die *Breitenkreise als konzentrische Kreise vom Pol mit ihrem wahren Abstand als Radius beschrieben sind

mittelabstandstreue *Azimutalprojektionen jene, bei denen die Abstände der *Breitenkreise vom Berührungspunkt zwischen Erdkugel und Projektionsebene auf den *Meridianen *längentreu aufgetragen werden. Weder *flächen- noch *winkeltreu. Für Halbkugelkarten verwendet (Abb. 54)

Abb. 54. Mittelabstandstreue azimutale Äquatorialprojektion 1:400 000 000. (Aus L 23¹/110)

mitteleuropäische Zeit s. Zonenzeit

Mittelgebirge nach L 44/18 Gebirge zwischen 600 und 1300 m Durchschnittshöhe (s. auch Hochgebirge)

mittelländische Rasse s. Arier

mittelländischer Küstentypus s. ligurischer Küstentypus

Mittelmeere *Nebenmeere, die ziemlich selbständig und fast allseitig durch Inseln vom offenen Ozean abgetrennt (inselabgeschlossene Meere) oder nur durch enge Zugänge mit ihm verbunden sind (*Binnenmeere); nach L 2/284 gibt es nur 4 M.: das *Arktische M. (nördl. Eismeer) (14,1 Mill. qkm), das amerikanische M. = die westindischen Gewässer (4,3 Mill. qkm), das euro-

Mittelmoränen — mittlere Jahresschwankung

päische M. (mit dem Schwarzen M. 3,0 Mill. qkm) und das Australasiatische M. (8,15 Mill. qkm); Rotes Meer und die Binnen-*Randmeere nennt L 2/285 kleine M.

Mittelmoränen *Moränen, die beim Zusammenfließen zweier Gletscher durch Vereinigung ihrer inneren *Seitenmoränen entstehen (Abb. 57)

Mittelpunktsreduktion [lat. redúcere zurückführen] die Korrektur, die bei Messungen des Winkelabstandes zwischen Sonne oder Mond und einem bestimmten Objekt vorzunehmen ist, indem zu dem beobachteten Rand von Sonne oder Mond noch deren scheinbare Halbmesser (im Mittel 16′0″, bzw. 15′33″) in Rechnung zu setzen sind. Auch bei der durch den *Schattenmesser berechneten *Mittagshöhe der Sonne ist der gefundene Winkel um obigen Betrag zu verkleinern (Abb. 55 u. 68)

in welchem Monat sie eingetreten ist) u. dann das Mittel nimmt (L 60b/28)

mittlere Beleuchtungszone hinsichtlich der Sonnenbestrahlung der Gürtel zwischen *Wendekreis und *Polarkreis; *tropische B. der Gürtel zwischen Äquator und Wendekreis, *polare B. der Kugelabschnitt innerhalb des Polarkreises (L 3/64 f.)

mittlere Entfernung eines Planeten während seines Umlaufes um die Sonne: heißt seine Stellung in den beiden Endpunkten der kleinen Achse; diese m. E. ist stets gleich der halben großen Achse (*Apsidenlinie). Ausgedrückt wird diese m. E. der Planeten von der Sonne, indem man die *Erdbahn als Grundmaß nimmt und hier die halbe große Achse entweder = 1 setzt oder von ihrer kilometrischen Größe (149,5 Mill. km) ausgeht; in unserer *Planetentabelle ist letzteres durchgeführt (Abb. 34)

mittlere Höhe des Festlandes, eines Erdteils usw.: jene Höhe, die man erhalten würde, wenn man die Erhöhungen des Landes zur Ausfüllung der Vertiefungen verwendete, um so ein überall gleiches Niveau herzustellen (gewonnen durch Ausmessung der Flächen zwischen den *Isohypsen oder mittels der *hypsographischen Kurve der Erdrinde); sie beträgt für die gesamte Landfläche rund 700 (durch das Südpolarland vielleicht 840) m, für *Eurasien etwa 830 (für Asien allein 950, für Europa 300) m, für Nordamerika 700, Afrika 650, Südamerika 580, Australien 350 m (L 3/48ff.)

Bestimmung der Mittagshöhe der Sonne durch Schattenlängen

$$\tan h' = \frac{\text{Stablänge}}{\text{Schattenlänge}}$$

h = h' - ε

ε = Sehwinkel der halben Sonnenscheibe ca. ¼°

Abb. 55. Bestimmung der Mittagshöhe der Sonne durch Schattenlängen. (Aus Sydow-Wagner, Methodischer Schulatlas.) ε ist der zur Mittelpunktskorrektion notwendige Sehwinkel der halben Sonnenscheibe (scheinbare Sonnenhalbmesser)

Mittelwasser s. Meeresspiegel

Mitternachtssonne für die *geographischen Breiten zwischen 66½° und dem Pole geht die *Sonne während eines Teiles des Jahres überhaupt nicht unter, sie scheint also auch um Mitternacht. Die Berechnung der Dauer der M. für verschiedene geographische Breiten bei L 5/45

mittlere absolute Jahresschwankung man erhält sie, wenn man für jedes Jahr die absolute höchste und tiefste Temperatur herausschreibt (gleichgültig

mittlere Jahresschwankung das Mittel der einzelnen *Jahresschwankungen für mehrere Jahre; *m. Monats-

mittlere Jahrestemperatur — Monde

Schwankungen das Mittel der Temperaturschwankungen womöglich der gleichen Monate für einige Jahre (L 60b/27)
mittlere Jahrestemperatur = *Jahresmittel
mittlere Kammhöhe eines Gebirges s. Gebirgskamm
mittlere Krustenhöhe jenes in 2400 m unter dem heutigen *Meeresspiegel liegende Niveau, das man erhalten würde, wenn man den (alles Land vereinigenden) *Landblock (= 670 Mill. cbkm) gleichmäßig über die Erde ausbreitete, wodurch der Meeresboden um 1300 m erhöht würde (3700 m [mittlere Tiefe aller Ozeane] weniger 1300 m = 2400 m)
mittlere Monatsschwankung s. mittlere Jahresschwankung
mittlere Monatstemperatur = *Monatsmittel
mittlere Niederschlagsschwankung nennt *Supan (L 3/173) den Niederschlagsunterschied der größten und kleinsten Monatsmenge, ausgedrückt in Prozenten der Jahresmenge
mittlerer Küstenabstand s. Küstenabstand
mittlerer Reibungskoeffizient des Meerwassers Er beträgt bei ungefähr 10° C 0,0144, d. h. „es bewirkt die innere Reibung bei diesem leichtflüssigen Element eine gegenseitige Verschiebung sich berührender Flächen, auf die Flächeneinheit, 1 qcm, bezogen, von nur 0,0144 in einer Sekunde" (L 2/542); bei wachsender Temperatur verringert sich der m. R. und beträgt z. B. bei 20° 0,011, bei 30° 0,009
mittlerer Sonnentag s. Sonnentag
mittleres Niveau der starren Erdkruste die Fläche in 2400 m Tiefe unter dem jetzigen *Meeresspiegel (s. mittlere Krustenhöhe und Abb. 47)
mittlere Tagestemperatur soviel wie *Tagesmittel
mittlere Tagestemperatur s. Tagesschwankung
mittlere Temperaturen = *Temperaturmittel
mittlere Zeit die gegenüber der ungleichen Länge des wahren *Sonnentages zu praktischen Zwecken gemachte Annahme einer mit gleichförmiger Ge-

schwindigkeit sich vollziehenden Sonnenbewegung, die unserer Zeitrechnung zugrunde liegt
Moçambique=Strömung s. Agulhasströmung
Mofétte [ital. moféta ungesunde Ausdünstung] die durch Ausströmungen von Kohlensäure bezeichnete Phase erlöschender Tätigkeit eines *Vulkans; am bekanntesten die M. der Hundsgrotte westlich von Neapel (s. auch Fumarolen, Solfatarenzustand)
Mollweidesche Projektion unechte *Zylinderprojektion; *flächentreu; der Abstand der geradlinigen *Parallelkreise ist so gewählt, daß der Bildstreifen zwischen je zweien von ihnen der entsprechenden Kugelzone flächengleich wird. Vgl. *Babinet=Mollweidesche Zylinderprojektion (L 2/213 f.)
Moment, magnetisches der Erde s. magnetisches Moment der Erde
Monadnocks [nach einem Berg im südlichen New Hampshire der Neu-Englandstaaten] s. Härtlinge
Monat s. siderischer und synodischer M.
Monatsmittel die Summe der *Tagesmittel eines Monats, dividiert durch ihre Anzahl
Monatsschwankung der Wärme (unperiodische) die Differenz zwischen der höchsten und tiefsten innerhalb eines Monats beobachteten (und aus den *Tagesmitteln erhaltenen) Temperatur (L 60b/27)
Mond s. Monde, Erdmond
Mondbahn s. Erdmond
Monddistanzen die Entfernungen des Mondrandes bzw. Mondmittelpunktes von bestimmten Sternen
Monde, auch *Satelliten, *Trabanten oder *Nebenplaneten genannt: Himmelskörper, welche die *Erde und andere *Planeten auf ihrem Laufe begleiten. Die Erde und *Neptun besitzen je einen M., *Mars zwei außerordentlich kleine M., *Uranus vier, *Jupiter acht M. (vier größere und vier kleinere), *Saturn zehn M. und einen mehrfach geteilten, freischwebenden (wohl aus lauter einzelnen kleinen Körperchen bestehenden) Ring. Die Neigung der M.bahnebenen zu ihren Planetenbahnen ist ganz verschieden (jene der vier Uranus=M. bilden fast

einen senkrechten, der M. des Neptun sogar einen stumpfen Winkel)

Mondfinsternis Die Verdeckung des *(Voll-)Mondes durch den Erdschatten, nur möglich, wenn die Entfernung des Mondes vom nächsten *Knoten nicht mehr als 10 ½° beträgt (f. Sonnenfinsternis). Während das Mondlicht durch den Halbschatten der *Erde kaum merk-

*Sonnenjahr von rund 365 Tagen fehlenden 11 Tage wurden von Zeit zu Zeit als Schaltmonate eingefügt

Mondparallaxe (f. Parallaxe) der Winkel, unter dem der Äquatorhalbmesser der *Erde vom Mittelpunkt des im *Horizont stehenden Mondes aus gesehen wird (in mittlerer Entfernung von der Erde 57′2,27″)

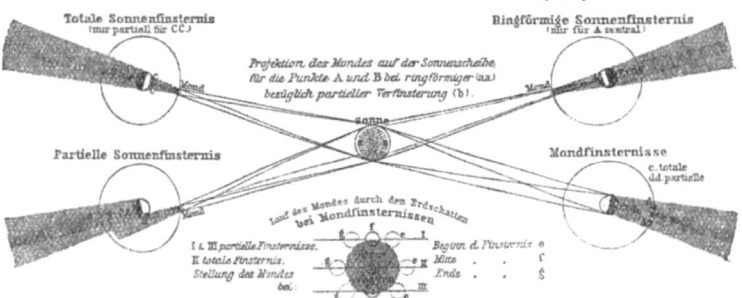

Abb. 56. Sonnen- und Mondfinsternisse. (Aus Debes-Kirchhoff-Kropatschek, Schulatlas für höhere Lehranstalten. Leipzig, Wagner u. Debes)

lich geschwächt wird, bewirkt der Eintritt der (im Mittel 378000 km von der Erde entfernten) ganzen Mondscheibe in den etwa 1,375000 km langen Kernschatten der Erde eine totale M., der Eintritt eines Teiles des Mondes eine **partielle M.** Eine M. ist für alle Beobachter auf der dem Monde zugekehrten Erdhälfte zur gleichen (absoluten) Zeit, wenngleich für Orte, die nicht unter demselben Meridian liegen, zu verschiedener Stunde sichtbar (Abb. 56)

Mondflut der (gegenüber jenem der *Sonne 2,2mal so große) Anteil des *Mondes an der Entstehung der *Gezeiten

Mondhöhe Abstand des *Mondes vom *Horizonte längs eines *Vertikalkreises; mit dem *Zenitabstand des Mondes ergänzt sich der Bogen zu 90°. Die M., bzw. Mondzenitalabstände werden an Stelle der Methode der *Monddistanzen zur Bestimmung der *geographischen Länge verwendet

Mondjahr Zusammenfassung von zwölf *synodischen Monaten = 29 ½ × 12 = rund 354 Tage (z. B. bei den Griechen verwendet); die gegenüber dem

Mondphasen [gr. phásis Erscheinung] f. Erdmond

Mondtafeln tabellarische, auf den Mond bezügliche Übersichten (z. B. der zur Bestimmung der *geographischen Länge notwendigen *Monddistanzen), die sich in astronomischen Jahrbüchern, Schiffstafelendern u. dgl. finden

mongolische (gelbe Haupt-)**Rasse** verbreitet hauptsächlich in Asien (abgesehen von Vorderasien, den beiden Indien und der Inselwelt), doch auch nach Nord-, Ost- und Südosteuropa Ausläufer entsendend, mit rund 500 Mill. nicht ganz ein Drittel der Menschheit umfassend. Körperliche Eigentümlichkeiten: kleine Gestalt, Kurzköpfigkeit, flaches Gesicht, schlitzäugig, stark hervortretende Wangenbeine, flache und breite Nasenwurzel, beinahe konkaver Nasenrücken; straffes, schwarzes Kopfhaar (L 2/743; 5/321)

monoantiklinale Faltengebirge [gr. mónos einzig, allein; antí entgegen, klínein neigen] solche, die bloß aus einer einzigen *Antiklinale bestehen; *Sattelgebirge heißen sie, wenn sie größeren Umfang besitzen

monogenetische Faltengebirge — Moränen

monogenétische Faltengebirge [gr. génesis Entstehung] *Pencks (L 51²/379) Bezeichnung für *Supans *einfache Faltengebirge und v. *Richthofens (L 50/652f.) homöomorphe Faltengebirge (L 2/402)

monogéne Vulkane jene, die im wesentlichen nur durch eine „einmalige gewaltige, wenn auch auf lange Zeit fortdauernde Entleerung des unter ihnen befindlichen peripherischen *Herdes" gebildet wurden. Ggs.: *polygene V., wenn *Vulkane nach großen Ruhepausen in eine neue aufbauende Tätigkeit (Lavaströme, Bildung von *Aschenkegeln usw.) eintreten

Monoklinalfalten [gr. klinein neigen] soviel wie *Isoklinalfalten

Monoklinaltäler = *Isoklinaltäler

monotheistische Religionen [gr. theós Gott] die bloß einen Gott bekennenden Religionen (Judentum, Christentum, Islam), in folgenden Hundertzahlen ihrer Verbreitung (nach *Wagner, L 2/830): Christen 39,2 v. h., Mohammedaner 13,8 und Juden 0,7 v. h. der Gesamtbevölkerung der Erde

Monsune [frz. moussón, vom arab. mausim Jahreszeit] jahreszeitlich wechselnde, besonders im Indischen Ozean nördlich vom *Äquator herrschende Winde, deren Abweichungen vom *Windsystem der Erde wahrscheinlich durch die Nachbarschaft von Meer und großen Landmassen (infolge ihrer ungleichen Erwärmung) bedingt sind. Während im Winter der NO.=Passat als NO.=M. bleibt, bildet sich über dem im Mai am stärksten erhitzten Nordindien ein *Tiefdruckgebiet, das die Luft von allen Seiten ansaugt, so daß (an Stelle eines fehlenden sommerlichen NO.=Passates) der SO.=Passat über den Äquator gezogen wird, der, durch die Erdrotation abgelenkt, zwischen Arabien und den Philippinen als SW.=M. weht

Monsungebiet umfaßt einerseits Vorder= und Hinterindien, China bis Japan, anderseits Ostaustralien (*Monsune); in der Regenverteilung Wechsel eines feuchten Sommers und einer längeren Trockenzeit

Monsunklima Unterabteilung des *Tropenklimas (L 2/637)

Monsunströmungen, Monsundriften zur Zeit des NO.=Monsuns (Nordwinter) ist im Indischen Ozean entsprechend den Winden das normale System der *Meeresströmungen dieser Breiten entwickelt (s. äquatoriale Strömungen), zur Zeit des an die Stelle des NO.=Passates (*Windsysteme der Erde) tretenden SW.=Monsuns (Nordsommer) aber verschwinden mit dem NO.=Passat die nördliche Äquatorialströmung und die *indische Gegenströmung, die südliche Äquatorialströmung überschreitet den Äquator und empfängt durch den SW.=Monsun eine östliche bis nordöstliche Richtung (L 61c/141f.)

Monsunwald s. tropischer Wald

Montdessus de Ballore, Fernand de, Erdbebenforscher, * 1851 in Dellenour (Frankreich), † 1923 in Santiago (Chile). Hauptwerke: „Les tremblements de terre, Géographie séismologique" (Paris 1906) und „La science séismologique" (Paris 1907), „La séismologie moderne" (Paris 1911)

Moore sumpfiges, meist baumloses Gebiet, dessen Boden aus Torf, dessen Vegetation überwiegend aus Moosen sich zusammensetzt. *Wiesen= (*Grünland=, Flach=, Niederungs=, Unterwasser=) **Moore**, in Süddeutschland *Moos (Mehrz. Möser): M., die, größtenteils von Ried= und Binsengräsern (Cyperaceae, Iuncus) bewachsen, sich unter der Oberfläche stehenden, stoffreicher Gewässer entwickeln und diese schließlich durch die Pflanzendecke ganz schließen (L 70/275; 71/93). **Hoch= (*Torf=, Moos=) Moore**, *Silze, *Riede: an niederschlagsreiche Gebiete gebundene M., in denen Torfmoos (Sphagnum) vorherrscht und das talfarme, das H. bedeckende Wasser häufig eine braune, breiartige Masse bildet (L 70/279; 71/95); *Heidemoose werden sie genannt, wenn neben Torfmoos Heidekraut in größeren Mengen vorkommt; treten holzige Gebüsche hinzu (Weiden, Erlen, Birken), so entsteht ein *Bruch (Mehrz. Brücher) (L 2/714)

Moos s. Moore

Moränen [frz. moraine Gerölle] „alle Schuttanhäufungen, die mit einem Gletscher in einem ursächlichen oder bloß örtlichen Zusammenhang stehen"

Moränengürtel — Mündungsseen

(L 65/69 ff.). Bewegte M.: das jeweils vom Gletscher mitverfrachtete Material; abgelagerte M.: die gegenwärtig außerhalb des unmittelbaren *Glet-

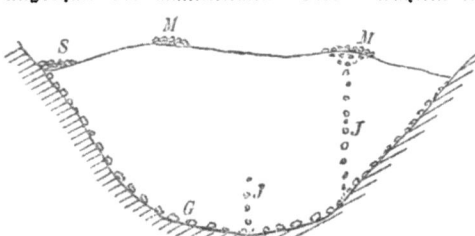

Abb. 57. Verteilung der Moränen im Querschnitt einer Gletscherzunge. (Aus L 9⁴/112.) *S* Seiten-, *M* Mittel-, *G* Grund-, *J* Innenmoräne

scherbereiches liegen; zu jenen gehören *Grundmoränen und als Obermoränen *Seiten-, *Mittel- und *Innenmoränen, zu diesen als *Endmoränen *Ufer- und *Stirnmoränen (Abb. 57)
Moränengürtel die mehrfach hintereinander gelagerten, das Gletscherende umsäumenden Moränenwälle
Moränenhäfen gelegen im Schutze von *Moränenwällen, die, von *eiszeitlichen *Gletschern unter dem *Meeresspiegel aufgeschüttet, die *Küste als *Inseln begleiten (L 96/336)
Moränenhügel zu *Hügeln geformte, meist der *eiszeitlichen Vergletscherung entstammende *Moränen
Moränenlandschaft = *Grundmoränenlandschaft
Moränenseen *Seen in den zahlreichen Vertiefungen der *Grundmoränendecke einer *Moränenlandschaft; *Seiten- und *Endmoränen der *eiszeitlichen *Gletscher stauen auf einer Seite als Damm das Wasser z. B. von Seitentälern auf, Endmoränen umgeben allseits wallartig wassererfüllte Becken; M. liegen auch langhingestreckt in Betten einstiger Schmelzwässer oder in kleinen, durch Abschmelzung *toter Gletscher entstandenen Löchern (*Söllen)
Mordwinen f. finnisch-ugrische Völkergruppe
Morgen (Maß) f. preußischer Morgen
Morgenstern die bis 4 Stunden vor Sonnenaufgang sichtbare *Venus

Morgenweite Bogen des *Horizontkreises zwischen den äußersten Punkten des scheinbaren Sonnenaufganges während eines Jahres (L 2/45) oder der Bogenabstand zwischen dem jeweiligen Aufgangspunkte der Sonne und dem *Ostpunkte (Abb. 45 u. 77)
Morphognosie [gr. morphé Gestalt, gnósis Einsicht] = *Geomorphologie
Morphographie [gr. gráphein schreiben] = *Orographie
Morphologie = *Geomorphologie
Morphologische Analyse nannte W. *Penck die Erschließung endogener Faktoren aus dem morph. Tatsachenschatz (L 52 a und b). Vgl. Schrepfer in ZGEB 1926
Mosore [nach dem Mosorgebirge bei Spalato-Dalmatien] = *Restberge
Mudlumps [engl. mud Schlamm, lump Masse] Schlammsprudel-Inselchen, Gasvulkane (im Mississippi-Delta), gebildet durch die Gase, die sich bei der Zersetzung der (von Sand- und Schlammassen bedeckten) organischen Anhäufungen entwickeln (L 3/415)
Mulde der Falte f. Falte
Mulden f. Senken
Muldenfalte = Mulde einer *Falte; ihre jüngsten Teile liegen als *Kern (*Falten-, Muldenkern) im Innern ihrer Biegung und zu oberst, ihre ältesten Teile als *Scheitel im Äußersten ihrer Biegung und zu unterst
Muldensenken *Senken von länglicher, muldenähnlicher Form (L 2/379)
Muldentäler den *tektonischen Mulden in *Faltengebirgen folgende *Täler; von M. ohne Beziehung zum Gebirgsbau nach der flachen Bogenform des Talquerschnittes spricht L 11³/262 f.
Mündungshäfen *Häfen an Flußmündungen
Mündungsseen nach *Supan (L 3/757) jene Seen, die an der tiefsten Stelle eines weiten, aus der Ablagerung von Steppengebilden hervorgegangenen Hohlraumes entstehen

Mündungstrichter = *Ästuarien, also die breiten, offenen, hauptsächlich durch die *Gezeitenströme ausgeweiteten Mündungen zahlreicher, dem Ozean zuströmender Flüsse. Nicht alle trichterförmigen Buchten sind aber ihrer Entstehung nach als M. anzusprechen (L 2/357)

Murbrüche, Muren, Murgänge s. Schlammströme

Murray, Sir John, engl. Ozeanograph, *1841 zu Coburg (Ontario, Kanada), † 1914 in Edinburg. Teilnehmer an der Challenger-Expedition zur Erforschung der Tiefsee (1872 bis 1876), worüber er einen grundlegenden 50bändigen Bericht veröffentlichte

Muschelkalk [wegen der zahllosen *fossilen Muschelschalen in diesem Kalf] s. geologische Zeitalter

Mylius-Erichsen, L., dän. Forschungsreisender, * 1872 zu Diborg (Jütland), † 1907, leitete die dänische Expedition nach Ostgrönland 1906—1908, die ohne ihren Führer, der vor Entkräftung starb, zurückkam

Mylonit [gr. mylé Mühle] alle im Gefolge einer *Überschiebung auftretenden zertrümmerten Gesteinsprodukte (s. auch Reibungsbreccie)

Myrrhe das als Droge verwendete Harz einiger Commiphora-Arten Arabiens und Nordostafrikas (Familie der Burseraceen)

Nachbeben die dem *Hauptbeben folgenden, oft sehr zahlreichen schwächeren Schwingungen; nach Lang (L 37²/152f.) die „allmähliche Rückkehr der durch das Hauptbeben durcheinandergerüttelten Schollen in die Ruhelage" darstellend (s. auch Vorbeben) (Abb. 29)

Nachfolgeflüsse s. Flußsystem-Bezeichnungen

Nachtbogen jener Teil der scheinbaren Bahn der Sonne, den sie in der Nacht, d. h. unterhalb des *Horizontes zurücklegt (Abb. 76)

Nachtgleicher [lat. aequinoctiális línea] bei den Römern der alle *Meridiane halbierende und das *Himmelsgewölbe in eine nördliche und südliche Hälfte teilende Himmelsäquator; bei den Griechen hieß er *Taggleicher

Nachtigal, Gustav, deutscher Afrikareisender, * 1834 zu Eichstedt (bei Stendal), † 1885; durchzog 1869—1874 die Sahara (in Tibesti als erster Europäer), die Tschadsee-Länder, Darfur und Kordofan

nachträgliche Flüsse vorgeschlagene Bezeichnung für *subsequente Flüsse

Nadel s. Gipfelformen

Nadir [arab. nazir gegenüberliegend] der das unsichtbare Himmelsgewölbe treffende Gegenpunkt des *Zenits (Abb. 10 u. 77)

Nadirflut s. Zenitflut

Nagelfluhe grobes *Konglomerat aus dem schweizerischen und österreichischen *Tertiär (L 35/416, 482)

Nahbeben *Erdbeben, die bloß auf kleine Entfernungen hin wahrgenommen werden, d. h. deren *Herd weniger als 1000 km entfernt liegt. Ggs.: *Fernbeben (Abb. 29)

Nährgebiet des Gletschers s. Gletscher

Namenkunde, geographische, Hilfswissenschaft der Erdkunde, ermöglichend, aus Siedlungsnamen (Ortsnamentunde), Länder- und Landschaftsnamen, Flurnamen usw. die Entstehungszeit der Siedlungen und den ungefähren Zustand der damaligen Landschaft, die Herkunft der Siedler zu erschließen

Nansen, Fritjof, norw. Nordpolfahrer und Ozeanograph, * 1861 zu Store Fröen bei Christiania, durchquerte 1888 Südgrönland, unternahm (mit der „Fram") 1893—1896 eine Nordpolfahrt in der Absicht, sich von den Neusibirischen Inseln durch eine Meeresströmung (Eismeertrift) über den Pol nach der Grönlandsee treiben zu lassen, was mißlang; zu Lande erreichte er aber 86°4'. In deutscher Sprache liegen außer Zeitschriftaufsätzen vor: „Nebelheim" (1911); „Auf Schneeschuhen durch Grönland" (1890/91); „In Nacht und Eis" (1898); „Eskimoleben" (1902); „Sibirien" (1914); „Spitzbergen" (1921); Wissensch. Ergb. der Grönlanddurchquerung (1892)

Narasgurke das Hauptnahrungsmittel der Hottentotten bildende Früchte des südwestafritanischen Narasstrauches (Acanthosicyos hórrida)

Nardu die zur Mehl- und Brotbereitung dienenden Sporenfrüchte mehrerer australischer Arten der (zur Familie der Marsiliaceen gehörenden) Gattung Marsilia

Natronseen f. Salzgehalt der Seen

Naturbrücken ihre mannigfache Entstehung bei L 14²/161 f.

Naturschächte f. Felsdolinen

Nautik [gr. nautikē, erg. téchnē schiffsmännische Kunst] Schiffahrtskunde, auch Hilfswissenschaft der Erdkunde. Einige L bei 2/43, J. Müller, N. (ANuG 255), Schulze, N. (SG 84)

nearktische Region [gr. néos neu, árktos Bär, auch das Gestirn in der Nordpolargegend] f. holoarktisches Gebiet

Nebel (Boden=N.) die auf der Erde lagernde *Wolke; er entsteht, zumal frühmorgens, durch schnelle Abkühlung des Bodens infolge *Ausstrahlung bei warmer und feuchter Luft (L 47a¹/53)

Nebenflüsse stellen in einem *Stromsystem gegenüber dem *Hauptflusse alle ihm zugehenden Seitenadern dar

Nebengezeiten bilden sich im seichten Meereswasser neben der eigentlichen *Gezeitenwelle; „sie bedingen, daß die Form der Welle eine unsymmetrische ... ist, so daß das Wasser zum Steigen weniger Zeit als zum Fallen braucht; in einzelnen Trichterbuchten können infolge davon sogar mehrere *Hochwasser eintreten ..." (L 2/535). Mehrere *Tiden von verschiedener Periode ergeben in seichten Kanälen (nach Art der Kombinationstöne bei den Schallwellen) noch besondere Kombinationstiden (=fluten)

Nebenmeere die von den *Weltmeeren schärfer abgetrennten Meeresbecken; man gliedert sie in *Mittel= und in *Randmeere

Nebenplaneten = *Monde

Nebulartheorie f. Kant=Laplacesche Hypothese

Neerstrom kleinere, häufig an Einbuchtungen oder Vorsprüngen von Küsten auftretende *Kompensationsströmungen, die vom Hauptstrome in entgegengesetzter Richtung abzweigend im Kreislauf wieder zu ihm zurückkehren (L 2/544; 3/331; 57/134)

negative absolute Höhe die *absoluten Höhen unter dem *Meeresspiegel

negative eustatische Bewegungen f. eustatische B.

negative Strandverschiebungen f. Strandverschiebungen

Neger (*afrikanische [L 2/744]) Rasse, von Buschan (L 5/321, 326 f.) als Hauptrasse bezeichnet; Kennzeichen: langer, schmaler Schädel, an der Wurzel breite Nase, dicke, wulstige Lippen, grobes krauses oder wolliges Kopfhaar; vielfach durch Dermischungen mit Hamiten, Semiten u. a. verändert. Die gewöhnliche Einteilung in (die der Hauptrasse näherstehenden) *Sudan=N. südlich der Sahara und in (die durch eine gemeinsame Sprache verbundenen, ohne feste Grenze in sie übergehenden) *Bantu=N. südlich des *Äquators — beide wieder in zahlreiche Völker zerfallend — beruht vornehmlich auf sprachlichen und kulturellen Unterschieden. Ackerbauer und Viehzüchter, die gewerbliche Tätigkeit nicht gering entwickelt (Webwaren, Flechtarbeiten, Töpferei usw.), die überwiegend mohamm. Sudan=N. (Staatenbildungen!) vielleicht etwas höher stehend. Die Gesamtzahl aller N. wird auf 125 Mill. geschätzt (L 2/744; 5/326 f.) (f. auch Dahome, Mandingo, Niam=Niam, Tibu, Betschuanen, Herero, Ovambo, Sambesivölker)

Negritos f. Buschmänner

Nehrungen dammartige Ablagerungen durch die Meereswellen, vom *Kliff der ursprünglichen *Küste als schmale Landzunge ins Meer hinauswachsend (anfangs bei Hakenform auch *Haken genannt) und das andere Ende der Bucht fast oder ganz erreichend; hinter den N. liegen die (durch Flüsse bald ausgesüßten und dadurch von den *Lagunen unterschiedenen) *Haffe (L 7, Bd. 2 /299 ff.; 11³/391 f.; 37¹/657) (f. auch Küstenversetzung)

Neigungsmesser Instrumente, mit denen man auf Reisen unmittelbar Neigungen des Bodens feststellen kann; einige besprochen bei L 26/18 ff.

Nekton [gr. nektós schwimmend] f. Benthos

neoboreales (oder sonorisches) Tiergebiet [gr. néos neu, boréas Nordwind; lat. sonórus tönend, klingend] f. holarktisches Tiergebiet

Neocóm [nach Neocómum, lat. Bezeich=

Neogäa — Niveaulinien

nung des schweizerischen Neuchâtel] Gruppe der unteren *Kreideformation (s. geologische Zeitalter)

Neogäa [gr. néos neu, gaia Erde] tiergeographische Region, Süd- und Mittelamerika, in einigen Abgrenzungen (s. holarktisches Tiergebiet) auch Mexiko und die Vereinigten Staaten (*neoboreales Tiergebiet) umfassend; (außer diesem) als Unterabteilung nur das *neotropische Tiergebiet. Keine Rinder, Hasen, Murmeltiere; dagegen blutsaugende Fledermäuse, Nasen- und Waschbären, Lama, Alpaka, Faul- und Gürteltiere, Ameisenfresser (L 78/70 ff.)

Neogén [gr. génesis Entstehung] Gruppe des *Tertiärs (s. geol. Zeitalter)

neotrópisches Tiergebiet [gr. trópos Wendung, Richtung] tiergeographische Unterabteilung der *Notogäa, Süd- und Mittelamerika (mit den Antillen) umfassend (L 78/76 ff.). Die Charaktertiere der einzelnen Subregionen bei L 4/215

Neptun s. Planeten, Monde

Neumann, Ludwig, Geograph, * 1854 zu Pfullendorf (Bayern), * 1925 in Garmisch. Veröffentlichte u. a. „Orometrie des Schwarzwaldes" (1886) und den Abschnitt „Mitteleuropa" in L 6a. Nachruf in G3 1926, S. 57 ff.

Neumayer, Georg v., Hydrograph und Geophysiker, * 1826 zu Kirchheimbolanden, † 1909 in Neustadt a. Hardt. Er veröffentlichte den Atlas über Erdmagnetismus in Berghaus' Physikal. Atlas, Abt. IV (Gotha 1891) und gab die „Anleitung zu wissenschaftlichen Beobachtungen auf Reisen"³ (2 Bde., 1905/6) heraus

Neumayr, Melchior, Geologe, * 1845 in München, † 1890 in Wien. „Erdgeschichte" (2. Aufl. von *Uhlig, 1895, Bd. 1 in 3. Aufl. von F. E. Sueß 1920)

Neumond s. Konjugation

neuseeländischer Flachs (Phormium tenax, zur Familie der Liliengewächse gehörend); die Rohfaser wird zu Seilen, gereinigt zu Geweben verwendet

neuseeländisches Tiergebiet tiergeographische Unterabteilung der *Notogäa, hauptsächlich Neuseeland umfassend; Kiwi, Paradiesvogel, Eulenpapagei; keine Schlangen; wie das *polynesische und *hawaiische Tiergebiet (bis auf einige Fledermäuse) ohne Säugetiere (L 78/70)

neutrale Küsten Bezeichnung *v. Richthofens (L 50/295 f.) für *Schwemmlands- und *Schollenküsten, da sie keine Beziehungen zum Schichtenbau haben; *Supan (L 3/823) erblickt sie dort, „wo die Umrisse durch flach gelagerte Schichten und *Massengesteine gebildet werden", so daß natürlich von einer bestimmten Streichrichtung nicht die Rede sein kann

Niam-Niam wie die *Mangbattu einst durch Menschenfresserei gefürchtete *Sudan-Neger; früher bedeutsame materielle Kultur

Niebuhr, Carsten, * 1733 zu Lüdingworth (Hannover), † 1815 zu Meldorf in Süderdithmarschen; 1761—1767 wichtige Forschungen in Arabien, Südpersien, Mesopotamien, Syrien-Palästina und Kleinasien

niederkalifornischer Graben einer der *ozeanischen Gräben des *Pazifischen Ozeans an der kalifornischen Küste (4866 m größte Tiefe)

Niederschlag die Ausscheidung [Kondensation, lat. condensáre dicht zusammendrängen] des Wasserdampfes aus der *Atmosphäre infolge der Abkühlung der Luft in Form von *Tau, *Reif, *Nebel, *Wolken, *Regen, *Schnee, *Hagel

Niederterrassenschotter s. Deckenschotter

Niederung s. Tiefebene

Niedrigwasser s. Ebbe

Nièvè peniténte [ital., Büßerschnee] s. Zackenfirn

Niffe s. Sal-Zone

Niloten die dunkelfarbigen Nilneger, die sich in manchem von den *Sudan-Negern unterscheiden

Nimbuswolke [lat. nimbus Wolke, Platzregen] s. Wolken

Nippflut s. Gezeiten

nivales Klima [lat. nivális schneeig] ein Klima, bei dem der *Niederschlag überwiegend oder ganz als Schnee fällt, von dem ein Teil als *Gletscher abfließt. Ggs.: arides und humides K.

Niveaufläche [frz. niveau wagrechte Fläche] s. Ausgleichsfläche

Niveaulinien = *Isohypsen

Niveauveränderungen die *Erdkruste betreffende Lageveränderungen, die sich als Wirkung *endogener Kräfte ergeben und meist mit *Dislokationen verbunden sind. Vom Lande aus gerechnet: *aktive N., wenn jenes seine Entfernung vom Erdmittelpunkt ändert (mit Dislokationen), *passive N., wenn der *Meeresspiegel sich verschiebt (ohne sichtbare Dislokationen); *instantane N. sind plötzlich eintretende, *säkulare solche, deren Wirkungen erst nach größeren Zeiträumen erkannt werden; *regionale N. erstrecken sich auf größere Gebiete, *lokale sind örtlich beschränkt (L 3/18, 371; 5/108 ff.) (f. auch eustatische Bewegungen und Strandverschiebungen)
nivellieren [frz. niveler mit der Wasserwage abmessen] Mittel, durch Stufenmessungen mehrerer benachbarter Punkte Höhenunterschiede zu bestimmen, wobei durch „Nivellierinstrumente" nach senkrecht in Abständen von 40—50 m aufgerichteten Meßlatten visiert wird. Das Ergebnis ist ein sehr genaues Höhenprofil des Landes
nordatlantische Landbrücke aus mannigfachen Gründen (L 28/82 ff.) geforderte *Landbrücke zwischen Nordamerika und Europa vielleicht über den *Isländischen Rücken in verschiedenen geologischen Epochen; die sagenhafte *Atlantis wird entweder zu einer zweiten südlicheren Landbrücke in Beziehung gebracht (deren übriggebliebenen Pfeiler Azoren, Kanarische und Capverdische Inseln sein sollen [vgl. L 3/903]) oder (unter dem Namen Nordatlantis) als alter, seit dem Beginn des *Kambrium fast immer bestehender *Kontinent aufgefaßt (L 28/290). Vielleicht hat das Emportauchen dieses Festlandes im nördlichsten Teil des Atl. Ozeans die Auffaltung des *Kaledonischen Gb. bewirkt
nordatlantische Schwelle f. südatlantischer Rücken
nordatlantische Verbindungsströmung die als Abzweigung der *atlantischen Strömung den nördlichen Stromkreis der *Äquatorialströmungen im Atlantischen Ozean etwa unter 42° Br. begrenzende, östlich gerichtete (warme) *Meeresströmung; im Meerbusen von Biscaya biegt sie als immer kühler werdende *Kanarische Strömung nach S. zur iberischen und nordwestafrikanischen Küste um und mündet, den Stromkreis schließend, in die nördliche Äquatorialströmung ein. Die verhältnismäßig ruhige See innerhalb des nördlichen Stromkreises heißt *Sargassomeer
Nordenskjöld a) Adolf Erich v., schwed. Polarfahrer, * 1832 zu Helsingfors, † 1901 in Stockholm, entdeckte die sog. *nordöstliche Durchfahrt, indem er 1878/79 von Westen kommend die Nordküste Sibiriens bis zur Beringstraße zu Schiff umfuhr. Schrieb u. a. „Die Umseglung Asiens und Europas auf der Vega" (deutsch 1881); b) Erland, Sohn des Vorigen, * 1877 in Södertalge, seit 1899 mehrere Reisen in Südamerika; erforschte bes. das Indianerleben. „Indianer und Weiße" (1922); c) Otto, Neffe des Ersten: Geograph, * 1869 in Sjögslö, Prof. an der Universität Göteborg, Leiter der schwed. Südpolarexpedition 1901 bis 1903, die das Graham- und Louis Philipp-Land als zusammenhängende Landmasse erwies, 1920/21 südam. Reise. Schrieb u. a. „Antarktik" (1905), „Wissensch. Ergebnisse d. schwed. Südpolarexpedition 1901—1903" (1905 ff.) u. „N.- u. S.polarländer" (1926)
Nordkapströmung f. atlantische Strömung
Nordlicht auf der nördl. Halbkugel auftretendes *Polarlicht; Ggf. *Südlicht
nordöstliche Durchfahrt die Fahrt längs der sibirischen und nordeuropäischen Küste, von Europa her gegen O. (Ad. Er. v. *Nordenskjöld), bzw. von der Beringstraße kommend gegen W.
Nordostmonsun f. Monsune
Nordostpassat f. Windsysteme der Erde
nordpazifische Verbindungsströmung f. Kuroschiwo-Strömung
nordpolares Hochdruckgebiet = *arktisches H. (f. auch Luftdruckgebiete)
Nordpol der Erde der eine Endpunkt der *Erdachse. Von der Mitte des 19. Jahrh. an zahlreiche vergebl. Versuche, den N. zu erreichen; geglückt *Peary 1909
Nordpol des Himmels f. Himmelspole
Nordpunkt und *Südpunkt bilden die Endpunkte der die *Horizontebene hal-

nordwestliche Durchfahrt — Nutation

bierenden *Meridianlinie; man bestimmt diese, mit der Schattenrichtung des höchsten Sonnenstandes am Tage zusammenfallende Linie durch den *Schattenmesser (Abb. 56 u. 68)

nordwestliche Durchfahrt die Fahrt längs der nordamerikanischen Küste, von der Beringstraße her gegen Osten (*Mac Clure), bzw. von Europa kommend gegen Westen (*Amundsen)

Normal(Luft=)druck s. barometrische Höhenstufe

normale Durchgangstäler s. normale Wasserscheide

normale Falte die stehende *Falte, deren Teile *Sattel und *Mulde sind (L 3/665) (Abb. 23)

normale Gefällskurve das unter einfachen Verhältnissen vom Flusse gezeigte Streben, durch seine *Erosionstätigkeit eine Gleichgewichtslinie der *Talsohle herzustellen und so ein bestimmtes Längsprofil seines *Tales zu erreichen (L 3/534 ff.; 11³/249 ff.)

normaler Erosionszyklus nach *Davis die Gesamtzeit, die bei *humidem Klima unter der Wirkung von *Verwitterung, *Getriech usw., hauptsächlich aber der *Flußerosion nötig ist, um eine aus dem Meere gehobene Landmasse bis zur *Peneplain abzutragen (*geographischer Zyklus)

normales Relief s. umgekehrtes Relief

normale Verwerfung eine *Verwerfung mit geneigter Bruchfläche

normale Wasserscheide jene, die mit der höchsten Kette eines Gebirges zusammenfällt; sammeln sich hier die Quellen von *Durchgangsflüssen, welche dann die niedrigen vorgelagerten Quellen durchbrechen, so entstehen die *normalen Durchgangstäler (L 3/695)

normale Wellen die *Longitudinalwellen eines *Erdbebens (L 3/419)

Normalhöhenpunkt der preußischen Landesaufnahme der Ausgangspunkt für das *Nivellieren seit 1879, bezeichnet auf dem Nordpfeiler der Berliner Sternwarte; 37 m unter ihm (= 0,066 m über dem *Mittelwasser von Swinemünde) die „*Normalnull" (NN), auf die alle neueren *trigonometrischen Höhenmessungen bezogen werden (L 2/497; 3/284)

Normalisothermen der Verlauf, den *Isothermen zeigen würden, wenn Land und Meer in meridionalen Streifen nebeneinander liegen würden; sie zeigen die ungestörte Wirkung des *solaren Klimas einer regelmäßigen Temperaturabnahme vom *Äquator gegen die *Pole hin (L 3/8⁹)

Normalnull s. Normalhöhenpunkt

Normal(oder **Mittel=**)**temperaturen** der Breitenkreise s. Wärmeverteilung. Vgl. auch L 61b/53 f.

Normalzeiten der Länder: die *Zonen= oder *Ortszeiten ihrer Hauptstädte

Nosogeographie [gr. nósos Krankheit] Zweig der Erdkunde, der sich mit der geographischen Verbreitung der Krankheiten beschäftigt. Vgl. G3 1919

Notogäa [gr. nótos Süden, gaia Erde] tiergeographische Region, Australien und Ozeanien umfassend; Unterabteilungen sind das *australische, *papuanische, *neuseeländische, *polynesische und *hawaiische Tiergebiet. Besonderheiten: Beutel= und Kloakentiere (L 78/64 ff.; Karten bei 78 und L 3)

Novara=Expedition Weltumsegelung der österr. Fregatta N. 1857—59, Beschreibung durch Scherzer (Wien 1864)

Nubier die mit Negerblut durchsetzten *Hamiten Nubiens

Nullmeridian = *Anfangsmeridian

Nullpunkt der Temperatur, absoluter, die Temperatur von —273° C (Kälte), welche die *Atmosphäre bei völligem Stillstand der Bewegungen ihrer Moleküle vielleicht schon in 50 km Höhe erreicht (L 2/555)

Nunatak [Mz. Nunatakker] grönländ. Bezeichnung für das Inlandeis durchragende Erhebungen des Untergrundes

Nutation [lat. nutare schwanken] die Erscheinung, daß die *Präzession nicht gleichmäßig ist, sondern, sich (ab= und zunehmend) periodisch ändernd, eine Schwankung der *Erdachse herbeiführt. Die auf der verschiedenen Entfernung der Erde von der Sonne beruhende *Sonnennutation ist 14mal kleiner als (wegen der größeren Erdnähe) die *Lunarnutation. Infolge der N. vollführt die Erdachse um die ihr durch die Präzession zukommenden regelmäßigen Kreis (wellenförmige) Schwankungen

Nychthemeren [gr. nyx Nacht, heméra Tag] Nachttage, die ursprüngliche Einteilung von 24 Stunden; frühzeitig wurden die N. in je 12 Stunden geteilt und dann nach Stunden vor und nach Sonnenauf- bzw. Sonnenuntergang gerechnet

Oase [koptisch ouahe] jene Stellen verschiedenster Größe in den subtropischen und tropischen *Wüsten, in denen infolge Wasseransammlung die ganze Üppigkeit der Pflanzenwelt jener Breiten zur Entfaltung kommt

obere Kulmination s. Kulmination

Oberfläche der Erde s. Erde

Oberflächenmoränen *Seiten- und *Mittelmoränen zusammen, die auf der Gletscheroberfläche liegen

Oberhummer, Eugen, Geograph, *1859 in München, Prof. an der Universität Wien. Arbeiten: „Cypern" I (1903). Zahlreiche Zeitschriftenaufsätze, zumal zur Geogr. der antiken Welt und zur Gesch. der Geogr.

Oberlauf der Flüsse = *Berglauf, mit überwiegender *Erosionstätigkeit des *Flusses; Ggs.: *Unterlauf = *Flachlauf mit vorwiegender *Ablagerung

Oberströmungen lassen sich in der Luft neben Unterströmungen deutlich erkennen; man kann sie am Zuge der Wolken, an hohen Berggipfeln, bei Ballonfahrten beobachten (L 47a¹/42)

oblónge oder rechteckige **Plattkarte** [lat. oblóngus länglich] echte *Zylinderprojektion, bei welcher der Mittelpunkt, in dem der Zylinder die Erde schneidet, und der Mittelmeridian im Verhältnis der *Breiten- und *Längengrade (für den Mittelparallel) geteilt werden. *Gradfelder rechteckig. Längs der *(längentreuen) *Meridiane kann man messen; die Karte aber weder *flächennoch *winkeltreu (L 2/206; 23¹/68) (Abb. 58)

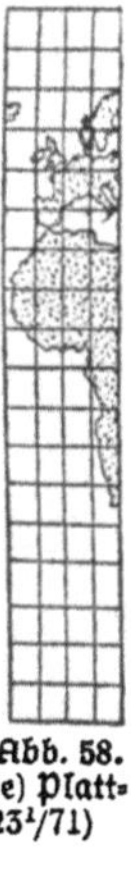

Obrútschew, Vladimir, russ. Geologe, * 1863 in Klepenino, Prof. an der Technik in Tomsk, machte größere Reisen in Sibirien, Zentralasien und Nordchina.

Abb. 58. Oblonge (rechteckige) Plattkarte. (Aus L 23¹/71)

„Zentralasien, Nordchina und Nanschan", 2 Bde., russ. 1900/01. Geologie von Sibirien (Berl., 1926)

obsequénte Flüsse s. Flußsystem-Bezeichnungen

Obst, Erich, * 1886 in Berlin-Steglitz, Prof. an der Techn. Hochschule Hannover. Bereiste 1910/12 Ostafrika, 1922 Rußland. Beitrag zu L 62a und 101 (Großbrit.), „Engl., Europa und die Welt" (1927)

Ödland pflanzenarme bis pflanzenlose Gebiete (sand-, fels-, schnee- oder eisbedecktes Land); das Ö. der gesamten Landoberfläche wird auf 47,3 Mill. qkm geschätzt (L 2/720)

Ofen Bezeichnung auf Bornholm für sehr schmale *Brandungshöhlen

offene Faltengebirge nach *Supan (L 3/668) jene, die aus offenen *Falten, d. h. *stehenden und *schiefen, gebildet sind, so daß ihre Längsgliederung *tektonisch gegeben ist; „und selbst wenn die *Destruktion die natürliche Ordnung (*Antiklinalkämme und *Synklinaltäler) in ihr Gegenteil verkehrt, immer sind die hauptsächlichsten Längskämme und Längstäler tektonisch gebaut". Ggs.: *geschlossene F.

Ogiven [frz. Spitzbogentypen] die als Linien erscheinenden zahlreichen Erhebungen der *Gletscheroberfläche, die auf die blasen (luft-) artigen *Blätter der *Gletscherstruktur zurückgehen. In der Nähe des *Firns fast geradlinig das Eis überquerend, beschreiben die O., je weiter talabwärts, desto konvexere Bögen in dieser Richtung. Zusammenfließende Gletscher bewahren jeder das eigene Ogivensystem (L 3/207; 5/198)

ökologische Pflanzengeographie [gr. oikos haus] s. Pflanzengeographie

Ökuméne [gr. oikuménē die von Menschen bewohnte Erde] der von Menschen bewohnte Erdraum; er hat sich seit dem Altertum gegen die polaren N. und S. hin, hinsichtlich der Besiedlung bewohnter Gebiete und zahlr. Inseln vergrößert (L 2/729 ff.; 9, Bd. 632/21 ff.)

Okzidént [lat. óccidens sinkend, erg. Sonne] die Gegend der untergehenden Sonne, Westen, Abendland = Europa

Ölbaum (Oléa Europaéa) der Charakterbaum der Mittelmeer-Pflanzenwelt. Aus den reifen Früchten (Oliven) wird unser gebräuchlichstes Speiseöl gepreßt

Oligozän [gr. olígos wenig, kainós neu] Epoche des *Paläogen (f. geologische Zeitalter)

Ooser (Āsar, Osar) Kieswälle hinter der *Endmoräne, auch noch in der *Rundhöckerlandschaft eines zur *Eiszeit vergletscherten Gebietes „von geradlinigem oder gewundenem Verlauf, oft sich verzweigend, im Querprofil gesehen parallel zur Oberfläche geschichtet" (L 9³/83); wahrscheinlich Ablagerungen von Bächen, die unweit vom Rande des sich zurückziehenden *Inlandeises flossen. (Vgl. L 34/643)

Opposition [lat. oppónere entgegensetzen] die Stellung zweier Gestirne, bei der ihre Lage um 180° verschieden ist; die O. von *Sonne und *Erdmond (bei der die Erde zwischen Sonne und Mond steht) heißt Vollmond

Orbitalbewegung einer Welle [lat. órbis Kreis, Erdkreis] die räumliche Lageveränderung der Wasserteilchen innerhalb der einzelnen Welle von nahezu kreisförmiger, in sich zurückkehrender Gestalt (Abb. 52)

Orellana, Francisco de, entdeckte und befuhr als erster Europäer den Amazonenstrom von Peru aus abwärts bis zur Mündung (1540—1542)

organogéne Gesteine [gr. órganon Werkzeug, hier soviel wie Organismus, génesis Entstehung] f. Gesteinsbildung

Orgeln, geologische f. geologische Orgeln

orientieren, sich [lat. óriens, zu erg. sol: die aufgehende Sonne] sich dadurch im Raume zurechtfinden, daß man sich der aufgehenden Sonne zuwendet und damit den O. als *Weltoder Himmels=)gegend findet; W. ergibt sich als Gegend des Sonnenunterganges im Rücken des Beobachters. Von den beiden übrigen zwischen W. und O. gelegenen Weltgegenden ist der S. als die Richtung, in der die Sonne (zu Mittag) ihren höchsten Stand erreicht, ebenfalls durch Beobachtung zu finden; entgegengesetzt liegt N., die Richtung des niedrigsten Sonnenstandes (um Mitternacht). Mittel, sich zu

o.: auf dem *Horizonte durch *Schattenmesser und *Kompaß; auf dem Himmelsgewölbe durch die Bestimmung von *Zenit (und *Nadir), durch den *Polarstern zur Auffindung des Nordpols, den man auch mittels der *Polhöhe feststellen kann; auf der Erdoberfläche durch astronomische und geodätische *Ortsbestimmung

orogenétische Bewegungen [gr. óros Berg, génesis Entstehung] die durch *Dislokationen hervorgerufenen, sich hauptsächlich als *Bruch oder *Faltung äußernden gebirgsbildenden B., den *epirogenetischen B. gegenübergestellt, die vorwiegend Veränderungen in der Verteilung von Wasser und Land bewirken. H. Stille („Hauptformen der Orogenese und ihre Verknüpfung" in den „Nachrichten d. Ges. d. Wissensch. zu Göttingen" 1918) unterscheidet vier Hauptgruppen orogenetischer Gebilde: das Deck=, *Salten=, Bruchfalten= und das Blockgebirge, alle mit mannigfachen Zwischenformen. Als „orogenetisches Zeitgesetz" wird ausgesprochen, daß „alle *Gebirgsbildung, auch die des Bruchfalten= und des Blockgebirges an verhältnismäßig wenige und zeitlich eng begrenzte Phasen von erdweiter Bedeutung ist". Eine Unterscheidung zwischen tangentialer, Faltengebirge erzeugender, und einer aufwärts gerichteten Gebirgsbildung, die zur Entstehung von *Schollengebirgen führt, ist nach St. unmöglich. Schon früher (1913) hatte St. die epirogenetischen B. unter einem einheitlichen Gesichtspunkt aufzufassen versucht, indem er jene als periodische kurze Unterbrechungen (Revolutionen) der stetig fortwirkenden, unendlich langsamen epirogenetischen B. (Evolutionen) darstellte. (Vgl. auch L 7, Bd. 2¹/ 120 ff., 45 und 34/127 ff.)

Orographie, *Morphographie [gr. gráphein schreiben] die beschreibende Lehre von den Geländeformen, wobei das genetische, die Entwicklung betreffende Moment in den Hintergrund tritt, das orometrische (besser morphometrische), auf der Ausmessung der Formen beruhende, hervorgehoben wird. Heute kaum mehr selbständig ge=

orographische Gletscher—osteuropäische Zeit 147

pflegt, sondern ganz in die *Geomorphologie aufgegangen (L 2/431 ff.; 5/131 ff. und v. Sontlar, Allgemeine O. [Wien 1873])

orographische Gletscher nennt *Supan (L 3/196) alle gletscherartigen Bildungen, „die zwischen der *klimatischen und orographischen *Schneegrenze ihren Ursprung nehmen und daher mit den großen *Firnlagern nicht zusammenhängen"

orographische Niederschläge s. zyklonale Niederschläge

orographische oder Abdachungstäler die der Hauptabdachung eines Gebirges oder einer geneigten Fläche folgenden *Täler (L 49b/41)

orographische Schneegrenze s. klimatische Schneegrenze

Orthodrome [gr. orthós aufrecht, drómos Lauf] auf der Erdkugel die auf einem größten Kreise verlaufende kürzeste Verbindung zweier Punkte; sie schneidet die *Meridiane unter verschiedenen Winkeln. Die geographischen Angaben über Entfernungen auf der Erdoberfläche beziehen sich auf die O. Meridiane und der Äquator erfüllen die Bedingungen für O. und *Loxodrome; für letztere, die der gleichbleibende Winkel 0° bzw. 90° beträgt, für die O. aber als größte Kugelkreise (Abb. 37, 53, 65). Dgl. L 24²/82 ff.

orthográphische (oder Parallel-)**Projektion** [lat. projicere vorwerfen, entwerfen; gr. gráphein schreiben, parállelos nebeneinanderlaufend] *perspektivische Projektion, bei welcher die Augenpunkt (Strahlenmittelpunkt) in der Unendlichkeit liegt und die Strahlen parallel einfallen. Gegen den Kartenrand werden die Abstände zwischen den *Breitenkreisen immer kleiner, die dargestellten Gebiete erscheinen daher stark verkürzt. Hauptsächlich in der Astronomie (für Mondkarten) verwendet. Bei der o. Polarp. sind die Breitenkreise Kreise, bei der o. Äquatorialp. sind sie Gerade (die *Meridiane Ellipsen), bei der o. Horizontalp. sind sämtliche Netzlinien Ellipsen (nur der Mittelmeridian eine Gerade) (L2/230; 5/77; 25/227) (Abb. 11, 46, 59)

Ortsbestimmung, geographische die Bestimmung der gegenseitigen Lage der Punkte auf der Erdoberfläche. Sie geschieht entweder als Bestimmung der geographischen *Länge und *Breite, hauptsächlich durch astronomische Berechnungen, daher *astronomische O.; oder als Lage- und Höhenbestimmung durch Messungen auf der Erdoberfläche, daher *geodätische O.: *Wegeaufnahmen, *Triangulierung, *trigonometrische Höhenmessung. Hilfsmittel der geographischen O.: *Schattenmesser, *Quadrant, *Jakobstab, *Spiegelsextant, *Theodolit bei Berücksichtigung von *Mittelpunktsreduktion, *Refraktion, *Kimmtiefe und *Parallaxe

Ortsböden Böden, deren Eigenschaften im wesentlichen durch örtliche Faktoren, wie Gesteinsart, Korngröße, Sonnen- und Höhenlage zur Umgebung u. a., beeinflußt sind

Ortsnamenkunde s. Namenkunde, geographische

Ortszeit die für einen bestimmten Ort geltende Zeit, die für alle unter dem gleichen *Meridian gelegenen Orte dieselbe ist, zwischen zwei Meridianen aber (da die Sonne 360 Meridiane durchläuft, bis sie nach 24 Stunden wieder über demselben Erdmeridian kulminiert, den 360. Teil davon beträgt, also) um 4 Minuten verschieden ist. Man bestimmt die O. auf dem Meere gewöhnlich einfach nach dem höchsten Stand der Sonne als ihrem Durchgang durch den Meridian (12 Uhr O.), auf dem Lande genauer bei Mitberücksichtigung der *Mittagsverbesserung durch das Verfahren der „korrespondierenden Sonnenhöhen" nach der Formel: Wahrer Mittag = $\frac{U_1+U_2}{2}$ ± Mittagsverbesserung; U_1 und U_2 sind die auf der Uhr festgestellten Zeiten zweier, in gleicher Höhe über dem Horizonte beobachteter Sonnenstände

Osar (Einz. der Os) s. Oser

Osseten s. Kaukasusvölker

ostafrikanische Gräben durch eine Anzahl *abflußloser und seenerfüllter Becken bezeichnetes *Bruchgebiet zwischen 10° n. und 6° s. Br. (Vgl. 37¹/276 ff. und Fr. Frech in PM 1917)

ostaustralische Strömung s. Peruströmung

osteuropäische Zeit s. Zonenzeit

Ostgrönland-Strömung (ostgrönländische Polarströmung) s. Irminger-Strömung

ostisländische Polarströmung s. Irminger-Strömung

Ostpunkt Aufgangspunkt der Sonne am *Horizontkreise zur Zeit der Tag- und Nachtgleiche (21. 3. und 23. 9.) (Abb. 45 u. 77)

Ostsibirisches Massiv (Tafelland) wie *Indoafrikanische Masse, *Baltischer und *Kanadischer Schild u. a. ein archäischer, seit dem *Vorkambrium nicht mehr gefalteter Gebirgsstumpf östl. des Jenissei, im S. von den wohl etwas später gefalteten Ketten des *Alten Scheitels begrenzt (L 29/13)

Ostwestlinie die Verbindungslinie von *Ost- und *Westpunkt auf dem *Horizonte (Abb. 45)

Oszillationshypothese zur Erkl. der *Gebirgsbildung: DN 1921, Heft 10

Ovambo Volk der *Bantu-Neger in Südwestafrika, Ackerbauer mit bedeutsamer gewerblicher Tätigkeit (L 5/325)

Overweg, Adolf, deutscher Afrikaforscher, *1822 in Hamburg, † 1852 zu Maduari am Tschad (Afrika); Begleiter von *Barth 1850ff.

Oyaschiwo-Strömung [jap. oyaschiwo gelbes Salz] s. Kuroschiwo-Strömung

Ozeane [gr. okeanós Weltmeer] s. Meere

ozeanische Becken s. ozeanische Mulden

ozeanische Delta s. Delta

ozeanische Gräben häufig vorkommende und die bisher größten gemessenen Tiefen enthaltende, lange und schmale Einsenkungen am Meeresboden mit hohem Innen- und tieferem Außenrand. An sie sind wahrscheinlich die meisten großen Erdbebenherde geknüpft (L 3/269; 57/21). Über o. G. früherer geologischer Epochen h. Stille in den „Nachr. der Ges. d. Wissensch. zu Göttingen" 1919

ozeanische Inseln s. festländische Inseln

ozeanische Kessel nennt *Supan (L 3/269) „mehr oder weniger steile Einstürze von verhältnismäßig geringer Ausdehnung"; andere *Hohlformen sind die *ozeanischen Gräben

ozeanische Mulden nach L 3/268 „alle flachen, langgestreckten Einsenkungen"; *ozeanische Becken: die flachen Einsenkungen, deren „beiden Horizontaldimensionen annähernd gleich sind"

ozeanische Plateaus s. ozeanische Schwellen

ozeanischer Typus der Niederschläge das Vorherrschen der *Winterregen

ozeanische Rücken s. ozeanische Schwellen

ozeanische Schwellen die ganz flachen Erhebungen des *Meeresbodens; die etwas steileren, „wenn sie eine ausgesprochen lineare Erstreckung besitzen", nennt *Supan (L 3/268) *Rücken, sonst *Plateaus (s. auch atlantische Schwelle)

ozeanische Strömungen die eigentlichen *Meeresströmungen im offenen Ozean

ozeanische Vulkane die auf dem *Meeresboden sich abspielenden (doch nur selten in ihren Erscheinungen von Schiffen aus beobachteten) vulkanischen Ausbrüche, die sich vielfach zu Kegeln (über den *Meeresspiegel aufragend als *vulkanische Inseln) aufbauen und deren *Eruptionsprodukte einen nicht unwesentlichen Anteil an der Bedeckung des Meeresbodens haben

Ozeanographie physische Meereskunde [gr. gráphein schreiben], Zweig der allgemeinen Erdkunde; er behandelt Gestalt, Größe und Beschaffenheit der Meeresbecken, die physiko-chemischen Eigenschaften des Meerwassers (Salz- und Gasgehalt, Dichte, Farbe, Temperaturen, Eisverhältnisse) und die Bewegungserscheinungen des Meeres (s. auch Auftriebwasser, Brandung, Dünung, Gezeiten, Kliff, Meere, Meeresboden, Meereswellen, Meeresströmungen, Meerwasser, ozeanische Gräben, Strand)

Packeis s. Eisberge

paläarktische Region [gr. palaiós alt, árktos Bär, auch das Gestirn in der Nordpolargegend] s. holoarktisches Gebiet

Paläoaktologie [gr. akté Küste] die Lehre vom Verlaufe der alten Küstenlinien (in geologischer Vorzeit) (L 28)

Paläobiologie [gr. bios Leben] nach Abel (Allgem. Paläontologie, Samml. Göschen 95, S. 129) jener Zweig der *Paläozoologie, der die Aufgabe hat, einerseits die Funktionen der Organe vorzeitlicher Tiere zu ermitteln, andererseits daraus Daten für eine Geschichte der Anpassungen zu sammeln

Paläobotanik s. Paläontologie
Paläogén [gr. génesis Entstehung] Gruppe des *Tertiärs (s. geologische Zeitalter)
Paläogeographie „die Geographie aller vergangenen Perioden der Erdgeschichte seit der endgültigen Verfestigung der Erdkruste" (L 28/36); es ist also die geologische Geschichte der Meere und Festländer. Vgl. auch L 29, 30 und 31
Paläoklimatologie die Lehre vom *Klima der geologischen Vergangenheit (L 31/148 ff.; 67, 68 und Eckardt, „Die hauptsächl. Fundamentalsätze der paläokl. Forschung", PM. 1919)
paläokrystisches Eis [gr. krýos Eis] ungeheuer gewaltige Anhäufungen von *Packeismassen, nur dort möglich, wo durch weitgehende Landbegrenzung ein Abtreiben nach niederen Breiten gehemmt ist
Paläontologie [gr. òn seiend, lógos Lehre] die Lehre von den alten (vorzeitlichen, *fossilen) Lebewesen, also die Wissenschaft, welche sich mit der Vorgeschichte der Pflanzen (*Paläobotanik) und Tiere (*Paläozoologie) beschäftigt; sie versucht gleichzeitig die Grundlage für eine Geschichte der Lebewelt überhaupt (Stammesgeschichte) zu schaffen
Paläophytologie [gr. phytón Pflanze, lógos Lehre] die Lehre von den fossilen Pflanzen, also soviel wie *Paläobotanik
Paläozoikum [gr. zóon Lebewesen] s. geologische Zeitalter
paläozoische Ära [lat. aes (ehernes) Zeitalter] s. geologische Zeitalter
Paläozoologie s. Paläontologie
Pallas, Peter Simon, Forscher, *1741 in Berlin, † ebenda 1811; bereiste 1768—1774 Südural und Mittelasien, veröffentlichte ausführliche Arbeiten darüber
Pampa [peruan. pámpa Ebene] die weite *Steppe Argentiniens und Südbrasiliens
Panzerdecke der Erde nach *Stübels Vulkanhypothese geschlossene, undurchbrechliche Gesteinsschale aus eruptiven Massen, schon im *Archaitum über der *Erdrinde gebildet; in ihr eingeschlossen seien die erschöpflichen *Magmaquellen der vulkanischen Ausbrüche

früherer und jetziger geologischer Epochen (L 11³/76; 37²/8 f.)
Papua s. Melanesier
papuánisches Tiergebiet tiergeographische Unterabteilung der *Notogäa, Neuguinea und die Nachbarinseln umfassend mit farbenprächtigen Papageien, Paradies- und Eisvögeln
Parabeldünen durch Vegetation festgehaltene *Wanderdünen, „umgekehrte *Bogendünen, die ihre Hohlseite dem herrschenden *Winde zukehren, mit langen Haken und allseitig steilen Böschungen" (L 3/593) (s. auch Barchane)
Paraklase [gr. pará vorbei, kláein zerbrechen] die Kluft, an der die *Verwerfung erfolgt ist, bzw. diese selbst
parallaktische Ungleichheit der *Gezeiten [gr. parállaxis Vertauschung, Abweichung]; der Unterschied zwischen der höchsten *Springflut und der niedrigsten *tauben Flut, daß Spring- und taube Fluten nicht beständig gleich sind, erklärt sich aus der wechselnden Entfernung von Sonne und Mond zur Erde (L 3/311)
Paralláxe jede Richtungsänderung infolge der Wahl verschiedener Standpunkte. *Höhenp. (oder *Verschub) der Unterschied zwischen dem vom Erdmittelpunkt und der Erdoberfläche aus beobachteten *Höhenwinkel eines Gestirnes; sie ist gleich Null für ein im *Zenit, am größten für ein im *Horizont stehendes Gestirn. Durch die Drehung der Erde um sich selbst und um die Sonne ändert sich mit dem Beobachtungsstandpunkt die P. im Laufe eines Tages (tägliche P.) und eines Jahres (jährliche P.). Für die sehr weit entfernten *Fixsterne kommt die Höhenp. nicht in Betracht (der nächste Fixstern hat eine jährliche P. von 1″), beim nahen Mond beträgt sie fast 1°, wenn er im Horizont steht. *Horizontalp. nennt man den Winkel, unter dem der Erdhalbmesser vom Mittelpunkt eines anderen Gestirnes erscheint (L 2/76; 5/46)
parallele Gliederung in Kettengebirgen s. fiederförmige Gliederung
Parallelgrad oder *Längengrad [gr. parállelos nebeneinander laufend] s. Meridian

Parallelkreise in allen Punkten gleich=
weit vom *Äquator abstehende Kreise.
Die P. der Erde (auch *Breiten=
parallele oder *Grade der Breite
genannt) nehmen gegen die Pole zu ab,
und zwar, die Erde als Kugel angenom=
men, mit dem Kosinus der *geographi=
schen Breite (so daß z. B. der 60. P.
halb so groß ist als der Äquator). Beim
*Erdsphäroid beträgt der Umfang
eines beliebigen P. 2 N φ cos φ π, wobei
N φ die (die Erdachse außerhalb des
Erdmittelpunktes treffende) Normale
für die geographische Breite φ bedeu=
tet, d. h. die Richtung, welche die
Oberfläche des Erdsphäroids überall
senkrecht schneidet. Während ein
*Längengrad am Äquator (nach *Bes=
sel) 111,3066 km beträgt, mißt er
z. B. unter 45° Breite bloß 78,8373,
unter 75° 28,8984 km. Vollständige
Tabellen bei L 2/1099, 47a¹/193
paralometrische Werte [gr. paralía
Küste, métrein messen] Zahlenangaben
für die Ausmessung der *Küsten (L 2/
467 ff.) (s. auch Küstenentwicklung,
Küstengliederung, Strandlinie)
parasitische Vulkankegel (*Schma=
rotzerkegel, *Adventivkrater [gr.
parásitos Tischgenosse]) die auf seit=
lichen, durch den Druck des aufsteigen=
den *Magmas aufgerissenen Spalten
des eigentlichen *Vulkankegels auf=
sitzenden kleineren Kegel mit Aschen=,
Schlacken= und Lavaauswurf
Park, Mungo, engl. Afrikaforscher,
*1771 zu Fowlshiels bei Selkirk (Schott=
land), ertrank 1806 in Afrika; 1795 bis
1797 Bereisung des Nigergebietes vom
Gambia aus
Parklandschaft *Grasland mit insel=
artig eingestreutem lichtem Wald
Paroxysmen [gr. paroxýnein schärfen]
aufs höchste gesteigerte, zumal mit
vulkanischen Explosionen verbundene
Eruptionstätigkeit eines *Vulkans, wo=
bei die *magmatischen Gase einen gan=
zen Bergesteil loszusprengen vermögen
Parry, Sir William Edward, engl.
Seefahrer, * 1790 zu Bath, † 1855 zu
Ems. 1819 dringt er von der Baffin=
bai aus bis zur Melville=Insel und
Bantsland vor, 1827 erreicht er nördl.
Spitzbergen die Breite von 82°45'
Partsch, Joseph, Geograph, * 1851 zu

Schreiberhau (Schlesien), † 1925 in Bad
Brambach. Arbeiten: „Phys. Geogra=
phie von Griechenland" (1885);„Schle=
sien" (4 Bde., 1896—1911); „Mittel=
europa" (1904). Nachruf G3 1925
Passarge, Siegfried, Geograph, *1867
zu Königsberg i./P., Prof. an der
Universität in Hamburg. Bereiste
Venezuela und mehrmals Afrika. „Süd=
afrika" (1907), „MorphologischerAtlas"
I (1914), „Landschaft" (1921) und
„Beobachtungen" (1922) in WuB
„Landschaft und Kulturentwicklung"
(1921), „Gesetzmäßige Charakterentw.
der Völker" (1925), „Klima und Land=
schaft" (1927), L 11, 48, 69 und 107
Passáte [span. passáta Überfahrt, weil
für die Fahrt Europa=Amerika günstig]
s. Windsysteme der Erde
passatisches Windsystem soviel wie
*äquatoriales W., d. h. die Windver=
hältnisse (*Kalmen, NO.= und SO.=
Passat) im Gebiete zwischen beiden
*Roßbreiten; die Bezeichnung *sub=
arktisches bzw. *subantarktisches Wind=
system (Windgebiete) gilt den Räumen
nördlich bzw. südlich davon mit vorherr=
schenden Westwinden (s. Windsysteme
der Erde [L 3/130 f.])
Passatstaub von den *Passaten mitge=
führter Staub verschiedenen Ursprungs,
der gelegentlich zu größeren, das Meer
auf gewaltige Strecken hin bedeckenden
Staubfällen führt; der nordatlantische
P. stammt aus der Sahara
Passattriften = *Äquatorialströmungen
Passattypus der Niederschläge s. Tro=
penregen
Pässe „die relativ tiefste und zugleich von
den Flanken zugänglichste Stelle eines
Gebirgsübergangs" (L 2/432), „die
niedrigsten Punkte der wasserscheiden=
den Gebirgskämme und =rücken" (L 2/
709), wie *Passarge aber (L 11/47)
im Grunde genommen kein Form=,
sondern ein Verkehrsbegriff, wobei
neben der (im Winter eine Begehung
eventuell ausschließenden) absoluten
Höhe der, manchmal allzu steile, Cha=
rakter ihrer Zugangstäler die Haupt=
rolle spielt. Untergruppen: Der mit
sanftem Anstieg über breite Scheitel=
flächen führende *Wallpaß (Standi=
navisches Hochgebirge, Harz) und
der an *Kammgebirge gebundene

Paßdurchgänge — Pend

*Kammpaß, denen wieder die gerundeten *Sattel-P. mit beiderseits „steilem, aber gewöhnlich ungleichmäßigem Anstieg" (L 2/430), die schärfer eingeschnittenen *Scharten-P., die flammartigen *Lücken-P. und die tief eingesenkten (und daher wichtigsten) *Furchen-P. untergeordnet sind. Sölch (L 5/178, 207) stellt den durch *tektonische Verhältnisse bedingten (seltenen) *konstruktiven P. die durch *Flüsse oder *Gletscher gestalteten (fluvialen bzw. glazialen) *Destruktions-P. gegenüber und nennt *Transfluenz- (Überfließ-) P. jene, welche durch die in der *Eiszeit über sie hinwegziehenden *Gletschermassen geformt wurden; auch unterscheidet er *Paßübergänge, bei denen wie bei den Sattel- und Scharten-P. die Talhintergehänge die Paßanstiege sind, und *Paßdurchgänge (nicht *Talengen), bei denen die Hintergehänge nahezu abgetragen sind, so daß ihre Anstiege die Talsohlen selbst sind, die *Wasserscheiden im Tale selbst liegen. Der Längsschnitt aller P. ist „durch die Hintergehänge der Zugangstäler, ihr Querschnitt durch die Abfälle der neben ihnen stehen bleibenden Gipfel bestimmt" (s. auch durchgreifende Paßlinien, Eng- und Wechsel-P.)

Paßdurchgänge (Paßübergänge) s. Pässe
passive Niveauveränderungen s. Niveauveränderungen
Paßseen *Seen, die als Werk der *eiszeitlichen Vergletscherung (L 64/52 ff.) neben Sumpfflächen „den breiten Scheitelflächen der *Kamm- und *Wallpässe selten fehlen" (L 2/447)
Passus, römischer s. römischer P.
Paulitschke, Philipp v., Geograph, * 1854 in Cermakowitz (Mähren), † 1899 in Wien. Bereiste Nordostafrika. „Ethnographie NO.-Afrikas" (1893/96)
Payer, Julius v., österr. Nordpolfahrer, * 1842 zu Schönau (b. Teplitz), † 1915 zu Veldes (Krain), nahm mit *Weyprecht an der österr. Nordpolarexpedition teil, die er auch beschrieb („Die österr.-ungar. Nordpolexpedition 1872—1874", 2 Bde., Wien 1875/76). Kurzer Nachruf GZ 1915
pazifische Gegenströmung s. Äquatorialströmungen

pazifischer Küstentypus Form der *konkordanten Küste an den Gestaden des Stillen Ozeans
Pazifischer (Großer, Stiller) **Ozean** (ohne *Nebenmeere, aber einschließlich des Südl. Eismeeres) 165,8 Mill. qkm, bzw. (mit Nebenmeeren) 180 Mill. qkm. Bodengestaltung bei L 57/19 ff., Benennung bzw. Begrenzung bei L 2/508 ff. Mittlere Tiefe 4100 m (L 2/510, andere Zahlen bei L 3/52). Größte bekannte Tiefe 9780 m östl. von Mindanao (Philippinen). Gutes kleines Kärtchen mit klimatischen Angaben in J. Perthes' Seeatlas[10] (1914)
Peary, Robert, amerik. Nordpolfahrer, * 1856 in Cresson Springs (Pennsylvanien), † 1920 in Washington, durchforschte 1886 und 1891 Grönland, erreichte 1902 84°17′, 1906 87°6′ und 1909 den *Nordpol (bzw. einen Punkt in dessen nächster Nähe). Werke: „Nearest the pole", 1905/06 (deutsch: „Dem Nordpol am nächsten", Leipzig 1907) und „The North Pole" (deutsch: „Die Entdeckung des Nordpols", 1910)
Pechuël-Loesche, Eduard, Geograph, * 1840 zu Zöschen bei Merseburg, † 1913 in München; bereiste mehrmals Afrika. Hauptwerke: „Kongoland" (Jena 1887) und mit Güßfeldt und Falkenstein „Die Loango-Expedition" (2 Bde., 1879—1907)
Pegel [niederdeutsches Wort] zur Wasserstandsbeobachtung dienendes, selbstaufzeichnendes Instrument, wobei „ein gegen die Strömung geschützter Schwimmer sich mit dem Wasserspiegel hebt und senkt und die Bewegung mittels Stiftes auf eine beliebig hoch über demselben befindliche Trommel überträgt" (L 2/330)
Peilungen Richtungsmessungen auf *Wegeaufnahmen; geschieht mittels eines besonderen Peilkompasses
pelagische Sedimente [gr. pélagos Meer] s. biogene Sedimente
Pend, Albrecht, Geograph, Prof. emer. der Univ. Berlin, * 25. 9. 1858 in Leipzig, lehrte zwischen 1885 und 1906 in Wien, dann als Nachfolger v. *Richthofens in Berlin (bis 1927). Machte Studienreisen in West- und Nordeuropa, besuchte Nordamerika (1897 und 1904), Südafrika und Ägyp-

152 Penck—Permanenz der Kontinente und Ozeane

ten (1905), Australien (1914), Hawaii, Nord- und Ostasien. Hauptwerke: „Das Deutsche Reich, die Niederlande und Belgien" (1885, 1889) und L 51, ferner mit *Brückner „Die Alpen im Eiszeitalter". Diele Zeitschriftenaufsätze. P. hat eine zahlreiche Schule herangebildet (s. P.-Festband 1918)

Penck, Walter, Sohn des Vorigen, * 1888 in Wien, † 1923 in Stuttgart. Erforschte 1912/14 den Südrand der Puna Atacama (veröff. 1920). Dgl. auch Tetion. Grundzüge Kleinasiens (1918) und L 52a und b

Peneplains [wissenschaftliche Wortbildung aus lat. paene fast, engl. plain Ebene] auch *Fastebenen, von *Penck Wellungsebenen, von *Passarge *Gleichgewichtsflächen genannt, gehören zu den *Rumpfflächen. Sie bilden als Endergebnis der abtragenden Kräfte im *geographischen Zyklus ein ganz allmählich zum Quellgebiet ansteigendes, von flachen Tälern gegliedertes und bloß hier und da von *Restbergen überragtes, sanft welliges Land in geringer Höhe über dem Meeresspiegel: eine fast völlige Ebene, also mit nur kleinen Unebenheiten und von eintönigen Formen (*normaler Erosionszyklus) (L 3/547; 49b/91 ff.)

Peresypp (südruss.) = *Nehrungen

Perigäum [gr. peri um — herum, gé Erde] Erdnähe, kleinster Abstand der Bahn eines *Planeten von der *Erde; der *Erdmond ist im P. 363300 km vom Erdmittelpunkte entfernt (s. auch Apogäum)

Perihél [gr. hélios Sonne] der Punkt einer *Planetenbahn-Ellipse, der der Sonne am nächsten ist (s. auch Aphel). Der Abstand des P. vom *Frühlingspunkt (seine astronomische Länge) beträgt gegenwärtig etwa 101 ½° (*Apsidenlinie)

periklinal [gr. periklinés sich ringsum neigend] allseitig geneigt

periodisch feuchte, offene Tropenlandschaften nach *Sapper ein besonderer, von ihm ausführlich geschilderter Typus (s L 8/115 ff.) in Gegenden, wo hohe Temperaturen vorherrschen, aber nur in einem Teil des Jahres starke *Niederschläge fallen

periodische Quellen s. intermittierende Quellen

Periodizität der Talbildung kann die nicht durchaus gleichmäßige, sondern räumlichen und zeitlichen Änderungen unterliegende Entwicklung in der Talbildung (Wechsel von vermehrter *Erosion und gesteigerter *Aufschüttung u. a.) genannt werden

Periöken [gr. peri um — herum, oikein wohnen] s. Umwohner

peripherische Brüche [gr. periphéreia Umfang eines Kreises] konzentrische, kreisförmige, doch nicht immer volle Kreise bildende Brüche (L 3/372) (s. auch Kesselbrüche)

peripherische Lavaherde s. *Stübels Dultanhypothese

peripherische Senken [gr. periphérein herumtragen] s. Binnensenken

Perm [nach dem russ. Gouvernement Perm] s. geologische Zeitalter

Permanenz der Kontinente und Ozeane [lat. permanére fortdauern] die Frage, ob die Kontinentalblöcke und die ozeanischen Tiefbecken im wesentlichen seit jeher in gleicher Lage geblieben seien (die Küstenlinie daher immer innerhalb der heutigen *Schelfränder gelegen habe), oder ob früher mehrfach die Kontinente verbindende Landbrücken an verschiedenen Stellen die Ozeane durchsetzt haben. Die meisten der von den Anhängern der P. für diese angeführten Gründe (Mangel wirklicher Tiefseesedimente auf den Kontinenten, größere *Schwerkraft über den Ozeanen, die Forderung gleichgroßer Tiefbecken als Behälter einer gleichbleibenden Wassermenge an der Erdoberfläche) lassen die Gegner als nicht unbedingt beweiskräftig nicht gelten (die Kalksteine der *Geosynklinalen werden als Tiefseebildungen angesprochen, die größere Schwerkraft über den Ozeanen muß nicht in der größeren Dichte ihrer festen Unterlage ihre Ursache haben, die Wassermenge braucht nicht stets gleichgeblieben zu sein, bzw. kann bei verkleinerter Oberfläche in vergrößerter Tiefe Platz gefunden haben). Immerhin scheint die Annahme einer beschränkten P. durchaus gerechtfertigt; zu den permanenten Kontinentalgebieten dürf-

Permeabilität — Peru-Strömung

ten Grönland, die Standinavische Masse, der Kanadische Schild, Ostbrasilien, Dekhan usw. gehören, zu den perm. Ozeanbecken der nördl. Große und der mittlere Atlantische Ozean; dagegen scheinen 3. B die Geosynklinalen abwechselnd Land und Tiefsee gewesen zu sein. Für die auch sonst öfters als zweckmäßig empfundene Konstruktion von einstigen, die heutigen Ozeane überspannenden Landbrücken bietet die Hypothese von *Wegeners horizontalverschiebung der Kontinente einen Erklärungsversuch. Vgl. L 31/29 ff.; 48 ff.; 34/197; B. Schulz, Die Frage der P. d. K. u. O. in Ann. Hydrogr. 46 (1918) und W. Soergel, Das Problem der P. d. K. u. O. (1917)

Permeabilität der Gesteine [lat. permeábilis durchdringlich] Die verschiedene Wasserdurchlässigkeit der Gesteine ermöglicht folgende Einteilung: 1. die *kristallinischen Gesteine sind fast undurchlässig und nur wenig wasseraufnahmefähig (*Bergfeuchtigkeit); 2. Tone und Mergel (verringerte Aufnahmefähigkeit bei steigender Korngröße), Torf und Braunkohle füllen sich bis zu einem bestimmten Ausmaße mit viel Wasser an, das sie aber nicht weiterzuleiten vermögen; 3. Schreibkreide, *Löß, *Kalkoolithe und viele *Dolomite „schlutten zwar Wasser begierig, lassen aber neu hinzukommende Wassermengen nur langsam nach der Tiefe entweichen"; 4. die *Trümmergesteine nehmen Wasser leicht auf und leiten es auch weiter, sofern die Korngröße nicht zu gering ist (bloß sehr feine, wassergesättigte Sande sind wie manche Sandsteine wasserundurchlässig) (L 9, Bd. 628/10)

Permier s. finnisch-ugrische Völkergruppe

perspektivische Projektionen [lat. perspicere hindurchsehen, projicere vorwerfen, entwerfen] die drei *azimutalen Kartenprojektionen der *orthographischen, *zentralen und *stereographischen Projektion, welche die Erdoberfläche so abbilden, wie sie dem in einem bestimmten Punkte gelegenen Auge erscheinen würde (die von diesem ausgehenden Sehstrahlen schneiden auf ihrem Wege die Projektionsebene und bilden dabei die Netzpunkte des Erdgradnetzes). Bei jeder der drei Projektionen kann die Projektionsebene entweder den Pol, den Äquator oder irgendeinen beliebigen Punkt (horizont) berühren (*Polar-, *Äquatorial-, *Horizontalprojektionen) (Abb. 59)

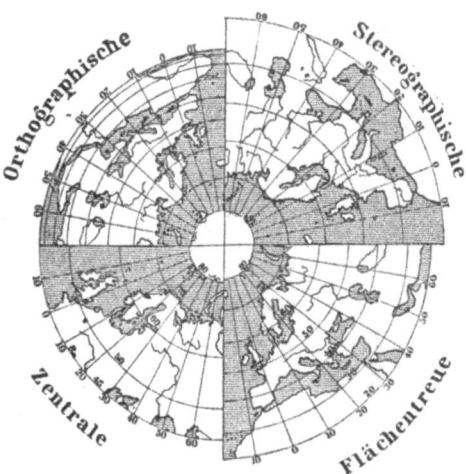

Abb. 59. Azimutale Projektionen. (Aus Sydow-Wagner, Methodischer Schulatlas.) Polarprojektionen: die Projektionsfläche ist eine Ebene, welche die Erde in einem Pole berührt (der Kartenmittelpunkt liegt in einem Pol.) Als orthographische, stereographische, zentrale u. flächentreue Proj. entworfen

Peru-Strömung von der *antarktischen Ostströmung abzweigende kalte *Meeresströmung des Pazifischen Ozeans, die der südamerikanischen Westküste entlang nach N. zieht. In etwa 10° s. Br. biegt sie nach W. um und fließt

154   Peschel — Photogrammetrie

als südliche *äquatoriale Strömung quer durch den Ozean; ein Arm begleitet von N. nach S. die australische Ostküste als warme *ostaustralische Strömung bis gegen Neuseeland, wo er in die antarktische Ostströmung einlenkt

Peschel, Oskar, Geograph, * 1826 in Dresden, † 1875 in Leipzig; Bemühen, „auf vergleich.=morphol. Grundlage die historische *Ritter sche und die physikalische *Humboldtsche Richtung zu vereinigen" (L 120/69); 1865 „Geschichte der Erdkunde", 1870 „Neue Probleme d. vergl. Erdk. als Versuch e. Morphologie d. Erdoberfläche"

Petermann, August, Geograph, * 1822 zu Bleicherode, † 1878 in Gotha. Langjähriger Hrsg. von PM (1855 begründet), hervorragender Kartograph

Petrefakten [gr. pétra Fels, lat. fáctum gemacht] als Versteinerungen erhaltene Reste von Organismen (s. geologische Zeitalter)

Peucker, Karl, Kartograph, * 1859 in Bojanowo (Posen), Doz. an der Handelshochschule in Wien. Außer prakt. Kartenarbeit bes. um die theoret. Kartographie bemüht

Pfannenmeere = *Transgressionsmeere

Pflanzenformationen gewöhnlich (L 71/70) der Verband mehrerer Pflanzenarten wie Wald, Wiese, *Matte, Moor usw., nach anderen, die hier von *Pflanzenvereinen, Vegetationsgrundformen oder pflanzlichen Landschaftsformen sprechen (L 5/231 f.; 70/256 ff.), bestimmte Wuchsformen wie Gehölz, Stauden, Gräser usw.

Pflanzengeographie als Teil der *Biogeographie die Lehre von den Beziehungen zwischen Erde und Pflanzen, gegliedert in eine *floristische, welche die Verbreitung der Pflanzensippen verfolgt (*Florenreiche, *Vegetationsstufen), eine *ökologische, welche den äußeren Einflüssen des Bodens, von klimatischen und biologischen Faktoren auf die Lebensverhältnisse der Pflanzen nachgeht (*Pflanzenformationen), und eine *genetische P., welche die heutige Pflanzenwelt nach Entstehungszeit, Heimat und Wanderungen untersucht (L die betreffenden Abschnitte in 2, 3, 4, 5, 6b und 11², ferner 70—75)

Pflanzenvereine nennt *Passarge (L 11¹/117) Verbände, in denen Pflanzen von bestimmten Wuchsformen nebeneinander vorkommen, z. B. *Gehölze (Wälder, Gebüsch), Fluren (Wiesen, Gräser, Steppen) usw. Sein Begriff kreuzt sich mit unseren anderen der *pflanzlichen Landschaftsformen und der *Formationen

pflanzliche Landschaftsformen (*Vegetationsgrundformen) nennt Adamović (L 5/232) die „großen, physiognomisch markanten und leicht unterscheidbaren pflanzlichen Gebilde", wie Wald, Wiese, Steppe, Moore usw. (s. auch Florenreiche, Pflanzenformationen und Pflanzenvereine)

Pflanzungskolonien die vorwiegende Art der Kolonien in Tropen und Subtropen, vorzüglich zur Gewinnung von Genußmitteln und industriellen Rohstoffen, wobei hauptsächlich *Plantagenbau betrieben wird und der Europäer nur der Organisator der Arbeit ist

Pfuhle = *Sölle

Phänologie [gr. phainesthai erscheinen, lógos Lehre, also Erscheinungslehre] die Angabe der Eintrittszeiten, bzw. der Dauer bestimmter Erscheinungen an einzelnen Orten in verschiedenen Jahren, z. B. der Schneeschmelze, des Gefrierens von Gewässern, des Eintritts von Belaubung, bzw. Blüte bestimmter Gewächse (Pflanzenph.: wodurch sich, zumal auf bes. phänol. Karten, die klimatische Begünstigung gewisser Gebiete deutlich erkennen läßt, des Wanderns der Zugvögel usw.

Philippinengraben einer der *ozeanischen Gräben, östl. der Philippinen gelegen, mit der größten bekannten Tiefe des Stillen Ozeans (10793 m) nordöstl. von Mindanao

Philippson, Alfred, Geograph, * 1864 in Bonn, Prof. an der Universität daselbst. Reisen in Griechenland (1887 bis 1890, 1893, 1896) und in Kleinasien (1900—1904). Arbeiten über diese Gebiete (1892, 1897, 1901, 1910 bis 1912); L 7, ferner „Europa" (1906); „Mittelmeergebiet" (1914³); „Europ. Rußland" (1908)

Photogrammetrie [gr. phós Licht, gráphein schreiben, métrein messen; hier Bildmeßkunst] ein die photogra-

Photosphäre — Planeten

phische Aufnahme benutzendes Verfahren bei *Landesvermessungen.
„Wenn man von zwei der Höhe nach bekannten Punkten mit dem *Phototheodoliten das Gelände auf die Platte zentral projiziert hat, lassen sich die aufgenommenen Punkte der Lage und Höhe nach berechnen oder durch Zeichnung ermitteln, und zwar von dem anvisierten Hauptpunkt aus, der im Bild beim Messen der Horizontal- und Vertikalwinkel festgelegt wird" (L 4/61). Ferner L 22/78ff.; 23^2/17ff.; L $47a^1$/180ff.; vgl. auch H. Dod, „Ph. und Stereophotogrammetrie", Berlin (Sammlg. Göschen, 699) 1913; H. Lüscher, „Ph." (AUuG 612) und „Über die Fortschritte der Ph. im Kriege" (DN 1919, Nr. 20); Schlötzer, Verwendung d. Ph. in PM 1925. S. 97ff.

Photosphäre der Sonne [gr. sphaira Kugel] die vom Auge wahrgenommene Sonnenoberfläche. Bei totalen *Sonnenfinsternissen erblickt man um die dunkle Mondscheibe einerseits einen leuchtenden Strahlenkranz von unregelmäßiger Gestalt, die *Korona der Sonne, anderseits einen schmäleren, etwa 7—11000 km starken rötlichen Ring von wechselnder Form, die *Chromosphäre, aus der rosafarbige, flammenartige Erhebungen zu einer Höhe von 20—35000 km hervorzubrechen scheinen, die *Protuberanzen. Auf der Ph., deren mittlere Temperatur auf 7000^0, in den äußeren Schichten auf 6200^0 C geschätzt wird, finden sich die rundlichen oder langgestreckten, im Kern meist grauen Sonnenflecken von verschiedener Größe (nicht selten mit 7—10000 km Durchmesser) und in den einzelnen Jahren verschiedener Zahl. Wasserstoffgas bildet bei der Zusammensetzung der gesamten Sonnenatmosphäre den Hauptbestandteil

Phototheodolit s. Theodolit

phreatische Grundwasserquellen [gr. phreatía Schacht] s.Grundwasserquellen

Phyllit [gr. phýllon Blatt, der blättrigen Struktur wegen] auch Conglimmerschiefer: Schiefergestein mit Quarz, Glimmer, Orthoklas u. a.

physikalische Geographie umfaßt *Geomorphologie, Ozeanographie, (Meteorologie u.) Klimatologie; manchmal auch *Geophysik

Physiogeographie [gr. phýsis Natur] soviel wie *physikalische Geographie, aber doch mit besonderer Betonung der *Geomorphologie. Vgl. A. *Pend, „Die Physiographie als Ph. in ihren Beziehungen" (G3 1905)

physisches Klima s. mathematisches Klima

Piedmontflächen (Fußflächen) „Rumpfflächen, die vom Vorlande aus in ein altes Faltengebirge eingreifen", infolge niedriger Lage und geringer Zertalung Flachlandcharakter (L 7, Bd. 2^2/174f.). Eine besondere Erklärung von P. und -treppen bei L 52b/165ff. u. 183ff.

piezometrisches Niveau [gr. piézein drücken, métrein messen; Piezometer ist eine Vorrichtung zur Messung der Zusammendrückbarkeit von Flüssigkeiten] der Gleichgewichtszustand des *Grundwassers, „gekennzeichnet durch ein Gefälle, das sich nach dem Gesetz der kommunizierenden Röhren gegen die Ausflußstelle senkt" (L 5/152), also die Oberfläche des zusammenhängenden Grundwasserspiegels

Pilzfelsen eigentümliche, pilzartig geformte Gesteinsblöcke in *Wüsten, durch den am Boden besonders wirksamen *Wind in einzelstehenden Felsen, wohl Resten ehemaliger *Zeugenberge (L 37^1/318), herausgenagt (L 5/191; 9, Bd. 627/96); in anderen Gebieten wohl auch so gebildet, daß härtere Partien eines Gesteins „den Stil, der durch *Verwitterung entstand, vor der völligen *Abtragung schützten" (L 38/207)

Pizarro, Francisco, span. soldatischer Führer, * um 1478 in Trujillo, ermordet 1541; Entdecker und Eroberer von Peru (Inkareich) 1531ff.

Plan geometrisch genaue, aber verkleinerte Nachbildung wenig umfangreicher Teile der Erdoberfläche (*Kartenmaßstab 1 : 500 bis 1 : 10000), als Stadtplan am gebräuchlichsten

Planeten [gr. planástha umherschweifen] oder *Wandelsterne Gestirne, die eine selbständige Bewegung haben. Die wichtigsten P. sind: *Sonne, *Erde, *Mond, *Merkur, *Venus, *Mars, *Jupiter, *Saturn, *Uranus, *Neptun. Die elliptisch um die Sonne liegenden Bahnen der P. (*Keplersche Gesetze) sind meist recht verwickelt (nicht immer rechtläufig westöstlich, sondern in periodischen Zwischenräumen die Bewegungsrichtung umkehrend, rückläufig). Die Neigung dieser Bahnen gegen die *Ekliptik ist für die großen P. gering (meist unter 2 ½⁰, Venus fast 3 ½⁰, Merkur 7⁰). Das Licht der P. ist reflektiertes Sonnenlicht (Abb. 60). Vgl. Nölke, Entw. unseres Planetensystems (DN 1920, S. 1038 ff.)

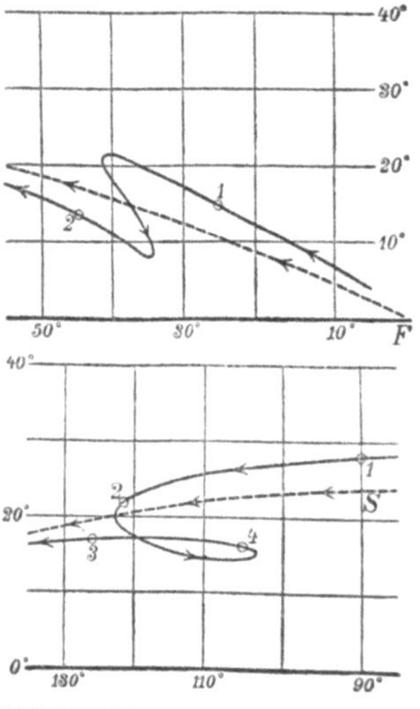

Abb. 60. Teile von Planetenbahnen. (Aus Rosenberg, Lehrbuch der Physik, Wien, Hölder-Pichler-Tempsky)

Planetenbahnen, Planetenbewegungen s. Planeten, Keplersche Gesetze

Planetesimaltheorie Hypothese zur Erklärung der Entstehung der Erde; sie läßt das Sonnensystem und die Planeten aus unzähligen kleinen, sich um eine Gasmasse drehenden Körperchen (Planetesimals) sich entwickeln. Die wichtigsten Unterschiede zwischen der *Nebulartheorie und der P. bei L 3/3

Planeten und Pl.-Zeichen	*Mittlere Entfernung von der Sonne (in km)	Numerische *Exzentrizität der Bahnen	Geschwindigkeit und Dauer des Umlaufes um die Sonne: Winkelgeschwindigkeit in 1 Tag	Lineare Fortbewegung in 1 Sek.	Zeit (in Erdentagen) für den gesamten Umlauf um die Sonne	Geschwindigkeiten bei der Umdrehung um sich selbst	Größen: Durchmesser (Erde = 1)	Durchmesser in km	Oberfläche in Mill. qkm	Inhalt (Erde = 1)	Massen: Verhältnis zur Sonnenmasse (diese = 1)	Verhältnis zur Erdmasse (diese = 1)	Mittlere Dichte (Erde = 1)
Merkur ☿	57,9	0,2056	4° 5′32″	47,3 km	88 Tg	Für Merkur Venus, Uranus u. Neptun noch ungewiß; Jupiter u. Saturn bewegen sich viel schneller; Mars ebenso schnell wie die Erde	0,380	4 840	74	0,055	1 : 6 000 000	0,0554	1,033 (?)
Venus ♀	108,1	0,007	1° 36′8″	35,0 "	224,7 "		0,97	12 420	485	fast 1	1 : 408 000	0,8146	0,817
Erde ♁	149,5	0,017	59′8″	29,8 "	365,25 "		1	12 755	510	1	1 : 332 346	1	1
Mars ♂	227,8	0,093	31′27″	23,7 "	1 J. 321,7 "		0,532	6 780	145	0,152	1 : 3 093 500	0,1073	0,712
Jupiter ♃	778	0,048	4′59″	13,1 "	11 " 315 "		11.341 10,523	144 700 134 200	62 700	1 358	1 : 1 047,35	317,32	0,234
Saturn ♄	1426	0,056	2′ 0″,4	9,6 "	29 " 167 "		9,250 8,341	117 806 106 400	41 000	715	1 : 3 501,6	94,94	0,133
Uranus ⛢	2869	0,047	42″,2	6,8 "	84 " 5,6 "		3,943	50 300	795	61,5	1 : 22 869	14,533	0,237
Neptun ♆	4495	0,009	21″,5	5,4 "	164 " 288 "		4,904	62 500	1 229	118,3	1 : 19 314	17,184	0,145
Sonne ☉	—	—	—	—	—	—	109,05	1 391 000	6 080 000	1 300 000	1	332 346	0,25

Planetoiden — Plateaugebirge

Planetoiden [gr. eidos Gestalt] oder *Asteroiden die zahlreichen (700 übersteigenden) kleinen *Planeten, manche von bloß 30—40 km Durchmesser und daher kleinen Oberflächen und Inhalten; sie durchziehen in vielfach durchschlungenen Bahnen einen

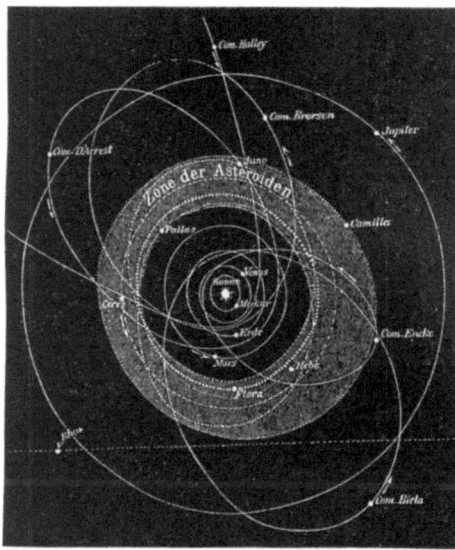

Abb. 61. Das Sonnensystem (ohne die drei äußersten Planeten). (Aus M. Geistbeck, Leitfaden der mathem. u. physikal. Geographie. Freiburg, Herder)

weiten Ringgürtel, der die Umgebung der Sonne in einen kleineren inneren Teil, in dem sich auch *Venus, *Merkur, *Erde und *Mars bewegen, scheidet von einem weiten, von den großen Planeten *Jupiter, *Saturn, *Uranus und *Neptun durchzogenen Außenraum. Die Masse aller bekannten P. dürfte ungefähr $1/900$ der Erdmasse betragen (Abb. 61)

Planimeter [lat. plánus flach, eben; métrein messen] Instrument zur Flächenberechnung auf Karten, indem mit dem „senkrechten Stifte eines drehbaren Fahrarmes die Umrißlinie einer geschlossenen Figur umfahren wird, wobei eine auf dem Kartenpapier oder einer eigenen Platte sich bewegende Fahrrolle in Bewegung gesetzt wird, die sich bald dreht, bald ohne Drehung gleitet, aber deren Umdrehungen dem Flächeninhalt der umfahrenen Figur proportional sind" (L 2/251)

Planinas die breiten, ausgesprochener Kämme entbehrenden *Kalkplateaus des *Karstes

Plankarte einfache Wiedergabe eines als eben angenommenen Stückes der Erdoberfläche ohne Gradnetz, aber mit einem Kreuz zweier, die Hauptorientierungsrichtungen markierender Geraden; im Altertum und Mittelalter verwendet (L 2/204)

Plankton [gr. planáein umherschweifen] s. Benthos

Plantagenbau [frz. plantage Pflanzung] jene Form der Bodenbestellung, bei der vorwiegend mit der Hacke (*Hackbau), doch auch mittels Düngung und Bewässerung weite Strecken zur Gewinnung von Genußmitteln (Kaffee, Kakao, Rohrzucker) bzw. industrieller Rohstoffe (Baumwolle, Ölpflanzen) intensiv bewirtschaftet werden

Plateau [frz. plateau Tischaufsatzplatte] entweder *Hochland (L 47a²/38) oder *Tafelland mit tieferen Tälern und einigen Höhen (L 2/377)

Plateauflüsse *Flüsse, die auf ihrem Laufe zum Meere einen Gebirgsrand zu überwinden haben (Hemmungen für die Schiffahrt in *Stromschnellen und *Wasserfällen) (L 96/215)

Plateaugebirge Gebirge, deren Gipfelregion fast durchaus abgeflacht ist. Ihre *Strukturform bilden *Schollen-(horst-)Gebirge, zu ihren *Destruktionsformen gehören *Erosionsgebirge (aus *Schichtungstafeln oder *Rumpfplatten entstanden) und *Rumpfschollengebirge

Plateaugletscher ein auf einem *Plateau lagernder *Gletscher. Von Plateauvergletscherung spricht L 5/197 als von kleineren Eisflächen, die langgestreckte, aber noch vor ihrer Ausbreitung im Flachlande abschmelzende Eiszungen in die Täler entsenden

Plateauklima soviel wie *Hochflächenklima (also bei starker Ein- und Ausstrahlung starke *Tagesschwankung, d. h. kontinentaler Charakter; die *Jahresschwankung unterscheidet sich nicht wesentlich von jener des Tieflandes der gleichen Breite) (L 2/582; 3/83 ff., 112)

Plateaulandschaften s. Kammlandschaften

platonisches Jahr s. Präzession

Plattenlandschaften entstehen gewöhnlich, wenn *Flüsse (durch *epirogenetische Bewegungen aufgebogene) Gebiete mit wagerechter Gesteinslagerung zerschneiden (L 5/162)

Plattform einer Küste = *Küstenplattform, beim Zurückweichen eines *Kliffs entstandene, sanft gegen d. Meer geneigte Ebene (L 5/209) (Abb. 49)

Plattkarte s. *quadrat. und *oblonge P.

Platzdörfer nennt *Schlüter jene Rundlinge, die nur nach einer Seite geöffnet sind (L 119⁴/5)

Playas [Bezeichnung span.-mexik. Herkunft] s. Salztonebenen

pleistoseistes Gebiet [gr. pleistos am meisten, seistós erschüttert] bei *Erdbeben gegend stärkster Erschütterung

Pleistozän [gr. kainós neu] Epoche des *Quartär (s. geologische Zeitalter)

Pliozän [gr. pleion mehr] Epoche des *Neogen (s. geologische Zeitalter)

plutonische Gesteine [lat. Pluto, Gott der Unterwelt] s. Eruptivgesteine

Pluvialzeit [lat. pluviális den Regen betreffend] „bei dem Eiszeitalter entsprechende Zeitabschnitt mit stärkeren Niederschlägen in den nicht vergletscherten Gebieten" wodurch u. a. Flüsse und Seen (auch in heutigen Steppen- und Wüstenlandschaften) anstiegen (L 64/135 f.)

Podsol [russ. Aschenboden] s. Bleicherden

Pogge, Paul, deutscher Afrikaforscher, * 1838 zu Ziersdorf (Mecklenburg-Schwerin), † 1884 in Loanda; drang 1874—1876 von Angola aus in Zentralafrika bis Lunda vor

poikilotherm [gr. poikílos bunt, wechselnd, thermós warm] in *Seen die unregelmäßige Abwechslung verschieden temperierter Schichten (s. auch ano-, hetero-, tatotherm)

Polabstand, *Poldistanz [lat. distántia Abstand] e. Gestirns: Entfernung desselben vom *Weltpole, gemessen auf seinem *Stundenkreise; alle Sterne mit gleichem P. liegen auf demselben *Parallelkreis d. Himmels (Abb. 17)

Polardreieck für die *Orientierung am *Himmelsgewölbe wichtiges (sphärisches) Dreieck, in dem man mittels trigonometrischer Formeln 2 Größen berechnen kann, wenn die 3 anderen (durch Beobachtung) bekannt sind. Eckpunkte des P. sind *Zenit, Pol, seine Seiten sind aus dem Ortsmeridian, dem *Stundenkreis und dem *Höhenkreis des Sternes gebildet [Abb. 62: z bedeutet die *Zenitdistanz, δ die *Deklination, h die *Höhe des Sternes, φ die Höhe des Pols, t den *Stundenwinkel, a das Azimut, die *Rektaszension (α) ist gleich der *Sternzeit (T) weniger dem Stundenwinkel]. Aus dem Kosinussatze ergibt sich für den Stundenwinkel

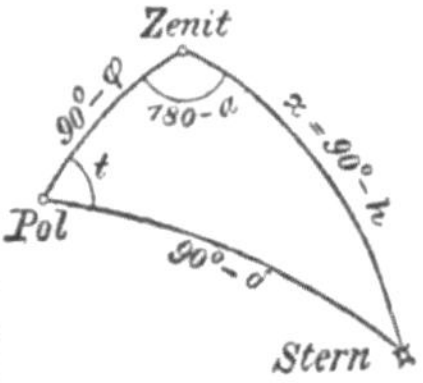

Abb. 62. Astronomisches oder Polar-Dreieck. (Aus L 47a¹/144.) Gebildet aus 3 größten Kreisen, und zwar den Komplementen der Polhöhe $=$ geogr Breite (φ), der Deklination (δ) und der Höhe (h), diese auch als Zenitdistanz (z) bezeichnet

$$\cos t = \frac{\cos(90°-h) - \cos(90°-\varphi) \cdot \cos(90°-\delta)}{\sin(90°-\varphi) \cdot \sin(90°-\delta)}$$
$$= \frac{\sin h - \sin\varphi \cdot \sin\delta}{\cos\varphi \cdot \cos\delta}$$

(L 2/61 f.; 47a¹/144 f.)

polare Beleuchtungszone s. mittlere Beleuchtungszone

polarer Typus der Süßwasserseen = *kalte Seen (L 3/350)

polarer Wärmegürtel = *Polarklima
polares Hochdruckgebiet f. *nord- und *südpolares Hochdruckgebiet
polare Temperaturzone f. Temperaturzonen
Polarfront nach V. Bjerknes die Grenzlinie, in der die über den Polen liegende, äquatorwärts sich langsam senkende Kalotte kalter Luft den Boden (das Warmluftgebiet) berührt (L 60a/504); P.-theorie die von Bjerknes entwickelte Anschauung vom Wesen der *Zyklone (L 60a/564 f.)
Polargrenzen der Vegetation jene den einzelnen Pflanzen usw. gesetzte Grenzen, jenseits derer sie polwärts infolge ungünstigen Klimas nicht mehr fortzukommen vermögen
Polarklima = *arktisches Klima, also: alle Monate sind kalt (unter 10°), große jährliche und kleine tägliche *Temperaturschwankung, kein Baumwuchs (L 3/103; 62a/161ff.; 63/161ff.)
Polarkoordinaten eines Gestirns [lat. coordinäre zuordnen] a) in bezug auf den *Horizont sind es *Zenitabstand und *Azimut; b) in bezug auf den *Pol sind es *Stundenwinkel und *Poldistanz (Abb. 10 u. 17)
Polarkreise die rund 23½° von den beiden Polen abstehenden *Parallelkreise (*nördlicher oder *arktischer P., *südlicher oder *antarktischer P.). Da die *Schiefe der Ekliptik keine ganz konstante Größe ist, sondern jährlich um einen, freilich ganz geringen Betrag abnimmt, ist auch die Lage der P. nicht völlig fest, die Zahl 23½° bloß ein Annäherungswert
Polarlichter die besonders in der Nähe der *magnetischen Pole auftretenden, manchmal vom einfachen Leuchten zu farbenprächtigem Strahlenkranze gesteigerten Lichterscheinungen; wahrscheinlich Ausgleichungen der Luftelektrizität (*Nord- und Südlicht)
Polarnebel die Nebel höherer Breiten, hervorgerufen durch das Hinübergleiten wärmerer Seewinde über stark abgekühlte Teile des benachbarten Landes (L 2/616)
Polarprojektionen [lat. projicere vorwerfen, entwerfen] f. perspektivische Projektionen und Abb. 59
Polarstern zum *Sternbild des Kleinen Bären gehörender Stern (zweiter Größe), in der Nähe des *Nordpols des Himmels nur einen kleinen Drehkreis um ihn beschreibend (f. Präzession). Man findet den P., indem man d. Abstand der beiden hinteren Sterne des Großen Bären etwa fünfmal verlängert
Polarströmungen f. Jan-Mayen-Polarströmungen, Labrador-Strömung, ostgrönländische und ostisländische Strömung, Kamtschatka-Strömung
Polar- (*Bering-) Völker zu beiden Seiten der Beringstraße im äußersten Nordosten Asiens und Nordwesten Amerikas wohnende Völker von verschiedenem sprachlichen und anthropologischen Typus (überwiegend *Mongolen), aber mit einer durch die einheitlichen Lebensbedingungen erklärbaren, ziemlich gemeinsamen Kultur. Zu den P.-V. gehören u. a. *Kamtschadalen, *Tschuktschen, *Eskimos, *Aleuten in Asien und die indianischen *Klinkit Amerikas. Vgl. A. Byhan, „Die Polarvölker" (WuB), 1909
Polarwirbel die (besonders im Winter ausgebildeten) mächtigen *Zyklonen jenseits etwa der *Roßbreiten mit zur *Erdachse etwa paralleler Achse; diese gewaltigen Wirbel sind für den Kreislauf der Luft von größter Bedeutung (L 47a¹/39) (f. Windsysteme d. Erde)
Polarzone f. Temperaturzonen
Polder Das vom Meere angehäufte feinere Material schafft neues Land, das durch Eindeichung vor weiterer Überschwemmung geschützt wird
Pol der Ekliptik f. Ekliptik
Poldistanz f. Polabstand
Polflucht f. Kontinentverschiebungen und Wegeners horizontalverschiebung der Kontinente. (Vgl. NatWoch 1921, Hefte 25, 33, 42; PM 1925 u. 1927)
Polhöhe das Bogenstück zwischen *Himmelspol und *Horizont, gemessen auf dem *Meridian des Beobachters. Man berechnet die P. als halben Betrag der oberen *Kulmination (h_o) und unteren *Kulmination (h_u) eines *Zirkumpolarsternes, da das Bogenstück des *Meridians zwischen beiden im Pol halbiert wird $\left(p. = \frac{h_o + h_u}{2}\right)$. Die P. ergänzt sich mit dem *Zenitabstand des Pols zu 90°, sie ist für jeden Ort gleich

feiner *geographischen Breite. Im Laufe eines Jahres sind die P. geringfügigen periodischen (ursächlich noch nicht näher bekannten) Schwankungen unterworfen (Abb. 63)

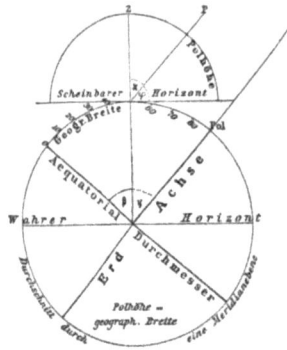

Abb. 63. Polhöhe und geographische Breite. (Aus Sydow-Wagner, Methodischer Schulatlas.) β Geogr. Breite, φ Polhöhe. $x + \varphi = 90$, $y + \beta = 90$, also $x + \varphi = y + \beta$. Da $x = y$ ist (als Gegenwinkel), ist auch $\varphi = \beta$, d. h. die Polhöhe gleich der geogr. Breite. (Die Richtungslinie nach dem Pol läuft stets der Erdachse, die nach dem Himmelsäquator immer dem Erdäquator parallel)

Polhöheschwankungen die in den einzelnen Jahren veränderlichen periodischen Schwankungen der *Polhöhe während eines Jahres; der Erd-Nordpol scheint sich, vielleicht im Zusammenhange mit Versetzungen großer ozeanischer Wasser- oder gewaltiger Luftmassen, von einer Halbkugel auf die andere, in etwa 14 Mon. um seine mittlere Lage (in einer 12 m nicht übersteigenden Entfernung) zu bewegen
politische Geographie die geogr. Betrachtung der Staaten als Lehre von ihren natürl. Grundlagen; Zweig der *Anthropogeographie, begründet als Sonderzweig der Erdk. von Fr.*Ratzel (L 90). Dgl. auch außer den betreffenden Abschnitten in L 2, 4 und 5 L 9 (Bd. 634), 91, 92, 93 und *Partsch, „Bildungswert der p. G." (1919). Auch Kjellén bietet der p. G. Anregungen
Polje [serbokroat., Feld] s. Karsterscheinungen

Polschwankungen = *Polhöheschwankungen
Polwanderungen (Polverlagerungen) die (sehr bedeutenden) Veränderungen in der Lage der Pole während früherer geologischer Zeitalter als Ursache der Klimaänderungen (L 68; 31/180 ff., Köppen in PM 1921)
polyantiklinale Faltengebirge [gr. polýs viel, antí entgegen, klínein neigen] solche, die aus einer Aufeinanderfolge von *Antiklinalen, also mehreren Falten bestehen (zonale Gliederung) (L 3/672). Ggs.: *monoantiklinale F.
Polybios berühmter griech. Geschichtschreiber, * 201 (198?) v. Chr. in Megalopolis, † 120 in Arkadien; behandelte in Verbindung mit seiner Geschichtsdarstellung auch geogr. Fragen
Polyeder²projektion [gr. polýs viel, hédra Sitz, Fläche; lat. projicere vorwerfen, entwerfen] *Kartenprojektion, bei der „jedes einem Blatt der Karte entsprechende Erdoberflächenstück für sich in der Kartenebene als Trapez abgebildet wird, dessen Seiten, vom Maßstabe abgesehen, gleich den betreffenden Meridian- und Breitenkreisbögen auf der Erdoberfläche sind. Das abzubildende Stück der ellipsoidischen Erdoberfläche ist also durch einen aus ebenen Flächen bestehenden Vielflächner (Polyeder) dargestellt" (Egerer in PM 1921). Nur die Blätter derselben Breitenzone schließen völlig aneinander, zwischen den Blättern aufeinanderfolgender Zonen ergeben sich (mit der Entfernung von der Mitte des Kartenwerkes wachsende) Klaffungen
polygenetische Faltengebirge [gr. génesis Entstehung] nennt A. *Pendk. *zusammengesetzten Faltengebirge
polygene Vulkane s. monogene Vulkane
Polygonböden [polýs viel, gónos Winkel] der ebene Erdboden ist in Felder (Vielecke) oder Kreise geteilt, „getrennt durch offene Spalten oder Wälle von hochkant gestellten Steinen; wahrscheinlich handelt es sich dabei um Druckvorgänge beim Gefrieren des Bodens, womit Ausdehnung verbunden ist" (L 9³/28). Dgl. auch L 11³/185 ff.
Polynesier [gr. nĕsos Insel von *Wagner (L 2/743) mit den *Malaien zur malaiopolynesischen (auf rund 50

Mill. Köpfe geschätzten) Rasse zusammengefaßt, von Buschan (L 5/322) als Abart der *melanesischen Rasse bezeichnet. Fast schön zu nennende, hochgewachsene und geschmeidig gebaute Menschen von hellbrauner Farbe, über Polynesien verbreitet. Die Inselwelt Mikronesiens (*Mikronesier) zeigt überdies einen Einschlag *melanesischer Elemente

polynesisches Tiergebiet tiergeographische Unterabteilung der *Notogäa, den größten Teil Polynesiens umfassend; Blattschweiffittiche u. a. (L 78/68) (f. auch neuseeländisches Tiergebiet)

polysynthetische Sprachen [gr. synthesis Zusammensetzung] f. einverleibende Sprachen

Pónor [serbokroat., Saug-, Schlundloch] f. Karsterscheinungen

Porenwasser nennt *Passarge (L 11³/208) das in den mit abtropfbarer Flüssigkeit erfüllten Hohlräumen der Gesteine, ihren Poren, befindliche Wasser

Porphyr [gr. porphýra Purpurfarbe] ein altes *Ergußgestein von bestimmtem Gesteinsgefüge; je nach den Mineralgemengteilen unterscheidet man z. B. Quarzporphyr (mit Quarz und Orthoklas) und quarzfreien Syenitporphyr. Wo P. im deutschen Mittelgebirge auftritt, steigt er im Gegensatz zum *Granit „meist schroff und steil empor und bildet mächtige Kuppen und auch Stöcke, vielfach mit zackigen Kämmen. An den Gehängen treten oft malerische Klippen, Riffe und steile Wände auf; vielfach kommen an ihnen auch große Schutthalden vor, da namentlich der Quarzporphyr gern in kleine Bruchstücke zerfällt"

Portolane [ital. porto Hafen] die Segelhandbücher des Mittelalters, spätestens seit dem 13. Jahrh. in Italien verwendet; Entfernungsangaben von Küstenpunkten und Inseln, Kursrichtungen auf Grund des *Kompasses usw.

Portolan- (früher Kompaß-) **Karten** [ital. portoláno Steuermann] in der Mitte des 13. Jahrh., und zwar zuerst in Italien erscheinende und fast ausschließlich den Küstenverlauf berücksichtigende Seekarten des Mittelmeeres, ohne eigentliche Kartenprojektion, aber mit einem Netz sich kreuzender Linien (den Strahlen der 16teiligen Kompaßrose) entworfen, die dem Schiffer Richtung und Entfernung anzeigten

Portorico-Graben einer der *ozeanischen Gräben des Atlantischen Ozeans (mit dessen größter bekannten Tiefe von 8526 m) östl. der gleichnamigen Insel

Poseidónios gr. Historiker, Philosoph und Naturforscher, * etwa 135 v. Chr. in Apamea, † 51 auf Rhodos; „abgesehen von seiner problematischen Berechnung des Erdumfanges mit nur 180000 Stadien, hatte er die gesetzmäßigen Erscheinungen der *Gezeiten des Ozeans zu ergründen gesucht und nicht minder die Zonenlehre und die Ozeanfrage auf Grund neuen Tatsachenmaterials gefördert" (L 15/18)

positive eustatische Bewegungen f. eustatische Bewegungen

positive Strandverschiebungen f. Strandverschiebungen

Postglazialzeit (Spätglazialzeit) [lat. post nach, glácies Eis] die auf die letzte (Würm-) Eiszeit folgende Übergangsperiode zur (geologischen) Gegenwart (f. Interglazialzeiten). Über die p. Wärmezeit Gams und Henkel in G3 1925

präexistierende Flüsse [lat. prae vor, existere entstehen, da sein] f. antezedente Fl.

Präglazialzeit [lat. glácies Eis] der *diluvialen *Eiszeit vorangehende Zeit

Präkambrium die Zeit vor der *geologischen Periode des *Kambrium

Prallhang f. Gleithang

präozeanische Periode [lat. prae vor, die Zeit vor der Entstehung der Ozeane] die älteste der *geologischen Perioden, in der die feste *Erdkruste und *Atmosphäre sich bildeten; in den Tiefengebieten sammelten sich später (ozeanische P.) die Wassermassen an

Prärie [frz. prairie Wiese] die (vielfach als Weide genützte) ausgedehnte *Steppe Nordamerikas; Gramma-, Büffel- und Büschelgras, mit Stauden untermischt

Präzessión [lat. praecédere vorangehen] die von *Hipparch angenommene, langsam drehende Vorwärtsbewegung des gesamten *Fixsternhimmels, heute als Rückwärtsgehen der *Äquinoktialpunkte aufgefaßt. Die P.

162　preußischer Morgen — Pteropodenschlamm

des *Frühlingspunktes bewirkt eine langsame Kreiselbewegung der *Himmelsachse, wodurch die *Himmelspole um die Pole der *Ekliptik einen Kreis beschreiben (zu dem sie ungefähr 25 800 Jahre, ein *platonisches Jahr, gebrauchen): während der *Polarstern vor 2000 Jahren noch etwa 12° vom Himmelsnordpol entfernt war, ist er ihm heute auf rund $1\tfrac{1}{6}$° nahegekommen. Die Ursache der P. liegt in der Erdgestalt (im ganzen eine Kugel mit einem rings um den Äquator aufgesetzten Wulste); denn daß die Sonne (*Sonnenp.) und der Mond (*Lunarp.) — doch auch die anderen *Planeten — den ihnen nähergelegenen Teil dieses Wulstes stärker anziehen als den entfernteren, muß die Aufrichtung der Erdachse gegenüber der Ekliptik auslösen, worauf die Erde (wie ein Kreisel) durch eine im entgegengesetzten Sinne der *Erdrotation und *Erdrevolution erfolgende P.=Bewegung reagiert (Abb. 7)

preußischer Morgen Flächenmaß = 0,255 32 ha

Priel (der, auch die Priele) seichte, durch Strömungen offen gehaltene Fahrwasserrinnen des Wattenmeeres

primäre Böschungsflüsse s. Flußsystem-Bezeichnungen

primäre Gletscherschwankungen s. sekundäre Gletscherschwankungen

primäre Strömungen = *Triftströmungen

primäre Strukturformen s. Grundformen

primäre Wellen = *gezwungene W.

Produktionsgeographie [lat. prodúctio Ausdehnung, Hervorbringung] nach *Friedrich (L 5/260) mit der Aufgabe, die geographische Verbreitung der Produktion (im besonderen der aus dem Pflanzen=, Tier= und Mineralreich) auch nach quantitativen, qualitativen und zeitlichen Unterschieden als einer Erscheinung der Erdoberfläche darzustellen und zu erklären, indem sie die geographische Verbreitung der natürlichen Erscheinungen (Naturgrundlage) mit der Verbreitung der Arbeit in ursächliche verknüpfende Beziehung bringt (s. auch Konsumtions=, Handels=, Verkehrs= und Wirtschaftsgeographie)

Profil oder Aufrißzeichnung [lat. pro vor, filum Faden; äußere Form] Man entwirft diese, auch als Schnittfläche durch ein *Relief aufzufassende, anschauliche Darstellung der Unebenheiten des Bodens, indem man auf der Geraden, längs welcher der Durchschnitt erfolgt, die Hauptpunkte in richtigen Abständen und mit ihren Höhen aufträgt. Bei kleinen Gebieten soll das P. den gleichen Maßstab für Länge und Höhe besitzen, P. durch Erdteile und Ozeanbecken haben trotz *Überhöhung ihre Bedeutung darin, daß sie den Gegensatz zwischen hoch und tief gut ausdrücken (L 2/242; 23^2/37 ff.; 24^1/450ff.)

progenétische Flüsse [gr. génesis Entstehung] s. antezedente Flüsse

Projektionspol oder Augenpunkt [lat. proicere vorwerfen, entwerfen] in der Technik der *Kartenprojektionen jener Punkt, der den Ausgangspunkt der Projektionsstrahlen bildet

proterozóische Ära [gr. próteros früher, zóon Lebewesen, Tier] = *Algonkium (s. geologische Zeitalter)

Protuberánzen [lat. pro vor, túber Höcker] s. Photosphäre

Psychrometer [gr. psychrós kalt, métrein messen] Instrument zur Bestimmung der Luftfeuchtigkeit, bestehend aus zwei *Thermometern, von denen die Kugel des einen feucht gehalten wird; „die Verdampfungskälte erniedrigt dessen Temperatur und aus dem Unterschied der Angaben des trockenen und feuchten Thermometers, der sog. *psychrometrischen Differenz, wird mit Hilfe von Tafeln der Dampfdruck und die relative Feuchtigkeit berechnet" (L 47a¹/156). Vgl. auch L 2/615 (s. ferner Haarhygrometer)

psychrometrische Differenz s. Psychrometer

Pteropódenschlamm [gr. ptéron Flügel, pús, podós Fuß] (nach den massenhaften Anhäufungen von Schalen der Schneckenordnung der Pteropoden [und Heteropoden] genannt) *pelagische Sedimente, Abart des Globigerinenschlammes (Kalkschlamm zu 82 v. H.) organischen Ursprungs; nur über rund 1,4 Mill. qkm (im südatlantischen Ozean) verbreitet (L 3/277 f.)

Ptolemäus, Claudios, der einflußreichste Astronom des Altertums, im 2. Jahrh. n. Chr. in Alexandria lebend. Seine geographisch bedeutsamen Werke sind: die „megále Sýntaxis" (*Almagest des Mittelalters) und die „geographiké Hyphégesis"; nach jenem steht die Erde im Mittelpunkte unseres Planetensystems (*ptolemäisches Weltsystem), in diesem wird (entgegen*Hipparch) der *Anfangsmeridian in die „glückseligen Inseln" (Kanarien) verlegt und die Anregung zur ersten *Kegelprojektion gegeben

Pulque [span., spr. pulke] s. Agave

punktweise Destruktion s. flächenhafte Destruktion

Pußta [ungar. Einöde] die *Steppe des ungarischen Tieflandes

Puyform [nach dem Puy de Dôme in der Auvergne genannt] *Vulkan ohne *Krater, mit domförmiger Kuppe als Gipfel (L 2/414)

Pytheas v. Massilia griech. Forschungsreisender zur Zeit Alexanders des Großen; längs der spanischen und gallischen Küste nach N. fahrend, erreichte er die Shetland- und Orkney-Inseln (Dreiecksgestalt Britanniens!), beschrieb die Festlandsküste über die Rheinmündungen hinaus bis zur Elbe (erste bestimmte Nachricht über die Germanen); beobachtete die *Gezeiten und führte die erste *Polhöhenmessung in so hohen Breiten durch. Vgl. Berger, „Gesch. der wissenschaftl. Erdkunde der Griechen" (2. Aufl., 1903), S. 327 ff.

Quaderfandstein s. Sandstein

Quadrant [lat. quádrans das Viertel] Viertelkreis: einfaches Instrument zur Bestimmung der Höhe eines *Gestirnes (Abb. 64). Man sieht von A aus nach dem Stern und findet den *Höhenwinkel α, indem man α' an dem von B herabfallenden Lote abliest (denn da $\alpha + \beta = 90$ und $\alpha' + \beta = 90$ sind, ist $\alpha = \alpha'$)

quadratische Plattkarte echte *Zylinder-Projektion (der Zylinder berührt die Erde im Äquator). *Breitenkreise und *Meridiane sind aufeinander senkrechte Grade, *Breiten- und *Längengrade sind einander gleich, die *Gradfelder daher Quadrate. Nur die Meridiane sind *längentreu (dagegen der Entwurf weder *flächen- noch *winkeltreu). Die höheren Breiten erscheinen stark auseinandergezogen, daher der Entwurf nur verwendet wird, wenn Gegenden des Äquators in größerem Maßstabe dargestellt werden (L 2/207 f.; $23^1/63$ f.) (Abb. 65)

Quadratmeile deutsche (oder geographische) = 55,06291 qkm, englische Square Mile = 2,589 89 qkm, russische Quadrat-Werst = 1,13802 qkm

Quadraturen [lat. quadráre viereckig machen] die Stellung zweier Gestirne, die einen Längenunterschied von $90°$ (erste Q.) oder $270°$ (zweite Q.) besitzen; die Q. von *Sonne und *Erdmond heißen erstes und letztes Viertel

Quartär [lat. quártus der vierte] jüngere *geologische Periode des *Känozoitums (s. geologische Zeitalter)

Quebrachoholz ein stark gerbsäurehaltiges Holz der Apocynacee Thouinia striata Westindiens, der Sapinaacee Aspidosperma Quebracho-blanco Argentiniens

Quellen im weitesten Sinne „alle Ausströmungen flüssiger oder gasförmiger Stoffe aus der Erde" (L 5/152), im engeren bloß die Austrittsstellen von Wasser. Die letzteren werden nach ihren wichtigsten Eigenschaften gewöhnlich eingeteilt hinsichtlich ihrer Wassermenge (*Hungerbrunnen, *intermittierende Q. *Karst-Q.), dem Gehalt an

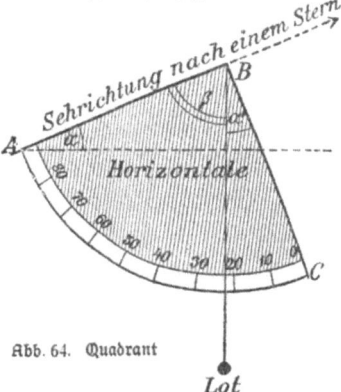

Abb. 64. Quadrant

164   Quelle — Querspalten

festen Bestandteilen (*Kalk-, Stahl-, Schwefel-, Sol-Q.), ihrer Temperatur (*Thermen, *Geysire) und der Art ihres Weges, ihres Ausflusses wie der Herkunft ihres Wassers (*auf- und *absteigendeQ. *Grundwasser-, *Karstwasser- und *Schichtwasser-, *Stau- und

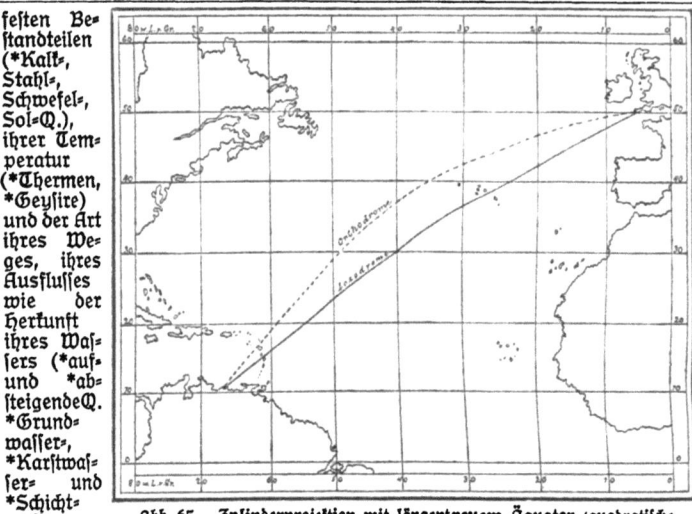

Abb. 65. Zylinderprojektion mit längentreuem Äquator (quadratische Plattkarte). (Aus L 22/103)

*Verwerfungs-Q.). Andere Einteilung bei L 11¹/73 ff. Vgl. ferner L 2/327f.; 3/495, 501 ff.; 9, Bd. 628/21 ff.; 5/152 ff.; 11³/219 ff.; 37¹/419 ff.; 54/25 ff.

Quelle, Otto, Wirtschaftsgeograph, * 1879 zu Nordhausen, Prof. an der Universität in Bonn. Leiter des Ibero-Amer. Forschungsinstitutes. Bereiste 1904 Nordamerika, 1927 Brasilien u. a. Beitrag zu L 101

Quellflüsse s. Flußsystem

Quellgebietsanzapfung *Anzapfung, wobei der stärkere Fluß durch Rückwärtsverlegung des Quellgebiets den schwächeren erobert und sich angliedert (L 5/178) (s. auch Flankenanzapfung)

Quellkuppen entstehen durch Aufstauen von schwerflüssigem *Magma zu hohen Kuppen (Domvulkane) über einer *Eruptionsöffnung an der Erdoberfläche; ein *Krater fehlt also

Quellseen *Seen, die überwiegend durch Niederschläge, nur wenig von Abspülungsrinnen der Beckenränder gespeist, überlaufend einen periodischen oder dauernden Abfluß besitzen (L 2/443; 5/213)

Quell- (*Erosions-) **Trichter** trichterförmige Erweiterung im obersten Stück eines durch *Flußerosion entstandenen *Tales, „wo sich die einzelnen, radial einander zulaufenden Quellarme zu dem Bach vereinigen" (L 3/533; 54/39)

Quelltümpel s. Grundwasserseen

Querbeben s. lineare Erdbeben

Querflüsse s. Längsflüsse

Quergliederung s. fiederförmige Gliederung

Querinseln s. Längsinseln

Querkämme die Kämme eines *Faltengebirges, die ungefähr senkrecht zu seiner Hauptrichtung stehen

Querküste = *diskordante Küste

Quermoränen s. Innenmoränen

Querprofil der Täler s. Asymmetrie der Talgehänge, Canons, Klamm, Schluchtentäler, Sohlentäler, Talterrassen, Taltrog, Talzirkus, Übertiefung der Täler, U- und V-Form

Querschollen *Rumpfschollengebirge, bei denen die Bruchlinien die alten *Falten schneiden (Harz). Ggs.: *Längsschollen

Querspalten der Gletscher s. Gletscherspalten

Querstörungen = *Querverwerfungen

Querstraßen in den Umrissen verschiedengeformte, meist kurze *Meeresstraßen, die quer „durch die Gebirgserhebungen der sie begleitenden *Küste" ziehen (L 2/491). Vgl. auch L 51²/ 598. Ggſ.: *Längsstraßen

Querstufen *Denudationsstufen, die von den Hauptflüssen in rechten oder spitzen Winkeln geschnitten werden; über ihre Entstehung und Umbildungen L 3/ 657ff.; über Q. im Längsprofil nicht vergletschter Täler f. L 11³/321

Quertäler *Täler, welche, die Schichten durchschneidend, mehr oder minder senkrecht zur Hauptrichtung eines (*Falten=) Gebirges stehen (L 3/692)

Querverwerfungen ſ. Längsverwerfungen

Racheln den *Rillen verwandte, nur tiefere Furchen (L 5/148)

Radde, Gustav, deutscher Asienreisender, * 1831 in Danzig, † 1903 in Tiflis; bereiste Ostsibirien, Kaukasus, Armenien usw.

Radialspalten bei Erdbeben [lat. rádius Strahl] ſ. Längsspalten

Radialsprünge die wie Radien eines Kreises (mehr oder minder senkrecht zu den *peripherischen) verlaufenden *Brüche

Radiolarienschlamm [nach den Gittertierchen = Radiolarien genannt, deren Kieselpanzer über rund 12,2 Mill. qkm im Indischen und Stillen Ozean dem *roten (Tiefsee=)Ton beigemengt ist] *geologische Sedimente des Meeresbodens, zu 42 v. H. mit anorganischen Bestandteilen durchsetzt (L 3/278f.)

Radiusvéctor [lat. rádius Strahl, véhere fahren] ſ. Leitstrahl

Radkarten die auf spätlat. Vorbilder zurückgehenden runden, seltener ovalen Weltkarten des Mittelalters, bei denen die Erde als eine vom Ozean umflutete Scheibe, seit dem 11. Jahrh. gewöhnlich mit Jerusalem als Mittelpunkt, dargestellt wird (L 5/13f., 15/51)

Raleigh, Sir Walter, brit. Seefahrer, * 1552 zu Hayes (Devon), † 1618; gründete für England 1584 die erste Kolonie in Nordamerika an der Chesapeakebai (späteres Virginien)

Randmeere an einen *Kontinent (oder „meist an eine große Einbuchtung der Kontinentküste) angelagerte *Nebenmeere, die mindestens an einer Seite vollkommen freie Verbindung mit dem offenen Ozean" und dadurch ihm gegenüber nur eine geringe Selbständigkeit besitzen(L 57/32). Hierher gehören u. a. (L 2/284) des Ochotskische (1,5 Mill. qkm), das Japanische Meer (1,0) und das Ostchinesische Meer (1,25). Ostsee und Hudsonbai nennt L 2/284 Binnen=R.

Randmoränen = *Seitenmoränen

Randseen ſ. Hochseen

Randsenken ſ. Binnensenken

Randspalten der Gletscher ſ.Gletscherspalten

Rapilli = *Lapilli

Ratzel, Friedrich, Geograph, * 1844 in Karlsruhe, † 1904 in Ammerland am Starnberger See. 1872—1875 Reisen in Südeuropa und Nordamerika. Arbeiten(in formvollendeter Sprache!): „Die Vereinigten Staaten von Nordamerika" (2 Bde., 1893²), „Völkerkunde" (2 Bde., 1894/95²), „Deutschland" (1907²), L12a, „Über Naturschilderung" (1904). Kleine Schriften (2 Bde., 1906). Einbrechend: L 85 und L 90. Vgl. O. Schlüter, Die leitenden Gesichtspunkte in der Anthropogeogr., insbeſ. der Lehre Fr. R. (Arch. f. Sozialw. u. Sozialpolitik 1906). Nachruf von K. *Hassert in G3 1905

Raummessungen ſ. Volumetrie (vgl. L 2/252ff.)

Reclus, Élisée, franz. Geograph,*1830 zu Ste.=Foy=la=Grande (Gironde), † 1905 in Thouront bei Ostende. Hauptwerke: „Nouvelle Géographie universelle" (19 Bde., 1875—1879) und „La terre" (mehrfach aufgelegt, auch ins Deutsche übertragen, 2. Aufl. 1891), „L'homme et la terre" (5 Bde.)

Reclus, Onésime, franz. Geograph, Bruder des Vorigen, * 1837 in Orthez, † 1916 in Paris, machte größere Reisen durch Spanien, Nordafrika usw. Hauptwerke: „La terre à vol d'oiseau", „La France et ses colonies" u. a.

Reduktionszirkel [lat. redúcere zurückführen, umwandeln] ein Zirkel, der bei der Übertragung einer Karte in einen anderen Maßstab (von einfachem Verhältnis zum Original) die Anlage des neuen *Gradnetzes erleichtert. Der R.

"besteht aus 2 sich schneidenden Doppelschenkeln, deren verschiebbarer Schnittpunkt sie so teilt, daß die Längen der beiderseitigen Schenkel im doppelten, dreifachen usw. Verhältnis stehen; die mit der einen Seite gegriffene Distanz wird also, je nach der Stellung des Drehpunktes, auf der anderen Seite auf die Hälfte, das Drittel usw. reduziert oder umgekehrt vergrößert" (L 2/254)

Reduzieren einer Karte: ihre Übertragung in einen anderen *Maßstab oder eine andere *Kartenprojektion

Referenzsphäroid [lat. referre zurückbringen] = *Geoid

Refraktion oder Strahlenbrechung [lat. refráctus zurückgebrochen] jene Erscheinung, welche die Gegenstände infolge der durch die *Atmosphäre bewirkten Strahlenbrechung in größerer Höhe erscheinen läßt, als sie wirklich sind. Licht, das von einem Gestirn in die Atmosphäre eindringt, wird um so stärker zur Senkrechten hin gebrochen, in je dichtere Schichten es mit größerer Horizontalnähe gelangt (*astronomische R., bei senkrechten Strahlen natürlich = 0, im Horizont mit etwa 35,1' am größten). Ähnlich werden auch irdische, im *Horizont gelegene Gegenstände etwas höher erblickt (*terrestrische R. oder irdische St.). Das Verhältnis des Erdradius zum Radius des durch die Strahlenbrechung erzeugten flachen Kreisbogens nennt man den *Refraktionskoeffizienten der Luft; er beträgt im Mittel rund $1/_8$, genauer 0,13. Vgl. auch Kimmung (L 2/74)

Refraktionskoeffizient s. Refraktion

Refraktométer [lat. re zurück, fráctio Brechung] Instrument zur Bestimmung des Salzgehaltes des Seewassers (s. Aräometer), wobei durch ein Fernrohr unmittelbar der Brechungsexponent eines Tropfens des Salzwassers im Vergleich mit einem Tropfen reinen Wassers abgelesen werden kann

Regel, Fritz, Geograph, * 1853 auf Schloß Tenneberg bei Waltershausen (Gotha), † 1915 als Prof. an der Universität Würzburg. Hauptwerk: „Thüringen, ein geographisches Handbuch" (3 Bde., Jena 1892—1896). Nachruf durch Reindl in der G3. 1916

Regelatión [lat. re zurück, wieder, geláre gefrieren] Zusammenfrieren zweier tauender (also nahe der Schmelztemperatur befindlicher) Eisstücke bei leichtem Druck, oft auch ohne ihn (L 3/205)

regelmäßige Wärmeschichtung in Süßwasserseen jene Seen, die mit der Tiefe abnehmende Temperatur aufweisen, doch nie unter 3—4° C herabgehen, bei der das Süßwasser seine größte Dichte besitzt; am deutlichsten in der warmen Jahreszeit zu erkennen, weniger in der kalten, weil die tieferen Schichten ihr Wärmemaximum erst erlangen, wenn die obersten Schichten sich bereits abzukühlen beginnen (L 3/350)

Regen bildet sich (unter noch unbekannten Bedingungen) in den *Wolken durch Zusammenfließen der kleineren Tröpfchen zu größeren (L 62a/111ff.)

regenarme Gebiete s. regenreiche G.

regenerierte Gletscher [lat. regeneráre wieder erzeugen, erneuern] s. Gletscherlawinen

Regenfaktor Quotient aus mittlerer jährlicher Niederschlagsmenge und mittlerer Jahrestemperatur, klimatisch in den *Isonotiben ausgewertet

regenfeuchte Tropenlandschaften von Sapper (L 8/103ff.) als Waldgebiete von außerordentlichem Regenreichtum und beständig sehr hoher Wärme eingehend beschrieben

Regenhäufigkeit = *Regenwahrscheinlichkeit

Regenhöhe „die Menge der wirklich zur Erde niederfallenden gröberen Niederschläge, bestimmt nach der Höhe der Wasserschicht, welche im Laufe der Beobachtungszeit (eines Gewitters, einer Stunde, eines Tages, Monats, Jahres usw.) die Flächeneinheit bedecken würde, ohne daß das Wasser durch Abfluß oder Verdunstung während dieser Zeit Verluste erlitte" (L 2/619); man mißt die R. mit dem *Regenmesser

Regenkarten Karten, welche die jährliche Menge des *Niederschlags zur Anschauung bringen (L 3, Taf. 12)

Regenmesser „ein zylindrisches Blechgefäß mit Sammeltrichter, von dem aus das Wasser in ein Meßglas geschüttet wird, an dem die Regenhöhe

Regenregionen s. Regenzeiten (L 2/ 624ff.; 3/162ff.)

regenreiche Gebiete Gebiete mit über 1000 mm jährlichen Niederschlags; Ggs.: *regenarme Gebiete unter 250 mm. Zu jenen gehören große Teile der äquatorialen Zone (das Urwaldgebiet des Amazonas, Bengalen mit der vielleicht regenreichsten Beobachtungsstation Tscharrapundschi in 1250 m Höhe mit 11 627 mm jährlicher *Regenhöhe — angeblich besitzt der 1738 m hohe Waialealegipfel der nördlichsten Hawaii-Insel 12½ m); zu diesen zählen die Wüstenregionen Nordafrikas, Vorder- und Innerasiens und die *Küstenwüsten Westaustraliens, Südwestafrikas und des westlichen Südamerikas; Iquique mit 3 und Copiapó mit 8 mm in Chile, die Walfischbai in Südwestafrika mit 7 mm sind die regenärmsten Stationen (L 3/162ff.)

Regenschatten die regenarme, den sie treffenden Seewinden abgewendete Seite von Erhebungen

Regenwahrscheinlichkeit(*Regenhäufigkeit*) der Quotient aus der Anzahl der Regentage einer Periode (Monat, Jahr usw.), dividiert durch die Gesamtzahl der Tage der betreffenden Periode. Einer regionalen Übersicht über die mittlere R. entnimmt *Supan (L 3/170) folgende zwei Sätze: „1. Zwischen ungefähr 35° N. und S. ist der Regen an der Ostküste seltener als an der Ostküste, jenseits dieser Grenzparallelen werden aber die Westküsten häufiger von Regen heimgesucht (Ähnlichkeit des Verhältnisses beider Küsten wie hinsichtlich der Erwärmung). 2. Die R. ist im allgemeinen (vom Nordatlantischen Ozean abgesehen) auf dem Meere größer als auf dem Festlande in gleicher Breite"

Regenwolke = *Nimbus

Regenzeiten die jahreszeitliche Verteilung von Regen und Schnee, die für größere Erdräume bestimmte regionale Typen (*Regenregionen) erkennen läßt (L 2/624ff.) (s. auch Sommer- und Tropenregen)

Regen zu allen Jahreszeiten s. Sommerregen

Regiomontanus (eigentl. Johann Müller) deutscher Mathematiker, * 1436 zu Königsberg (in Franken), † 1476 in Rom. U. a. Einführung des *Jakobstabes in die Astronomie; die ersten astronomischen *Ephemeriden (mit deren Hilfe der Seemann aus der mittägigen *Sonnendeklination die *geographische Breite des Ortes bestimmen konnte)

regionale Niveauveränderungen s. Niveauveränderungen

Registertonne das gebräuchliche Raummaß für Schiffe = 2,83816 cbm. Die Brutto-R. umfaßt den gesamten Schiffsraum, die Netto-R. nur den für die Ladung nutzbaren, also ohne Maschinen-, Kohlen-, Mannschafts- und Verwaltungsräume (L 96/259)

Regressionstheorie [lat. régredi zurückschreiten] auf *Löwl zurückgehende Hypothese zur Erklärung der Entstehung von *Durchgangstälern durch rückschreitende *Erosion (s. Anzapfung); „sie läßt die Talbildung am niederschlagreichsten Außenrand des Gebirges beginnen und allmählich bis zur wasserscheidenden Kette, ja über sie hinaus bis an den entgegengesetzten Rand des Gebirges fortschreiten" (L 3/697). Die R. hat wenig Anklang gefunden (vgl. auch L 2/426)

Reibungs- (oder **Dislokations-**) **Breccie** längs einer *Dislokations-Spalte entstandenes, zerriebenes Gestein (s. auch Breccie)

Reif gefrorener, durch Abkühlung des Bodens unter den Gefrierpunkt gebildeter *Tau

Reife, Reifezeit In diesem *Stadium sind im *normalen Erosionszyklus Talanlage und *Wasserscheiden festgelegt, die Täler sind — bei vorherrschender

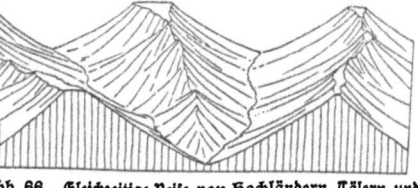
Abb. 66. Gleichzeitige Reife von Hochländern, Tälern und Flüssen. (Aus L 46/183)

*Seitenerosion — breitsohlig und haben flacheres Gehänge, die relativen Niveauunterschiede sind durch *Abtragung der Höhen verringert. Im *ariden, *marinen und *glazialen Erosionszyklus schafft die R. naturgemäß andere Formen (L 3/547) (Abb. 66)

Reihendorf deutsche Siedlungsform vor allem der mittelalterlichen Kolonisation des 12. und 13. Jahrh., wobei „die Gehöfte sich an dem Dorfweg in langer Kette aufreihen und das zugehörige Grundstück sich hinter jedem einzelnen in langem, schmalem Streifen rechtwinkelig von der Straße ins Land erstreckt"; bei den *Waldhufendörfern „folgt die Dorfstraße der Talsohle und macht die Windungen des Tales mit, die Felder gehen meist nach beiden Seiten der Dorfstraße", bei den *Marschhufen= (Marschen=) Dörfern „ist alles geradlinig", vom geradlinigen Deich als Dorfstraße „gehen, meist nur nach einer Seite, die Grundstücke in ganz regelmäßigen geraden Streifen aus" (*Schlüter in L 119³/487)

Rein, Johannes Justus, Geograph, * 1835 zu Rauenheim (Hessen), † 1918 in Bonn; bereiste Amerika, Nordafrika und Japan. Hauptwert: „Japan" (2 Bde, Bd. 1² 1905, Bd. 2 1886). Nachruf in der GZ 1918

Reiß, Wilhelm, Geologe und Forschungsreisender, * 1838 zu Mannheim, † 1908 auf Schloß Könitz (Thüringen); untersuchte 1868—1877 mit *Stübel den Vulkanismus in Kolumbien, Ecuador und Peru

Rekonstruktionsformen [lat. re-construere wiederherstellen] nennt L 5/133 die sich infolge neuerlicher Hebung von *Rumpfflächen entwickelnden Formen

Rektaszension oder *gerade Aufsteigung [lat. récta ascénsio gerade Aufsteigung: in den südlicheren Breiten, wo der Ausdruck geprägt wurde, erhebt sich der Äquator viel steiler über dem Horizont als bei uns] jeder Bogen des *Himmelsäquators vom *Frühlingspunkte an, gezählt in entgegengesetzter Richtung des Uhrzeigers. R. eines Gestirns: der Bogen zwischen Frühlingspunkt und jenem Punkte, wo der durch dieses Gestirn gehende *Deklinationskreis den Äquator trifft. Alle Sterne mit gleicher R. liegen auf derselben Hälfte des Deklinationskreises und *kulminieren gleichzeitig. Durch Deklination und R. ist die Lage jedes *Gestirns in bezug auf den Äquator bestimmt (*Äquatorkoordinaten) (Abb. 16)

Relaisbeben [frz. relayer bei der Arbeit ablösen] s. Simultanbeben

relative Bevölkerung (Bevölkerungs= oder *Volksdichte) die zum Zwecke größerer Anschaulichkeit berechnete Zahl der Menschen, die auf einer Flächeneinheit wohnt (also $\frac{\text{absolute Bevölkerungszahl}}{\text{Größe der Fläche}}$); um so weniger wirklichkeitsentsprechend, je größer und je weiter voneinander die einzelnen Wohnplätze sind

relative Feuchtigkeit der Luft s. Feuchtigkeit der Luft

Relief [ital. riliévo Erhebung] verkleinerte, körperliche Nachbildung eines Stückes der Erdoberfläche (also plastische Wiedergabe der Geländeformen). Wenn man das dargestellte Gebiet nicht genügend klein nimmt, so daß Länge und Höhe in richtigem Verhältnis gebracht werden können, verliert das R. an anschaulichem Wert (bei einem Alpen=R.: 2 000 000 ist d. Montblanc 2,4 mm hoch; denn die dann notwendige *Überhöhung erzeugt unnatürliche Bilder (viel zu steile Abdachungen)

Reliefenergie die aus mittleren Höhenwerten auf bestimmte Entfernungen berechnete Gesamtheit der relativen Höhenunterschiede eines Gebiets. Vgl. Krebs, Eine Karte der R. Süddeutschlands in PM 1922; Slanar in der heiderichfestschrift 1923

Reliktenseen [lat. relictus zurückgelassen] s. Festlandsseen

resequente Flüsse [lat. résequi nachfolgen] s. Flußsystem=Bezeichnungen

Restberge nennt man *Härtlinge und *Fernlinge zusammen. Ungewiß ist die Entstehung der isoliert aus ihrer flachen Umgebung sich erhebenden *Inselberge (*Rumpfrestberge) der Wüsten (Windbildung? Losgelöste Teile größerer Gebirgsmassen?)

Restinseln *Inseln, deren innerhalb der Umgebung ganz isolierter Gesteinsaufbau in ihnen Reste einstiger größerer Gebiete erblicken läßt (L 2/480)

Revelation [lat. reveláre enthüllen] oder Abdeckung nach L 3/636 die — teilweise — Entfernung einer flachen Deckschichte über einer Unterlage

Rhät [nach den keltischen Rhätern in den Alpen] die obere kalkarme Gruppe der alpinen *Trias (s. geologische Zeitalter)

Rhythmus nennt *Volz den „Fluß der Erscheinungen" in der Gesamtwechselwirkung der geogr. Elemente (Schles. Jbücher f. Geist.- u. Naturw. 1923, MGE Leipzig 1923/25). Gegen den R.begriff *Passarge in PM 1925

Rias [span. ria Flußmündung; der Typus nach dem Dorkommen an der Küste Galiziens genannt] untergetauchte, *reife und von der *eiszeitlichen Dergletscherung nicht betroffene Täler, daher gegenüber den *Fjorden von meist *normaler Gefällskurve, auch kleiner und weniger inselbegleitet als sie; vielfach eng und gewunden, nur gegen den Ausgang hin trichterförmig verbreitert; „von geologischem Bau und der geographischen Breite unabhängig" (L 3/812; 5/224; 9, Bd. 627/109)

Riashäfen *Häfen an *Riasküsten, durch die *Gezeiten oftmals verbreitert

Riasinseln (meist kleine) *Abgliederungsinseln vor einer *Riasküste; sie pflegen „die vorspringenden Landzungen, welche die Buchten einschließen, oft reihenförmig fortzusetzen oder als Reste ehemaliger Zwischenrippen vor den Buchten zu lagern" (L 2/482)

Riasküste durch *Rias gegliederte (gebirgige und gebuchtete) Untertauchungsküste

Richardson, James, engl. Afrikareisender, *1809 zu Boston (Lincoln), † 1851 Ngurutuwa (bei Kuka, Afrika); durchforschte 1850 (mit *Barth und *Overweg) den Sudan

Richthofen, Ferdinand v., Geograph, * 1833 in Karlsruhe (Schlesien), † 1905 in Berlin, einer der namhaftesten wissenschaftlichen Geographen des 19. Jahrh. Forschungsreisen nach Java (1860) und Kalifornien (1862 bis 1868), am berühmtesten die das Land geographisch erschließenden in China (1868—1872). Seit 1886 Prof. in Berlin. Arbeiten: „China" (1877—1883), L 50, Beiträg „Geologie" zu G. Neumayers „Anleitung zu wissenschaftlichen Beobachtungen auf Reisen" (l³ 1905), „Tagebücher aus China" (herausg. von Tießen) und L 97. Nachruf G3 1906

Richtungswinkel s. Azimut

Ried s. Moore

Riedel die zwischen zwei Tälern sich hinziehenden, höher gelegenen Zwischenstücke, die mindestens Reste einer ebenen Fläche tragen; R.=Landschaften entstehen nach *Sölch (L 5/162) durch die Zertalung wagrecht lagernden Gesteins, und zwar jüngeren und verfestigten Gesteins oder erst in Verfestigung begriffenen Gesteins (s. auch L 3/654)

Riesentöpfe s. Gletschermühlen

Riesenverkehrshäfen nach Eckert (L 102/80) *Häfen, die eine Schiffsbewegung der ein= und auslaufenden Dampfer und Segler von über 10 Mill. Netto=*Registertonnen besitzen; im allgemeinen soviel wie *Welthäfen

Riff s. *Korallenriff

Riffe Erhebungen auf dem Meeresboden, die höher als 11 m unter dem Wasserspiegel aufragen; gelegentlich auch soviel wie *Sandbänke oder wie *Riffinseln, wobei die R. im engeren Sinne die untermeerischen Teile bezeichnet werden (s. auch Korallenriff)

Riffinseln durch riffbildende Korallen (nicht erst durch Hebung eines unterseeischen Riffes über den *Meeresspiegel) gebildete *Inseln

Rillen (Riesen) seichte, an Kannelüren erinnernde und durch *Abspülung hervorgerufene Furchen zumal auf festem Gestein (L 5/148; 37¹/636)

Rippelmarken Wellenfurchen in Sand, Schlamm usw. am Boden von Seen und Flüssen oder am seichten Meeresstrand; erklärt als Reibungsform an der Grenze zweier verschiedener Schichten, von denen die eine über die andere hinwegströmt (L 5/192; 37¹/196; 38/283)

Riß=Eiszeit nach *Pend=*Brückner in den Alpen auf die *Riß=Mindel=Interglazialzeit folgende (dritte) *Eiszeit (*Klimaschwankungen), Schneegrenze 1300 m unter der heutigen

Riß=Mindel=Interglazialzeit s. Interglazialzeiten

Ritter, Karl, berühmter Geograph, *1779 zu Quedlinburg, † 1859 in Berlin. 1817 erschien der 1. Band seines Hauptwerkes „Die Erdkunde im Verhältnis

Rohböden — Rückfaltung

zu Natur und Geschichte des Menschen oder allgemeine und vergleichende Erdkunde als sichere Grundlage des Studiums und Unterrichts in physikalischen und historischen Wissenschaften", womit der "Beginn der allgemeinen vergleichenden Erdkunde im Verhältnis zur Natur und Geschichte des Menschen" (L 2/1041) gegeben war; Bd. 2 erschien 1813, die 2. (unvollständige) Aufl. in 19 Bänden zwischen 1822 und 1859. Andere Werke: "Europa" (2 Bde., 1804—1807) und "Einleitung zur allgemeinen vergleichenden Geographie" (1852)

Rohböden s. Feuchtböden

Rohlfs, Gerhard, deutscher Afrikaforscher, * 1831 in Vegesack, † 1896 in Rungsdorf bei Godesberg, bereiste 1863/64 Marokko von Tanger nach Muat und durchquerte als erster 1865 bis 1867 Nordafrika von Tripolis über Bornu bis Lagos (westlich der Nigermündung) und drang 1878/79 nach Kufra vor. Er schrieb u. a. "Quer durch Afrika" (2 Bde., Leipzig 1874/75), "Beiträge zur Entdeckung und Erforschung Afrikas" (1876—1881)

römischer Passus [lat. pássus Doppelschritt] Schrittmaß = 1,479 m

Rosenholz rosenartig riechendes und vielfach als Werkholz verwendetes Holz einiger Pflanzen, so von Amyris balsamifera Westindiens, Calophyllum, Inophyllum, Pterocarpus erinaceus und Dalbergia latifolia der asiatischen und afrikanischen Tropen, Physocalymma scaberrimum und Cordia Gerascanthus des tropischen Amerika

Roß, a) James, engl. Seefahrer, * 1777 in Inch (Schottland), † 1856, entdeckte auf seiner 2. Polarreise 1828 bis 1834 die Halbinsel Boothia Felix (1831); auf dieser Reise begleitete ihn sein Neffe b) James Clarke (* 1800 in London, † 1862 zu Aylesbury), der auf Boothia Felix bei Kap Adelaide den *magnetischen Nordpol fand; 1841/42 unternahm J. eine Südpolarexpedition, wobei er 78°9,6′ südl. Breite erreichte und das Diktatoriland, die Roß-See und die Vulkane Erebus und Terror entdeckte; schrieb "Voyage of discovery and research in the southern and antarctic seas" (2 Bde., deutsch 1847)

Roßbreiten [Herkunft des Namens ungewiß] s. Windsysteme der Erde

rostförmige Gliederung, Rostgebirge s. fiederförmige Gliederung

Rotationsellipsoid [lat. róta Rad, gr. élleipsis Auslassung, eidos Aussehen] durch Umdrehung einer Ellipse um eine Hauptachse entstandener Körper, unterscheidet sich von der Kugel dadurch, daß ein Schnitt durch einen *Meridian keinen Kreis, sondern eine Ellipse bildet (s. Erde und Rotationssphäroid)

Rotationssphäroid [gr. sphaira Kugel, also Körper vom Aussehen einer Kugel] durch Umdrehung einer Ellipse um eine Hauptachse entstandener Körper, daher soviel wie *Rotationsellipsoid. Bildet die kleinere Achse der Ellipse die Drehungsachse, so spricht man von einem abgeplatteten R. Der Grad der Abplattung α (oder schlechtweg die *Abplattung) wird gewöhnlich ausgedrückt durch das Verhältnis der Differenz der halben Achsen a und b zur halben großen Achse, also $\alpha = \frac{a-b}{a}$

(s. auch Erdsphäroid) (Abb. 33)

Roterden *humusarme Böden zumal der Tropen und Subtropen, deren Farbe von rotem Eisenoxydhydrat herrührt (L 9, Bd. 627/25; 11³/151; 53b/44)

roter (Tiefsee-)**Ton** auf größter Tiefen (über 4100 m) beschränkte, durch ein bedeutendes Überwiegen (zu 91 v. h.) anorganischer Bestandteile gekennzeichnete und sehr weit (über rund 130,3 Mill. qkm, vor allem — zu ⁴/₅ — im Pazifischen Ozean) verbreitete *pelagische Sedimente ("Tonerde-Silikathydrat, wie es aus der chemischen Zersetzung vulkanischer Auswürflinge hervorgeht") (L 3/278 f.; 34/487 ff.)

Rotliegendes [nach der bergmännischen Bezeichnung der im *Liegenden zum thüringischen Mansfeld abgebauten Kupferschiefer lagernden roten Sandsteine] f. geologische Zeitalter

Routenaufnahme [frz. route Straße] s. Wegaufnahme

Rücken, unterseeische s. ozeanische Schwellen

Rückengebirge s. Kammgebirge

Rückfaltung s. Vorland von Faltengebirgen

Rückland von Faltengebirgen s. Vorland von Faltengebirgen

rückläufige Nebenflüsse s. Flußsystembezeichnungen

Rückstrahlung der Wärme = *Ausstrahlung der Wärme

Rühl, Alfred, Geograph, * 1882 in Königsberg in Preußen, Prof. an der Universität Berlin. Reisen in Europa u. Ver. St. v. A. Arbeitsgebiete bef.: Geomorphol. u. Wirtschaftsgeogr.

Rummeln die durch sommerliche Regengüsse und Schneeschmelzwässer gebildeten Trockentäler des Flämings

Rumpfgebirge durch *epirogenetische Bewegungen neuerlich zu Gebirgen aufgebogene *Rumpfplatten

Rumpfhorste allseitig von *Brüchen begrenzte *Rumpfschollen

Rumpfplatte (*Hettners) = **Rumpffläche** (*Supans) die zum Rumpfe eingeebneten Teile eines ursprünglichen (archäischen oder paläozoischen) Faltengebirges, entstanden durch *Meeresbrandung als *Abrasionsflächen oder durch *subaërische Kräfte als *Peneplains. Treten maßgebend Brüche hinzu, so spricht man von *Rumpfschollen. Überwiegend liegen die alten Gesteine zutage, da sie entweder nie von einer Decke jüngerer Gesteine überlagert waren oder eine solche Decke bereits wieder entfernt wurde. Zur *Davisschen Theorie der R.bildung hat *Penck (die Gipfelflur der Alpen in Sitz.-Ber. Pr. Ak. Wiss. 1919, S. 256 ff.) wichtige Ergänzungen gemacht. Er unterscheidet drei Umbildungsreihen (1. starke, langanhaltende Hebung, 2. starke Hebung von kurzer Dauer und 3. sehr langsame Hebung), die alle von einer ursprünglichen Ebene durch Abtragungsformen zur R. führen. Nach Sölch (im Festband für A.*Penck, 1918) sind R. nicht durch *Abtragung von Gebirgen fast bis zum *Meeresspiegel, sondern während der Anfänge der jüngsten Gebirgsbildung durch Talverbreiterung in tieferen Niveaus geschaffen worden. Wichtig auch L 49 b/89 ff.; 7, Bd. 2^2/323 ff.

Rumpfrestberge Berge, die durch *Abtragung der Umgebung aus einer *Rumpffläche hervorgegangen sind (*Restberge)

Rumpfschollen s. Rumpfplatte

Rumpfschollengebirge durch *tektonische Vorgänge zu Gebirgen gehobene *Rumpfschollen

Rundhöcker vom *Gletscher bei seiner Vorwärtsbewegung zu runden Buckeln abgeschliffene Unebenheiten des Felsuntergrundes, die Stoßseite mit sanftem Anstieg und stark geritzt, der gegenüberliegende Abfall steil ("mit scharfen Verwitterungs- und Abbruchflächen"). Für weite Gebiete der *diluvialen Vereisung typisch die R.-Landschaften mit zwischen den R. "meist flachen und seichten, aus dem anstehenden Fels ausgeschliffene, häufig seenerfüllte Hohlformen" (L 9^3/82)

Rundling (Rundsdorf) kleine Dörfer, "deren keilförmig zugespitzten Grundstücke mit den Höfen darauf um einen runden oder hufeisenförmigen Platz liegen (L 5/357), in ausgeprägter Form selten, vielfach Übergänge (*Gassendörfer); früher als die typische flawische Siedlung aufgefaßt, heute auch die Möglichkeit germanischer Herkunft und Übernahme durch die Slawen angenommen (Mielke in Zs. f. Ethnol. 1920/1). Auch "spezielle Form der geschützten *Haufensiedlung von Viehzüchtern" genannt (L 9, Bd. 632/55)

Russische Tafel das osteuropäische Flachland. Abgesehen von den bereits im *Paläozoikum gefalteten, heutigen Rumpfgebirgen des Urals, des Timangebirges und des südrussischen Landrückens ist in der R. T. nur das *Urgebirge steil gestellt. Im Gegensatz zum *Baltischen Schild seit dem Archaikum von zahlreichen Meeresüberflutungen bedeckt, liegen deren Schichten, nur von wenigen *Dislokationen betroffen, fast überall horizontal

Sachalin-Strömung kalte, südwärts ziehende *Meeresströmung an der Ostküste Sachalins

Sägeleitpunkt = *Erosionsbasis

Sägetäler = *Schluchtentäler

saigere Schichtstellung [bergmännisch] von seihen (senkrecht niedertröpfeln) senkrecht gestellte Schichten, im Gegensatz zur *söhligen S. mit wagrecht liegenden Schichten

saigere (oder *Vertikal-) **Verwerfung**

Sachwörterbücher VIII: Kende, Geographisches Wörterbuch. 2. Aufl. 12

eine *Verwerfung mit senkrecht stehender Bruchfläche

säkulare Bewegungen [lat. saeculáris hundertjährig] in längeren Zeiträumen sich vollziehende Bewegungen wie die *Strandverschiebungen

säkulare Klimaperioden periodische Schwankungen des *Klimas, „die sich vielleicht über ein Jahrhundert und mehr ausdehnen" (L 3/243)

säkulare Niveauveränderungen s. Niveauveränderungen

Salzböden s. Tonböden

Salzgehalt der Flüsse von dem des Meeres nach Menge und Zusammensetzung verschieden (hier Chlorverbindungen, dort mit rund 60 v. H. kohlensaure Salze überwiegend: Analyse L 54/81; 34/374), doch auch untereinander bei verschiedenen Wasserständen und Temperaturverhältnissen wechselnd (niedriger Stand und wärmeres Wasser sind salzreicher) (L 9, Bd. 628/60)

Salzgehalt der Seen abhängig von der Beschaffenheit des zufließenden Wassers und der Ufergesteine wie den klimatischen Verhältnissen der Umgebung; „die Verdunstung trägt zur Konzentrierung der Lösung, zur Sättigung und zum Niederschlag der Salze je nach dem Grade der Sättigung bei" (L 9, Bd. 628/84). *Flußseen besitzen bei Vorherrschen von kohlensauren Salzen einen nur geringen (0,01—0,02 v. H.), abflußlose Seen infolge des verdunstenden reinen Wassers einen weitaus höheren (mit dem Alter des Sees wachsenden) Salzgehalt mit großen „Schwankungen je nach der Regen- und Trockenzeit und den feuchteren und trockeneren Perioden, aber auch von Ort zu Ort", — bei Verminderung der kohlensauren Salze und relativem Überwiegen der Alkalikarbonate (Salze besonders von Kalium und Natrium mit Kohlensäure) oder von Sulfaten und Chloriden. Ausgesprochene *Salzseen (mit über 5 v. H. Salzgehalt) enthalten entweder außer Chlormagnesium, schwefelsaurer Magnesia und schwefelsaurem Natron vorwiegend Kochsalz oder (als *Natronseen) neben Kochsalz hauptsächlich kohlensaures und schwefelsaures Natron oder (als seltene *Boraxseen) Borax und Kochsalz. „Die Ausscheidung der Salze geschieht in den Salzseen bei steigender Konzentration je nach dem Sättigungspunkt der Salzlösung, und zwar scheiden sich zuerst die am schwersten löslichen Stoffe, die Sulfate und kohlensauren Salze aus, dann die Na-Chloride, endlich die leichtest löslichen K- und Mg-Salze." In allen Seen sind die tieferen Schichten salzreicher als die oberen (L 3/770 f.; 54/137 ff.)

Salzgehalt des Meerwassers die in einem kg Meerwasser vorhandene Gesamtmenge an aufgelösten Stoffen; sie beträgt durchschnittlich im offenen Ozean 35 v. T. (35 g im kg Wasser); Chlorsalze (hauptsächlich Chlornatrium = Kochsalz mit rund 77,8 und Chlormagnesium mit 10,9 v. H. der aufgelösten Stoffe) herrschen unter den 32 bisher im Meere nachgewiesenen Elementen vor; Chlormagnesium und Bittersalz = schwefelsaures Magnesium (4,7 v. H.) geben dem Meerwasser den unangenehm salzig-bitteren Geschmack. Da das Verhältnis der gelösten Bestandteile zueinander immer gleich ist, kann der S. d. M. nach Berechnung eines einzigen bestimmt werden, z. B. des Chlors, das stets 0,553 des Salzgehaltes ausmacht, durch Multiplikation mit der *Chlorkonstanten; der S. d. M. kann aber auch mittels *Aräometer gefunden werden, da das von ihm unmittelbar abzulesende *spezifische Gewicht bei einer gewissen Normaltemperatur (17,5° in Deutschland) einem bestimmten, leicht erschließbaren (weil direkt proportionalen) Salzgehalt zukommt (Formel in L 2/512). „An der Meeresoberfläche wird der Salzgehalt erhöht durch Verdunstung, vermindert durch Niederschläge und Landwasser, ferner differenziert durch Strömungen"; seine Verteilung ist daher „1. in niederen Breiten größer als in hohen (Tropen > 35 v. T., Polargebiete < 32 v. T.); 2. bei den Wendekreisen am höchsten (trockene Winde, wenig Niederschläge); 3. innerhalb der hohen Breiten an den Ostseiten der Meere (warme Strömungen) höher als an den Westseiten (Polarwasser); 4. um die Küsten mit Flußmündungen, Gletschern oder Schmelzwassern niedriger als weiter draußen; 5. in *Nebenmeeren der Wüstenzone

Salz-Zone — Sandwüsten 173

extrem hoch, z. B. im Roten Meer 41 v. T." (L 5/87) (s. auch das Kärtchen der Verbreitung des S. an der Meeresoberfläche bei L 57/44 und das Kärtchen über ihn S. des Atlantischen Ozeans bei L 3/287). In der Tiefe der Weltmeere sind die Unterschiede in vertikaler Richtung gering, der Salzgehalt ziemlich gleichmäßig 35 v.T.(L2/511 ff.; 3/285 ff.; 34/368 ff.; 57/38 ff.)
Salz- (= **Sial-**) **Zone** s. Erdkern
Salzseen s. Salzgehalt der Seen
Salztonebenen geschlossene *Becken in *ariden Gebieten werden meist allseits von „unzerschnittenen und oft übertrusteten Schuttkegeln umgürtet, deren Material gegen das Innere immer feiner wird, bis endlich feiner Ton und die gelösten Salze im innersten Teil zur Ablagerung kommen; die inneren Teile dieser schuttumwallten Hohlformen sind in trocknen Zeiten vollkommen glatte und ebene *Lehmflächen, oft von Salzausblühungen oder Kalk- bzw. Gipskrusten überzogen, zur Zeit des Regens oder Hochwassers ein See oder Sumpf" (L 9, Bd. 627/95). Diese S. sind die *Bolsone Mexikos, die *Playas der südwestlichen Union, die *Takyre Transkaspiens, die *Sebchas der Sahara (L 3/624; 47a²/145)
Salzwüsten s. Steppe
Sambesi-Völker *Bantu-Neger Südostafrikas, nördlich von den mit ihnen verwandten *Zulus wohnend; zu ihnen gehören die *Barotse-Mambunda u. a.
Sammelflüsse(=ströme)nach *Wagner (L 2/458) jene, deren Gebiet sich aus einer kleineren oder größeren Zahl von Stromkammern verschiedenen Baues und verschiedener Anordnung zusammensetzen
Sammel- und *Verteilungshäfen nach *Hassert (L 96/352) jene, „in denen viele Seeverkehrslinien zusammenlaufen und ein Sammeln und Wiederverteilen von Gütern und Reisenden veranlassen" (Singapore, Sansibar)
Samojéden zur *finnisch-ugrischen Völkergruppe gehörendes Jägervolk von rund 16000 Köpfen im nördlichsten Asien und nordöstlichsten Europa (L5/327; 109²/279 f. u. ö.)
Samum [arab. samma vergiften] s. Fallwinde

Sand s. Staub
Sandbänke die Ablagerungen durch die Meereswellen in einiger Entfernung von der Küste* und dem *Meeresspiegel; über ihn emporwachsend, können sie als inselartige *Strandwälle (*Lidi) Meeresteile abschließen (*Lagunen, solange sie noch Salzwasser enthalten) (s. auch Küstenversetzung)
Sandböden s. Tonböden
Sandhosen (Windhosen, *Tromben) aufsteigende, wirbelnde Luftströmungen von gewöhnlich nur wenigen m Breite (*Zyklonen, s. auch Wirbelstürme), welche über Wüsten und Steppen die feinen Sandteilchen bis 1000 m hoch emporreißen können und sie auf ihrem Zuge mit sich führen; gelegentlich als „gänzlich ungefährlich" bezeichnet (L 38/329), kommt ihnen meist eine außerordentliche Zerstörungskraft zu,,,wie ein finsterer, dunkler Trichter hängen sie halkenförmig aus den Wolken herab, Regen, Blitze und Hagel entsendend und oft sprungartig über die Erdoberfläche hüpfend" (Weber, „Einführung in die Wetterkunde", AnuG 55, S. 92)
Sandr [isländ. Wort] der nach *Diluvialvereisung durch den Gletscherbach außerhalb des *Moränengürtels flächenförmig ausgebreitete Schuttkegel aus Kiesen und Sanden
Sandstein aus der Verkittung von Sand (hauptsächlich Quarzkörnern) hervorgegangenes — grob-, mittel- oder feinkörniges — *Schichtgestein. Nach dem Bindemittel: toniger Schlamm, Kieselerde, Eisenrost, Kalk unterscheidet man Ton-S., kieseligen oder Quarz-S., eisenschüssigen S., Kalk-S. u. a. Das Bindemittel bestimmt auch überwiegend die Geländeform; ein kieseliges Bindemittel schafft langgestreckte, oft hochflächenartige Rücken, die meist enge, steilwandige Täler einschließen; ein toniges Bindemittel erzeugt mehr rundliche Formen und daher Hügelländer mit breiten, muldenartigen Tälern. Verschiedene bankartig übereinander gelagerte, auch vertikal zerklüftete S.-Arten (*Quadersandsteine) bilden malerisch-pittoreske Formen, Mauern, Klippen, Säulen und besitzen fast senkrecht abfallende Talschluchten
Sandwüsten s. Lehmwüsten

12*

Sandzungen Form einer *Düne, „lange, schmale Anhäufungen, die an einem Ende verhältnismäßig breit, hoch und steilwandig sind und nach dem anderen Ende sich austeilen und abflachen" (L 11³/342)

Sanson=Flamsteedsche Projektion [lat. projicere vorwerfen, entwerfen] *unechte Zylinderprojektion, bei der die *Breitenkreise Grade sind, die durch die *Meridiane *längentreu geschnitten werden, d. h. ihre Abschnitte entsprechen denen auf der Kugel. Die als Kurven erscheinenden Meridiane (kon-

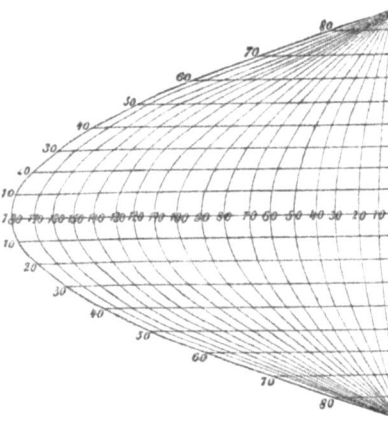

Abb. 67. Sanson=Flamsteedsche Projektion. (Aus L 22/108)

struiert als Verbindungslinien aller im richtigen Verhältnis der abnehmenden *Parallelgrade geteilten Breitenkreise) konvergieren gegen den Pol. *Flächentreu (die *Gradfelder haben in allen Breiten die gleiche Höhe und Grundlinien wie das Globusgradnetz), aber in zu weitem Abstand vom Mittelmeridian gegen die Ränder hin verzerrt. Angewendet zur Darstellung von Ländern um den *Äquator (Afrika, Polynesien) (L 2/212; 5/79; 23¹/79 ff.) (Abb. 67).

Sapper, Karl, Geograph, * 1866 in Wittislingen, Prof. an der Univ. Würzburg. Arbeiten hauptf. zur Landesk.

Mittelamerikos (1894, 1897, 1899, 1902, 1905, 1921) und Mexikos (1908), L 8 und 103, „Katalog d. geschichtl. Dulkanausbrüche" (1917), „Beitr. zur Geogr. d. tätigen Dulkane" (1917) und L 39c, „Amerika"(1923), Beitr. „Amerikanische Mittelmeerländer" zu L 101

Sargassomeer f. nordatlantische Verbindungsströmung

Satelliten [lat. satellēs bewaffneter Begleiter] = *Monde

Sattelfalte (*G e w ö l b e)=*Sattel einer *Falte; ihre ältesten Teile liegen als *Kern (*Falten=, *Sattel=, *Gewölbekern) im Innern ihrer Biegung und zu tiefst, ihre jüngsten Teile als *Scheitel im Äußersten ihrer Biegung und zu oberst

Sattelgebirge f. monoantiklinale Faltengebirge

Sattelkern f. Sattelfalte

Sattelpässe f. Pässe

Satteltal = *Antiklinaltal

Sättigungs=Defizit f. Feuchtigkeit der Luft

Sättigungspunkt, Sättigungszustand f. Verdunstung

Saturn f. Planeten, Monde. Größter Planet nächst *Jupiter. Die Schnelligkeit der Umdrehung um sich selbst (10½ Stunden) bewirkt sehr starke *Abplattung ($^1/_{16}$)

Saturnring f. Monde

Sauerstoffgehalt des Meerwassers f. Meerwasser

Sauglöcher f. Schlundlöcher

Saumpfade für Reit= und Lasttiere verwendbare Wege, „nicht viel breiter als Fußpfade, aber ihre stärksten Steigungen vermeidend" (L 96/105)

Saumriffe die unmittelbar an die *Küste anschließenden (daher auch *Küstenriffe), von ihr durch einen meist ganz schmalen Kanal getrennten *Riffe, die, 40—90 m breit, mit etwas erhöhtem Rande nach außen steil abfallen (L 3/787; 5/226; 9, Bd. 627/121; 11¹/105; 11³/406 f.) (f. auch Wallriffe)

Saumtäler nennt v. *Richthofen (L 50/625) die *Täler an der Außenseite von Gebirgen. Vgl. auch L 2/422

Saumwall f. Strandsaum

Savánne [span. savána] die (gelegent-

Savannenwald — Schelfeis

lich mit eingestreuten Bäumen bestandene) der *Steppe verwandte Grasflur wärmerer Gegenden (am Orinoko *Llanos, in Brasilien Campos genannt)

Savannenwald s. tropischer Wald

Saxonische Faltung [lat. Saxónia Sachsen] Außer den großen Hauptfaltungsphasen *Silur (*Kaledonisches Gebirge), *Karbon (*Armorikanisches und *Varistisches Gebirge) und *Tertiär (heutige *Kettengebirge) haben sicherlich auch noch zu anderen Zeiten Faltungen stattgefunden. So wurde zwischen *Jura und *Tertiär auf dem Boden des Varistischen Gebirges ein Teil der mitteldeutschen Gebirge (Thüringer Becken, Teutoburger Wald usw.) in nordwestlicher, parallel zum Rand der *Russischen Tafel verlaufender Richtung gefaltet (s. F.); die Phase dieser Faltungen vor der *Kreidezeit heißt *Kimmerische Faltung (L 34/812; 37²/231, 249)

Schalen(kreuz)anemometer [gr. ánemos Wind, métrein messen] Instrument zur Messung der Windstärke, das durch Übertragung der Umdrehungen von vier kreuzweise angeordneten Schalen auf einen Schreibapparat die Windgeschwindigkeit unmittelbar in m pro sec angibt. Beschreibung bei L 61c/40 f. (f. auch Beaufort=Skala)

schalige Verwitterung = *Desquamation

Schären s. Fö(h)rden

Schärenküste *Küste mit zahlreichen vorgelagerten *Föhrden

Schartenkamm s. Mauerkämme

Schartenpaß s. Pässe

Scharung das Aneinanderschließen der einzelnen Züge eines *Faltengebirges unter spitzem Winkel. Ggf.: *Virgation

Schattenmesser oder *Gnomon ein senkrecht auf ein wagrecht liegendes Brett gestellter Stab (Abb. 68). Er kann durch Beobachtung der Schattenrichtung zu verschiedenen Stunden des Tages zur Bestimmung der *Mittagslinie dienen oder, falls diese bekannt ist, durch Beobachtung des Eintritts des Schattens in die Mittagslinie zur Feststellung der *Mittagszeit; über die Bestimmung der *Mittagshöhe durch den Sch. bei Mitberücksichtigung der *Mittelpunktsreduktion s. Abb. 55

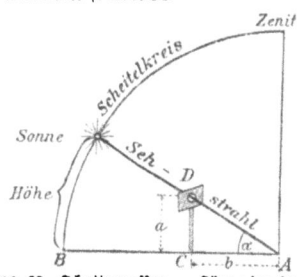

Abb. 68. Schattenmesser. a Länge des Stabes, b kürzester Schatten, α Mittagshöhe der Sonne

$$\tan \alpha = \frac{a}{b}$$

Schattenplastik das Verfahren der Geländedarstellung nach dem Grundsatze, je steiler die Böschung, desto dunkler der Schatten (s. auch Schraffen) (L 2/237)

Schattentemperatur d. h. (um die Wirkung der direkten Sonnenbestrahlung auszuschalten) im Schatten gemessen sind alle in klimatischen Tabellen usw. sich findenden Temperaturangaben (L 2/565; 5/95)

Schaufelfläche = *listrische Fläche

Scheidetäler = *Isoklinaltäler überhaupt oder beschränkt auf jene, in denen eine Formationsgrenze verläuft (L 2/421)

Scheitel einer *Falte s. Mulden= und Sattelfalte

Scheitel eines Gebirges s. Kammscheitel

Scheitelpunkt = *Zenit

Scheitelwert der Temperatur der aus langen Beobachtungsreihen ermittelte vorherrschende bzw. wahrscheinlichste Wert der Temperatur (L60a¹/32)

Schelf der von der *Flachsee überflutete Teil der *Kontinentaltafel (s. hypographische Kurve der Erdkruste)

Schelfbuchten die im *Schelfgebiet liegenden Ausbuchtungen der *Küste, die also bei einer Senkung des *Meeresspiegels um rund 200 m Festland würden (L 2/282)

Schelfeis auf seichtem Meeresgrunde aufliegendes *Inlandeis; vielleicht durch Anhäufung von Schnee, der in Eis übergegangen ist, über dem fest-

Schelfinseln — Schildvulkane

sitzenden Meereis des Küstensaumes entstanden (L 11³/326 ff.; 65/107)
Schelfinseln = *Flachseeinseln
Schelfküsten nach Sölch (L 5/210) *Küsten, die nicht dem *Kontinentalabfall (*hypsographische Kurve der Erdrinde!), sondern der *Kontinentaltafel, und zwar dem *Schelf angehören; sie zeigen „zwar äußerlich keine Abhängigkeit von den Baukräften, gehen aber doch in letzter Linie auch auf sie zurück"
Scheu, Erwin, Geograph, * 1886 in Steinheim (Württbg.), Prof. an der Univ. Leipzig. Reiste in N.-Afrika, S.- u. W.-Europa. „Frankreich" (1923), „Deutschl. wirtschaftsgeogr. Harmonie" (1924)
Schichtenabbruch = *Verwerfung
Schichtenfaltung = *Faltung
Schichtenköpfe die an der Oberfläche ausstreichenden und daher sichtbaren Querschnitte der Schichten
Schichtenlinien = *Isohypsen
Schichtenunterdrückung bei *Längsverwerfungen das Fehlen einer Schicht, die normalerweise vorhanden sein müßte; sie ist im gesunkenen Flügel unter die Erdoberfläche geraten, im gehobenen durch *Denudation entfernt worden
Schichtenverdopplung = *Schichtenwiederholung
Schichtenverschiebung = *Verwerfung
Schichtenwiederholung (bzw. *Schichtenverdopplung) die Aufeinanderfolge der gleichen Schichtgruppe, kann bei *Isoklinalfalten (L 37¹ Fig. 129/30), aber auch bei *normalen Verwerfungen entstehen, und zwar bei normaler Verwerfung mit *saigerer Schichtstellung, bei *streichender, *widersinnig fallender Verwerfung und bei widersinnig fallender *Diagonalverwerfung, in beiden Fällen mit geneigter Schichtstellung (L 41/100 f. mit Abb.)
Schichtfläche einer Schichtungstafel s. Schichtungstafel
Schichtflüsse₁ = *subsequente Flüsse
Schichtfluten das flächenhaft wirkende Regenwasser in Trockengebieten
Schichtgesteine s. Sedimentgesteine
Schichtquellen entstehen dort, „wo eine von undurchlässigen Bildungen unterlagerte wasserführende Schicht mit der Erdoberfläche sich verschneidet" (L 9, Bd. 628/21), doch ergibt die verschiedene Lagerung der Schichten eine Anzahl von besonderen Formen (L 3/497; 5/153; 37¹/420) (s. auch Überfalls-, Stau-, Tal- [Spalt-] und Verwerfungsquellen)
Schichtstörungen s. Dislokationen
Schichtstufen (*Glinte) die mehr oder minder deutlich ausgebildeten, an verschieden widerstandsfähige, sanft geneigte Gesteinsschichten geknüpften Steilränder (*Cuestas), an deren Fuße sich in leichter zerstörbaren Gesteinen breite *Schichttäler entwickeln (L 5/181; 11⁸/19 f.; 47a²/35) (s. auch Landstufen)
Schichttäler s. Schichtstufen
Schichtung im Firngebiet gebildet durch Schneelagen, die den einzelnen Winter- oder anderen Niederschlagsperioden entsprechen; die sie trennenden Schmelzperioden lassen sich an der feinen Staubdecke zwischen den Lagen erkennen (L 65/36)
Schichtungstafeln (ursprüngliche Ebenen, urspr. Tafelländer, urspr. Flachböden) flach gelagertes, festes *Schichtgestein bildet die Oberfläche entweder als Schichtfläche (wenn deren Neigung dem Fallwinkel der Schichten entspricht) oder als Schnittfläche (welche die Schichten unter einem spitzen Winkel schneidet)
Schichtvulkane = *Stratovulkane
Schichtwasser s. Grundwasser
Schichtwasserquellen entstehen am „Ausstreichen einer wasserdurchlässigen Schicht, die zwischen zwei wasserundurchlässigen liegt" (L 5/153); sie zerfallen in *Schicht-, *Überfalls- und *Tal- (*Spalt-) Quellen
Schichtwolken = *Stratus
schiefe (oder *schräge) **Beleuchtung** nimmt man zur Erzielung einer gewissen Plastik des Geländebildes bei der Geländedarstellung an (die Lichtquelle wird unter einem beliebigen Winkel, meist einem von 30° gedacht)
Schiefe der Ekliptik s. Ekliptik
schiefe Falten s. Falte
Schieferung jene Eigenschaft zahlreicher *Gesteine, sich „infolge der lamellenförmigen Gestalt und parallelen Anordnung ihrer Bestandteile" nach einer Ebene spalten zu lassen (Dachschiefer!); die S. erleichtert naturgemäß die *Verwitterung (L 2/323; 37¹/157)
Schildvulkane *Lavavulkane, die sich im

Schlacken — Schlundlöcher

Gegensatz zum kegelförmigen Vesuvtypus aus zahlreichen übereinandergeflossenen *Lavaströmen zu sanft geböschter, flacher Kuppelform, doch bis zu 4000 m aufbauen

Schlackenkegel s. Vulkane

Schlacken, vulkanische „rauhe, rissige bis zackige *Lavastücke oder =blöcke von meist poröser bis blasiger Beschaffenheit" (L 37¹/29 u. ö.)

Schlackenwälle s. Lokereruptionen

Schlagintweit, v., Brüder (Hermann *1826, †1882 in München; Adolf *1829, † 1857 in Kaschgar; Robert * 1833, † 1885 in Gießen) Forschungsreisende, die 1854—1858 von Indien aus Zentralasien durchzogen (1856 Überschreitung des Karakorum und Kwenlun). Hermann und Robert veröffentlichten „Results of a scientific mission to India" (4 Bde., 1860—1866), Hermann auch „Reisen in Indien und Hochasien" (1869—1880)

Schlamm s. Staub

Schlammführung eines Flusses die vom *Flusse schwebend mitgeführten Stoffe, ihm vom Winde, Regen und den Ufern beigemengt; nach dem Charakter der Ufer, dem Wasserstande und der Niederschlagsmenge (Jahreszeit!) in Zusammensetzung und Menge auch für denselben Fluß verschieden (L 2/ 334f., 339; 9, Bd. 628/59; 54/81)

Schlamminseln entstehen als verhältnismäßig vorübergehende Erscheinungen durch Schlammausbrüche (*Schlammsprudel) auf dem Boden des Meeres oder von Seen (L 3/414f.)

Schlammsprudel s. Schlammvulkane

Schlammströme entstehen entweder durch die, die vulkanischen Ausbrüche häufig begleitenden heftigen Regengüsse, deren Fluten sich mit den ausgeworfenen *Aschen mischen und, als „durchwässerter Brei" herabfließend, nicht weniger verheerend wirken können wie Lavaströme, oder sie bilden sich, wenn im Gebirge langdauernde Regengüsse gewaltige, auch Gehängerutschungen entstammende Schuttmassen in den *Wildbächen zu Tale schaffen und dieses oftmals Kulturen vernichtend auf weite Strecken überschütten (*Schuttströme, *Muren, *Murbrüche, *Murgänge) (L 54/75; 3/490; 11³/55, 179; 47a¹/747)

Schlammvulkane (Schlammsprudel) kleine Hügel aus tonigem Schlamm die sich selbst unter Gasausströmungen kegelförmig aufbauen (L 3/413ff.; 11³/ 48, 80; 37¹/725f.)

Schleuderthermometer zur Messung der wirklichen, die *Sonnenstrahlung ausschaltenden Lufttemperatur, ein in einer Hülse eingeschlossenes Thermometer, das in einer Schnur so lange herumgeschwungen wird, bis seine Angabe sich nicht mehr ändert

Schlick feinst=erdige, mit Resten von Seetieren durchsetzte *litorale bzw. *kontinentale Sedimente des Meeresbodens, aber auch über die *Flach= in die *Tiefsee hinausgreifend und den Boden der meisten tiefen *Nebenmeere bedeckend; nach Farbe und Entstehung: blauer (am meisten verbreitet), roter, grüner und Korallen=S. (L 3/275, 278; 37¹/669ff.)

Schliffbord = Trogschulter

Schliffgrenze die obere Grenze, bis zu der sich morphologisch die Wirkungen der *eiszeitlichen Vergletscherung verfolgen lassen (L 47a²/162) (Abb. 72)

Schliffkehle die Grenze zwischen der *eiszeitlichen Gletschererfüllung im alpinen Hochtal, und damit einerseits der „rundgebuckelten, abgeschliffenen unterhalb und anderseits oberhalb von rauhen Verwitterungsflächen bedeckten Partien" (L 9, Bd. 627/86), oft als sichtbarer einspringender Winkel entwickelt; von der S. neigt sich bis zum *Trogrand (im wesentlichen *Machatschets *Schulterfläche) die ebenfalls schliffbedeckte *Trogschulter (Machatschets *Schliffbord) (Abb. 72)

Schlipf = *Bergschlipf

Schlote s. Karsthöhlen

Schluchten, Schluchtentäler (*Sägetäler) Täler mit fast senkrechten *Talgehängen infolge alleiniger oder gegenüber der Verflachung der Talgehänge vorherrschender *Tiefenerosion

Schlundlöcher (*Katavothren, *Ponore) unterirdische Klüfte und Kanäle im *Karste, die am Boden oder Rande der *Poljen ausmünden; als *Speilöcher entsenden sie Wasser an die Oberfläche, als *Sauglöcher verschlucken sie es (manche S. wirken abwechselnd als

Saug- und Speilöcher) (L 3/555; 5/153 f.)

Schlüter, Otto, Anthropogeograph, * 1872 in Witten a. d. Ruhr, Prof. an der Universität Halle. Arbeiten: Siedlungen im nordöstlichen Thüringen (1903), Erde als Wohnraum des Menschen (in L 121), Ziele der Geographie des Menschen (1906), gab L 97 heraus; andere Arbeiten zit. bei L 5/247 ff.

Schmarotzerkegel s. parasitische Vulkankegel

Schmelzfiguren der Gletscheroberfläche nennt *Sölch (L 5/200) *Mittagslöcher, *Gletschertische und ähnliche mit der Beeinflussung der Abschmelzung durch den Gletscherschutt zusammenhängende Erscheinungen

Schmelzwässer der *Gletscher das durch das Auftauen des Eises (am Morgen, im Sommer) gebildete, in gekrümmten Furchen abwärtsrinnende Wasser (L 65/23)

Schmutzbänder der Gletscher in den Vertiefungen der Gletscheroberfläche (*Ogiven) sich ansammelnder Staub und Sand

Schnee (S.flocken, S.kristalle, S.sterne) Bildung und Wachstum unbekannt, „nur die Zusammenballung bei Temperaturen über dem Gefrierpunkt ist leicht erklärlich" (L 61/78)

Schneedecke die Form, in welcher der Schneefall klimatisch und wirtschaftlich von Bedeutung wird (Verhinderung allzu starker Ausstrahlung im Winter, Wasserregulator für Hochgebirgsflüsse usw.); da nur dort vorhanden, wo die Luftwärme den fallenden Schnee nicht sofort auftaut, ist die S. den südlichen Tiefländern unbekannt

Schnee- (*Boden-) **Eis** die durch eindringendes Wasser und Druck in Eis umgewandelten, in Bodenvertiefungen zusammengewehten Schneemassen (s. auch fossiles Eis)

Schneegrenze, wirkliche die untere Grenze der zusammenhängenden dauernden Schneeflächen (L 65/8). Angaben über die S.-Höhen verschiedener Gebirge bei L 65/81 ff. und in J. Perthes' Taschenatlas" S. 15 (s. auch klimatische Schneegrenze)

Schneelinie = *Firnlinie

Schneide hochaufragender *Kamm eines Gebirges mit „unruhigem, zackenartigem Profil" (L 2/431)

Schnittfläche einer Schichtungstafel s. Schichtungstafel

Schnittquellen nennt *Passarge (L 11³/225) jene *Quellen, die auf einer (durch Gebirgsbildung oder *Abtragung entstandenen) Schnittfläche austreten

Schnitzer, Eduard (*Emin Pascha), deutscher Forschungsreisender, * 1840 zu Oppeln, ermordet 1892 in Kanena (Afrika); bereiste das Nilgebiet (seit 1875)

Scholle s. Dislokationen

Schollengebirge von *Brüchen begrenzte Gebirge; *Keilschollen bei bloß einseitigem Bruchabfall (mit steilerer Schichtenneigung und ungleichartigen Böschungen, als *Kamm- oder als *Rütlengebirge uns entgegentretend), *Horstgebirge, wenn die Brüche allseits oder mindestens auf zwei entgegengesetzten Seiten verlaufen (L 7, Bd. 2¹/126 ff.; 9³/65 ff.; 11³/16)

Scholleninseln *Kontinentalinseln, als *Horste aus tiefem Meere aufsteigend, mit dem Charakter von *Tafel-, *Salten- oder *Rumpfschollen (L 2/484; 3/783)

Schollenküsten nach *Wagner (L 2/466) jene wenig zugänglichen *Küsten, „wo Tafelränder in Staffelbrüchen herabsinken" oder „niedrigere Platten (Tafelländer, *Rumpfschollen) ans Meer grenzen"

Schollenländer, -landschaften größere Gebiete, in denen für den Aufbau *Verwerfungen bestimmend sind (was nicht ausschließt, daß auch gelegentlich *Falten vorkommen). Liegen die Schollen in großer absoluter Meereshöhe, so spricht man von Schollenhochländern

Schollenlava s. Blocklava

Schollenüberschiebung Gegensatz zur *Faltenüberschiebung, wobei eine Scholle längs einer sanft einfallenden Fläche über eine andere hinaufgeschoben wurde, „ehe die *Faltung begann, die dann nicht nur die Schichten, sondern auch die Bewegungsfläche gefaltet hat" (L 41/71)

Schoolcraft, Henry Rowe, Forschungsreisender, * 1793 zu Guilderland (Neuyork), † 1864 zu Washington, bereiste

Schott — Schuttkegel 179

das Grenzgebiet zwischen den Ver. Staaten von Amerika und Kanada
Schott, Gerhard, Ozeanograph, *1866 zu Tschirma (Reuß ä. L.), Abteilungsvorstand an der Seewarte in Hamburg. Schrieb u. a. L 56b und 57. 1898/9 mit der *Valdivia-Expedition
Schotterkegel = *Schuttkegel
Schraffen parallele vertikale Striche zur Darstellung von Böschungen des Geländes, vom sächsischen Major J. G. Lehmann (1799) erstmalig verwendet; Grundsatz (bei senkrecht auffallenden Strahlen wird eine ebene Fläche am stärksten beleuchtet, also:) je steiler der Abhang, desto dunkler und näher aneinander die S. Lehmann teilte die Böschungen bis zu 45⁰ (schon sehr schroff)

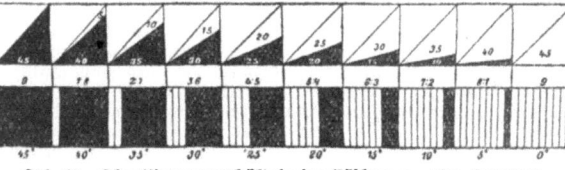

Abb. 69. Schraffierungsverhältnis der Böschungen. (Aus L 23²/28)

in 10 Klassen; nach ihm beträgt das Verhältnis von schwarz zu weiß (Strich- und Zwischenraumbreite) für eine Neigung von 0⁰—5⁰ 1:8, von 5⁰—10⁰ 2:7, von 10⁰—15⁰ 3:6 usw. Das gebirgigere Bayern nimmt 13, Österreich sogar 17 Abstufungen, jenes eine obere Grenze von 60⁰, dieses von 80⁰ an. Die S. stehen überall senkrecht zu den *Isohypsen (kürzester Weg des fließenden Wassers) und geben so auch die Richtung des *Gefälles an. Höhenzahlen (Beachtung der Bergformen und Gewässer) unterstützen die Lesbarkeit der reinen S.karte. Bei kleinerem *Kartenmaßstabe werden die S. nicht nach einer besonderen Skala (L 23²/27 ff.), sondern nur zur ungefähren Andeutung stärkerer oder schwächerer Böschungen verwendet (Abb. 69)
schräge Beleuchtung = *schiefe B.
Schratten s. Karstercheinungen
Schritt Entfernungsmaß von 70—80 cm Einheit; die deutsche topographische Karte setzt 1250 S. 1 km gleich
Schrittzähler uhrartiges Instrument, in dem eine Feder bei jedem Schritte ein Rädchen weiterschiebt
Schrumpfungstheorie = *Kontraktionstheorie
Schrundlinie = *Schliffkehle
Schubbahn einer Decke s. Deckentheorie
Schubdecke = *Überschiebungsdecke
Schubhöhe s. Ausmaß einer Verwerfung und vertikale S.
Schub- (*Überschiebungs-) **Massen** Bezeichnung für gewaltige *Deckschollen
Schulterfläche s. Schliffkehle
Schulz, Arved, Geogr., *1883 in Kintuln (Kurland), Prof. an der Univ. Königsberg. Bereiste mehrmals Rußland und Westasien. „Nat. Landschaften v. Turkestan" (1920), „Sibirien" (1923)
Schultze-Jena, Leonhard, Geogr., *1872 in Jena, Prof. an der Univ. Marburg. Bereiste Südafrika u. Neuguinea, Berichte darüber 1907, 1914, „Makedonien" (1927)
Schummerung Verfahren zur Darstellung der Böschungsverhältnisse eines Geländes (ähnlich wie *Schraffen-Manier) nach dem Grundsatze: je steiler die Abhänge, desto dunkler der Ton, je sanfter jene, desto heller dieser
Schütterlinien s. Stoßlinien
Schuttfächer, Schutthalde s. Schuttkegel
Schuttgebirge Gebirge, deren höhere Teile neben zackigen (durch *Verwitterung geschaffenen) Gipfeln vielfach breite, durch Schuttanhäufung gebildete flache Mulden zeigen; der *Sockel ist in den eigenen Schutt gehüllt. Für regenarme (*abflußlose) Gebiete typisch
Schuttkegel kegelförmige Aufschüttung (Böschungswinkel bis über 35⁰), welche die Wildbäche an ihrer Mündung ins Haupttal hinausbauen oder die bei von einem Punkte aus abfließende Verwitterungsschutt am Fuße steiler Felswände bildet; geschieht dies längs einer ausgedehnteren Linie, so spricht man von *Schutthalden, die bei stärkerer Durchfeuchtung in weiterwandernde *Schuttströme „mit aufge-

wölbter wulstiger Oberfläche und steilen Rändern" sich verwandeln. Sehr flache Schuttkegel nennt man *Schuttfächer. *Gehängeschutt dagegen heißen die dem Gehänge unmittelbar anliegenden, nach Durchfeuchtung ebenfalls langsam sich fortbewegenden Verwitterungsstoffe (s. auch Getriech)

Schuttströme s. Schuttkegel und Schlammströme

Schutzrinde feiner, fester Bezug über das Gestein (besonders aus Eisen- und Manganoxyd) in Gebieten mit starker Verdunstung (heißen Trockengebieten); sie hemmt wohl die *Verwitterung von außen nach innen, wird aber durch die von innen nach außen wirkende Zersetzung entkräftet (L 3/480; 5/143; 11³/140; 37¹/314) (s. auch Tafoni)

Schwarzerden (russ. *Tschernosem) vorherrschend *aride Böden mit bedeutendem *Humus, der auch die Farbe gibt; in der Ukraine, den nördlichen Zentralstaaten der Union, Südindien (unter dem Namen Regur) verbreitet (L 3/484; 11³/153; 53b/44)

Schwarzer Jura [nach der vorherrschenden dunklen Gesteinsfarbe von Schiefern und Kalken der untersten Gruppe der *Juraformation] s. geol. Zeitalter

schwebende Lagerung wagrechte Lagerung von Gesteinsschichten

Schweinfurth, Georg, Afrikaforscher, * 1836 in Riga, † 1925 in Berlin, bereiste zwischen 1868 und 1871 das Gebiet zwischen oberem Nil und Kongo, die Länder der Niam-Niam und Monbuttu, entdeckte den Uellefluß. Berühmtes Werk: „Im Herzen von Afrika" (4. Aufl. 1922). Nachruf GZ 1926, S. 281 ff.

Schwellen, unterseeische s. ozeanische Schwellen u. atlantische Schwelle

Schwellformen s. Hohlformen

Schwellhochwasser s. Hochwasser von Flüssen

Schwemmgebirge bei *Braun („Mitteleuropa", W. u. B. 141, S. 45) jene Schichten, die über *Grundgebirge und *Deckgebirge lagern

Schwemmlanddolinen *Dolinen auf dem Lehmboden großer *Felsdolinen oder auf lockeren Talböden, entstanden meist durch Einsturz über breiten Spalten (L 3/551)

Schwemmland=(*Meeresanschwemmungs=)**Inseln** festlandsnahe, kleine *Inseln, entstehend „durch Zusammenführung losen Materials (Quarzsand, Korallensand, Schlamm der Strommündungen usw.) mittels der Transportkraft des Wassers" (L 50/382); „zuerst als Sand- oder Schlickbank aus dem Meere auftauchend, durch Aufwehungen während der Ebbezeit allmählich erhöht" (L 2/482) und durch Bewachsung allmählich gefestigt, nicht selten durch *Sturmfluten arg bedroht

Schwemmlandsküsten (*Anschwemmungsküsten) s. Kontinentalküsten

Schweremessungen wurden zur Feststellung der *Dichteverteilung in der *Erdrinde angestellt und ließen mehrfach lokale und regionale Störungen der *Schwerkraft erkennen; man bediente sich dabei des *Halbsekundenpendels (L 2/130) (s. auch Lotablenkungen)

Schwerezunahme nach den Polen s. Schwerkraft; da dieser Faktor bei der Konstruktion der *Isobaren ausgeschaltet werden muß, werden die unter verschiedenen Breiten beobachteten Barometerstände auf einen gemeinsamen *Breitenkreis (gewöhnlich den 45.) reduziert

Schwerkraft (*Gravitation) das Streben der Himmelskörper, sich gegenseitig anzuziehen. Nach J. Newton ist die Größe dieser gegenseitigen Anziehungskraft zwischen zwei Himmelskörpern umgekehrt proportional dem Quadrate ihrer Entfernung, direkt jedoch dem Produkte ihrer Massen. (Die Newtonsche Auffassung erschüttert durch Einstein, s. DN 1921, Nr. 6.) Wirkungen dieser allgemeinen Gravitation sind z. B. *Präzession, *Nutation, *Ebbe und *Flut. Irdische S. ist die Kraft, mit der die Erde die auf ihr befindlichen Körper anzieht, so daß ein losgelassener Gegenstand fällt. Die irdische S. beträgt am *Äquator (g_0) 9780,46 mm, sie wächst vom Äquator nach den Polen zu (ein Pendel gleicher Länge schwingt am Äquator langsamer als in der Nähe des Pols) im Verhältnis des Quadrates des Sinus der *geographischen Breite(φ); die Formel lautet $g_\varphi = g_0 + k \sin^2 \varphi$, wobei g_φ für eine bestimmte geographische Breite gesuch-

Schwimmen — Seeklima

te S., k eine Konstante = 52 mm bedeutet; für 45° Breite beträgt die irdische S. 9806,32 mm, für 80° 9830,68, am *Pole 9832,32 mm. Vgl. auch H. Wolf, „Die S. auf dem Mittelländischen Meere und die Hypothese von Pratt" (in Gerlands Beiträgen zur Geophysik XV/3, 1916)

Schwimmen einer Decke s. Deckentheorie

Scirócco [provenzalisch und frz. siroc, vom arab. schoruk, von schark Osten] s. Fallwinde

Scott, Robert Falcon, engl. Südpolarfahrer, *1868 in Devonport (Plymouth), erreichte auf einer ersten Expedition 1902—1904 vom Viktorialand 82° 7′ S. (und entdeckte das König=Eduard=VII.=Land), auf einer zweiten, die 1910 vom Roßmeer aufbrach, kam S. (5 Wochen nach *Amundsen) am 18.1.1912 zum Südpol, erlag aber auf dem Rückweg den Anstrengungen. Vgl. Kapitän Scott, „Letzte Fahrt" (2 Bde., Leipzig 1913)

Sebchas [nach der afrikanisch=saharischen Bezeichnung] s. Salztonebenen. Vgl. auch L 3/624

Sediménte [lat. sediméntum das Sichsetzen] die als Bodensatz sich sammelnden Ausscheidungen schwebender bzw. gelöster Bestandteile einer Flüssigkeit (L 43/119ff.)

Sediméntgesteine auch Absatzgesteine und, weil meist mit deutlicher, regelmäßiger Schichtung: Schichtgesteine. Entstanden sind sie überwiegend unter Wasser (im Meere oder in Binnenseen) durch Auflösung und Wiederabsatz von Gesteinsmassen, Ausscheidung von Organismen, weniger auf dem trockenen Festlande. Zu den S. gehören 1. als Gesteine chemischen Ursprungs: Salz, Gips, Sinter; 2. als Gesteine organischen Ursprungs a) durch Tiere gebildet: Kalkstein, Korallenkalk, Schreibkreide, Dolomit, Erdöl; b) durch Pflanzen gebildet: Stein= und Braunkohle, Torf, Graphit; schließlich 3. als *Trümmergesteine (Gesteinsbildung auf mechanischem Wege): Schutt, Gerölle und Geschiebe (locker oder zu Konglomeraten verfestigt), vulkanische Asche und Tuffe, Lehm und Mergel (Küstensedimente, Ablagerungen durch Wind und *Gletscher, in Flüssen und Seen) (L 40/57ff.)

Sediménthülle zusammenfassende Bezeichnung für die Gesamtheit der *Schichtgesteine, die *autochthon auf den älteren *kristallinen Gesteinen lagern

Seeaugen s. Grundwasserseen

Seebär [bare alter dt. Ausdruck für Schwellung, Woge] s. stehende Wellen

Seebeben Erderschütterungen, deren Ausgangspunkt unter der Wasserhülle (im Meeresboden) liegt; man kann solche mit Flutbewegungen (auf unterseeische vulkanische Ausbrüche zurückgehend) und ohne sichtbare Flutbewegungen unterscheiden (wohl auf *Dislokationen zurückzuführen); ein — durch das Wasser geleiteter — Stoß wird aber auch hier verspürt, falls sich z. B. ein Schiff in der Nähe aufhält

Seeböden durch Verdunstung trocken gelegte flache *Wannen ehemaliger *Salzseen, als *Ebenen entgegentretend. Verwandt damit: See=Ebenen, die infolge Zuschüttung von *Seen durch einmündende Flüsse entstehen (L 2/388; 5/212)

See=Ebenen s. Seeböden

Seegang die Stärke der Wellenbewegung des Meeres (L 2/529)

Seehäfen s. Binnenhäfen

Seehalde Aufschüttungsform an den Ufern großer *Seen, die auch, den marinen *Steilküsten entsprechend, ein *Kliff und eine an die S. gewöhnlich mit einem Knick anstoßende *Plattform (hier *Uferbank genannt) als *Abrasionsformen zeigen. Breite und Tiefe der Uferbant, die aber gelegentlich auch als Aufschüttungsform entstanden sein kann, „hängen von der Widerstandsfähigkeit des Ufergesteins, der Größe des Wellenganges und der Lage gegenüber der herrschenden Windrichtung ab" (L 9, Bd. 628/62). Vgl. auch L 5/212

Seehöhe s. Höhe

Seekarten die besondere Darstellungsart der für die Schiffahrt verwendeten Karten (L 2/211); Steinhaufer, „Grundzüge der mathem. Geogr." 3, S. 43 f.

See= (*maritimes) **Klima** die Meere und ihre Inseln bis in höhere Breiten

Seeleichter — Seen

und die überwiegend unter W.-Winden stehenden Küstenländer mittlerer Breiten umfassend; gegenüber dem hauptsächlich im Inneren der Nordkontinente und Australiens herrschenden *Landklima charakterisiert durch größere Gleichmäßigkeit der *Temperatur, also durch (vom Meere bewirkte) geringere tägliche und jährliche Schwankungen (mittlere *Jahresschwankung beim tropischen S. bis zu 5°, beim S. unserer Breiten 5—15°, beim Landklima 20 bis 40°, beim *exzessiven Landklima über 40°). Außerdem besitzt das S. „größere Luftfeuchtigkeit, stärkere Bewölkung, regenreiche Winter, größere Windgeschwindigkeit und größere Reinheit der Luft von Staub", das Landklima schnellere und unregelmäßige Temperaturänderungen von Tag zu Tag und Jahr zu Jahr, geringere mittlere Windstärke, selteneren Regenfall (in der Ebene) besonders im Winter und trockenere, oft stauberfüllte Luft, kräftigere *Sonnenbestrahlung und *Ausstrahlung (L 61a/104)

Seeleichter (*Leichter) kleine, der Frachtenbeförderung dienende Fahrzeuge, meist von Dampfern geschleppt, seltener mit eigenen Maschinen

Seemeile Wegmaß = 1,852 km

Seen a) Einteilung; das Seebecken (Entstehung und Umformung). *Supan (L 3/757 ff.) unterscheidet einerseits *Mündungsseen, anderseits die mit Wasser erfüllten *Wannen (*Becken-S.) und läßt die Einteilung der *Becken auch für die S. gelten. Der Boden der Wannen wird allmählich durch Ablagerungen (von Flüssen, vom Winde und aus dem Ufergebiet herbeigeführt, von pflanzlichen und tierischen Lebewesen und dem Seewasser selbst ausgeschieden) eingeebnet. Form, Größe und Tiefe der Wannen im einzelnen sind je nach der Entstehung sehr verschieden; die zerstörende Arbeit der Wogen an den Ufern bei größeren S. ähnlich, nur der Stärke nach geringer wie die der *Brandung an der Meeresküste (*Seehalde) (L 3/762; 9, Bd. 628/60 ff.; 54/96 ff.; 37¹/543 ff.) (f. auch Glazialerosion). b) Farbe. Sie ist an sich blau; Abweichungen davon werden gewöhnlich als „Farbe von Lösungen verschiedener Substanzen (Eisensalze, humöse Stoffe, gelöster Kalt) aufgefaßt, die auf die blauen Strahlen absorbierend wirken" (L 9, Bd. 628/88). Vgl. auch L 54/133 ff.] c) *Salzgehalt des Seewassers. d) Wasserhaushalt. „Die Wasserfüllung und damit die Spiegelhöhe eines Sees entspricht dem Verhältnis von Speisung und Wasserverlust; jene wird durch die Zuflüsse, *Quellen (*Grundwasser) und den unmittelbar auffallenden Niederschlag besorgt, dieser durch den Ausfluß, Einsickerung (Abgabe an das Grundwasser: *Karstseen mit unterirdischer Entwässerung) und Verdunstung erlitten; nur selten herrscht zwischen beiden völliges Gleichgewicht, Klima, Lage und Form beeinflussen sie mannigfach" (L 5/213). Die Umrisse der S. sind daher gelegentlich starken Änderungen unterworfen; am wenigsten noch bei den (als Wasserregulatoren ihrer Abflüsse wirkenden) *Flußseen; größere Schwankungen scheinen auf *Klimaschwankungen zurückzugehen. Vgl. auch L 54/103 ff. e) Bewegungen des Seewassers f. Seiches. f) Temperaturverhältnisse (f. zunächst Anothermie, Inversion und Katothermie in Binnenseen, regelmäßige Wärmeschichtung in Süßwasserseen, gemäßigte, kalte und warme S., Gefrierpunkt des Süßwassers, Eisbildung in Süßwasserseen). Die Temperatur ist abhängig einmal vom *Klima; die hauptsächlichste Wärmequelle ist die durch Leitung (bis höchstens 20 m) fortgepflanzte unmittelbare Sonnenstrahlung (die Abkühlung erfolgt durch Wärmeverlust — nächtliche Ausstrahlung! — zunächst der obersten Schichten, die dadurch schwerer geworden zur Tiefe sinken). Doch wirken die durch Tag und Nacht hervorgerufenen Wärmeschwankungen nur in ganz geringe Tiefe, die jahreszeitlichen bloß bei seichten S. bis auf den Grund (100—200 m); jene haben „denselben Gang wie die Lufttemperatur, doch sind wegen der hohen spezifischen Wärme des Wassers die Extreme noch mehr gegen den Sonnenstand verspätet und die *Amplitude wesentlich geringer als bei der Lufttemperatur" (L 9, Bd. 628/75); die Jah-

Seengebiete — Seismometer

resamplitude wieder verrät einen deutlichen Einfluß der Abflußverhältnisse.

„Da sich ferner die Erwärmung im Sommer nur den oberen Schichten rasch mitteilt, während die unteren kühl bleiben, fällt die Temperatur in einer gewissen Tiefe mit einem förmlichen Sprung, der selbst 3—4⁰ auf 1 m beträgt" (L 5/214): es ist die in ihrer Entstehung oder Verschärfung „auf die allmähliche Summierung der Einstrahlung an der unteren Grenze ihrer Einwirkung", bzw. auf die durch Wind- und Wellenwirkung besorgte Durchmischung zurückgeführte (L 9, Bd. 628/78) sog. ***Sprungschicht** oder *kritische Schicht. Für die Temperatur bedeutsam ist aber auch die Form des Seebettens (mittlere Tiefe, von der Form beeinflußte Strömungen: *Konvektions- und *Windströmungen), und der Wind vermag, indem er das warme Oberflächenwasser auf eine Seite treibt und so das Emporsteigen kälteren Ersatzwassers auf der anderen Seite veranlaßt, eine förmliche Schaukelbewegung der *Isothermen auszulösen; in einer bestimmten Tiefe hat der eine Teil des Sees ein Wärmemaximum, der andere ein Wärmeminimum (*thermische *Seiches) (L 3/346 ff.; 9, Bd. 628/73 ff.; 11¹/79 ff.; 11³/446 ff.; 54/114 ff.)

Seengebiete = *Seenlandschaften

Seenlandschaften das gesellige Auftreten von *Seen in zahlreichen Gegenden der Erde, z. B. in den Gebieten *eiszeitlicher Vergletscherung (hierher gehören die *Gebirgsseen, *Moränen- und *Vorlandseen) oder an den Stellen ausgedehnter *Dislokationen (*tektonische Seen), ferner in der Strandregion (*Delta- und *Strandseen), in vulkanischen Gebieten (*Kraterseen) usw. (L 2/445, 449; 3/765 ff.; 5/212)

Seenperiode die der *Eiszeit unmittelbar folgende Zeit mit einem größeren Wasserstand heutiger und Auftreten seither verschwundener *Seen; wahrscheinlich identisch mit der *Pluvialperiode (L 3/254)

Seenregionen = *Seenlandschaften

Seentheorie der Durchgangstäler, nach der die Entstehung größerer *Durchbruchstäler damit erklärt wird, daß „alte Seebecken durch spätere *Erosion der trennenden Rücken zu einem Tal" verbunden worden sind (L 3/696)

Seequadrant von den Seeleuten verwendeter, einfacher *Quadrant (L2/92)

Seeuferrutschungen entstehen, indem lockerer Boden durch zu große Belastung ins Gleiten gerät; S. tragen zur Zuschüttung des Seebeckens bei (L 2/326; 5/212)

Seewinde s. Land- und Seewinde

Seiches [frz. sèche trocken] s. stehende Wellen

seichter Karst s. Grundwasser (L 3/499; 5/151; 7, Bd. 2²/73; 9, Bd. 628/17)

seismische Bewegungen [gr. seismós Erschütterung] die ein *Erdbeben begleitenden Bewegungen

seismische Linien s. Stoßlinien

seismische Regionen das Gebiet junger *Dislokationen, die von zahlreichen und heftigen *Erdbeben heimgesucht werden; Ggs.: *aseismische R.

seismisches Feld s. makroseismische Bewegungen

seismische Störungen = *Erdbeben

Seismogramm [gr. gráphein schreiben] die Aufzeichnungen der Erdbebenwellen durch *Seismometer

Seismograph = *Seismometer

Seismologie [gr. lógos Wort, Rede] soviel wie Erdbebenkunde, Lehre von den *Erdbeben

Seismometer [gr. métrein messen] Instrument zur Beobachtung *mikroseismischer Bodenbewegungen, als Seismograph gleichzeitig zu selbsttätigen Aufzeichnungen eingerichtet; im wesentlichen Pendelapparate, und zwar *horizontal- und *Vertikalseismographen. Jene können konstruiert sein als Vertikalpendel (mit horizontaler Drehungsachse und vertikaler Schwingungsebene), als horizontalpendel (mit fast vertikaler Drehungsachse und fast horizontaler Schwingungsebene), die kleinen „dreieckigen Türflügeln gleichen, die auf sehr feinen Angeln laufen, oder als umgekehrte, astatische [gr. ástatos unstet, richtungslos, d. h. in jeder Lage im Gleichgewicht befindlich] Pendel (Schwerpunkt über dem Unterstützungspunkt) wie z. B. das außerordentlich empfindliche Wiechertsche „astatische Pendelseismometer", eine „ge-

seismotektonifche Linien — Senkungen

wiffermaßen auf einer Spitze stehende Eisenmasse von über 1000 kg Gewicht, die durch Federn in dieser Stellung gehalten wird"; bei den Dertikalseismographen schwingt die (an Spiralfedern aufgehängte) Pendelmasse in vertikaler Richtung. Näheres L 5/127ff.; 37²/148ff.; 38/178ff.

seismotektonifche Linien [gr. tektonikḗ die Baukunft] f. Stoßlinien

Seitenerofion f. Erosion

Seitenflüffe = *Nebenflüsse

Seiten=(Rand=)Moränen das von den *Gehängen auf den *Gletscher herabfallende eckige, scharfkantige Schuttmaterial (*Moränen); regellose Anordnung, gelegentlich sehr breit anschwellend (Abb. 57)

seitenständige Inseln nennt L 2/483 jene küstennahen, meist kleinen Inseln, welche die Außenseite des Festlandes oder größerer Inseln begleiten

sekundäre Gletscherfchwankungen [lat. secundárius der zweite] im Gegensatz zu den *primären *Gletscherfchwankungen, die „allgemein und intensiv sind (mit Längenänderungen von mehr als 1 km), jene, die partiell, schwach und bloß untergeordnete Unterbrechungen" erfterer sind (L 3/219)

sekundäre (oder *Teil=) **Minima** kleinere, innerhalb der eigentlichen (Haupt=) *Zyklonen sich bildende und von diesen gelegentlich sich loslösende und selbständig weiterziehende *Tiefdruckgebiete (L 3/125)

sekundäres Zeitalter der Erde = *Mesozoikum

sekundäre Wellen = *freie Wellen

sekundäre Windftrömungen = *Kompensationsftrömungen

Sekundenpendel ein Sekunden schlagendes Pendel (um einen Aufhängepunkt allseits schwingender Körper); die Länge des S., die vom *Äquator bis zum Pol um etwa 5,2 mm vergrößert werden muß, um Sekunden angeben zu können (f. Erdfphäroid), ergibt, mit 9,8696 multipliziert, die (irdische) *Schwerkraft in den verfchiedenen *geographifchen Breiten. Daß das S. auch auf ozeanischen Inseln gegenüber Küften und Innerem der Festländer vergrößert werden muß (die Schwerkraft also dort größer als hier ist), deutet auf Abweichungen der wahren Erdgestalt vom *Rotationsfphäroid hin (*Geoid; halbfekundenpendel)

felbftändige Riffe im Gegensatz zu den mehr oder minder küftennahen *Saumriffen die an unterseeische Bodenerhebungen anknüpfenden *Korallenriffe (*Kruftenriffe, *Atolle) (L 3/788ff.)

felbftändiges *Flußfyftem nach *Wagner (L2/452) jenes, das seine Gewässer direkt dem Meere oder im Binnenland einem *Endsee zufchickt; Ggf.: *unfelbftändiges S., wenn seine Arme erst wiederum einem anderen fließenden Gewässer zugehen

felektive Gletschererofion [lat. seléctio Auswahl] f. Gletschererofion

Semiten zumal in Dorderasien verbreitete Rasse, Ursprung zweifelhaft, charakterifiert durch kurze Schädel und dicke Nasen; zu den S. gehören *Araber, Syrer und Juden (f. auch Arier)

Semper, Karl, deutscher Naturforscher, * 1832 in Altona, † 1893 in Würzburg, erforschte 1859—1864 die Philippinen („Reifen im Archipel der Philippinen" 1867ff.)

Senken (Landfenken) die von (auch ganz niedrigen) Gebirgen teilweife oder ganz eingefchloffenen, häufig sehr ausgedehnten Ebenen; als *hoch= oder *Tiefland auftretend, werden sie bei länglichem Umriß auch als Mulde (Muldenfenke), sonst als *Becken oder *Wannen bezeichnet, welch letztere auch als Kleinformen gefellig in größeren S. auftreten können (L 2/378f.)

Senkungen der Erdkrufte f. Dislokationen, epirogenetifche Bewegungen, Niveauveränderungen, Strandverschiebungen. Daß S. d. E. noch gegenwärtig andauern, haben z. B. für das Bayrische Alpenvorland ungemein genaue Messungen ergeben (vgl. „Die Naturwiffenfchaften" 1920, S. 100). Ein etwa 100 km langes und 50 km breites Stück östlich von München hat sich zwischen 1887 und 1906 stellenweise (am stärksten gegen N. und Salzburg zu) um 66,4 mm gesenkt, was für 1000 Jahre 3 m, für einige Jahrtaufende in dem Bodenfee vergleichbares Einbruchsbecken ergeben würde. Zu beachten ist, daß dies Senkungsfeld in einer mächtigen, durch die fchweizerifch=

Senkungsbecken — Simultanbeben

süddeutsche Miozänmulde gebildeten, seit dem älteren *Tertiär sich einsackenden *Geosynklinale liegt. Als Ursache dieser Senkung dürfte ein auf die Alpen fortwirkender Tangentialdruck anzusprechen sein, der das Gebirge gegen N. drückt und so die bis zu den alten Massen von Wasgen= und Schwarzwald reichende Mulde immer tiefer einklemmt. (Vgl. W. Kranz, „Nachweis neuzeitl. telat. Senkungen in Bayern", „Naturw. Wochenschr." 1920, Nr. 18)

Senkungsbecken s. Einttiefungsbecken

Senkungsfeld, Senkungsgebiet gewöhnlich in der Bedeutung wie abgesunkenes Gebiet gebraucht, *Graben; so auch *Wagner (L 2/293 mit Abb.)

Senkungsklüften = *Untertauchungsklüften, welchen Ausdruck L 5/211, 222 neben jenem der *Auftauchungsklüften verwendet wissen will. Für die Bezeichnung S. vgl. L 47a²/199ff.

Senkungsseen in tektonischen *Gräben liegende *Seen (L 2/446)

Senon [nach dem gallischen Stamme der Senonen] Gruppe der oberen *Kreideformation (s. auch geologische Zeitalter)

Séracs (die), durch Kreuzung mehrerer Systeme von Spalten entstehende Auflösung der Gletscheroberfläche in eine Reihe von Pfeilern u. Schollen (L 34/618)

Serien (geolog.) s. Stufen

Serpentinen eines Flusses [lat. serpentinus schlangenartig] s. Mäander

Seter s. Strandlinien

Shackleton, Ernst Henry, engl. Südpolarforscher * 1874 in Kildar, † 1922 an Bord des „Quest" (auf einer Südpolarexped.); erreichte 1909 die Breite von 88° 23' s. Br. Sein englischer Bericht deutsch als „21 Meilen vom Südpol" (1909/10)

Siamesen s. Birmanen

Sicheldüne s. Barchan

Sichttiefe im Meere s. Meerwasser

Sickerbäche s. Grundwasser

Sickerhöhlen durch *Sickerwasser erweiterte Spalten und Klüfte des Gesteins (L 5/155)

Sickerwasser = *Bodenwasser

siderischer Mondmonat [lat. sidus Stern] die Zeit, in der der *Erdmond wieder zu demselben *Deklinationskreis zurückkehrend, 360° durchläuft; sie beträgt 27 Tage, 7 Stunden, 43′, 11,5″ (27 ⅓ Tage)

siderisches Jahr s. tropisches Jahr

Siedethermometer [gr. thermós warm, métrein messen] eigens konstruiertes Thermometer, mittels dessen die Temperatur siedenden Wassers festgestellt wird; da diese mit niedrigerem *Luftdruck abnimmt, zur Höhenbestimmung verwendet

Siedlungsgeographie behandelt als Zweig der *Anthropogeographie die Beziehungen zwischen Erde und menschlichen Wohnanlagen (nach Zahl, Bauart, Gruppierung, Alter usw.) (L 2/844ff.; Friedrich in L 5/281ff. und L 85 und 97)

Sieger, Robert, Geograph, * 1864 in Wien, † 1926 in Graz. Arbeiten: „Alpen" (2. Aufl. 1923), Herausgeber (m. Fr. *Heiderich) von L 101, hier seine Beiträge über die nordeur. Länder; zahlreiche Zeitschriftenaufsätze meist anthropo- und politisch-geogr. Inhalts (u. a. PM, G3, MGG Wien). Nachruf durch Sölch in G3 1927

Sievers, Wilhelm, Geograph, * 1860 in Hamburg, † 1921 in Gießen. Ausgedehnte Reisen in Südamerika 1884/85, 1892/93. Zahlreiche Arbeiten über Südamerika. Herausgeber der „Allgemeinen Länderkunde"; von ihm die Bände: Australien, Ozeanien und Polarländer (mit W. Kükenthal, 1902²), Asien (1904²) und Süd- und Mittelamerika (1915³); Nachruf durch H. Wagner G3 1922, S. 49ff.

Signatur [lat. signáre bezeichnen] s. Lageplan

Silur [nach den Silurern, einem alten Volksstamm im westlichen England] s. geologische Zeitalter

Simazone s. Erdfern

Simultanbeben [lat. simultáneus gemeinschaftlich, gleichzeitig] *Erdbeben, die in zwei (oder mehreren) entfernten Gebieten gleichzeitig verspürt werden, während die dazwischen liegenden Gegenden verschont bleiben; entweder ist die Gleichzeitigkeit hier Zufall oder das eine (primäre) Erdbeben verursachte an einer dazu günstigen Stelle das andere (sekundäre oder *Relaisbeben), wenn nicht beide auf dieselbe Ursache zurückgehen

Sinterbecken das sich meist bei *Geysiren findende Mündungsbecken aus *Kalksinter, auch als Sinterkegel entwickelt

Sinterterrassen s. Kalksinter

Siphóne von Klüften vorgezeichnete Druckleitungen (L 38/263), durch Flußwasser abgeschlossene Tunnelstrecken (L 11³/217) im verkarsteten Kalkgestein

Situatión einer Karte [lat. situs gelegen, liegend] s. Lageplan

Skrub [engl. scrub Gebüsch] s. Buschland

Skulpturformen [lat. sculptúra das Arbeiten in Holz, Stein oder Metall] nach *Davis=*Braun (L 47a¹/114) die aus dem Rohmaterial der von den *endogenen Kräften geschaffenen *Strukturformen durch Einwirkung der *exogenen Kräfte allmählich und ständig umgebildeten Formen

Skulpturtäler Bezeichnung bei L 50/635 für echte *Erosionstäler

Sockel eines Gebirges s. Gebirgssockel

Sohle s. Täler

Sohle einer Decke s. Deckentheorie

Sohlentäler *Täler mit deutlich gegenüber den *Talgehängen ausgebildeter (durch *Seitenerosion bzw. *Aufschüttung geschaffener) Talsohle (L 11¹/39)

sohlige Schichtstellung [bergmännisch von sohle, hinsichtlich ihrer wagrechten Richtung] s. saigere Schichtstellung

solares Klima [lat. sol Sonne] = *mathematisches Klima

Sölch, Johann, Geograph, * 1883 in Wien, Prof. an der Universität Innsbruck. Größere Arbeiten: Abschnitt „Formung der Erdoberfläche" in L 5, „Studien über Gebirgspässe" (1908), „Beitr. zur eiszeitl. Talgeschichte des steirischen Randgebirges" (1917), „Geogr. Führer d. Nordtirol" (1924)

Solfatárenzustand [ital. sólfo Schwefel] eine durch Gasausströmungen von Wasserdampf und Schwefelverbindungen bezeichnete Phase verminderter Tätigkeit eines *Vulkans; der Name von der zuerst erforschten Solfatara westlich von Neapel (L 37²/64; 39c/67) (s. auch Mofetten, Sumarolen)

Solifluktion [lat. sólum Boden, flúctio Fließen] deutsch *Bodenfluß oder *Erdfließen: ein in den Jahre oft meterweite Abwärtsbewegung des stark durchfeuchteten Schuttes auf gefrorenem, geneigtem Untergrund in Polargebieten (L 5/146 f.; 9. Bd. 627), doch auch in anderen Breiten „auf kahlem, bindigem Boden, der aus Ton, Lehm, Mergel, Letten besteht" (L 11³/178 ff.) (s. auch Getkriech)

Sölle große, mehr oder minder kreisförmige Dertiefungen in der Grundmoräne Norddeutschlands. Entstehung umstritten, vielleicht durch Gletscherschmelzwässer verursachte Strudellöcher (vgl. L 5/208, Schütze in PM 1920)

Solquellen [lat. sal Salz] Steinsalzlagern entstammende Heilquellen, die bis zu 36 v. H. Kochsalz enthalten können

Solstitiál=Kolur [lat. sol Sonne, stáre stehen; Etymologie des Wortes Kolur strittig] s. Aquinoktien

Solstitiállinie, **Solstitiálpunkte** s. Aquinoktien, Solstitien (Abb. 7)

Solstitien der 21. 6. und 21. 12., die beiden im scheinbaren Sonnenlauf eines Jahres die Sonne stille zu stehen scheint, ehe sie sich wieder gegen Süden bzw. gegen Norden wendet (*Sommer-solstitium oder =sonnenwende bei ihrem höchsten Stande über dem *Horizont, bzw. *Wintersolstitium, =sonnenwende bei ihrem niedrigsten Stande); doch ändern sich die Verhältnisse auch vor und nach den beiden genannten Tagen nicht sichtbarlich, die Sonne scheint während einiger Zeit zu gleicher Zeit und am gleichen Orte auf- und unterzugehen. Die beiden Punkte, in denen die *Ekliptik die beiden *Himmelswendekreise berührt, sind die *Solstitialpunkte (Steinbock und Krebs) (s. auch Aquinoktien)

Somali s. Galla

Somma [ital. sómma Höhe; nach dem Muster des Desuvs] der als teilweise zerstörter Ringwall entgegentretende Rest eines älteren Vulkankegels, in dessen *Krater ein neuer Kegel sich bildete. Der Raum zwischen beiden Teilen heißt (ebenfalls nach dem Desuv) Atrio [ital. atrio del cavallo Vorhof für die Pferde]

Sommergewitter s. Wintergewitter

Sommerregen neben *Winterregen und *Regen zu allen Jahreszeiten das Bild der nicht dauernd regenarmen Gebiete (Niederschlag in keiner Jahreszeit 60 mm). S. finden sich vor allem auf dem Festlande (mit steigender Temperatur sind *Verdunstung und *absolute Feuchtigkeit höher), Winter-

Sommersolstitium — Sonnenjahr 187

regen, von den niederen Breiten abgesehen, hauptsächlich auf den Meeren (da die Kondensationsbedingungen im Winter und Herbst während der *Zyklonenbildungen günstiger sind): *ozeanischer Typus der Niederschläge; in schmäleren und breiteren Landstrichen erobern sich freilich das nordpazifische und nordatlantische Gebiet der Winterregen Teile des Festlandes, im Mittelmeergebiet (*Etesienklima), in Arabien, Iran und Strecken von Turan greift letzteres sogar weiter in die Ostfeste ein. Niederschläge haben zu allen Jahreszeiten (d. h. es fallen *Maxima und *Minima in den einzelnen Jahren in verschiedene Jahreszeiten) NW.= Kanada, die östliche Union und im ganzen und großen West=, Mittel=, Ost= und die Meeresränder von Nordeuropa; die *mittlere Niederschlagsschwankung ist hier unter 10 v. H. (L 3/171 ff. und Tafel 13 wie auch die einschlägigen Karten der meisten [Schul=] Atlanten)

Sommersolstitium, Sommersonnenwende s. Solstitien

Sonklar, Karl v., Geograph, * 1816 in Weißkirchen (Mähren), † 1885 in Innsbruck; Hauptwerk „Allgemeine Orographie" (Wien 1873)

Sonne das als gleichmäßig leuchtende, kreisrunde Scheibe erscheinende Zentralgestirn aller Himmelskörper, d. h. des sog. „Sonnensystems (S. mit *Planeten und deren Monden), eine in größter Glühhitze (von etwa 6000—7000° C) befindliche Kugel, die Quelle von Licht (das Licht der Planeten und Monde ist reflektiertes Sonnenlicht) und Wärme. Eine Bewegung um ihre Achse vollzieht sich von W. nach O. in etwa 25—27 Erdtagen, eine fortschreitende Bewegung (von 57 km in der Sek.) dürfte gegen das Sternbild des Herkules stattfinden. Scheinbarer Durchmesser 31' 59,26''; mittlere Entfernung von der *Erde (rund) 149,5 Mill. km; S.=*Parallaxe 8,80''. Vgl. Wislicenus, „Astrophysik" (Samml. Göschen 91) S. 14 ff., Scheiner, „Bau des Weltalls" (ANuG 24) (s. auch Chromosphäre, Korona, Photosphäre, Protuberanzen und die Zusammensetzungen mit Sonne=)

Sonnenbahn s. Ekliptik

Sonnenbestrahlung = *Insolation (s. auch Strahlung)

Sonnenfackeln flammenförmig gekrümmte, durch helleres Leuchten sich abhebende und wahrscheinlich mit den *Sonnenflecken zusammenhängende Gebilde der *Photosphäre

Sonnenferne s. Aphel

Sonnenfinsternis die Verdeckung der Sonne durch den *Erdmond; sie ist wie die *Mondfinsternis nur möglich, wenn sich *Neu= und *Vollmond nahe einem der *Knoten zwischen Mondbahn und *Ekliptik befinden. Bei einer S., die gleichzeitig bloß von einem Teil der Erdoberfläche aus beobachtet werden kann, darf die Entfernung vom nächsten Knoten höchstens 17° betragen. Jene Orte, die von dem selten mehr als 300 bis 400 km breiten Kernschatten des (Neu)mondes getroffen werden, sehen die Sonne durch die schwarze Mondscheibe in totaler S. völlig verdeckt. Ist der (zwischen 367 000 und 382 000 km schwankende) Kernschatten kleiner als die (zwischen 357 000 und 407 000 km wechselnde) Entfernung der Erdoberfläche vom Monde (übertrifft also der scheinbare Sonnendurchmesser den des Mondes), so erreicht die Kernschattenspitze die Erdoberfläche nicht, und die unter ihr gelegenen Orte erblicken noch einen ringförmigen Teil der Sonnenscheibe (ringförmige S.). Für alle vom Halbschatten getroffenen Orte bleiben sichelförmige Teile der Sonnenscheibe sichtbar (partielle S.). (Abb. 56)

Sonnenflecken rundliche bzw. langgestreckte und verschieden große (10 000 km Durchmesser) Flecken auf der hellen Sonnenscheibe; einen dunklen (grauen) mittleren Kern umgibt eine hellere, bewegliche Umrandung; Zahl und Dauer der S. ist in den einzelnen Jahren verschieden

Sonnenflut der (gegenüber jenem des Mondes: *Mondflut) geringere Anteil der Sonne an der Entstehung der *Gezeiten

Sonnenhöhe =*Mittagshöhe der Sonne in einer beliebigen Tage; sie dient zur Bestimmung der *geographischen Breite und der *Ortszeit

Sonnenjahr s. siderisches und tropisches Jahr

Sachwörterbücher VIII: Kende, Geographisches Wörterbuch. 2. Aufl. 13

Sonnenkonstante die Wärmemenge in *Grammkalorien, die an der Grenze der Erdatmosphäre bei senkrechter Bestrahlung ein qcm Fläche in der Minute empfängt. Die S. beträgt wahrscheinlich 2,1 oder 3; so erhält z. B. ein qcm der Erdoberfläche in einem Jahre (von der Absorption der Wärme durch die Atmosphäre abgesehen) 131 490 × S. Grammkalorien

Sonnenkulmination der höchste Stand der *Sonne im Laufe eines Tages bzw. Jahres

Sonnennähe s. Perihel

Sonnennutation s. Nutation

Sonnenparallaxe s. Sonne

Sonnenpräzession s. Präzession

Sonnentag Der *wahre S. ist die Zeit zwischen zwei aufeinanderfolgenden *Kulminationen der Sonne; infolge der Ungleichförmigkeit der scheinbaren Sonnenbewegung ist er ungleich lang. Daher verwendet unsere Zeitrechnung den *mittleren (*bürgerlichen) S. als das Mittel aller S. im Jahre; die mittlere Sonne legt in vier Minuten einen Grad (in 24 Stunden 360°) zurück (s. auch Sterntag)

Sonnenwende s. Solstitien

Sonnenzeit die mit dem *Sonnentag übereinstimmende Zeiteinteilung (s. auch Sternzeit)

Soog, Soogstrom [S. = saugen] „der am Boden des Flachstrandes seewärts gerichtete Rückstrom des Meerwassers, der durch jede neu ankommende Welle unterbrochen wird", bei hoher Brandung oft von außerordentlicher Stärke (L 34/406)

Spalte (tektonisch) s. Kluft

Spaltenfrost = *Frostverwitterung

Spaltentäler gelegentlich in der Bedeutung von *Bruchtälern gebraucht

Spaltentheorie der Dultane die Ansicht, daß Spalten und *Verwerfungen in der *Erdrinde dem emporsteigenden *Magma den Austritt erleichterten, indem „unbeschadet der Fähigkeit des Magmas, sich aus eigener Kraft einen Weg an die Erdoberfläche zu bahnen, die große Mehrzahl der heutigen und ebenso der früheren *Eruptionen an Spalten-, Bruch- und Schwächezonen der Erdrinde gebunden sind" (L 37²/130). Doch sind gegen diesen behaupteten notwendigen Zusammenhang der großen Dultanzonen mit den Hauptdislokationsgebieten der Erdkruste Einwände erhoben worden (L 2/313), wenngleich naturgemäß Erdräume geringeren Widerstandes für den Durchbruch von Magma bes. geeignet sind

Spaltquellen = *Talquellen

Spaltwasser s. Grundwasser (L 37¹/413)

Speilöcher s. Schlundlöcher

Speke, John Hanning, engl. Afrikareisender, * 1827, † 1864; erforschte mit *Burton das Somaliland, erreichte mit ihm 1858 den Tanganjikasee, allein den Uterewe (Viktoria Njansa), den er umwanderte, und erforschte 1861 bis 1863 mit *Grant das Nilquellengebiet

Spezialhandel s. Außenhandel

Spezialkarten: *topographische Karten 1:10 000—1:100 000 (Egeter, „Kartenlesen" S.16), z.B. S. der früheren österr.-ungar. Monarchie 1:75 000 (819 Blätter); oder geographische Karten zwischen 1:150 000 und 1:500 000 (L 22/6) (s. auch Generalkarten). Dgl. auch A. Egeter, „Kartenkunde" (Bd.1: Einführung in das Kartenverständnis) ANuG 610

spezifische Feuchtigkeit das Gewicht des Wasserdampfes in 1 kg feuchter Luft

spezifisches Gewicht (mittlere Dichte) der Erde beträgt 5,5273 (s. Erde)

spezifisches Gewicht der Luft in der *homogenen Atmosphäre 1033,3 g, bzw. 0,001293 l des s. G. von reinem Wasser

spezifisches Gewicht des Meerwassers (gewöhnlich gleichgesetzt seiner *Dichte) die Zahl, die ausdrückt, wievielmal das Meerwasser schwerer ist als das gleiche Volumen destillierten Wassers von 4° C. Es hängt außer vom *Salzgehalt auch von der Temperatur ab (also s $\left[\frac{t°}{4°}\right]$, d.h. das absolute s.G. eines ccm Seewasser bei einer an einem bestimmten Orte herrschenden Temperatur ist verglichen mit der Gewichtseinheit von einem ccm destillierten Wassers bei 4°); und zwar beträgt es beim normalen Salzgehalt von 35 v.T. bei 1° 1,028, bei 25° 1,023 und wird am größten bei je nach dem Salzgehalt verschiedenen Temperaturen (für 10 v. T. Salzgehalt liegt das Dichtemaximum

spezifisches Gewicht — splitternde Gletschererosion

bei 1,8°, für 20 v. T. bei —0,3°, für 35 v. T. bei —3,5°, für 40 v. T. bei —4,5°) (L 2/513 ff.; 3/286 ff.; 57/51 f.) (s. auch Aräometer)

spezifisches Gewicht (mittlere Dichte) der Planeten Merkur 5,7 (6,4); Venus 4,5; Mars 3,9; Sonne 1,4; Uranus 1,4 (1,1); Jupiter 1,3; Neptun 0,8 (1,6); Saturn 0,7 (s. Planeten)

spezifische Wärme eines Körpers die erforderliche Wärmemenge, um die Temperatur eines ccm eines Körpers um 1° C zu erhöhen. Die s. W. von Süßwasser pflegt man = 1 zu setzen, mit steigendem Salzgehalt (*Meerwasser) wird die s. W. des Wassers kleiner, erwärmt sich dieses also leichter (für 30 v. T. Salzgehalt beträgt die s. W. 0,926). Die s. W. des Landes beträgt durchschnittlich die Hälfte jener des Wassers, jene von (trockener und gleichem Druck ausgesetzter) Luft nur 0,237. Die größere s. W. des Wassers bewirkt seine gegenüber dem Lande langsamere Erwärmung; die Zufuhr der gleichen Wärmemenge erhöht d. Temperatur d. Landes gegenüber Wasser ums Doppelte

Sphaera oblíqua [gr. sphaíra Kugel; lat. obliquus seitwärts gerichtet] im Altertum die Darstellung des Himmelsgewölbes für einen Beobachter zwischen *Pol und *Äquator, der die Bahnen der Gestirne mehr oder minder gegen den *Horizont geneigt sieht (L 2/63)

Sphaera paralléla [gr. parállelos nebeneinander laufend] im Altertum jene Darstellung des Himmelsgewölbes, wonach für den im Erdnordpol befindlichen Beobachter, um den die Gestirne sich in horizontalen Kreisen zu bewegen scheinen, der *Himmelsnordpol in den *Zenit und der Äquator in die Ebene des (wahren) *Horizontes zu liegen kommt

Sphaera récta [lat. réctus gerade] im Altertum jene Darstellung des Himmelsgewölbes, wonach für den am Erdäquator befindlichen Beobachter, für den die Gestirne sich in senkrechten Bahnen zu bewegen scheinen, der *Himmelsäquator in den *Zenit und die *Himmelsachse in den (wahren) *Horizont zu liegen kommt

sphärischer Exzeß der Betrag, um den die Summe der Winkel in einem sphärischen Dreieck größer ist als 180°; für eine Erdfläche von 200 qkm beträgt er rund eine Bogensekunde

Sphäroid, abgeplattetes s. Rotationssphäroid

Sphäroid, typisches = *Geoid

Sphäroid, verlängertes: L 2/110

Spiegelsextant Instrument zur Messung des Winkelabstandes zweier oder der *Höhe eines Gestirnes. Man kann den gesuchten Winkel an der Skala des S. direkt ablesen, sobald man im

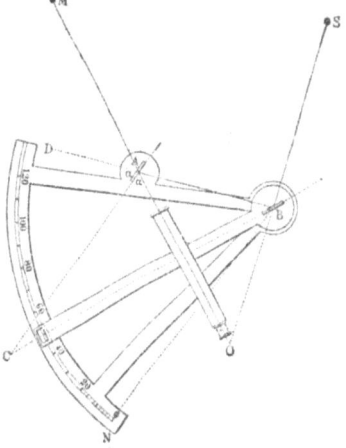

Abb. 70. Spiegelsextant. (Aus L 2 73.)
N Nullpunkt der Skala.
$\sphericalangle DAC = \sphericalangle CAO = \alpha$
$\sphericalangle CBO = \sphericalangle DBC = \beta$
$\sphericalangle CBN = \sphericalangle ACB = s$
$\sphericalangle MOS = i$.

Im Dreieck CAB ist $s + \beta + (180 - \alpha) = 180$, also $s = \alpha - \beta$. Im Dreieck AOB ist $i + 2\beta + (180 - 2\alpha) = 180$, also $i = 2\alpha - 2\beta = 2(\alpha - \beta)$.
Da $\alpha - \beta = s$, so ist $i = 2s$

Fernrohr des Instrumentes beide Gestirne bzw. das Gestirn und sein Spiegelbild auf dem *Horizonte (das Meer oder auf dem Lande ein künstlicher Horizont z. B. Quecksilber in einer Schale) gleichzeitig sieht (Abb. 70).

Spießeckige Verwerfungen s. Längsverwerfungen

Spitzbergenströmung s. atlantische Strömung

splitternde Gletschererosion s. Gletschererosion

Springflut f. Gezeiten
Springquellen = *Geysire
Springtiden = *Springflut
Sprung = *Verwerfung
Sprunghöhe f. Ausmaß einer Verwerfung und vertikale Schubhöhe
Sprungschicht f. Seen
Sprungsystem = *Bruchsystem
Sprungwelle = *Flutbrandung
Square Mile (engl. Quadratmeile) engl. Flächenmaß = 2,589 89 qkm
Sserir f. Kieswüste
stabiler Gleichgewichtszustand der *Atmosphäre f. labiler G. der A.
Stab=Wernersche (herzförmige) **Kartenprojektion** [lat. projicere vorwerfen, entwerfen] unechte *Kegelprojektion, bei der die vom Pol aus als konzentrische, *äquidistante Kreise kon-

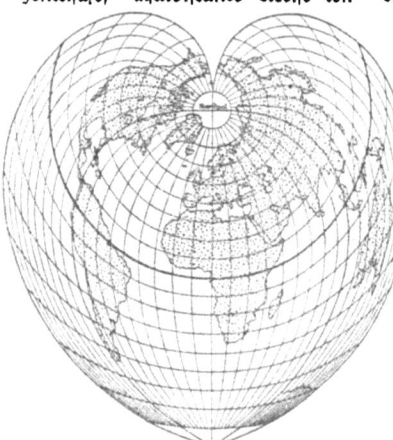

Abb. 71. Stab=Wernersche Projektion. (Aus L 23¹/78)

struierten *Breitenkreise von den im Pol unter richtigen Winkeln sich schneidenden *Meridianen (Kurven) *längentreu, d. h. im richtigen Verhältnis wie auf der Kugel, geteilt werden (L 2/219; 5/80; 25/246) (Abb. 71)
Stadium f. geographischer Zyklus
Stadium, attisches: griech. Wegemaß = 0,1775 oder 0,185 km (L 2/105)
Stadt trotz vielfach sehr schwerer begrifflicher Abgrenzung gegenüber dem *Dorf (L 119⁴/240 ff.) in der Haupt-

sache von ihm doch in M.=Europa stets in Anlage, Aussehen und Berufsgliederung der Bewohner verschieden (L 9, Bd. 632/59)
Staffelbruch f. Dislokationen (Abb. 20)
Stalagmiten [gr. stálagmos Tropfen] Tropfsteine, durch das auf den Boden auftropfende Wasser gebildet
Stalaktiten [gr. stalaktikós] durch das abtropfende Wasser in Höhlen geschaffene Gebilde
Standortsformationen f. edaphische Formationen
Stanley, Henry Morton (eigentl. James Rowland), berühmter engl. Afrikaforscher, * 1841 bei Denbigh (Wales), † 1904 in London, 1871/72 1873/74, 1876/77, 1879—1884, 1887 bis 1889 in Afrika; entdeckte 1876 den Albert=Eduard=See und stellte den Kagera als Nilquellfluß, den Lualaba als zum Kongo gehörig fest, 1877 erschloß er den Kongolauf von Njangwe bis zur Mündung, 1882 entdeckte er den Leopold II.= See, 1887—1889 zog er über den Aruwimi, das Ruwenzorigebirge und den Albert=Eduard=See (zuletzt mit *Emin Pascha) nach Bagomojo. Er schrieb u. a. „Durch den dunklen Weltteil" (3. A., 2 Bde., Leipzig 1891), „Im dunkelsten Afrika" (6. A., 2 Bde., Leipzig 1908), „Mein Leben" (3. A., 2 Bde., 1914)
Stapelmoränen im Gegensatz zu den bewegten (*Wandermoränen) die abgelagerten (aufgestapelten) *Moränen, wie *Endmoränen usw. (L 5/202)
Staub (im feuchten Zustande *Schlamm) die allerfeinsten, ¹/₁₀ mm kaum erreichenden Teilchen der *Verwitterungsprodukte; das gröbere Material von einigen mm Durchmesser heißt „Sand", noch gröberes *Kies, der in ganz grobes *Geröll übergeht
Staublawinen f. Lawine
Staugrundwasser *Sickerwasser in der Nähe der *Küste, das durch den hydrostatischen Druck des Meeres im Gleichgewicht gehalten wird (L 5/154)
Stauhochwasser f. Hochwasser v. Flüssen
Staukuppen = *Quellkuppen

Stauströme = *Windstauströmungen
stehende Falten s. Falten
stehende Wellen (*Seiches des Genfer Sees, *Laufen des Bodensees, *Seebär der Ostsee, *Marrobbio an der sizilischen Küste usw.) plötzlich einsetzende und allmählich ausklingende Anschwellungen des Wassers an den Ufern von Binnenseen und an abgeschlossenen Meeresbuchten, von einem Sinken des Wasserspiegels auf der entgegengesetzten Seite begleitet (Schaukelbewegung); hervorgerufen wahrscheinlich durch schnelle Luftdruckänderungen (Wirkung von *Fallwinden und des *Föhns) (L 2/531 ff.; 3/303f.; 5/92, 214)
Steigküste s. Flachküste
Steilküste s. Flachküste
Steineis = *fossiles Eis
Steppe fast baumlose, *xerophile Grasflur wasserarmer Gebiete, wohl auch als *Grassteppe (mit einzelnen, verschiedentlich bedingten Abweichungen im Vegetations- und Landschaftscharakter: *Pampa, *Prärie, *Puszta) gegenübergestellt der grasarmen, mit Salzpflanzen und Dorngestrüpp bedeckten, zum *Buschland überleitenden *Wüsten- (*Salz-) Steppe salzhaltiger sandiger Böden, die ihrerseits in die (unbewohnbaren) *Wüsten übergeht, deren äußerst dürftige Vegetation an die kurze Zeit im Jahre mit genügender Feuchtigkeit gebunden ist. Zum Begriff S. neuerdings Gradmann und Walther in PM. 1919 (L 2/712ff.; 3/854ff.; 70/257ff.; 71/88ff., 99ff.)
Stereoautograph [gr. stereós hart, autós selbst, gráphein (schreiben)] Apparat, der die *Stereophotogrammetrie dadurch vervollkommnet, daß er durch automatische Auswertung der Photogramme unmittelbar aus den Originalnegativen die Übertragung von Gerippe und *Höhenschichtenlinien oder die *Horizontalprojektion beliebiger sichtbarer Linien wie Häuser, Wasserläufe usw. auf den Plan gestattet. Vgl. H. Dock, „Photogrammetrie und Stereophotogrammetrie". (Samml. Göschen 699) S. 123ff. mit Abb. und H. Lüscher, „Photogrammetrie" (AUuG 612)
stereographische Projektion [lat. projicere vorwerfen, entwerfen] *perspektivische Projektion, bei welcher der Augenpunkt in der Erdperipherie (im Gegenpol des Kartenmittelpunktes) liegt. *Breitenkreise und *Meridiane erscheinen als Kreisbogen, die sich unter denselben Winkeln wie auf der Kugel schneiden (die P. ist daher *winkeltreu); ihre Abstände werden freilich gegen den Kartenrand zu größer (doch nicht so groß wie bei der *Zentralprojektion). Zur Darstellung einer Halbkugel geeignet (L 2/227; 23^1/32ff.) (Abb. 11, 46 u. 59)
Stereokomparator [lat. comparáre vergleichen] s. Stereophotogrammetrie
Stereophotogrammetrie [gr. phós Licht, métrein messen] eine, die Vorzüge stereoskopischen Sehens verwertende *Photogrammetrie, wobei die auf Endpunkten sehr kurzer Basislinien aufgenommenen Photogramme mittels besonderer Instrumente (Stereokomparator) ausgemessen werden. Die S. liefert bei Einhaltung bestimmter Grundsätze ein vollständig naturgetreues, entsprechend verkleinertes, dabei scheinbar plastisches Modell des aufgenommenen Terrains. Vgl. Dock, „Photogrammetrie und S." (Samml. Göschen, 699) S. 73ff. mit Abb., Fr. Klute, „Methode der St." in G3. 1920 und H. Lüscher, „Photogrammetrie" in AUuG 612
Sternbilder s. Fixsterne. Die 12 S. des *Tierkreises heißen: Widder, Stier, Zwillinge, Krebs, Löwe, Jungfrau, Wage, Skorpion, Schütze, Steinbock, Wassermann, Fische
Sternörter Bestimmung der Lage der Sterne nach *Rektaszension und *Deklination; bezügliche Angaben in Sternkatalogen und astronomischen Jahrbüchern
Sternschnuppenschwärme oder *Meteoriten eine Unzahl kleiner kosmischer Massen mit ähnlichen Bahnen wie manche *Kometen; sie leuchten auf, sobald sie die Erdatmosphäre kreuzen. Die Erdbahn schneidet die Bahnen einiger S., wobei es durch die Erdanziehungskraft zu (häufig beobachteten) Sternschnuppenfällen kommt
Sterntag die (mit einer vollen Erdumdrehung übereinstimmende) Zeit zwischen zwei aufeinanderfolgenden *Kul-

minationen desselben *Fixsternes. Da die Erde sich täglich im Durchschnitt um 1° (genau: 59 Min. 8 Sek.) (und zwar mit einer Geschwindigkeit von etwa 29,6 km in der Sekunde) in ihrer Bahn weiterbewegt — der S. ist um 3 Min. 56,6 Sek. kürzer als der mittlere *Sonnentag —, so erfolgt die Sonnenkulmination am nächsten Tage um diesen Betrag von etwa 1° später als die völlige Erdumdrehung, d. h. der betreffende Fixstern kulminiert im Jahre einmal mehr als die Sonne

Sternzeichen s. Frühlingspunkt

Sternzeit die mit dem *Sterntag übereinstimmende Zeiteinteilung, so daß der nach S. gehende Minutenzeiger einer Uhr während eines *Sterntages 24 Umläufe macht. Als Null=Uhr S. hat man die obere *Kulmination des *Frühlingspunktes festgesetzt

Stickstoffgehalt der Luft s. Atmosphäre

Stickstoffgehalt des Meerwassers s. Meerwasser

Stillstandsküsten *Küsten mit unveränderlichem Strand, also gleichbleibender Grenze zwischen Meer und Land (L 11³/385)

Stirn einer Decke der vordere Teil einer *Decke

Stirnflüsse s. Flußsystem=Bezeichnungen

Stirnmoräne s. Grundmoräne

Stock (dem *Gang nahe verwandte, ebenfalls sehr häufig durch *Eruptivgesteine bewirkte) Ausfüllung größerer Klüfte der Erdrinde, meist von rundlicher oder elliptischer Form (L 37¹/219)

stockförmige Gliederung s. fiederförmige Gliederung

Störung der Lagerung s. tektonische Vorgänge

stoßförmige Erdbeben nach dem gewöhnlich stoßförmigen Charakter eines *Erdbebens im *Epizentrum und seiner Umgebung; in größerer Entfernung erhält die Bewegung an der Oberfläche wellenförmigen Charakter: wellenförmige (*undulatorische) Erdbeben

Stoß= (*Schütter= oder *seismische) Linien L., an die sich *Erdbeben wiederholt anzuschließen pflegen; sie fallen gewöhnlich mit bedeutsamen *Verwerfungslinien zusammen, in diesem Fall als *seismotektonische (oder *herd=) Linien bezeichnet

Strábon griech. Geograph, * etwa 63 v. Chr. im pontischen Amaseia, † 19 n. Chr. in Rom; bereiste Ägypten; seine „Geographica", deren 17 Bücher zum größten Teile erhalten sind, fußen überwiegend auf älteren Quellen (L 15/17)

strahlenförmige Gliederung s. fiederförmige Gliederung

Strahlung bezeichnet die Art der von der Sonne durch die *Atmosphäre dem Erdboden übermittelten Licht= und Wärmeübertragung, wobei aber die Strahlen auf ihrem Wege durch die Luft einmal einen beträchtlichen Verlust an Lichtstärke erleiden (infolge der diffusen Reflexion), aber auch durch unmittelbare *Absorption an Wärme einbüßen. Bei unbewölktem Himmel empfangen der Äquator nur ½, der 50.° nur ³/₅, der Pol kaum ¹/₅ jener Wärme, die sie ohne eine diese absorbierende Atmosphäre erhalten würden, und bei bewölktem Himmel (als Wirkung des erhöhten Wasserdampfgehaltes) ist die durchgelassene Wärmemenge noch (oft um die Hälfte) geringer. Der mit dem Grade der Schiefe des Strahleneinfalls verbundene verschieden lange Weg der Strahlen durch die Atmosphäre (also die wechselnd große *Strahlungsintensität) bewirkt auch die verschieden erwärmende Kraft der Sonne zu Mittag bzw. des Morgens und Abends, im Sommer bzw. im Winter. Ausgedrückt wird der Betrag der Wärmezufuhr durch die *Sonnenkonstante (L2/558 ff.; 5/95 f.; 62a/39 ff.). (s. auch Ausstrahlung der Wärme u. Insolation)

Strahlungsgleichgewicht s. Stratosphäre

Strahlungsintensität s. Strahlung (L 3/65)

Strand als unterer Teil der *Küste die (auch ein Stück des Meeresbodens umfassende) Berührungszone des bewegten Meeresspiegels mit dem Lande, auf den Karten als *Küstenlinie hervortretend

Strandbrandung s. Brandung

Strand= (Küsten=) Düne der an flachen Küsten vorkommende *Dünentypus von verschiedenem, auch *Barchan ähnlichem Grundriß. Angeordnet in hü-

Strandentwicklung das Verhältnis der *Außenküste zur *Strandlinie; diese ist manchmal 5, 10 oder 20 mal größer als jene (L 2/468) (s. auch Küstenentwicklung)

gelreihen parallel zum *Strande, die zwischen sich *Wannen einschließen (L 5/189; 11³/361)

Strandküsten nennt *Supan (L 3/600, 804) *Steilküsten, bei denen sich zwischen den Steilabfall des Landes (das *Kliff) und das Meer ein schmaler *Strand oder eine etwas breitere Küstenebene einschieben

Strandlinie (*Gezeitenuferlinie) die Berührungslinie des *Flutwassers mit dem Strand längs der *Innenküste (L 2/463, 469), also der allen Dorfsprüngen, Einbuchtungen, Flußmündungen usw. der *Küste (soweit sich der *Gezeitenwechsel geltend macht) folgende Umrißverlauf (innere *Küstenlinie, *Innenküste); ggl.: (nach *Wagner L 2/468) die von der Einbeziehung aller Einzelheiten der Gliederung absehende *Küstenlinie (äußere Küstenlinie, *Außenküste). Für die pazifische Küste Nordamerikas ist das Verhältnis dieser (2895 km) zu jener (14240 km) wie 1:5

Strandlinien [norw. *Seter] „horizontale wegeartige Einschnitte im festen Gestein, die sich an den Steilwänden der *Fjorde und Sunde wie an freiliegenden *Inseln hinziehen" (L 3/449), vergesellschaftet mit an den Flußmündungen stufenförmig aufsteigenden *Terrassen, „ebenen, sanft gegen das Meer sich neigenden, aus Sand- und Tonschichten aufgebauten Flächen"; beide stellen alte Wasserstandsmarken dar, entstanden im Zusammenhange mit der seit der *Eiszeit erfolgten Hebung des Landes (L 3/449 ff.). (s. auch Strandverschiebungen und Niveauveränderungen)

Strandriffe = *Saumriffe (L 2/488)

Strandsaum (*Saumwall) die Ablagerungen durch die Meereswellen am äußersten Rande der *Küste (s. auch Küstenversetzung)

Strandseen im Küstengebiet liegende Seen, entweder durch völlig zugewachsene *Nehrungen aus *Haffen (oder sonst [L 3/760] aus einstigen Meeres-

Strandentwicklung — Stratokumulus 193

buchten) entstanden, manchmal auch als Anstauung von Flußwasser hinter *Dünen

Strandterrassen s. Strandlinien

Strandverschiebungen An alten, heute über dem Meeresspiegel liegenden *Strandlinien, Strandterrassen und Meeresablagerungen lassen sich S. feststellen, die E. *Sueß *positive S. nennt, wenn das Wasser steigt oder das Land sich senkt, *negative, wenn das Wasser fällt oder das Land sich hebt. S. sind namentlich aus jüngeren geologischen Epochen, auch aus historischer Zeit (Mittelmeerküste, Große kanadische Seen, *Fennoskandia) nachzuweisen. Für Fennoskandia z. B. ergibt sich eine (durch zweimalige Senkungen unterbrochene und nicht überall gleichmäßig verlaufene) Aufwölbung, die im schwedisch-finnischen Gebiete noch gegenwärtig andauert. Schwankungen des Meeresspiegels dürften als Ursache, die man jetzt als *epirogenetische Bewegungen deutet, ebenso ausschalten wie die Annahme, daß mit dem Schwinden des *quartären *Inlandeises das unter seinem Gewicht herabgedrückte Land sich wieder gehoben habe (L 5/110; 9⁸/14; 11³/4 ff.). (s. auch eustatische Bewegungen und Niveauveränderungen)

Strandverkistung = *Küstenversetzung

Strandwallebene die zwischen dem eigentlichen *Strandwall und dem *Kliff eingeschaltete Ebene; durchschnittlich 100—200 m breit, aufgebaut aus den Schuttmassen, welche die Flüsse nach der völligen Ausbildung des Kliffs herbeigeführt haben (L 47a²/200)

Strandwälle entweder über den *Meeresspiegel gewachsene *Sandbänke oder soviel wie *Nehrungen (L 37¹/658 ff.)

Straßendörfer „das Dorf bildet eine kurze gerade Zeile, an der die Gehöfte beiderseits so dicht nebeneinander stehen, daß an der Straße oft nur für die Giebelseite der Wohnhäuser Platz ist und die Wirtschaftsräume dahinter liegen müssen" (*Schlüter in L 119⁴/294). S. finden sich im ostdeutschen Kolonisationsgebiete und im anschließenden Slawenlande; der slawische Ursprung ist bestritten

Stratokumulus [lat. strátum das Aus-

Stratosphäre — Strukturformen

gebreitete, die Schicht, cúmulus hau=
sen]Wolkenform, deren unregelmäßige,
über den ganzen Himmel geschobene
Ballen zumal im Winter zwischen 1000
bis 3000 m Höhe häufig sind
Stratosphäre [gr. sphaira Kugel] die
über der *Troposphäre im *Hochdruck=
gebiet rund von 15, im *Tiefdruck=
gebiet von 10 km Höhe an bei Tempe=
raturen von — 40° bis — 60°C liegen=
de, gleichmäßig temperierte und bloß
noch horizontal bewegte *Atmosphäre
bei *Strahlungs=Gleichgewicht, die also
keine weitere *Temperaturabnahme
mit der Höhe, also auch keine jahres=
zeitlichen Unterschiede mehr aufweist;
gegen die Pole zu sinkt die S. zu grö=
ßeren Tiefen herab (L 3/76 ff.; 62a/23)
Stratovulkane s. homogene Dulkane
Stratuswolke s. Wolken
Streckungsbrüche = *Diagonalverwer=
fungen
Streichen (Streichungslinie) und Fal=
len (Einfallen) von (nicht horizontal
verlaufenden, „gestörten") Schichten
(zu deren Lagebestimmung beides an=
gegeben wird). Jenes wird ausgedrückt
durch den Winkel, den eine auf der
Schichtfläche des Gesteins gezogen ge=
dachte wagrechte Linie mit der Rich=
tung des *Meridians des betreffenden
Ortes einschließt; dieses (die Neigung
der Schicht gegen die wagrechte Ebene)
mißt man durch den Winkel, den die
auf der Streichungslinie senkrecht ge=
zogen gedachte Fallinie mit der Hori=
zontalebene bildet. Am bergmänni=
schen Kompaß können S. und F. sofort
abgelesen werden
streichende Verwerfungen s. Längs=
verwerfungen
Strichrose s. Kardinalpunkte
Stromauen s. Auen
Stromgebiet (Fluß=, *Einzugsge=
biet eines Flusses) diejenige Fläche,
die ein Strom zum Meere oder zu einem
abflußlosen See entwässert; umgrenzt
und von benachbarten S. geschieden
wird diese Fläche durch die (nicht über=
all als höhere Bodenschwelle hervor=
tretende) *Wasserscheide (s. auch Fluß=
system)
Stromschnellen Hindernisse im Fluß=
bett (Überbleibsel einer früher größeren,
im *Wasserfall überwundenen Stufe
oder hineingestürzte Felsblöcke), über
die das Wasser beschleunigt dahin=
schießt
Stromseen nennt *Wagner (L 2/391,
446) jene *Seen, die Flüsse, bei *Hoch=
wasser ihre Ufer überflutend, in den
angrenzenden Ebenen zurücklassen
Stromstrich die Linie, welche die Punkte
größter Oberflächengeschwindigkeit
eines Flusses verbindet, gewöhnlich
über der tiefsten Stelle des Bettes
(dem *Talwege) gelegen (L 3/517)
Strömungsgeschwindigkeit a) in Flüs=
sen s. Flußgeschwindigkeit; b) von
*Meeresströmungen: sie beträgt bei
den *Äquatorialströmungen durch=
schnittlich 15—25 Seemeilen im *Et=
mal, starke Strömungen besitzen 40—60
Seemeilen, äußerst selten sind 100—120
Seemeilen (d. h. 2—2½ m in der Sek.),
was selbst große Ströme nur bei *Hoch=
wasser aufweisen (L 2/540)
Strömungstheorie der Gletscher
hypothese, um die Art (abgesehen von
den Ursachen) der *Gletscherbewegung
zu erklären, unter Annahme einer
Strömung, die stationär (an jeder
Stelle im Laufe der Zeit nach Richtung
und Größe unverändert) und stetig ist
(benachbarte Teilchen bleiben es auch
während der Bewegung; der Weg
jedes Teilchens stellt eine Stromlinie
dar, benachbarte Teilchen haben also
benachbarte Stromlinien. Die weitere
Entwicklung bei L 3/209 ff. oder
65/65 ff.
Strudellöcher entstehen durch die Wir=
belbewegung des fließenden Wassers,
auch in den Seitenwänden des Talein=
schnittes (L 47a¹/125; DN. 1921, S. 67)
Struktur [lat. structúra Bau, Schich=
tung] bei *Davis die Zusammensetzung
und Lagerung der geschichteten oder
Massengesteine der aus dem Meere
gehobenen Landmasse sowie ihre ur=
sprüngliche Höhe über der *Erosions=
basis und die Form ihrer *Urlandober=
fläche (L 47a²/5)
Strukturformen, bei denen *endogene
Vorgänge den morphologischen Land=
schaftscharakter bestimmen, stellt *Su=
pan (L 3/636) den durch Veränderung
oder Umbildung der S. entstandenen
*Destruktionsformen gegenüber,
die uns im wesentlichen von *exogenen

Stuart — **Südäquatorialströmungen**

Kräften gestaltet entgegentreten. Bei den S. unterscheidet er vulkanische und *tektonische Formen und unter diesen die *Flachschichtung, *Faltenstruktur und *Bruchstruktur. Die Destruktionsformen entstehen durch *Revelation (*aufgedeckte Ebenen, *Denudationsstufen, *Zeugen), durch Umwandlung von *Flachland in Gebirge (*Erosionsgebirge) und von Gebirgen in Flachland (*Rumpffläche)

Stuart, John Mac Donall, engl. Forschungsreisender, * 1815 in Schottland, † 1866 in London; bereiste 1858/59 Südaustralien(Torrensfee) und durchquerte 1862 Australien von S. nach N. (vom Eyre=See bis Carpentariagolf). Schrieb „Explorations in Australia 1858—62" (2. A., 1864)

Stübel, Alfons, Vulkanologe, * 1835 in Leipzig, † 1904 in Dresden; untersuchte 1864—1877 (mit W.*Reiß) den Vulkanismus in Kolumbien, Ecuador und Peru. Arbeiten: „Die Vulkanberge von Ecuador" (1897), „Das Wesen des Vulkanismus" (Berlin 1897), „Ein Wort über den Sitz der vulkanischen Kräfte in der Gegenwart" (Leipzig 1901)

Stübels Vulkanhypothese nimmt den Ursprung der *Lava=Massen in peripherischen Herden der *Panzerdecke der Erde an, die sich hier, vom (glutflüssig gedachten) *Erdkern abgeschlossen, aber mit der Erdoberfläche durch *Eruptions=Kanäle verbunden, glutflüssig erhielten. Die entgegengesetzte Ansicht nimmt die Verbindung der Lavaherde mit dem Erdinnern an (L 3/407 ff.; 34/115; 39c/390)

Stufe (geolog.) oder *Etage Schichten mit Überresten gleichartiger Lebewesen, Unterabteilung der *Serien, die wieder Unterabteilungen der *Formationen sind. Sonst S. soviel wie *Landstufe

Stufenbau der Täler s. Talstufen
Stufenbildung s. Talstufen
Stufenflüsse der bei *Sammelflüssen häufige, über niedrige Stufen sich vollziehende Wechsel von *Berg= und *Flachlaufstücken (L 2/462)
Stufenrandflüsse s. Flußsystem=Bezeichnungen
Stufentäler *Täler mit deutlichem

*Stufenbau (*Abdämmungsstufen, *Felsstufen) (s. auch Talstufen)
Stundenkreise s. Deklinationskreise (Abb. 17)
Stundenwinkel eines Gestirnes: der Winkel, den der *Deklinationskreis (der *Polabstand) dieses Gestirnes mit dem *Meridian einschließt; er wird von S. über W., N. und O. gezählt und zumeist in *Zeitmaß ausgedrückt. Durch S. und Polabstand ist die Lage jedes Sternes gegeben (Abb. 17)
Stürme s. Windstärke
Sturmfluten durch starke und längere Zeit wehende Stürme gesteigerte, oft verheerend auftretende *Brandungswellen
Suahéli das aus Negern, Arabern, Indern und Persern hervorgegangene Völkergemisch der ostafrikanischen Küste
subaërische Kräfte, auch subaerile Kräfte [lat. sub unter, aër Luft] Kräfte des Luftkreises, welche die *Abtragung durch *Deflation und *Erosion bewirken
subantarktisches Windsystem (subantarktische Windgebiete) s. passatisches Windsystem
subarktische (subpolare) **Tiefdruck=** (Depressions=) **Zone** eine nördliche (polwärts der nördlichen *subtropischen Hochdruckzone) und eine südliche (polwärts der südlichen subtropischen Hochdruckzone) (s. Luftdruckgebiete)
subarktisches Windsystem (subarktische Windgebiete) s. passatisches Windsystem
subsequénte Flüsse [lat. súbsequi unmittelbar nachfolgen] s. Flußsystem=Bezeichnungen
subsequente Formen s. konsequente Formen
subtropische Hochdruckzone eine nördliche und eine südliche beiderseits der *äquatorialen Tiefdruck= (Depressions=) Zone (s. Luftdruckgebiete)
subtropischer Wärmegürtel nennt Köppen (L 3/103) jene *Temperaturzone, bei der wenigstens vier Monate im Jahre heiß sind (über 20° C besitzen)
subtropisches Klima = *Etesienklima
Sudân=Neger s. Neger
Südäquatorialströmungen s. Äquatorialströmungen

Südatlantischer (*Challenger=) **Rücken** der südliche, von Tristan da Cunha bis zum Äquator reichende Teil der *Atlantischen Schwelle; jenseits einer Einsenkung findet er als *Nordatlantische Schwelle bis zum Azorenplateau seine Fortsetzung

Südatlantische Verbindungsströmung s. Benguelaströmung

Südindische Verbindungsströmung s. Agulhasströmung

Südlicher Polarkreis s. Polarkreis

Südlicher Wendekreis s. Wendekreise

Südliches Eis(Polar=)**meer** s. Antarktisches Meer

Südlicht das auf der südlichen Halbkugel auftretende *Polarlicht, im Gegensatz zum *Nordlicht

Südostmonsun nennt *Wagner (L 2/602) die Winde, die im Sommer der Nordhalbkugel durch das Einströmen der Luft in das als Landmasse erhitzte China vom Meere her entstehen (s. auch Monsune)

Südostpassat s. Windsysteme der Erde

Südpassattriften die südlichen *Äquatorialströmungen

südpolares Hochdruckgebiet soviel wie *antarktisches H. (s. auch Luftdruckgebiete)

Südpol der Erde der dem *Nordpol d. E. entgegengesetzte Punkt der *Erdachse. Er wurde schwieriger erobert (*Amundsen 1911) als der Nordpol; für die einzelnen Versuche s. Filchner (1912), Roß (1842), Borchgrevink (1900), Scott (1903, 1912), Shakleton (1908), Mawson (1911—14). Vgl. L. Meding, Polarländer (1925)

Südpunkt s. Nordpunkt

Sueß, Eduard, berühmter Geologe, * 1831 in London, † 1914 in Marz bei Ödenburg, lehrte durchweg in Wien. Grundlegend auch für den Geographen sein, die wesentlichen Linien des Aufbaus der gesamten Erdoberfläche nachzeichnendes Hauptwerk „Das Antlitz der Erde" (1883—1909, die französische Ausgabe dieser in prächtiger Sprache dargebotenen „geologischen Länderkunde auf tektonischer Grundlage" enthält zahlreiche wichtige Ergänzungen). Bahnbrechend für seine Zeit auch „Die Entstehung der Alpen" (1875). Zahlreiche kleinere Abhandlungen über die Donau, den Boden der Stadt Wien, die Zukunft des Goldes, des Silbers. Lesenswerte (Lebens=) „Erinnerungen" (Leipzig 1916)

Supan, Alexander, Geograph, * 1847 im tirolischen Innichen, † 1920 in Breslau als Prof. emer. der dortigen Universität. Arbeiten: „Geographie von Österreich=Ungarn" (in der von Kirchhoff herausgeg. Länderkunde, 1889), „Bevölkerung der Erde" 1891, 1893 u. später, „Die territoriale Entwicklung d. europäischen Kolonien" (1906) und L 91. Langjähriger Herausgeber von PM. Bedeutendes Hauptwerk L 3. Nachruf GZ 1921, S. 193 ff.

Süßholz (Glycyrrhiza glabra) Die Wurzeln dieser in Südosteuropa und Vorderasien heimischen, zu den Schmetterlingsblütlern gehörenden Pflanze dienen u. a. zur Bereitung der Lakritze

Süßwasserseen solche, die nur „durch meteorologisches *Grund= und *Flußwasser" gefüllt wurden; besitzen sie keinen Abfluß, so verwandeln sie sich in *Salzseen, diese können durch Schaffung eines Abflusses ausgesüßt werden (L 3/770 f.)

Sverdrup, Otto, norw. Nordpolfahrer, * 1854 im Gehöft Haarstad (Amt Nordland), war der Begleiter *Nansens durch Grönland (1888/89) und auf dessen Nordpolfahrt (1893—1896), unternahm 1898—1902 selbst eine Nordpolexpedition, die zur Entdeckung von Landmassen westlich des Jones=Sunds führte (S.=Archipel). Er schrieb „Nyt Land" (3 Bde., 1903, deutsch als „Neues Land")

symmetrische Faltengebirge wären jene (in Wirklichkeit kaum vorkommenden) *Faltengebirge zu nennen, die durch eine Linie im *Streichen in zwei spiegelbildlich gleiche Längshälften zerlegbar sind (L 5/116 f.; 44/51) (s. auch Asymmetrie der Kettengebirge)

Synklinale [gr. syn zusammen, klinein neigen, also zueinander geneigt] s. Falte

synklinale Faltung = *Synklinale

Synklinalkämme, Synklinaltäler s. Falte

synodischer Mondmonat [gr. sýnodos Zusammenkunft] die Zeit von einer *Mondphase bis zur nächsten (29 ½

synoptische Wetterkarten — Tagesschwankung

Tage, genau: 29 Tage, 12 Stunden, 44′, 2,7″). Infolge der Vorwärtsbewegung der *Erde in ihrer Bahn um die *Sonne muß der Mond (*Erdmond) um so viel über einen Kreis von 360° (*siderischer Mondmonat) hinauslaufen, als die Erde inzwischen in ihrer Bahn um die Sonne weitergeschritten ist (ungefähr 29° = $2^1/_5$ Tage für den Mond)

synoptische Wetterkarten [gr. sýnoptos sichtbar] in den einzelnen Staaten amtlich (auf Grund der telegraphischen Meldungen der meteorologischen Stationen) herausgegebene tägliche Übersichten des Zustandes der *Atmosphäre (Luftdruckverteilung und Windrichtung) über kleineren oder größeren Erdräumen für eine bestimmte Stunde (gewöhnlich 7 Uhr früh *Ortszeit). Sehr hübsch unterrichtet über den Gebrauch der f. W. R. Hennig, „Unser Wetter, eine Einführung in die Klimatologie Deutschlands an der Hand von Wetterkarten"[2] (ANuG 349); vgl. L 62b/7 ff. und A. Defant, „Die Wetterkarte" (Kartograph. und schulgeogr. Ztschr. 1919 Heft 5/6)

syrischer Graben SSW. streichendes, von der Bekaä zwischen Libanon und Antilibanon über das Ghör bis zum Golf von Akaba sich erstreckendes *Bruchgebiet, nach *Suess mit dem *erythräischen und den *ostafrikanischen Gräben ein Ganzes bildend

Syrjänen f. finnisch-ugrische Völkergruppe

Syzygien [gr. syzygía paarweise Verbindung] Bezeichnung für *Konjunktion und *Opposition von *Sonne und *Erdmond

Tabula Peutingeriana (Peutingersche Tafel) antikes *Itinerar [der Name nach ihrem Konservator, dem Augsburger Ratsherrn Kont. Peutinger] mit Straßennetz von Spanien bis Indien, aber „unter völligem Verzicht auf jedes richtige Lage- und Entfernungsverhältnis" (L 2/980), im 2. Jahrh. n. Chr. entstanden, später mehrfach ergänzt; das Original ist etwa $7^1/_2$ m lang und 1/3 m hoch. Vgl. auch Lüders Reallexikon[8] S. 791

Tachometer [gr. tachýs schnell, métrein messen] Bezeichnung für zahlreiche Instrumente zur Bestimmung der Flußgeschwindigkeit an der Oberfläche und in verschiedenen Tiefen (f. hydrometrischer Flügel) (L 2/329)

Tafelabbiegung f. Dislokationen

Tafelberg *Berg mit plateauartiger Gipfelform

Tafelbrüche *Dislokationen, bei denen die Brüche ungefähr parallel zueinander verlaufen

Tafelgebirge von *Supan (L 3/631) gewählte Bezeichnung für ein Gebirge mit flachen Gipfelformen

Tafelhorste, Tafelland Gebiete, deren jüngere Schichten, auch über alten Faltungsrümpfen, mehr oder minder horizontal, tafelgleich gelagert sind. Ist das T. mehrfach von Brüchen durchsetzt (die aber im ganzen das Bild der horizontalen Schichtenlagerung nicht beeinträchtigen), so spricht man von *Tafelschollen, ist es allseitig von Brüchen umgeben, von *T. (L 3/651)

Tafellandtäler nach v. *Richthofen (L 50/636) *Täler, die nur in die auflagernden Schichten eingeschnitten sind, ohne das Grundgebirge zu erreichen

Tafelrestberge aus der Auflösung (*Erosion, *Revelation) eines *Tafel- u. Stufenlandes hervorgehende größere Einzelberge, von den Franzosen *Zeugen (d. i. eines ehemaligen Zustandes), von den Engländern *Ausliegeer genannt (L 3/660)

Tafelscholle f. Tafelland

Tafelschollengebirge *Tafelschollen (*Tafelhorste) bzw. *Schichtstufen, die als Gebirge entgegentreten (L 2/411; 44/116)

Tafóni [korsikanisch] Höhlungen im Gestein, von *Abspülung und *Windwirkungen modifizierte *Verwitterungsformen (L 5/148; 9, Bd. 627/26)

Tagbogen jener Teil der scheinbaren Bahn der Sonne, den sie während des Tages, d. h. oberhalb des *Horizontes zurücklegt (Abb. 77)

Tagesmittel = *mittlere Tagestemperatur

Tagesschwankung die Spannung während eines Tages zwischen der wärmsten (etwa 1—3 h) und kühlsten Temperatur (kurz vor Morgenanbruch); „sie ist größer im *Land- als im *Seeklima, größer bei heiterem als bedecktem Himmel, größer im Sommer als im Winter, größer in höheren als in niederen Breiten und beträgt in Küstenorten niederer Breiten 4—6°, in solchen mittlerer Breiten 10—15°, in noch höheren Breiten nimmt sie wieder ab; besonders groß ist sie in Wüsten, z. B. in der Sahara nahe dem *Wendekreis im Hochsommer durchschnittlich 20 bis 26°" (L 5/97f.). Die *mittlere Tagestemperatur kann man aus 3 Ablesungen (7h früh, 2h nachm. und 9h abends $= \frac{7h + 2h + 2 \times 9h}{4}$) bestimmen (L 2/567) (s. auch Amplitude, tägliche, der Temperatur)

Taggleicher s. Nachtgleicher
tägliche Parallaxe s. Parallaxe
Tag- und Nachtgleiche s. Äquinoktien
Taifune [chines.] die zerstörenden *Wirbelstürme des Chinesischen Meeres, von ähnlichem Charakter wie die *Hurrikane. Ausführliche Beschreibung von T. bei L 61c/106ff.

Takyre [nach der Bezeichnung in der Turkmenenwüste] s. Salztonebenen. Vgl. auch L 3/624

Talauen s. Auen

Talbuchten nach *Supan (L 3/806ff.) alle „talartigen Buchten, die unter einem rechten oder einem steilen Winkel in das Land einschneiden, sich meist auch oberseeisch in einem Tal fortsetzen und in der Regel gesellig auftreten" (*Fjorde, *Rias, *Limane)

Täler „langgedehnte, dabei verhältnismäßig schmale Einschnitte (*Hohlformen) der Landoberfläche, die ein gleichsinniges Gefälle besitzen" (L 10²/314). Unmittelbar durch die *Tiefenerosion des fließenden Wassers hervorgerufen, werden ihre Formen wesentlich mitbestimmt durch die Verflachung der beiden, die *Talsohle entlang ziehenden *Talgehänge, wie sie auf *Verwitterung, *Massenbewegungen und *Abspülung zurückgeht. An der Talwurzel schließen sich die Talgehänge im *Talschluß, der sie von den benachbarten T. trennt, zusammen (geschlossene T.); oder er fehlt und ein Tal geht in ein anderes über (geöffnete T.). Ihrer Entstehung nach unterscheidet *Supan (L 3/561) *ursprüngliche T., d. h. durch den Bodenbau bedingte, wenn auch durch *Erosion umgestaltete T. (*Mulden-, *Graben- und *interkolline T.) und reine *Erosions-T. (*orographische, *tektonische, *epigenetische und *Einsturz-T.). Doch auch die Formen der Erosions-T. sind sehr verschieden, „bedingt durch die Widerstandskraft und Durchlässigkeit des Gesteins, durch die Tektonik des Bodens und dadurch, ob der Fluß in der Streichrichtung aufgerichteter Schichten arbeitet oder sie durchschneidet" (L 3/533). Das Längsprofil der T. nimmt erfahrungsgemäß als Endergebnis der Erosion „die Form einer nach unten verflachenden Kurve" an (L 3/534), das normale Querprofil des Erosionstales ist die *Schlucht mit steilen Gehängen, bzw. später die V-Form (*V-T.) (s. auch u. a. Antiklinal-, atektonische, aufgelagerte, blinde, Bruch-, Dislokations-, Saltungs-, Fjord-, Slach-, hänge-, intermontane, Isoklinal-, Konstruktions-, Längs-, Monoklinal-, Mulden-, Quer-, Scheide-, Schicht-, Schluchten-, Stufen-, Synklinal-, Trokten-, Trog-, V- und Zirkus-T., ferner Asymmetrie der Talgehänge, Diffluenz fugen, gegenständige Talanordnung, Periodizität der Talbildung, Quelltrichter, Übertiefung der T., Salte und die auch für die T. geltende Einteilung der Flüsse nach *Davis (*Flußsystem-Bezeichnungen, *Jugendzeit)

Talgabelungen durch Überfließen von *Pässen erfolgte Abzweigung von Seitenästen *eiszeitlicher *Gletscher in Nebentäler, wodurch die „Paßstufe immer mehr erniedrigt wird und sich nach und nach zuerst eine stufenförmige T., zuletzt eine gleichsohlige entwickelt, ja schließlich deren neugeschaffene Zinke tiefer zu liegen kommen und nach dem Rückzug des Eises vom Talfluß benützt werden kann (*glaziale *Flankenanzapfung)" (L 5/207)

Talgefälle das mittlere, die einzelnen Unebenheiten nicht berücksichtigende T. ergibt sich (L 2/440) als Neigungswinkel (α) eines Profildreiecks, dessen Grundlinie (t) die gesamte Länge des Tales und dessen Höhe (h) den Höhenunterschied zwischen Ursprung und Mündung des Tales darstellen (tang $\alpha = \frac{h}{t}$)

Talgehänge s. Täler und Asymmetrie der Talgehänge

Talgesimse s. Talterrassen

Talgletscher s. Eiszunge

Talkanten treten als ein, die regelmäßige Abdachung der *Talgehänge unterbrechender Knick in Erscheinung; sie entstehen (L 3/541) bei Übereinanderlagerung verschiedener harter Gesteine (s. auch Talleisten, Talterrassen)

Talklima die Eigentümlichkeiten im *Klima gebirgsumschlossener, besonders beckenartig erweiterter *Täler (*Temperaturumkehr) und der Hochtäler (streng kontinental, die tägliche Temperaturschwankung bedeutsam, die jährliche nicht wesentlich größer als im Tiefland) (L 3/112)

Talleisten Bei Zersägung eines älteren Talquerschnittes infolge Wiederbelebung der *Tiefenerosion setzen sich „die Reste des alten Talbodens oder auch das flachere, ältere *Talgehänge mit einer deutlichen Kante an den Gehängen des jüngeren Einschnittes" ab (L 5/175) (s. auch Talkanten, Talterrassen)

Talmäander *Mäander, die durch seitliche Flußerosion, den Grundriß der *Täler verändernd, entstanden sind, im Gegensatz zu den in den schließlich entwickelten breiten Talauen sich hinziehenden *Flußmäandern (L 9, Bd. 628/42; 47a²/104)

Tal(Spalt=)quellen entstehen, wenn ein Tal, vielleicht nur durch eine Kluft oder Spalte, den *Grundwasserspiegel erreicht (s. auch Schicht=, Stau=, Überfalls= und Verwerfungsquellen)

Talschluß die Wurzel des *Tales, an der die *Talgehänge sich zu einem Hintergehänge verbinden; es ist die Stelle, bei der „die eigentliche Flußerosion beginnt und die Wirkung der kleinen Rinnsale der Bäche ablöst" (L 51²/116), also der Sammelpunkt der „Abspülungsfäden" zum Anfang der Ausnagungstätigkeit; „bei *Muldentälern ist er gewöhnlich muldenförmig, bei *Sohlentälern, aber auch bei *Schluchttälern sackartig (*Talzirkus), bei den *V=Tälern meist trichterförmig (*Quelltrichter)" (L 5/176)

Talseen s. Hochseen

Talsohle s. Täler und Asymmetrie der Talgehänge

Talsperren Anlagen, um das Wasser eines *Tales aufzustauen entweder zur Ausnützung der Energie als elektrischer Kraft, zur Regelung der Wasserspeisung von Schiffahrtskanälen oder zur Unschädlichmachung der gerölleführenden Hochwässer für die unterhalb der T. gelegenen Gebiete

Talstufen Abweichung im normalen Längsprofil der *Täler. Sie können entstehen entweder dadurch, daß alte *Endmoränen, Bergstürze oder *Schuttkegel von Seitenbächen den Fluß des Haupttales zu einem See aufstauen, der dann allmählich zugeschüttet „als Talebene durch eine steile, in den Damm eingerissene Schlucht mit der nächsten Stufe in Verbindung steht" (L 3/358); oder besonders widerstandsfähige Gesteine hindern als Felsstufen bis zu ihrer Durchsägung den Fluß an der Erreichung seines normalen Gefälles (L 9, Bd. 628/36). „Die große Mehrzahl der Stufen und Riegel aber liegt dort, wo eine unmittelbare Veränderung der Eismächtigkeit bei den *eiszeitlichen Gletschern eintrat, nämlich eine Vermehrung durch Vereinigung zweier Eisströme bei den sog. *Konfluenzstufen oder eine Verringerung durch Teilung in Arme bei den Diffluenzstufen" (L 9, Bd. 628/89); auch wo ein von einem kleineren Gletscher erfülltes Nebental in das vom größeren Eisstrom stärker erodierte Haupttal mündet, entsteht dadurch ein Höhenunterschied: in einer deutlichen Stufe setzt sich das sog. *Hängetal" gegen das „übertiefte" Haupttal ab; doch ist die Bedeutung der *Glazialerosion wie für andere Fragen auch für die Entstehung der T. noch durchaus nicht geklärt (L 3/574 ff.; 5/196, 204 f. mit Angabe zahlr. Einzelschriften). Vgl. auch L 7, Bd. 2²/135 ff.

Talterrassen nennt *Sölch (L 5/175) nur jene *Talleisten, die aus *Aufschüttungen des Flusses selbst herausgearbeitet sind; Ggs.: *Talgesimse (besser als „alte Talböden", da der Ausdruck nicht die schwierige Entscheidung festlegt, ob die Leisten nicht bereits dem alten *Talgehänge angehören), wenn die Talleisten im festen Fels einge=

Taltrog — Tau

schnitten sind (s. auch Taltanten). Andere Einteilung von *Supan in *Ausfüllungs-, *Denudations-, *Diluvial- u. *Felsterrassen. Vgl. L 7, Bd. 2²/158 ff. u. ö.

Taltrog Bezeichnung jenes Talstückes im Querprofil, das sich unterhalb der *Trogränder bis zum Talboden erstreckt; steile Wände, breite, mit Verwitterungsstoffen oder Flußaufschüttungen bedeckte Sohlen sind ihm eigentümlich (U-Form). Oberhalb der kantigen Trogränder, die am oberen Talende sich meist zum zirkusartigen *Trogschluß zusammenschließen, setzen die weit flacheren oberen Talgehänge, die *Trogschultern, an. Während *Pend den T. auf *Glazialerosion zurückführt, erklären ihn andere als ältere, durch den *Gletscher bloß umgestaltete Flußrinne (L 3/574 mit Abb.; 5/205; 9, Bd. 627/86 ff. mit Abb.; Lucerna in der Ztschr. für Gletscherkunde 1911 und v. *Drygalski u. a. in PM 1912II) (s. auch Talstufen und Trogtäler) (Abb. 72)

Talungen nach *Pend (L 51²/87) schmale, geradlinige und verhältnismäßig kurze *Hohlformen, die sich von den eigentlichen *Tälern unterscheiden durch den Mangel eines gleichsinnigen Gefälles und eines Zusammenschlusses zu einem höheren System

Talungleichseitigkeit s. Asymmetrie der Talgehänge

Talwasserscheiden im Gegensatz zu den durch die Haupt- oder Nebenkämme von Erhebungen gebildeten *Kammwasserscheiden *Wasserscheiden, die sich als flache Bodenschwellen im Talboden von Quer-, häufiger von Längsmassen bewirkter) Stromverlegungen (L 2/418 f.; 3/705 ff.; 7, Bd. 2²/175 f.; 47a¹/476 ff.) (s. auch Anzapfung)

Talweg s. Stromstrich

Talwinde s. Berg- und Talwinde

Talzirkus das sackartige oberste Stück vieler *Täler (*Talschluß)

Talzug gegeneinander über niedrige *Wasserscheiden hinweg geöffnete Täler (L 2/420)

tangentiale Dislokationen *Dislokationen, die im wesentlichen tangential zur Erdkugel gerichtet sind (*Faltung, *Überschiebung); Ggs.: *radiale D., die wie der *Erdradius gerichtet sind (*Flexur, *Verwerfungen)

Tasman, Abel Janszoon, holl. Seefahrer, * 1602 (3?) zu Lutgegast (Groningen), † 1659 in Batavia; umfuhr 1642/43 Australien von Batavia aus und entdeckte Vandiemensland (jetzt Tasmanien), die Südinsel Neuseelands, die Tonga- und Fidschi-Inseln

Tasmanier s. Buschmänner

Tataren s. Turkvölker

tätige Vulkane s. Vulkane

Tau Wassertröpfchen auf dem Boden, zumal dem bewachsenen, die entstehen,

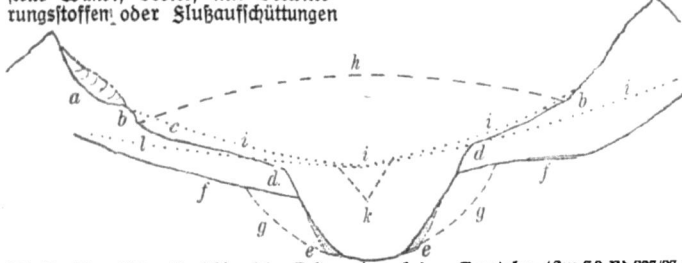

Abb. 72. Schematisches Profil durch den Taltrog eines alpinen Trogtales. (Aus L 9, Bd. 627/87.) *a* Kar; *b* Schliffkehle; *c* Schliffbord; *d* Trogschulter; *e* Schutthalden; *f* Hängetäler; *g* rückschreitende Stufenmündung; *h* Gletscheroberfläche; *i* präglazialer Talboden; *k* mutmaßliche inter- oder präglaziale Kerbe

taube Flut wenn dieser (durch die nächtliche Ausstrahlung) kälter als die umgebende *Atmosphäre oder (durch starke *Verdunstung) wärmer ist als die unterste Luftschicht

taube Flut = *Nipptiden

taube Tiden soviel wie *Nipptiden

Tauchdecken *Überschiebungsdecken mit abwärts gerichteter *Stirn

Taupunkt jene Temperatur, „unter welcher die in der Atmosphärenschicht vorhandene Dampfmenge sich zu Wasser niederschlagen muß; bei gesättigter Luft entspricht also die jeweilige Lufttemperatur gleichzeitig dem T." (L 2/615)

Teilminima s. sekundäre Minima

tektonisch [gr. tektoniké Baukunst; hier den Bau der Erde betreffend] s. tektonische Vorgänge

tektonische Beben s. Dislokationsbeben

tektonische Becken s. Eintiefungsbecken (L 3/761)

tektonische Einheit „ein Stück der *Erdrinde, das sich einer *Dislokation gegenüber wie ein Ganzes verhält oder durch eine oder mehrere solche zu einer tektonisch begrenzten Masse geworden ist" (Beispiel: eine *Überschiebungsdecke); tektonisch verschieden heißen „Gebiete, in denen verschiedene Dislokationstypen herrschen" (z. B. ein *Faltengebirge und ein durch *Verwerfungen in *Schollen zerlegtes *Tafelland) (L 41/5)

tektonische Formen die durch tektonische (*endogene) Vorgänge geschaffenen Oberflächenformen

tektonische Gebirge eigentlich soviel wie Gebirge schlechthin; durch v. *Richthofen (L 50/643) gewählte Bezeichnung, da die meisten Gebirge ihre Entstehung tektonischen Vorgängen (*Bruch, *Faltung usw.) verdanken

tektonische Seen sind entstanden entweder bloß durch *Verwerfung (*Senkungsseen) (L 2/446) oder, und dann als Gebirgsbauseen bezeichnet (L 11³/447), durch Krustenbewegungen überhaupt (Faltungs-, Verwerfungs-, Graben- und Kesselbruchseen)

tektonische Täler Die *Täler sind durch die *Flußerosion geschaffen (und daher den *Erosionstälern zuzuzählen), der Bodenbau aber ist insofern von Bedeutung gewesen, als er den erodierenden Kräften bestimmte Richtungen wies (L 3/560; 7, Bd. 2²/122)

tektonische Theorien s. Isostasie, Kant-Laplace- und Kontraktionstheorie, Tetraeder- und Unterströmungshypothese, epirogenetische und orogenetische Bewegungen, Permanenz der Kontinente und Ozeane, Wegeners Horizontalverschiebung der Kontinente

tektonische Vorgänge nennt man die Bewegungen der *Erdkruste wie *Senkung (*Verwerfung, *Bruch), *Faltung usw., welche die Schichten in eine geneigte Lage bringen (Störung oder *Dislokation der Lagerung) (s. auch epirogenetische und orogenetische Bewegungen)

Tellúrium [lat. tellus Erde] s. Lunarium

Temperatúr [lat. temperatúra Mäßigung] Wärmezustand, besonders im Zusammenhang mit dem *Klima gebraucht

Temperaturabnahme mit der Höhe (*vertikale Temperaturabnahme) Die von der Erdoberfläche her durch Leitung und *Ausstrahlung erwärmte Luft steigt auf, wobei sie sich ausdehnt und dadurch abkühlt; und zwar kühlt sich aufsteigende trockene Luft (erwärmt sich herabsinkende) um 1° C, kühlt sich mit Wasserdampf gesättigte (feuchte) Luft um rund 0,6° C auf 100 m ab, wobei die Temperaturabnahme überdies mit höherer Anfangswärme und zunehmender Höhe, von der aus die Luft aufsteigt, um so geringer ist. In 3—5000 m Höhe herrscht im allgemeinen schon 0°, in 7—8000 m —30 bis 36° und bald hört eine weitere T. mit der Höhe ganz auf. Diese im wesentlichen für die freie Atmosphäre geltenden Verhältnisse ändern sich nur wenig im Gebirge (wo die T. im allgemeinen gleichmäßiger und schneller vor sich geht, s. auch Höhenklima [L 3/81ff.]) und auf Hochflächen ([L 3/83ff.], wo sie etwas geringer, vielleicht unter ½° für 100 m ist, s. auch Hochflächenklima); auch erniedrigt sich im Gebirge die mittlere Monatstemperatur im Winter langsamer als im Sommer (L 2/569ff.; 3/74ff., 78ff.) (s. auch Tropo- und Stratosphäre)

Temperaturabweichungen die Abweichung der verschiedenen Monats- und Jahrestemperaturen von den Mittelwerten; sie nimmt vom *Äquator gegen die *Pole und von den Küsten landeinwärts zu (L 3/115 ff.)

Temperatur des Erdinnern von verschiedenen Hypothesen (*Erdfern) verschieden angenommen; Wiechert schätzt die Temperatur des innersten, etwa 5000 km dicken Teiles auf ungefähr 3000° C, Arrhenius die Temperatur im Mittelpunkte der Erde auf etwa 100000° C (L 37¹/63 ff., 34/12 f. und P. Wagner, „Grundfragen der allg. *Geologie"² S. 25 ff.) (s. auch geothermische Tiefenstufe)

Temperaturgegensätze (T. extreme) s. Wärmeverteilung und Wärmeschwankung (L 2/573, 576)

Temperaturinversion, Temperaturumkehr s. Inversion der Temperatur

Temperaturkorrektion der barometrischen Höhenformel s. barometrische Höhenformel

Temperaturmittel s. Tagesmittel, mittlere Jahresschwankung, mittlere absolute Jahresschwankung, Monats- und Jahresmittel

Temperaturperioden nennt *Supan (L 3/106 ff.) die periodischen (täglichen, jährlichen und zyklischen) Temperaturschwankungen (s. Tagesschwankung, Jahresschwankung, Klimaschwankungen)

Temperaturreduktion auf das Meeresniveau [lat. redúcere zurückführen] d. h. die Berechnung jener Temperatur, die ein Ort hätte, wenn er in der Höhe des *Meeresspiegels läge; sie geschieht, um den Einfluß der Seehöhe auszuschalten. Als Reduktionsfaktor nimmt man gewöhnlich 0,5° an; die *Isothermen sind auf das Meeresniveau bezogen (L 3/85 f.)

Temperaturumkehr s. Inversion der Temperatur

Temperaturveränderlichkeit enthält im Ansteigen bis zum Maximum mit den Jahreszeiten das periodische, in der Beeinflussung durch Wind, Bewölkung, Niederschläge das (maßgebendere) unperiodische Element. Über die regionale wie örtliche Auswirkung und die Bedeutung der T. L 3/117 ff.

Temperaturverteilung s. Wärmeverteilung

Temperaturzonen nennt *Supan (L 3/100 ff.) im Gegensatz zu den zwischen *Wende- und *Polarkreisen gelegenen *mathematischen T. die (die zahlreichen Abweichungen des wirklichen Klimas besser berücksichtigenden) von *Isothermen begrenzten Gürtel; und zwar sind die Grenzen der *polaren T. mit der Grenze des Baumwuchses zusammenfallenden 10°-Isotherme des wärmsten Monats, jene der tropischen T. die 20°-Jahresisothermen; auf die *Parallelkreise übertragen, liegt die nördliche *gemäßigte Zone etwa zwischen 68° und 30 ½° n. Br. (107,38 Mill. qkm umfassend), die *Tropenzone zwischen 30 ½° n. und 27° s. Br. (mit 244,25 Mill. qkm), die südlich gemäßigte T. zwischen 27° und 48° s. Br. (mit 73,79 Mill. qkm); die nördliche kalte T. bedeckt 18,55, die südliche kalte 66,97 Mill. qkm. Dgl. auch die Tafel 3 bei L 3 und L 5/98

Temperaturzunahme der Luft mit der Höhe gegenüber der normalen *Temperaturabnahme gewöhnlich dort eintretend, wo z. B. in der Nacht die Abkühlung des Bodens sehr stark ist oder während des Winters im Gebirge bei hohem Barometerstand (also ruhigem Wetter) die *Ausstrahlung der zumal durch eine Schneedecke erkalteten Erde besonders groß ist, so daß die dadurch abgekühlten untersten Luftschichten über dem Boden liegen bleiben (L 3/82 f.) (s. auch Inversion der Temperatur)

Terraindarstellung [frz. terrain Erdreich, Gelände] s. Geländedarstellung

Terra rossa [ital., rote Erde] braun- bis ziegelroter, unlöslicher Rückstand eisenhaltiger Kalksteine und Dolomite im nördlichen Mittelmeergebiet. Andere Entstehung bei L 9, Bd. 627/25; 37¹/488 ff. Dgl. auch L 53b/85 f.

Terrassen s. Talterrassen. Über die T. an den Flußmündungen der skandinavischen Westküste s. Strandlinien

terrestrische Refraktion [lat. terréstris zur Erde gehörig] s. Refraktion

terrigene Sedimente [lat. térra Land, gr. génesis Entstehung] s. biogene Sedimente

Tertiär [lat. tértius der Dritte] ältere

Tethys — Thermometer

*geologische Periode des *Känozoitums, in der sich — im *Oligozän und *Miozän — die mächtigen Braunkohlenlager Deutschlands, Böhmens und der Steiermark bildeten und große Faltungen, Einbrüche und vulkanische Massenausbrüche stattfanden (s. geologische Zeitalter)

Téthys [gr. Tethys, Gemahlin des Okeanos] von Ed. *Sueß erstmalig gebrauchte Bezeichnung für ein großes, vom Beginn der *paläozoischen Zeit bis ins ältere *Tertiär von Spanien quer über Asien bis Sumatra (und gelegentlich wohl auch über den Atlantischen Ozean) reichendes Mittelmeer, das wahrscheinlich als eine hintereinander liegende Reihe abwechselnd tiefer und flacher, bzw. auch durch Landbrücken voneinander geschiedener Betten entwickelt war (L 31/103, 121)

Tetraederhypothese [gr. tétra vier, hédra Sitz, Grundfläche; T. ein von vier gleichseitigen Dreiecken begrenzter Körper] Annahme, wonach sich die *Erdkruste als Grundform einem, bzw. zwei Tetraedern einpassen würde (L 5/106 f.; 31/36)

Teufelssteine in unseren Mittelgebirgen häufige, den *Blockfeldern verwandte, durch *Abspülung mitgeschaffene *Verwitterungsform (L 5/148)

Textúr [lat. textúra das Gewebe] die Dichte des Talnetzes einer Landschaft; grob ist die T. bei einer geringen Zahl weit auseinanderliegender *Täler, fein, wenn zahlreiche eng benachbarte Täler vorhanden sind (L 47a²/7)

Thai-Völker s. Birmanen

Theodolit [Etymol. unbestimmt] bei entsprechender Größe auch **Universalinstrument** genannt: besitzt außer einem drehbaren Fernrohr einen **Höhen**(Vertikal=)kreis, auf dem man jeden *Höhenwinkel, und einen (parallel zum *Horizont einzustellenden) Horizontalkreis, auf dem man jeden Horizontalwinkel zwischen der Vertikalebene des auf ein Objekt gerichteten Fernrohrs und einer anderen Richtung (*Azimut) direkt, und zwar durch besondere Vorrichtungen äußerst genau ablesen kann. Auch vermag man Vertikal- und Horizontalwinkel gleichzeitig zu bestimmen und hat so den Winkel-

abstand zweier nicht in einer Vertikalebene gelegener Objekte unmittelbar gegeben. *Phototheodolit ein Th., der mit einer photographischen Kamera verbunden ist (s. Photogrammetrie). Abb. eines Th. in L 47a¹/171, von Ph. bei Dock, "Photogrammetrie" (SG 699) Fig. 3 ff. Dgl. auch H. Lüscher, "Photogr. (AtluG 612)

Thermen [gr. thermós warm] warme bzw. heiße, weil aus großer Tiefe kommende (gewöhnlich an *Verwerfungen gebundene) *Quellen; gelegentlich (L 3/504) auch definiert als Quellen, "deren Temperatur die mittlere Jahrestemperatur der Luft an der Ausflußstelle übersteigt"; dementsprechend sind dann kalte Quellen jene, deren Temperatur ungefähr der mittleren Jahrestemperatur des betreffenden Ortes gleichkommt oder unter ihr liegt (L 37¹/429 ff.)

thermische Anomalie [gr. an = Verneinung, homalés gleich] die Abweichungen der wirklichen (mittleren) Temperatur eines Ortes von der ihm nach seiner Breitenlage zukommenden. Positive th. A.: zu große Wärme, negat. th. A.: zu große Kälte

thermische (aërothermische) **Höhenstufe** die Anzahl der Meter, die man in die Höhe steigen muß, um eine Temperaturabnahme von 1° C zu finden. (L 2/572) (s. Temperaturabnahme mit der Höhe, geotherm. Tiefenstufe)

thermischer Äquator jene Linie, welche die heißesten Punkte der *Meridiane verbindet; er schwankt in unregelmäßiger Kurve zwischen 26° n. und 9° s. Br. hin und her (L 3/91)

thermischer Nordpol kältester Punkt d. Nordhalbkugel, vielleicht mit —24° *mittlerer Jahrestemperatur in ungefähr 86° n. Br. u. 170° ö. L. (*Kältepole)

thermische *Seiches s. Seen

Thermometer, Quecksilberth. [gr. métrein messen] Instrument zur Bestimmung des Wärmegrades eines Körpers. Gleichweite dünne, unten kugelförmig erweiterte Glasröhre, die zum Teil mit Quecksilber gefüllt ist; die beiden Fundamentalpunkte für die "Skala" sind der Eispunkt (0°: Stand des Quecksilbers in schmelzendem Eise) und der Siedepunkt (Stand des Quecksilbers in den Dämpfen des bei 760 mm Barometerstand kochenden Wassers; für Réaumur bei 80°, Celsius bei 100° und für Fahrenheit bei 212°). Ausdehnung und Zusammenziehung der Quecksilbersäule zeigen an der Skala die Temperatur an

Thorbecke, Franz, * 1875 in Heidelberg, Professor der Geographie an der Universität Köln. Beitrag „Afrika sdl. der Sahara" zu L 101

Thunberg, Karl Peter, schwed. Forschungsreisender, * 1743 in Jönköping, † 1828 in Tunaberg (bei Upsala); bereiste 1772/75 Südafrika und 1775/78 Japan

Thurnwald, Richard, Völkerkundler u. Soziologe, Prof. an der Univ. Berlin, * 1869 in Wien, 1906—09, 1912—15 Exped. nach der Südsee. Zahlr. Arb.

Thyrsa die Bezeichnung für die Grasfluren Südosteuropas mit den Gattungen Andropogon und Stipa

Tibu (wahrscheinlich) zu den *Sudannegern gehörend, mit hamitischem Blute vermischt (mittlerer Sudan)

Tiden [niederdeutsch, Zeit] = *Gezeiten

Tidenhafen = *Fluthafen (L 96/337)

Tidenhub oder Fluthöhe: Höhenabstand zwischen *Ebbe=Niedrig= und *Flut=Hochwasser

Tief (das): die tiefste Stelle der *ozeanischen Gräben und Rinnen

Tiefdruckgebiet s. Hochdruckgebiet

Tiefebenen die *Ebenen innerhalb des *Tieflandes; T. in ganz geringer Seehöhe hat man *Niederungen genannt

Tiefengesteine s. Eruptivgesteine

Tiefenstufe, geothermische s. geothermische Tiefenstufe

Tiefentemperaturen a) der Erdrinde. Temperaturen in einigen Bohrlöchern: Das tiefste, Czuchow (bei Gleiwitz), das freilich mit 2240 (2221) m nur in eine Tiefe von 1/3000 des *Erdradius hinabführt, besitzt 83,4° C, Paruschowitz (bei Rybnik) in 2003 (1959) m 69,3°, Schladebach (bei Merseburg) in 1910 (1716) m 56,6° (s. auch geothermische Tiefenstufe). b) im Meere s. Meerwasser

tiefer Karst s. Grundwasser (L 3/500)

Tiefschollen s. Hochschollen

Tiefsee das Meer unterhalb der *Isobathe von 200 m (des *Schelfs)

Tiefseetafel s. hypsographische Kurve der Erdrinde

Tiefsenken = *Depressionen

Tieftäler *Täler mit deutlich ausgesprochenen *Gehängen

Tief= und Hochland jenes (rund ⅓ der gesamten Landfläche) liegt unter, dieses über 200 m Meereshöhe

Tiergeographie als Teil der *Biogeographie die Lehre von den Beziehungen zwischen Erde und Tieren, im besonderen von der Verbreitung der Tiere über die Erde (*tiergeographische Regionen). L die betreffenden Abschnitte in 2, 3, 4, 5 und 6b, ferner 78 u. 79; vgl. auch R. Lydekker, „Wildlife of the world", 3 Bde. (London 1919)

tiergeographische Regionen (*Faunenreiche) die nach typischen Charaktertieren in eine größere oder kleinere Zahl von Gebieten gegliederte Erdoberfläche (L 5/242) (s. auch *Arktogäa, *Neogäa, *Notogäa)

Tierkreis oder *Zodiakus schon von den Alten gewählter Name für die scheinbare Sonnenbahn (*Ekliptik), die sie in 12 Teile zu je 30° einteilten, nach den ihnen benachbarten 12 Sternbildern benannten und als T. zusammenfaßten (Abb. 7)

Tiessen, Ernst, Wirtschaftsgeogr., * 1871 in Braunsberg, Prof. an der Handelshochschule Berlin. „China" (1902), Aufsätze 3. Methodenlehre

Tirsböden die *Schwarzerde=Böden Marokkos

Tlinkit s. Polarvölker

To=ala s. Drawida

Tonböden (schwere Böden) entstehen als *Verwitterungsprodukte mehrerer Gesteine, hauptsächlich bei hohem Gehalt an Tonerdeverbindungen (wenigstens 65 v. H. *Tonsubstanz), während die (mindestens 80 v. H. Sand in der ganzen Bodenmasse aufweisenden) *Sandböden (leichte Böden) bei hohem Gehalt an Quarz (Kieselsäure) sich bilden. Je nach seinem Bestand an Pflanzennährstoffen kann jener sehr fruchtbar, dieser sehr unfruchtbar sein. Auch *Mergelböden, die ein Gemisch von höchstens 75 v. H. Ton und höchstens 15 v. H. Kalk (neben anderen Beimengungen) darstellen, können je nach ihrer Zusammensetzung beides sein. *Salzböden entstehen, wenn es bei großem Alkalien- und Magnesiagehalt der Gesteine in *aridem Klima zur Auswitterung dieser Stoffe kommt (L 53a/49ff.; 53b/94ff.) (s. auch Bodenarten und Humusböden)

Tone kolloidartige, d. h. lösliche, aber nicht kristallisierbare Rückstände bei der chemischen *Verwitterung feldspathaltiger oder glimmerreicher Gesteine, bestehend aus Kieselsäure und Tonerde, wie sie in natürlichen Silikaten (kieselsauren Salzen, zu denen sehr viele wichtige Minerale, bzw. die Erdkruste wesentlich zusammensetzende Gesteine, z. B. auch Quarz, gehören), doch mannigfach durch andere Bestandteile verunreinigt, vorkommen; wasserhaltig (und dadurch mehr oder weniger plastisch), doch für Wasser undurchlässig. T., die neben Kalk und Eisenverbindungen (Gelbfärbung!) auch Sand und organische Reste enthalten, heißen Lehm, Lehm mit starkem Kalkgehalt bezeichnet man als *Mergel; rötliche und grünliche Abarten nennt man *Letten (L 2/370; 53c/153ff.)

Tongagraben *ozeanischer Graben (9184 m), östlich der Tonga-Inseln, die auf dem Tonga-*Rücken liegen

topographische Karten [gr. tópos Stelle, Ort, gráphein schreiben] auf Grund der *Landesvermessungen Darstellungen kleinerer Gebiete, die überwiegend noch die Wiedergabe der Objekte im geometrischen Grundriß ermöglichen, z. B. die deutschen *Meßtischblätter 1 : 25 000, die österreichische *Spezialkarte 1 : 75 000

Tornados [span. tornár drehen] den tropischen *Wirbelstürmen verwandter, verheerender Orkan im S. der Vereinigten Staaten; „eine Wolke in Gestalt eines umgekehrten Kegels reicht bis zum Erdboden hinab und nähert sich mit furchtbarer Geschwindigkeit... schnell ist die Erscheinung wieder vorüber... aber gänzlich zerstörte Häuser, entwurzelte oder abgebrochene Bäume bezeichnen die Bahn..." (L 61c/73). In etwas anderer Form treten T. auch an der Nordwestküste Afrikas auf

Torrénten [ital. torrente Regenstrom] s. Fiumare

tote Gletscher bewegungsloses, oft innerhalb der *Moränenaufschüttung zurückbleibendes Eis, das den Zusammenhang mit der bis ins *Firnfeld reichenden Hauptmasse verloren hat; gelegentlich wird es durch überlagernden *Moränenschutt lange Zeit konserviert (s. auch fossiles Eis)

Totwasser s. interne Wellen [der Name daher, weil ein in T. gelangendes Schiff ohne sichtbare Ursache seine Steuerfähigkeit einbüßt]

Toula, Franz, Geologe, * 1845 in Wien, † daselbst 1920. Reisen in Ost- und Südosteuropa wie in Kleinasien. Arbeiten: außer zahlreichen „Akademie"-Aufsätzen

Trabánten [ital. trabánte Läufer, bewaffneter Begleiter] soviel wie *Monde

Transfluénzpässe [lat. transfluere überfließen] s. Pässe

Transgressions- (od. Überspülungs-) **Meere** [lat. transgredi hinüberschreiten] Meere, die bloß die Randteile der *Kontinentaltafel oder des *Schelfs überfluten (L 2/233). Ggs.: Ingressionsmeere

Transithandel [lat. transíre hinüber-, hindurchgehen] s. Außenhandel

Transkontinentalbahnen s. Interkontinentalbahnen

Translatión [lat. translátio Übertragung] die Fähigkeit der einzelnen dünnen und biegsamen Plättchen, aus denen die Gletscherteilchen bestehen, bei Druck in einer Ebene übereinanderzugleiten (L 65/38)

transversale Wellenbewegungen [lat. transvérsus quer] s. fortschreitende longitudinale W.

Transversalverschiebung s. Horizontalverschiebung

Trapezformtäler Trapezform nimmt der Querschnitt eines *Tales an, wenn die *Gehänge sich nicht an der Sohle schneiden (*V-Täler), sondern der Talboden infolge späterer *Aufschüttung des *Flusses viel höher als die Schnittlinie der Gehänge liegt (L 3/541)

Travertin [verstümmelt aus lat. lapis tiburtinus, Stein aus Tibur] s. Kalktuff

Treibeis s. Eisberge

Trenninge von einem *epigenetischen Fluß aus dem Rand einer Gebirgsmasse herausgeschnittene Berge

treppenförmige Lagerung bei einem *Staffelbruch entstehende Lagerung der Schichten

treppenförmige Verwerfungen = *Staffelbrüche

Triangulierung [lat. tres, tria drei, ángulus Winkel] Zu Vermessungszwecken werden zunächst die Endpunkte einer genau bestimmten Grundlinie durch Winkelmessungen mit anderen Punkten zu Dreiecken verbunden, deren Seiten dann berechnet werden können; an diese werden durch Winkelmessungen neue Dreiecke angelegt, bis das ganze Land mit einem Dreiecknetz überdeckt ist. Doch sind für die Ergebnisse noch besondere Umstände zu berücksichtigen (die Dreiecke sind in Wirklichkeit durch die Erdkrümmung nicht eben usw.) (vgl. L 2/91)

Trias [wegen der scharfen Dreiteilung (*Buntsandstein, *Muschelkalk, *Keuper) dieser *geologischen Formation in Deutschland so genannt] s. geologische Zeitalter

Triftströmungen die durch die *Winde direkt hervorgerufenen *Meeresströmungen; einem bestimmten Winde folgend sind sie „gezwungene" T., gelangen sie aber unter dem Einflusse einer bestimmten Küstengestaltung in eine Richtung, die mit den Winden dieses Gebietes nicht übereinstimmt, so nennt man sie „freie" T. (s. auch Kompensationsströmungen)

trigonometrische Höhenmessung [gr. trigonon Dreieck, métrein messen] Die Höhe h eines Berggipfels (Abstand zwischen ihm und seinem Fußpunkt auf dem *Horizonte) kann nach der Formel bestimmt werden $h = a \, \tang \alpha +$

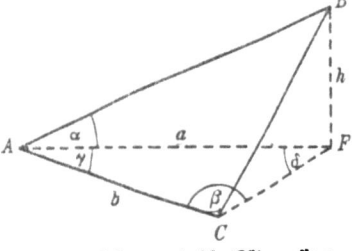

Abb. 73. Trigonometrische Höhenmessung

$\frac{1-k}{2R} a^2$, wobei (Fig. 73) α der durch Messung (*Theodolit) zu findende *Höhenwinkel, a die Entfernung zwischen Beobachtungspunkt und dem Fußpunkt von h bedeutet, die nach der Formel $a = b \frac{\sin \beta}{\sin \delta}$ (da man an F ja nicht herankann) unter Zuhilfenahme eines anderen Dreiecks (ACF) berechnet werden kann; denn in ihm wird b abgemessen, β und γ mittels Theodoliten und $\delta = 180 - (\beta + \gamma)$ festgestellt. Der *Horizontkorrektion benannte Ausdruck $\left(\frac{1-k}{2R}\right) a^2$ der obigen Formel kommt durch die Berücksichtigung der Wirkung von Erdkrümmung und Strahlenbrechung zustande; k ist der *Refraktionskoeffizient, R der *Erdradius

Trochoide [gr. trochós Kreis] die krumme Linie, welche bei der Fortbewegung eines Rades auf einer horizontalen Fläche ein auf einer Radspeiche befindlicher Punkt beschreibt; *Zykloide jene krumme Linie, die dabei ein beliebiger Punkt der Peripherie beschreibt

Trockenböden s. aride Böden

trockene Abfuhr der bloß durch die *Schwerkraft (ohne Mitwirkung des fließenden Wassers oder Eises) erfolgte Abtransport von *Verwitterungsprodukten

trockene Höhlen s. Horizontalhöhlen

Trockenflüsse s. Fiumare

Trockengebiete (bei *Richthofen Zentralgebiete der *Kontinente) die Erdräume mit *aridem Klima als Gebiete mit vorwiegender *Aufschüttung

Trockenpflanzen = *Xerophyten

Trockenrisse Spalten im austrocknenden Erdreich, die sich nach Zufuhr genügender Feuchtigkeit wieder schließen

Trockentäler wasserlose *Täler, besonders häufig in der Karstlandschaft (L 5/179; L 7, Bd. 627/75; 37¹/515). Vgl. auch L 7, Bd. 2²/157f. u. E. *Scheu im Festband für A. *Penck (1918)

Trogplatte zu ihr schließen sich im Längsprofil eines *Trogtales in der Talwurzel die *Trogschultern zusammen (L 3/568)

Trogrand, Trogschluß, Trogschulter s. Schliffkehle und Kaltrog

Trogtäler (Trogform der Täler) Bezeichnung von *Tälern nach der (steilwandigen) *U-Form des Talquerschnittes unterhalb der *Trogränder (*Taltrog, *Schliffkehle); zu den Eigentümlichkeiten des Längsprofils gehört besonders ihr deutlicher *Stufenbau: „flache Böden und breite Becken wechseln mit steilen Stufen und Engen, die der heutige Bach in *Wasserfällen und *Stromschnellen überwindet" (L 9, Bd. 627/87); die Nebentäler sind *Gehängetäler und enden über d. *Trogrand (Mündungsstufe!) d. *übertieften Haupttales (L 5/205 ff.; 7, Bd. 2²/246 ff.) (Abb. 72)

Tromben s. Sandhosen

Tropen [gr. trópos Wendung, hier in der Bedeutung von Sonnenwende] soviel wie Länder der heißen Zone

Tropenklima s. Äquatorialklima

Tropen- (Zenital-) **Regen** die mit dem Zenitstand der Sonne eintretenden Regen in den Tropen (s. auch äquatorialer Regengürtel). *Supan (L 3/178 ff.) unterscheidet vier Typen: 1. Den tropischen Grenztypus in der Nähe der *Wendekreise, wo die Sonne, freilich schnell hintereinander, in den *Zenit tritt, wodurch die beiden Regenzeiten zu einer einzigen verschmelzen. Dgl. auch L 2/624. 2. Den Äquatorialtypus in der Nähe des Äquators, wo die Sonne zweimal den Zenitstand erreicht, sich zwei Regen- und zwei (relative, d. h. nicht völlig regenlose) Trockenzeiten entwickeln, im Grunde also, da kein Monat ganz regenlos ist, es Regen zu allen Jahreszeiten gibt. Dgl. auch L 2/625. 3. Den Monsuntypus in den Gebieten der *Monsune, bei dem nur ein Zenitstand der Sonne Niederschläge besitzt (Bombay: Regenmonate Juni—September, Trockenzeit Oktober—Mai). Dgl. auch L 2/625 f. 4. Den nur an den Ostküsten auftretenden Passattypus, der im Gegensatz zum tropischen Grenztypus Niederschlag zur Zeit des tiefsten Sonnenstandes aufweist

Tropenzone s. Temperaturzonen

Tropfsteine zapfenartige Bildung, die das durch die Decke von Kalthöhlen eindringende und beim Abtropfen durch Verdunstung kohlensauren Kalt ausscheidende Regenwasser erzeugt (*Stalagmiten, *Stalaktiten) (L 11³/217)

tropische Beleuchtungszone s. mittlere Beleuchtungszone

tropische Pflanzenwelt s. äquatoriale Pflanzenwelt

tropischer Wald ohne Ruheperiode und Laubfall, also ununterbrochen wachsend und laubbehaltend; t. (seltener subtropischer) Regenwald, bei bedeutender relativer Luftfeuchtigkeit stark mit *Lianen und Epiphyten durchsetzte immergrüne Wälder von größter Üppigkeit, „der großartigste Ausdruck, den Vegetationskraft gegenwärtig auf der Erde findet"; der Monsunwald ist ein t. W. mit einer von teilweisem Blattabwurf begleiteten Trockenperiode. In den gemäßigten Klimaten: einerseits laubwechselnde (Sommer) wälder aus einigen vorherrschenden Arten (z. B. Buche, Eiche, Birke) bei fast völligem Fehlen von Schlingpflanzen u. ä., anderseits (immergrüne) Nadelwälder mit Kiefer, Fichte, Tanne und Lärche. Bei geringerer Feuchtigkeit: Trockenwälder (von parkartigem Charakter); hierher gehört der *Savannenwald (Armut an Lianen und Epiphyten), der während der Trockenzeiten sein Laub verliert. *Galeriewälder finden sich in tropischen oder subtropischen Wüsten als Saum längs der durch das Grundwasser ständig befeuchteten Flußrinnen. Der subarktische Wald ist fast durchaus lichter Nadelwald

tropisches Jahr [gr. tropé Umkehr] die (unserer seitigen Zeitrechnung zugrunde gelegte) Zeit zwischen zwei aufeinanderfolgenden Eintritten der Sonne in den *Frühlingspunkt; da dieser infolge der *Präzession der Sonne entgegenrückt, ist das t. J. (um rund 50 Bogensekunden = 20 ½ Zeitsekunden) kürzer als das *siderische Jahr, d. i. die Zeit, welche die Sonne zum Durchlaufen des *Ekliptikkreises von 360° braucht. Jenes beträgt 365 Tage, 5 Stunden, 48 Minuten und 45,9 Sekunden, dieses 365 Tage, 6 Stunden, 9 Minuten und 9,3 Sekunden (L 2/180)

tropische Süßwasserseen = *warme Seen

tropische Zyklonen s. Wirbelstürme

Tropoſphäre [gr. trópos Wendung, sphaíra Kugel] *Atmoſphäre von der Erde bis zur *Temperaturinverſion, charakteriſiert durch eine deutliche Abnahme der mittleren Tages- und Jahrestemperatur mit der Höhe; ſie reicht in den höheren Breiten etwa bis zu 7000 m, in mittleren bis 11000, in den Tropen bis 16000 m

Trümmergeſteine Gesteinsmaterial wird von ſeiner urſprünglichen Lagerſtätte fortgeführt und an anderen Stellen wieder abgelagert, wodurch es zu Neubildungen kommt, die man T. oder klaſtiſche Geſteine [gr. klastós zerbrochen] nennt. Die T., zu denen u. a. die Gerölle, Sande und Tone der Küſtenſedimente, die Moränenablagerungen der *Gletſcher und der Kalkſchlamm der Seen gehören, ſtellen den Hauptteil der *Sedimentgeſteine dar

Tſcheremiſſen ſ. finniſch-ugriſche Völkergruppe

Tſcherkeſſen ſ. Kaukaſusvölker

Tſchernoſem ſ. Schwarzerden

Tſchuktſchen ſ. Polarvölker

Tſchuwaſchen ſ. Turkvölker

Tuareg ſ. Berber

Tuckermann, Walter, Geogr., * 1880 in Köln a.Rh., „Oſteuropa"(1922), „Philippinen" (1926), Beitrag Belg. u. Niederl. zu L 101

Tuffe, vulkaniſche [lat. tófus Tuffſtein] zu einem feſten Geſtein erhärtete, durch Waſſer leicht verkittete (und meiſt geſchichtete) loſe Auswürflinge (Aſche) eines *Vulkans

Tuffkegel ſ. Vulkane

Tuffvulkane (manchmal ſoviel wie *Tuffkegel) *Vulkane, die aus *Tuffen beſtehen; mit verhältnismäßig großen und flach ſchüſſelförmigen *Kratern

Tundra auf höhere Breiten und einſtige Glazialgebiete beſchränkte, den *Mooren verwandte *Pflanzenformation von dürftigem Charakter; vorwiegend Mooſe und Flechten (L 71/147)

Tunguſen mongoliſche Völkergruppe Nordaſiens, außer den eigentlichen Tunguſen (rund 66000) die *Mandſchu, *Giljaken u. a. umfaſſend

Turkvölker (Turktataren) mongoliſche Völkergruppe in Oſteuropa und Nordaſien, zu der u. a. die *Jakuten (230000) zwiſchen Chatanga, Lena und Eismeer, die halbnomadiſchen *Baſchkiren (1⅓ Mill.) in den ruſſiſchen Gouvernements Ufa und Orenburg, die über ³/₄ Mill. zählenden *Tſchuwaſchen an der Wolga, die Wolga- (Kaſan-) Tataren Rußlands (½ Mill.) und die ſibiriſchen Tataren (rund 60000) gehören

Turm ſ. Gipfelformen

Turón [nach dem galliſchen Stamm der Turónen] Gruppe der oberen *Kreideformation (ſ. geologiſche Zeittafel)

Überdeckungshöhlen nennt Sölch (L 5/155) *Höhlen, die durch Überdeckung von Spalten und Klüften mit Schutt, *Bergſturzſtoffen, *Moränen, *Kalktuffen entſtanden ſind

Überdeckungsſchollen = *Deckſchollen

Überfallsquellen jene, bei denen das Waſſer an dem Punkt eines Gehänges ausfließt, wo dieſes das über einer (aus undurchläſſigen Schichten gebildeten) Mulde liegende *Grundwaſſer anſchneidet (L 5/153; 9, Bd. 628/22; 37¹/420 f.; überall mit Abb.) (ſ. auch Schicht-, Stau-, Tal- [Spalt-] und Verwerfungsquellen)

Überfaltung, Überfaltungsdecke ſ. Faltende

Überflußdurchbrüche *Durchbruchstäler, die dadurch entſtehen, „daß ein Fluß, in einer *Wanne zum See geſtaut, am niedrigſten Punkt der Umwallung überfließt und ein Tal einſchneidet (primäre Ü.), oder dadurch, daß ein Fluß ſein Bett infolge von *Klimaänderungen oder *Kruſtenbewegungen ſo weit erhöht, daß er randlich überfließen kann, ſeinen Lauf verlegt und ſich neuerdings in die Tiefe nagt (ſekundäre Ü.)" (L 5/173)

Übergangsklima nennt *Wagner (L 2/578) ein Klima mit einer *Jahresſchwankung von 15—20° C

Übergußtafeln ſ. Akkumulationsebenen

Überhöhung kartographiſche Darſtellung mit größerem Höhen- als Längenmaßſtab; 10fache Ü., wenn die Höhe im Verhältnis zur Baſis 10mal größer iſt (*Profil, *Relief)

überkippte Falten *Falten mit Schenkeln „von verſchiedener oder gleicher Neigung gegen die Horizontale, die nach derſelben Seite hin einfallen, wobei der eine Schenkel um mehr als 90°

Überkippung — uninodale Wellen

aufgerichtet ist" (L 41/12) (f. auch Überkippung)

Überkippung die Aufrichtung von Schichten um mehr als 90° (L 41/12)

Überlaufquellen „entstehen dadurch, daß das *Grundwasser infolge allmählichen Ansteigens eine Öffnung erreicht und diese zum Ausfließen benutzt" (L 11³/225)

Überschiebung f. Dislokationen

Überschiebungsbreite die Entfernung zwischen der ursprünglichen Bildungsstätte einer *Überschiebungsdecke und ihrem jetzigen Lagerungsgebiet

Überschiebungsdecken entweder eng zusammengepreßte *Falten, von denen jeweils die höheren über die unteren hinweggreifen und sie so überdecken, oder Schichtkomplexe, die aus einem entfernteren Raume auf ihre heutige Unterlage hinaufgeschoben wurden (*Deckentheorie) (L 37²/232 f.)

Überschiebungsfalte (*Faltenüberschiebung) *Falten, deren Mittelschenkel ganz zerrissen bzw. ausgewalzt ist

Überschiebungsfläche die Fläche, über welche die *Überschiebungsdecke hinwegbewegt wurde

Überschiebungsmassen f. Schubmassen

Überschiebungsrand der vordere oder seitliche Rand einer *Überschiebungsdecke

Überschiebungszonen größere, von *Überschiebung betroffene Gebiete

überschlagene Falte = *überkippte Falte

überspringende Wasserscheide = *durchgreifende Wasserscheide

Überspülungsstraßen f. Ingressionsstraßen

Übertiefung der Täler f. Talstufen

Überwölbung eines Fensters jene Teile, die ursprünglich über dem *Fenster aber *Decke lagen (L 41/60)

Uferbank f. Seehalde

Ufermoräne f. Grundmoräne

U=Form der Täler (morphologisch) f. Erosionstäler, Kare, Klamm, Caltrog, Trogtäler

Uhlig, a) Carl, Geograph, * 1872 in Heidelberg, Prof. an der Universität Tübingen, bereifte 1900ff. Oft- und Südafrika; „Oftafr. Bruchftufe" (1909) b) Viktor, Geologe, * 1857 zu Karlshütte bei Frieded, † 1911 in Wien.

Hauptarbeit: „Bau und Bild der Karpathen" (Wien 1903)

Uiguren zu den Nordmongolen gehörendes Volk

Ule, Willi, Geograph, * 1861 in Halle a.d.S., Prof. an der Universität Rostock. Zahlr. Aufsätze hauptf. zur Seenkunde. Werke: L 6b, 54, „Das Deutsche Reich" (²1920), „Quer durch Südam. (1924)

umgekehrtes Relief *Antiklinaltäler und *Synklinalrücken (also der Sattel eines *Faltengebirges durch *Destruktion zum Tale, die Mulde zum Rücken geworden) bzw. ein *Horst, der die Vertiefung, ein *Graben, der die Erhebung bildet; halb u. R.: *Synklinaltal und Antiklinaltal sind ungefähr gleich hoch; *normales R.: *Antiklinaltämme und Synklinaltäler (L 44/41, 45)

Umlaufberge isoliert auftragende Erhebungen, die, ursprünglich im Zusammenhange mit anderen Erhebungen und auf drei Seiten von einer Flußschlinge umgeben, infolge Durchschneidung der Schlinge auf der vierten Seite von ihrer Gebirgsumgebung losgelöst wurden. Passarge spricht auch (L 11³/291) von Talsohlen-Inselbergen

Umlauf der Erde f. Erdrevolution

umschichtete Berge solche, die ringsum von jüngeren Ablagerungen umgeben sind, wodurch ihr Zusammenhang mit anderen Erhebungen nicht zutage liegt (L 3/683)

Umschüttungsbecken f. Aufschüttungsbecken

Umwohner (*Periöken) nach griechischer Vorstellung die auf denselben *Parallelkreisen, doch auf der anderen Halbkugel lebenden Menschen (L 2/729) (f. auch Antipoden und Gegenwohner)

Unakas [nach einem Teile der Alleghanies genannt] f. Fernlinge

undulatorische Erdbeben [lat. únda Welle] f. stoßförmige Erdbeben

ungleichartige Flüsse f. gleichartige Flüsse

ungleichförmige Faltengebirge f. gleichförmige Faltengebirge

ungleichförmige Lagerung = *distordante Lagerung

uninodale Wellen [lat. únus eins, nó-

dus Knoten] einknotige, die Bewegung um einen Punkt vollführende Wellen, wie sie 3. B. für die Mehrzahl der *Seiches charakteristisch sind (L 3/303 mit Abb.)

Universalinstrument s. Theodolit

unreife Formen s. Jugendstadium im *geographischen Zyklus (*Davis)

unselbständiges Flußsystem s. selbständiges Flußsystem

Unterbrechung eines Zyklus In jedem *Stadium eines *geographischen Zyklus (*Davis), nicht erst an seinem Ende, kann durch neuerliche Hebung oder Senkung (von gelegentlichen S.ö-rungen abgesehen) eine völlige Unterbrechung seines Ablaufes eintreten, wodurch ein neuer Zyklus, dessen Formen sich deutlich neben denen des älteren zeigen, eingeleitet werden (L 9, Bd. 627/53; 47a²/9). Eine Erklärung der U. e. 3. als Wirkung von *isostatischen Bewegungen bei L 28²/712 (s. auch verjüngte Flüsse)

untere Kulmination s. Kulmination

unterirdische Kräfte = *endogene Kräfte

unterjochtes Bergland ein Gebirge, das in seinen weiten Talungen, mäßigen Auftragungen, breiten Gipfelformen und sanften Gehängen die lange und erfolgreiche Einwirkung von Wind und Wetter deutlich zur Schau trägt (L 47a²/76)

Unterlauf der Flüsse s. Oberlauf d. F.

untermeerische Eruptionen die *Eruptionen *ozeanischer Vulkane

Untermoräne = *Grundmoräne

unterseeische Flußrinnen (Täler) „mehr oder minder scharf eingeschnittene Rinnen im Meeresboden (oder in Süßwasserseen), die genau in der Fortsetzung überseeischer *Täler liegen" (L 3/461); erklärt entweder als untergetauchte Teile einer auf dem Lande ausgebildeten Tallandschaft (L 2/502) oder als Wirkungen von Strömungen, die das Flußwasser nach seinem Eintritt in das Meer oder in den See verhindern, gerade in seinem *Stromstrich Sedimente abzulagern

Unterströmungs=Hypothese (O. Ampferer 1906, K. Andrée 1914) Theorie der Gebirgsbildung, nach der unter der starren *Erdkruste durch die Ausdehnung magmatischer Massen sich „infolge von Volums= und Massenverschiebungen aus physikalischen und chemischen Ursachen Veränderungen abspielen und zu Unterströmungen führen", die sich, je nach dem Material und seiner Festigkeit als allmähliche Aufwölbungen oder Einsenkungen, als Einbrüche mit oder ohne *Eruptionen, als Faltungs= oder Überschiebungszonen äußern. Der Sitz dieser Vorgänge wird an der Gleichgewichtsstörungen besonders leicht unterworfenen Grenze zwischen den leichten, sauren *Magmen der *Sal=Zone und den basischen, schweren der *Simazone angenommen (L 37²/328; 34/167)

Untertauchungsinseln Inseln, die durch teilweise Senkung des Landes unter den *Meeresspiegel entstehen, indem die Erhebungen über dem Wasser bleiben (L 5/225)

Untertauchungs=(*Senkungs=)Küsten gebildet, indem Teile des Landes unter Wasser geraten (Ggs.: *Auftauchungsküsten)

Untiefen (im Meere, *Flüssen, *Seen) nennt man Stellen von geringer Tiefe; durch Sinkstoffe aller Art hervorgerufen

Uralaltajer zusammenfassende Bezeichnung für die *finnisch=ugrische Völkergruppe und die *Turkvölker

Uranus s. Planeten, Monde

Urformen die Formen der *Urlandoberfläche (L 4/33; 47a²/1)

Urgebirge oder Grundgebirge Es umfaßt die ältesten bekannten Gesteinsbildungen (archäische Formationsgruppe), teils *Eruptivgesteine wie *Granit und Syenit, teils *kristallinische Schiefer

Urgestein = *Urgebirge, manchmal auch bloß auf *kristallinische Schiefer beschränkt

Urlandoberfläche aus dem Meere aufgestiegener, über dem Wasserspiegel gehobener Meeresgrund, nunmehr eine unebene, in Ruhe verharrende Landoberfläche bildend. Von *Davis als Urform angenommen, deren Umwandlung über „Folge"= zu „End"=formen (*geographischer Zyklus) er aus der Wirkung der *exogenen Kräfte für verschiedene Klimate beschreibt (L 47a²/1)

ursprüngliche Ebenen — Varenius

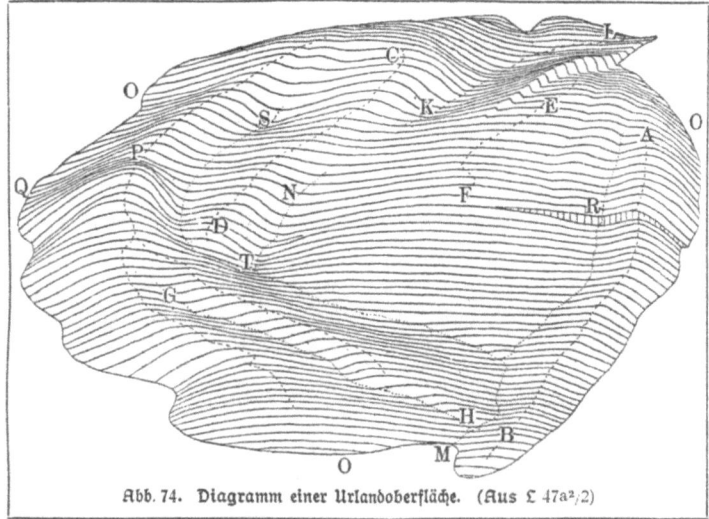

Abb. 74. Diagramm einer Urlandoberfläche. (Aus L 47a²/2)

ursprüngliche Ebenen, u. Flachböden, u. Tafelländer f. Schichtungstafeln
ursprüngliche (oder konstruktive) **Höhlen** sind gleich bei der Bildung der sie umgebenden Gesteine entstanden, wie z. B. die Blasenräume in *Eruptivgesteinen oder die *Höhlen in *Korallenriffen; Ggf.: *destruktive H. werden durch Ausgestaltung vorhandener Spalten usw., bzw. Überdachung offener Hohlräume geschaffen
ursprüngliche Inseln f. festländische I.
ursprüngliche Täler nach L 3/559 die durch den Bodenbau bedingten Täler, eingeteilt in *Mulden-, *Graben- und *interkolline Täler
Urstromtäler die von den Schmelzwässern der *eiszeitlichen *Gletscher (in Norddeutschland) längs des sich zurückziehenden Eises geschaffenen *Täler, die nur teilweise von den heutigen Strömen beibehalten wurden; ihr Verlauf L 37¹/504 f.; vgl. auch L 28²/770 f.
Urzeit der Erde f. geologische Zeitalter
Uvàlas [slaw. Wort] Übergangsformen zwischen *Dolinen und *Poljen; breite Wannen mit steileren Wänden und unebener, wasserdurchfluteter Sohle (L 3/554; 47a²/131)

vadose Quelle [lat. vadósus seicht] f. vadoser Ursprung
vadoser Ursprung von Ed. *Sueß herrührende Bezeichnung; er kommt den in den oberen Schichten der *Lithosphäre, in *Hydro- und *Atmosphäre vorhandenen oder sich bildenden Stoffen zu; *juveniler Ursprung (Ggf.) bedeutet Entstehung in der Tiefe. So entstammen *vadose Quellen den *Niederschlägen, juvenile sind vielleicht (L 5/120 f.) „ein Ergebnis des allmählichen Entgasungsprozesses des *Magmas, dessen Wasserstoff sich mit dem Sauerstoff der Atmosphäre verbindet" (L 2/312; 3/493)
vadoses Wasser f. Grundwasser
Valdivia-Expedition deutsche Tiefseeexp.: 1898/99 zur Erforschung des Atl. und Ind. Ozeans. „Wissensch. Ergebn." veröff. durch *Schott 1902
Vallonenküste, Valloni [ital., große Täler] f. Canali
Vancouver, George, engl. Seefahrer, * 1758, † 1798 zu Petersham, untersuchte 1791/92 die amer. Nordwestküste (V.- und Königin-Charlotte-Insel)
Varenius, Bernhard, der „Begründer der physikalischen Geographie", * 1622

Daristisches Gebirge — Verdunstung

zu Hitzacker (Westfalen), † 1650 zu Amsterdam. Seine „Geographia generalis, in qua affectiones generales telluris explicantur" (Amsterdam 1650) untersucht „die einzelnen Erscheinungen nach ihrem kausalen Verhältnis" (L 15/133). Vgl. S. *Günther, „V." (Leipzig 1905)

Varistisches Gebirge [benannt nach dem Wohnsitz eines alten Volksstammes nördlich des Fichtelgebirges] der östliche Teil der *paläozoischen (*karbonischen) Gebirgsfaltung, in einem gegen S. offenen Bogen streichend, durch spätere Brüche zertrümmert. Von heutigen Gebirgen gehören ihm an: die überwiegende Masse des französischen Zentralplateaus, das deutsche Mittelgebirge (Rheinisches Schiefergebirge, Wasgen- und Schwarzwald, Harz und Thüringer Wald, Erzgebirge und Sudeten) (L 3/718). Vgl. auch L 34/798ff. u. Th. Brandes, „Die varist. Züge im geol. Bau Mitteldeutschl." im N. Jb. f. Miner., Geol. u. Paläontol., Bd. 43 (s. auch Armorikanisches und Kaledonisches Gebirge) (Abb. 8)

Vegetationsformationen s. Pflanzenformationen

Vegetations- (Floren-) **Gebiete, V.provinzen, V.zonen**, gewöhnlich Unterabteilungen der *Florenreiche, bei L 70/113ff. den Florenreichen gleichgesetzt, so daß die V.provinzen Unterabteilungen der Vegetationsgebiete werden, von denen er 20 unterscheidet (s. auch arktisches Florengebiet)

Vegetationsgrundformen soviel wie *pflanzliche Landschaftsformen: Wald, Wiese, Moore usw.

Vegetationsregionen s. Vegetationsstufen

Vegetationsstufen (V.regionen, Höhenzonen oder Höhengürtel der Vegetation) die im Vegetationsbilde mit zunehmender Höhe auftretenden Veränderungen. Adamovic (L 5/230) unterscheidet in den Balkanländern acht solcher V. Zu unterst die Tieflandstufe, die Niederungen und großen Ebenen umfassend. Es folgen die Hügelstufe zwischen 100 und 600 m, die submontane Stufe zwischen 600 und 1200 m (fehlen sämtlicher der Hügelstufe eigentümlichen Kulturen) mit sommergrünen Eichen- und Schwarzföhrenwäldern, ferner die montane oder Bergstufe zwischen 1200 und 1600 m mit Buchen- und Tannenwäldern, die voralpine Stufe zwischen 1600 und 2000 m, der alle Kulturpflanzen bereits abgehen, dagegen Wiesen, Matten und Moore eigentümlich sind, die subalpine Stufe jenseits der Waldgrenze zwischen 2000 und 2300 m mit subalpinen Sträuchern und dichten Krummholzbeständen; zuletzt erscheinen die alpine Stufe zwischen 2300 und 2700 m mit Sträuchern in Polsterform und die subnivale Stufe auf Gipfeln, welche diese Höhe überschreiten, mit teppichartigem Charakter der Sträucher und Verkümmerung der oberirdischen, Vertiefung und Verzweigung der unterirdischen Teile sämtlicher Pflanzen

Venus s. Planeten. Bis zu 45° sich von der Sonne entfernend, daher gut sichtbar und der Erde sich gelegentlich bis auf 40 Mill. km nähernd und dann sogar größer als *Jupiter erscheinend: der bekannte hellleuchtende Morgen- und Abendstern. *Schwerkraft 0,82 der irdischen

Verbiegungen (Verbiegungsländer) *Monoantiklinalen, also *Sättel von *Salten, die eine außerordentlich sanfte, mit dem Auge nicht wahrnehmbare Wölbung besitzen (L 3/373; 5/135)

Verbiegungssenken die den *Verbiegungsländern als *Hohlformen entsprechenden *Senken (L 5/135)

Verdunstung die Wasserdampfabgabe einer nassen Oberfläche an die Luft; sie nimmt mit erhöhter Lufttemperatur zu und wird von Luftdruck und Winden beeinflußt. Je stärker die V., desto größer die absolute Feuchtigkeit der Luft, je trockener diese, desto schneller die V. Vermag die Luft bei gegebener Temperatur nicht mehr Wasserdampf aufzunehmen, so ist der *Sättigungszustand oder *-punkt erreicht. Wird die Luft weiter erwärmt, so ist zum Eintritt des Sättigungsstandes eine neuerliche Aufnahme von Wasserdampf nötig, kühlt sie sich ab, so muß sie einen Teil ihres Wasserdampfes, den *Niederschlag, fallen lassen

Verdunstungsfaktor — vertikale Temperaturabnahme 213

Verdunstungsfaktor s. Abflußfaktor

vereinfachte (sog. Mercators) **Kegelprojektion** [lat. projicere vorwerfen, entwerfen] echte *Kegelprojektion, bei der — in leichter Abänderung der *wahren K. — die Teilpunkte auf 2 von Kartenrand und -mitte ungef. gleichweit

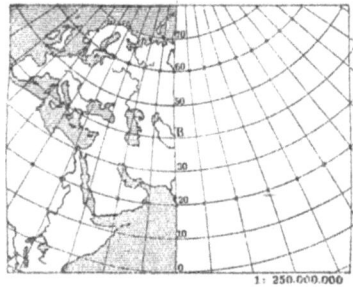

Abb. 75. Vereinfachte Kegelprojektion.
(Aus Sydow-Wagner, Method. Schulatlas.)
Abtragung der Teilpunkte auf zwei gleich abständigen Breitenparallelen im richtigen Verhältnis der abnehmenden Längen

entfernte *Breitenkreise im richtigen Verhältnis der Breite (längentreu) aufgetragen werden, wodurch freilich die *Meridiane nicht wie bei der wahren K. in einem Punkte konvergieren und sich mit den Breitenkreisen rechtwinklig schneiden. Auch sind die Seitenmeridiane nicht durchaus längentreu, dagegen zwei Breitenkreise. Weder *winkel- noch *flächentreu. Vielfach für Länderkarten in Gebrauch, wo völlige Genauigkeit nicht nötig ist (L 2/216 f.; 23^1/55) (Abb. 75)

Vergletscherungsgrenze die (konstituierte) untere Grenze für die Ausbildungsmöglichkeit von *Gletschern; sie liegt im allgemeinen einige Meter höher als die *klimatische Schneegrenze

Verhältnis von Wasser und Land s. Landfläche der Erde

verjüngte (*wiederbelebte) **Flüsse** solche, die infolge einer die bisherige Entwicklung unterbrechenden Neuaufwölbung zu einer weiteren Vertiefung ihres Bettes gezwungen sind, wodurch ein neuer *Erosionszyklus eingeleitet wird (L 11^3/279; 47a^2/118)

Verkehrsgeographie hat nach *Friedrich (L 5/260) die gleiche Aufgabe wie die *Handelsgeographie, "Darstellung und Erklärung der geographischen Verbreitung der räumlichen Fortbewegung von Personen, Gütern und Nachrichten" zu geben, wobei Ausgangs- und Eingangsgebiete des Verkehrs im wesentlichen durch den Handel bestimmt erscheinen. Bei *Hassert (L 96/Vorwort) im wesentlichen als unter geographischen Gesichtspunkten dargestellte Verkehrslehre aufgefaßt. Weitere L und begriffliche Auseinandersetzungen bei Preißler (in L 121/280 ff.) (s. auch Wirtschafts- und Produktionsgeographie)

verlängerte Flüsse *Flüsse, die ihren Lauf an eine junge, durch Hebung dem Meere entstiegene, vor ein älteres gebirgiges Hinterland gelagerte Küstenebene vorgetragen haben (L 47a^2/26)

Vermurung die von *Wildbächen erfolgende Überschüttung von Kulturen mit Schuttmassen (*Schlammströmen)

Verschub s. Parallaxe

Verteilungshäfen s. Sammelhäfen

Vertiefung der Täler das Endziel, bis zu dem *Täler eingetieft werden können (*Erosionsbasis, *Erosionsterminante); als eine Kernfrage der *Davisschen Lehre von *Supan für ungelöst gehalten (L 3/548 ff.)

Vertikal-Erster [lat. vertex Scheitel] s. erster Vertikal

vertikale Schub- (oder *Sprung-) **höhe** *Schub- oder *Sprunghöhe schlechthin: a) bei *Faltenüberschiebungen „der Betrag der vertikalen Verschiebung, den die beiden Schenkel durch die Faltenüberschiebung erfahren haben", ermittelt, indem „im Profil vom Schnittpunkt einer Schichtfläche des hängenden Schenkels mit der Faltenüberschiebung ein Lot auf die Horizontale durch den gleichwertigen Punkt im liegenden Schenkel" gefällt wird (L 41/23 mit Abb. 27); b) bei *Verwerfungen s. Ausmaß einer Verwerfung

vertikale Temperaturabnahme mit

der Höhe f. Temperaturabnahme der Luft mit der Höhe
Vertikalhöhlen f. Karsthöhlen
Vertikalintensität f. magnetische Intensität der Erde
Vertikalkreis jeder durch *Zenit und *Nadir gelegte größte Kreis der Himmelskugel. Neben dem *Meridiankreis wird auch der ihn rechtwinklig schneidende, durch *Ost- und *Westpunkt gehende V. als *erster Vertikal besonders benannt (Abb. 10)
Vertikalverschiebung = Vertikalverwerfung f. saigere Verwerfung
Verwerfungen f. Dislokationen. Vgl. auch H. v. Hoefer, „Die V." (1917)
Verwerfungsfläche = *Bruchfläche
Verwerfungsküsten *Küsten, an denen ein Gebirge längs einer *Verwerfung gegen das Meer abfällt (L 5/210, 221) (f. auch Schollenküste, die übrigens Sölch den V. gleichsetzt)
Verwerfungslinie = *Bruchlinie
Verwerfungs- (oder Bruch-) **Quellen** als *aufsteigende Quellen alle jene, die durch das Emporsteigen von Wasser an *Bruchspalten gespeist werden (L 37¹/374); als *absteigende Quellen jene, bei denen durch eine *Verwerfung eine durchlässige, wasserführende Schicht an eine undurchlässige Schicht geraten ist, so daß d. an d. Bruchspalte gestaute Wasser als Quelle zutage tritt (L 5/153; 9, Bd. 628/22; 54/27) (f. auch Schicht-, Stau-, Tal- [Spalt-], Überfallsquellen)
Verwitterung der wichtigste der die Erdoberfläche zerstörenden Vorgänge; sie schafft als mechanische Zerlockerung oder chemische Zersetzung des Bodens entweder das Material des *Eluvialbodens oder jenes für die *Abtragung. Die Ursachen der Schutt- und *Grusboden erzeugenden mechanischen Zerlockerung sind vor allem starker Temperaturwechsel, *Spaltenfrost und Tätigkeit von Organismen (Regenwürmer, Maulwürfe, Pflanzenwurzeln). Bei der Zersetzung des Bodens zu Erdkrume zermürbenden chem. Zersetzung spielt das Wasser die Hauptrolle
Verwitterungstäler *Täler, für deren Anlage Spalten maßgebend waren, längs deren die *Verwitterung der *Erosion vorgearbeitet hat; daß dies möglich ist, wird vielfach bezweifelt

Verwitterungsterrassen f. Denudationsterrassen
Vespucci, Amerigo, * 1451 in Florenz, † 1512 in Sevilla, nahm 1499 bis 1504 an mehreren Reisen nach Amerika teil (Venezuela, Brasilien), beschrieb sie („Quatuor navigationes"); 1507 hat der Deutsche Waltzemüller vorgeschlagen, nach V.s Vornamen das neu entdeckte Land „Amerigen", „America" zu nennen
Vidal de la Blache, Paul, frz. Geograph, * 1845 zu Pézenas, † 1918 zu Paris. Gab einen „Atlas général" für das Studium der Geographie heraus (2. Aufl., Paris 1909)
Viertelwind der (bei den Romanen) 16. bzw. (bei den Germanen) 32. Teil einer *Strichrose (L 2/46)
Virgation [lat. virga Zweig, Rute] das rutenförmige Auseinanderstrahlen der einzelnen Züge eines Faltengebirges. Ggf.: *Scharung
Vogel, Eduard, deutscher Afrikaforscher, * 1829 in Krefeld, ermordet 1856 in Wara (Wadai-Afrika); erforschte 1853—1856 den Sudan
Vogel, Walther, histor. Geograph, Prof. an der Univ. Berlin, * 1890 in Chemnitz. L 9, Bd. 634; Beitr. „Frankreich" zu L 101; „Das neue Europa" (³1925)
Völkergedanke in der Völkerkunde f. Ad. *Bastian
Völkerkunde Beschreibung, geographische Verbreitung und Systematik der Einzelvölker; selbständige, aber mit der Geographie eng verbundene Wissenschaft. Übersicht durch Buschan in L 5/317—344. Vgl. auch L 108—115 und Fr. Krause in PM 1921, S. 10 ff.
Volksdichte f. relative Bevölkerung
Volumen der Erde [lat. volumen Schriftrolle, Rauminhalt] f. Erde
Volummetrie [gr. métrein messen] die Bestimmung des Inhaltes von Massenerhebungen, meist sehr schwierig, am besten noch, indem man „die äußere Oberfläche (F) des zu berechnenden Raumes in möglichst kleine Teile (von beliebiger Gestalt) teilt, für jeden einzelnen die Fläche f mißt und deren mittlere Höhe h abschätzt; das Gesamtvolumen einer solchen Erhebung ist dann die Summe aus allen

Dolz — Dulkane

einzelnen Produkten (V = hf + h₁f₁ ...) und die mittlere Höhe H (oder Tiefe) der Quotient aus Inhalt V und Grundfläche G $\left(H = \dfrac{V}{G}\right)$" (L 2/255)

Dolz, Wilhelm, Geograph, * 1870 in Halle a. d. S., Prof. an der Leipziger Universität, mehrere Reisen auf Sumatra. „Nordsumatra" (1909—12), „Im Dämmer des Rimba" (1921); Beitr. „Südostasiatische Inselwelt" zu L 101, „Süd- und Ostasien" zu L 109², „Oberschlesien" (1921)

Vorbeben kurzwährende Schwingungen von kleiner Schwingungsweite, die ein *Hauptbeben einleiten

Vorfaltung s. Vorland von *Faltengebirgen

Vorhäfen D. für *Mündungshäfen liegen an der Außenküste, wenn jene für größere Seeschiffe nicht mehr oder nur bei *Flut zugänglich sind, die in ihnen abgewartet wird (L 2/478)

Vorland von *Faltengebirgen bei bogenförmigem Verlauf der Ketten die konvexe Außenseite im Gegensatz zum *Rückland als der konkaven Innenseite. Nicht aufrechthalten läßt sich die damit verknüpfte Auffassung von *Sueß, wonach die Falten von der Innenseite her durch einseitigen horizontalen Druck gegen ein festes Widerlager in der Richtung eines D. zusammengeschoben worden sind (*Asymmetrie der Kettengebirge) und die Falten dabei die Tendenz hatten, sich „nach dem Vorland hin zu neigen und dieses hier und dort zu überschieben" (*Vorschiebung), das Rückland durch Einbrüche, doch auch durch stellenweise Überfaltungen gekennzeichnet ist, indem „die Falten entgegen dem Sinne des wirksamen tangentialen Druckes in den durch Abbruch entstehenden leeren Raum überkippten" (*Rückfaltung)

Vorlandgletscher jener *Gletschertypus, bei dem das *Nährgebiet den Charakter eines alpinen *Talgletschers, das *Zehrgebiet den von *Inlandeis trägt, indem Fuß oder *Vorland des Gebirges von einer zusammenhängenden Eismasse bedeckt sind (L 3/195; 65/12)

Vorlandseen noch außerhalb der Zone der *Randseen im eigentlichen Gebirgsvorland gelegen, meist im Moränenschutt aufgestaute *Seen (*Endmoränen-, *Grundmoränen-, *Moränenlandschaft) (L 2/448)

Vorstrand mit dem langsamen Zurückweichen des *Kliffs wird die *Brandungsplatte an seinem Fuß so breit, daß viele Gerölle und Kiese nicht sogleich in das tiefe Wasser gespült werden, sondern sich vor dem Kliff als D. ansammeln (L 47a²/203)

V-Täler *Täler mit *V-Form, entstehen aus einer *Schlucht durch allmähliche Verflachung der *Talgehänge (infolge *Verwitterung, *Massenbewegungen und *Abspülung) (s. auch Erosionstäler, Klamm, Quelltrichter)

Vulkanberginseln nennt *Wagner (L 2/485) jene *vulkanischen Inseln, deren Umriß „im allgemeinen der Höhenkurve, die sich im *Meeresspiegel um einen einzelnen Vulkangipfel oder eine Gruppe miteinander verwachsener Vulkanberge legt", entspricht

Vulkane [lat. Vulcanus der röm. Gott des Feuers] meist kegelförmige Berge, die das in Spalten und Kanälen an die Erdoberfläche tretende Gesteinsmaterial (*Magma) durch Anhäufung um die Auswurfstelle (*Krater) gebildet hat, oder Berge mit kraterlosen Gipfelformen (*Puyform), auch Gebirgszüge und Tafeln, die bei *Labialeruptionen entstanden sind; bei *Eruptionen von vorwiegend lockerem Material (*Lockereruptionen) spricht man von *Aschen-, *Tuff- und *Schlackenkegeln wie *Tuffvulkanen; *Lavaeruptionen schaffen *Quellkuppen, *Schildvulkane, *Übergußtafeln, häufiger sind *gemischte Vulkane. Die vielfach reihenförmige Anordnung von D. mag sich auf Gebiete der *Erdrinde beziehen, die durch *Dislokationen bereits gelockert waren; doch ist der Zusammenhang zwischen *Vulkanismus und Dislokationslinien (Spalten) keineswegs völlig geklärt, ein Vorherrschen von D. an dem mediterranen und dem ihn senkrecht schneidenden Pazifischen Gürtel nach L 28²/739 f. allerdings unverkennbar. Untermeerische (*ozeanische) D. dürften sehr häufig sein. Die Unterscheidung von tätigen und erloschenen D. ist unsicher, da ein längerer Ruhezustand Erlöschen vortäuschen kann.

Vulkanherde — wahre Kegelprojektion

*Supans Einteilung (L 3/731 ff.) stellt *aufgesetzte Vulkanberge (*strato= und *homogene V.) den *aufgedeckten (bloß homogenen) gegenüber. Vgl. L 39c

Vulkanherde f. Herde

vulkanische Asche f. (Asche, vulkanische und) Magma

vulkanische Ausbrüche f. Eruptionen, Lava- und Lockereruptionen, vulkanische Explosionen

vulkanische Beben *Erdbeben, welche die Ausbrüche tätiger *Vulkane begleiten oder mit *Magma=Einpressungen in die *Erdrinde zusammenhängen (diese auch als *magmatische, *Intrusions= oder *kryptovulkanische Beben bezeichnet); von Lang (L 37²/202) werden als Kennzeichen solcher Intrusionsbeben vorwiegend Störungen der Magnetnadel angesehen (L 5/125)

vulkanische Explosionen *Eruptionsform, bei der nicht *Magma zutage tritt, sondern explosionsartig Wasserdampf mit furchtbarer, verheerender Gewalt hervorgeschleudert wird, wohl auch *Asche und *Bimsstein ausgeworfen werden (L 3/388)

vulkanische Gase hauptsächlich Chlor, Stickstoff, Kohlenwasserstoff und Wasserdampf, die wesentlich zu den *Eruptionsprodukten gehören (L 3/383, 398) (s. auch Fumarolen, Mofetten)

vulkanische Gesteine f. Eruptivgesteine

vulkanische Gewitter die mit starker *Eruptionstätigkeit eines *Vulkans verbundenen Gewitterentladungen, da die „Wasserdämpfe durch schnelle Verdichtung positive, die Asche aber beim Fallen in diesem Medium negative Elektrizität" besitzen (L 3/386)

vulkanische Inseln f. festländische Inseln

vulkanischer Sand f. Magma; neben vulkanischem *Schlamm in Tiefen von 200—5100 m nicht unwesentlich an den Meeresablagerungen beteiligt (s. auch ozeanische Vulkane, terrigene Sedimente)

Vulkanismus die Erscheinungen, die mit dem Empordringen von *Magma aus dem *Erdinnern verbunden sind, wobei es aber durchaus nicht immer zum Austritt des Magmas auf die Erdoberfläche kommen muß (L 3/382 ff.; 42¹; Schrifttum in L 37²/1 ff., 34/

70 ff., 39 c) (f. auch Batholithe, Caldera, Eruptionsperiode und =produkte, Eruptivgesteine, Extrusionen, Fumarolen, Gang, Geysir, Herd vulkanischer, Intrusionen, Krater, Labialeruptionen, Lakkolithe, Lava, Lavaeruptionen, =see, =vulkane, Maare, Mofette, monogene Vulkane, parasitische Vulkankegel, Puyform, Quellkuppen, Schildvulkane, Schlammvulkane, Somma, Stübels Vulkanhypothese, Übergußtafeln, Vulkanberginseln, Vulkane, vulkanische Explosionen, vulkan. Gase, vulkan. Gewitter, vulkan Sand)

Wächte (Schneewächte) die in der herrschenden Windrichtung oft mehrere m über den Gebirgskamm frei hinausragende Schneemasse (L 65/33)

Wadi [arab. Trockental] die oft jahrelang trocken daliegenden, tiefen Täler der Wüsten Nordafrikas und Vorderasiens (L 7, Bd. 2², 157)

Wagner, Hermann, Geograph, * 1840 in Erlangen, Prof. emer. d. Universität Göttingen. Bearbeitete seit 1888 Sydows „Methodischen Schulatlas", Herausgeber (seit 1880) des GJ. Am bekanntesten L 2, ein Standard work. Zahlreiche Arbeiten zur mathem. Geographie. Über seinen Universitätsunterricht GJ 1919. Biograph. Abriß im GK 1908

Wagner, Paul, Schulgeograph, * 1868 in Döbeln, Konrektor in Dresden, Mitherausgeber der Zeitschr. „Aus der Natur". Hauptwert „Methodik des erdkundlichen Unterrichts" (2 Bde., 2. Aufl. Leipzig 1925/6)

wahre (echte, Ptolemäische) **Kegelprojektion** *Kegelprojektion, die den Berührungskegel an jenen *Breitenkreis legt, der das darzustellende Gebiet in der Mitte durchschneidet; auf ihm werden auch beiderseits des Mittelmeridianes die Teilpunkte für die in der Spitze des Kegels zusammenlaufenden *Meridiane im richtigen Verhältnis ihrer Entfernung voneinander aufgetragen. Meridiane (*längentreu) und Breitenkreise schneiden sich rechtwinklig; da erstere aber nur auf dem Mittelbreitenkreise die richtigen Abstände haben, dagegen, je weiter von ihm entfernt, desto mehr nach N. die *Längengrade zu klein, nach S. zu groß wahrer Sonnentag — Wärmequellen 217

werden, ist der Entwurf weder *flächennoch *winkeltreu. Meist für Polargebiete, bzw. für Länder von geringer nordsüdlicher Erstreckung verwendet (L 2/215; 5/73; 23¹/48 ff.) (Abb. 76)

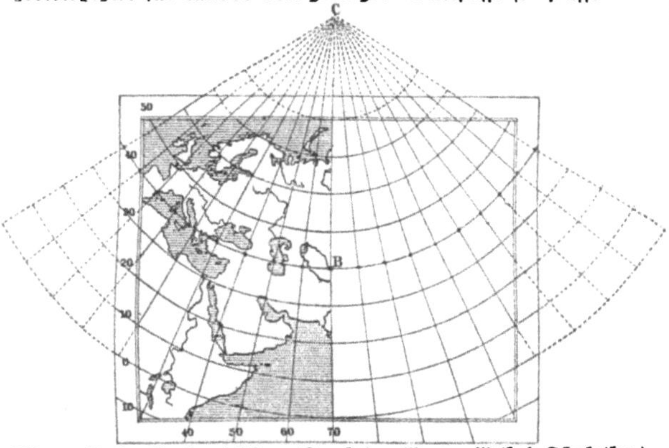

Abb. 76. Wahre Kegelprojektion. (Aus Sydow-Wagner, Method. Schulatlas.) Abtragung der Teilpunkte nur auf den mittleren Parallelkreis

wahrer Sonnentag f. Sonnentag
Waibel, Leo, Geogr., * 1888 in Kützbrunn (Baden), Prof. an der Univ. Kiel. Bereiste Südwestafrika. „Urwald, Veld, Wüste" (1921), „Winterregen in Deutsch-Südwestafrika" (1922)
Waken f. Meereis
Waldgrenze f. Höhengrenzen v. Pflanzen
Waldhufendörfer f. Reihendorf
Wallace, Alfred Russel, berühmter Naturforscher, * 1823 zu Usk (Monmouth), † 1913 in London. Bereiste 1848—1852 Brasilien (Amazonas und Rio Negro), 1854—1862 den Malaiischen Archipel. Auch geographisch bedeutsam: „On the geographical distribution of animals" (2 Bde., 1876, auch deutsch) und „Island life" (1880)
Wallbecken f. Aufschüttungsbecken
Wall- (oder *Damm-) **Häfen** f., „die erst durch einen natürlichen Wall an sonst hafenloser *Küste den Schiffen eine Zufluchtsstätte bieten" (L 2/477); schafft die Natur einen Stützpunkt in einem kleinen Inselchen vor der Küste, so wird dessen Innenseite zum *Inselhafen ausgestaltet werden können
Wallmoränen *Moränen, die wallartig abgelagert sind wie z. B. *End-, *Stirn- und *Ufermoränen (L 37¹/596)
Wallpässe f. *Pässe
Wallriffe die in einer Entfernung von wenigen bis zu vielen Kilometern die *Küste begleitenden *Riffe, die von ihr also durch einen ebenso großen, doch meistens unter 100 m bleibenden, mit dem offenen Meere in mehreren Durchgängen verbundenen Kanal(*Lagune) getrennt sind (L 3/787; 5/226; 9, Bd. 627/121; 11¹/105) (f. auch Saumriffe)
Walser, Hermann, Schweizer Geograph, * zu Biel 1870, † als Prof. an der Universität Bern 1919. „Landeskunde der Schweiz" in SG
Wandelsterne f. Planeten
Wanderdünen f. Dünen
Wandermoränen f. Stapelmoränen
Wanderseen *Seen, die ihre Lage verändern, z. B. in *Wüsten, wo die *Flüsse durch ihre Aufschüttungen ihre seenartigen Mündungen gleichsam vor sich herschieben (L 5/213)
Wannen f. Becken
Wannenlandschaften soviel wie *Beckenlandschaften
Warburton, Peter Egerton, engl. Forschungsreisender, * 1813 zu Northwich, † 1889 in Beaumont bei Adelaide (Australien); durchquerte 1873/74 Australien von O. nach W.
Wärmegewitter f. Gewitter
Wärmegürtel = *Temperaturzonen
Wärmekapazität eines Körpers = *spezifische Wärme eines Körpers
Wärmequellen der oberen Luftschichten sind einerseits die direkt von der Luft beim Durchgang absorbierten Wärme-

strahlen (um so weniger, je dünner sie, also je höher es ist), anderseits ist die Erd= oberfläche eine W. durch *Ausstrahlung und Leitung, vornehmlich aber infolge des hierdurch bewirkten Aufsteigens der erwärmten Luft (s. auch Temperatur= abnahme mit der Höhe). Die unteren Luftschichten erhalten ihre Tempera= tur fast gänzlich durch die langsam sich vollziehende Ausstrahlung der von der Sonne dem Erdboden zugeführten Wärme

Wärmeschwankungen a) im Meere: s. Meerwasser; b) in der Luft: der Wech= sel der *Temperatur innerhalb ihrer Extreme während eines Tages (*Ta= gesschwankung) und Jahres (*Jahres= schwankung); man hat sie auch zur Un= terscheidung bestimmter *Klimatypen verwendet (L 2/577 ff.; 5/97). Dgl. auch Land= und Seeklima

warme Seen jene *Seen, deren oberste Wasserschicht beständig über 4° C ist; umfassend die nicht allzuhoch gelegenen Seen der tropischen, aber auch die gro= ßen und tiefen Seen der gemäßigten Zone (Genfer See)

Wärmeumsatz, jährlicher die im Laufe eines Jahres aufgespeicherte und wieder in die Luft abgegebene Wärmemenge; sie beträgt in Tausen= den kg=Kalorien für 1 qm z. B. in der Ostsee rund 500, im Sandboden Preu= ßens rund 13—18,5 (L 3/87)

Wärmeverteilung „Die extremsten je beobachteten Temperaturen sind + 50° im nordwestlichen Vorderindien, in Südalgerien und der Coloradowüste, — 70° in Werchojansk an der sibirischen Jana. Das höchste beobachtete Juli= *Monatsmittel ist + 36°, das tiefste Januar=Monatsmittel — 49°, *Jah= resmittel gibt es zwischen + 30° (Mas= saua) und — 20° (Grönland, Roß= meer). Die *mittlere Jahrestempera= tur sinkt im ganzen vom Äquator nach den Polen, ist aber in höheren Breiten auf dem Meere höher als auf dem Lande, in niederen umgekehrt; dabei herrscht auf der Südhalbkugel der stren= gere Parallelismus zwischen *Isother= men und Breitenkreisen (*Tempera= turzonen) sowie die größere Kühle. (Die *Mitteltemperatur der Nordhalb= kugel ist 15,2°, der Südhalbkugel 13,6°; der wärmste Parallelkreis ist nicht der Äquator, sondern etwa der 10. nördlich.) Aber auch auf dem Meer und dem Lande für sich besteht keine Symmetrie zwischen den Breiten, sondern die Ost= seiten der Ozeane und die Westränder der Länder haben zufolge der *Wind= systeme und *Meeresströmungen die höheren Temperaturen. Der Januar bringt für die Nordhalbkugel folgende Verschiebungen gegenüber den mathe= matischen Temperaturzonen: der *ther= mische Äquator rückt in den mathema= tischen Äquator, in niederen Breiten schwächt sich der Unterschied von Was= ser und Land ab, erhöht sich dagegen die Bedeutung des Abstandes vom Pole, in höheren Breiten verschärft sich der Kontrast zwischen Wasser und Land und sinkt der Einfluß des Abstan= des vom Pole. Im Juli kehrt sich das alles dem Sinne nach um. Mit Hilfe von „Normaltemperaturen" der Brei= tenkreise (vgl. z. B. L 3/98) lassen sich für jeden Punkt *Isanomalen herstel= len, welche die thermische Begünsti= gung einzelner Gebiete gegen andere verdeutlichen. Die größten Anoma= lien sind im Januar + 25° (europäi= sches Nordmeer) und — 25° (Ostsibi= rien) (L 5/97 f.). Dgl. auch L 3/88 ff. (s. ferner Temperaturabnahme mit der Höhe)

warme Zone s. Tropenzone

Wärmezonen = *Temperaturzonen

Wasserblock s. Landblock

Wasserdampf ein für das organische Leben sehr wesentlicher (zufälliger, in wechselnden Mengen vorhandener) Be= standteil der *Atmosphäre (*Luftfeuch= tigkeit). W. spielt auch bei den vulka= nischen *Eruptionen eine Rolle

Wasserfall der an der Mündung eines *Hängetales entstandene W. wird in dem Streben des Flusses nach seiner normalen *Gefällskurve durch rück= schreitende *Erosion talaufwärts ver= legt. Auch andere *Talstufen besitzen einen W. (L 11³/257; 37¹/491 ff.)

Wasserfläche der Erde s. Landfläche

Wasserführung von Flüssen „die in einer Zeiteinheit sich vollziehende *Ab= flußmenge"; sie „wechselt in allen Flüssen mit der Höhe der Nieder= schläge im Flußgebiet und daher teils periodisch mit den Jahreszeiten, teils unperiodisch infolge ungewöhnlicher atmosphärischer Ereignisse (Wolkenbrüche, *Föhnwinde usw.)" (L 2/330). Gegen die Mündung steigt sie konstant, sofern die betreffenden Flüsse nicht durch Verdunstung und ständige Abgabe an das *Grundwasser mehr Wasser verlieren, als sie empfangen. Die Wasserstandsbeobachtungen geschehen gewöhnlich mittels selbstschreibender *Pegel, doch kennen wir heute noch die W. von sehr wenigen Flüssen genau. Auf Grund der jährlichen Periode der W., in Prozenten der gesamten Jahresmenge für die einzelnen Monate ausgedrückt, hat man eine Anzahl von Flußtypen unterschieden (L 5/164f.; 9, Bd.628/39ff.). Vgl. auch L 3/508ff. und Abfluß, spezifischer

Wasserhalbkugel s. Landhalbkugel

Wasserhöhlen s. Horizontalhöhlen

Wasserscheide s. Stromgebiet

Wasserstoffgehalt der Luft 0,001 v. H. (L 3/57; 60a/5) (s. auch Atmosphäre)

Wasserteilung eine im Quellgebiet zweier Flußsysteme bestehende Verbindung infolge unbestimmter *Wasserscheiden (s. auch Bifurkation)

Watten nach *Penck (L 51²/502) zumal in Mündungstrichtern größerer Ströme und in *Buchten angehäufte, meist schlammige Ablagerungen aus Fluß- und Meeressedimenten, die bei *Ebbe trocken liegen; nach anderen (L 3/805) das hinter einer einst geschlossenen, jetzt durch *Sturmfluten an vielen Stellen durchbrochenen und zu *Inseln aufgelösten *Dünenkette gelegene *Marschland, das zur *Flutzeit vom Meere mit Sedimenten überspült wird, die bei Ebbe von den Wogen nicht erreicht werden. Zwischen den W. aber haben die *Gezeitenströme ein ganzes Netzwerk von auch zur Ebbe überfluteten Rinnen ausgewaschen

Wattenhäfen von *Wagner (L 2/478) zu den *Fluthäfen gezählte *Häfen einer *Wattenküste

Wattenküste eine hinter *Watten dahinziehende *Flachküste (L 11³/431)

Wattenmeer der *Küste nahegelegene Meeresteile mit *Watten

Wealden [sprich Wilden, nach dem südengl. Hügelland Weald] Gruppe der unteren *Kreideformation (s. auch geologische Zeitalter)

Wechselboden bedeutet, daß keine der *Bodentypen (*Eis-, *Fels-, *Lockerboden) auf größeren Strecken vorherrscht; ihm gehören 3,6 v. H. der gesamten Landfläche an (L 3/618f.)

Wechselflüsse = Fiumare

Wechsellauf (bei Flüssen) der mehrmalige Wechsel von *Berg- und *Flachlauf (Donau, Rhein) (L 3/743)

Wechselpässe *Pässe, die in einer *Talwasserscheide über ein Gebirge führen, indem „ein durchbrechender Talzug seine Wurzeln bis in ein auf der jenseitigen Abdachung gelegenes Tal oder einen Talzug erstreckt, der sich zugleich nach der Gegenseite des Gebirges öffnet" (L 2/433)

wechselständige Täler s. zickzackförmige Wasserscheide

Wedda s. Drawida

Weg- (Routen-) Aufnahmen die von den Reisenden in unerforschten Gebieten vermerkten Marschstrecken, deren Länge durch die (später in *Kilometermaß umgewandelte) Marschzeit, deren *Richtungswinkel durch den *Kompaß bestimmt wird (Näheres L 2/89; 47a¹/176; 26/61ff.)

Wegener, Georg, Geograph, * 1863 zu Brandenburg a. H., Prof. an der Handelshochschule in Berlin; zahlreiche ausgedehnte Reisen, viele reiseschriftstellerische und andere Arbeiten, zuletzt: Im innersten China (1926)

Wegener, Alfred, Meteorologe, * 1880 in Berlin, Prof. an der Univ. Graz. Hptwerk: L 27. S. Wegeners Horizontalverschiebung der Kontinente

Wegeners (Alfr.) *Horizontalverschiebung der Kontinente Hypothese zur Entstehung der heutigen Kontinente, wonach die Kontinente mit ihren untermeerischen Sockeln als Bruchstücke der ursprüngl. die ganze Erde umspannenden, jetzt nur ⅓ einnehmenden *Sialrinde auf dem etwas schwereren (Dichte 2,9) Material der Tiefengesteine, dem den Boden der Tiefsee bildenden *Sima schwimmen und im Laufe der Erdgeschichte äußerst langsam in horizontaler Richtung auseinander (Bildung von Grabensenken) oder gegeneinander (Bildung von Gebirgsfalten) getrieben worden sind. So soll der Atlantische Ozean durch Abspaltung und nach W. gerichteter Wanderung der beiden Kontinente Nord- und Südamerika von Europa-Afrika entstanden, Vorderindien und Australien nebst der Antarktis vom afrikanischen Block losgetrennt und nach N., bzw. O. in ihre heutige Lage verschoben worden sein. Die Theorie Wegeners ist sehr umstritten. Vgl. L 11³/39ff., 31/29 ff., Arldt im Gänz. 1918, Köppen in der GZ 1919 und in PM 1925, Andrée in PM 1917, Diener in MMGG. Wien und in Denkschr. Akad. Wiss. Wien 1915, Kranz in Nat. Woch. 1920, W. Soergel in Ann. d. Hydr. 1918 und Zs. d. dt. geol. Ges. 1916, Epstein und Schulz in DR 1921, Kostmat u. a. in ZGEB 1921, Kober in PM 1926, Wegener in L 27 und 31 wie PM 1925, Kölle in PM 1922, Jaworski in GR 1922

Wegstunde s. Kilometermaß

Weiler [mlat. villare Gehöft] „Gruppe von wenigen Gehöften, die sich von eigentlichen Dörfern sowohl durch ihre geringe Größe wie d. die Flureinteilung unterscheiden" (L 119⁴/504)

Weißer Jura [nach den vorherrschenden hellen Kalken der obersten *Juraformation] s. geologische Zeitalter

Wellenbildung in der *Atmosphäre entstehend zwischen Luftmassen von verschiedener Bewegungsrichtung und Schnelligkeit, gelegentlich zur Erklärg. v. *Luftwirbeln herangezogen (L 2/610)

wellenförmige Erdbeben s. stoßförm. E.

Wellengeschwindigkeit s. Meereswellen

Wellenhöhe s. Meereswellen

Wellenlänge s. Meereswellen

Wellenperiode s. Meereswellen

Wellentheorien jene Hypothesen, die in ihren Erklärungen dem Abweichungsprinzip von den theoretischen Voraussetzungen der *Gezeitentheorie (sog. „Gleichgewichtstheorie der Gezeiten", beruhend auf der Annahme einer die Erde in gleicher Tiefe umgebenden, reibungslosen Wassermasse) gerecht zu werden suchen, also die Abänderungen durch Reibung des Wassers, verschiedene Tiefen der Meere, Einfluß der *Küsten durch wechselnde *Interferenzen und die Ablenkung infolge der *Erd-

rotation mit berücksichtigen. *Airys Kanaltheorie geht von der Wasserbewegung in einem gleichmäßig breiten und tiefen Kanal aus; ändern sich Richtung und Maße (Breite, Tiefe) des Kanals, so entstehen neben den unmittelbar von den erzeugenden Kräften (3. B. auch dem Winde) bewirkten primären oder *gezwungenen Wellen sekundäre (*freie) Wellen der gleichen *Wellenperiode, aber verschiedener, von der Wassertiefe bestimmter Länge. Nach anderen Ansichten sind die Gezeiten als *stehende Wellen zu betrachten. *Krümmel glaubt an die „Existenz zweier Hauptwellen oder Hauptwogen, die jedes der drei ozeanischen Becken, die eine im Sinne des Uhrzeigers, die andere im entgegengesetzten Sinne umkreisen und durch vielfache Interferenzen eine Gleichzeitigkeit der *Hafenzeiten auf weite Küstenstrecken hervorrufen" (L 3/319)

Wellungsebenen s. Peneplains

Weltachse s. Himmelsachse

Weltbeben *Erdbeben, welche die ganze Erdoberfläche in Mitleidenschaft ziehen

Weltgegenden s. orientieren, sich

Welthäfen *Häfen, die „durch die großen internationalen Dampferlinien mit allen Teilen der Erde in unmittelbarer Verbindung stehen, so daß sie für ihre überseeischen Beziehungen der Vermittlung durch andere Häfen nicht bedürfen" (L 96/351)

Weltmeere s. Meere

Weltpole s. Himmelspole

Wendekreis des Krebses, W. d. Steinbocks s. Wendekreise

Wendekreise am Himmelsgewölbe die rund 23½° nördlich und südlich des *Himmelsäquators abstehenden *Parallelkreise, ersterer als W. des Krebses, letzterer als W. des Steinbockes bezeichnet; in jenem vollzieht sich die scheinbare Sonnenbahn zur Zeit ihres höchsten Standes am 21. Juni, in diesem zur Zeit ihres niedrigsten Standes am 21. Dezember. Da die Schiefe der *Ekliptik keine ganz konstante Größe ist, sondern jährlich um einen, freilich ganz geringen Betrag, abnimmt, so ist auch die Lage der W. nicht völlig fest, die Zahl 23½ bloß ein Annäherungswert. Den Himmels-W. ent-

Werder — Winddruck 221

sprechen die beiden W. auf der Erde (Abb. 77)

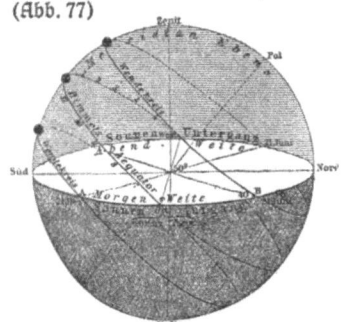

Abb. 77. Die Tag- und Nachtbogen der Sonne. (Aus Sydow-Wagner, Method. Schulatlas)

Werder, auch Wert: Flußinsel, erhöhtes wasserfreies (trockengelegtes) Land zwischen Flüssen oder Sümpfen

Werst: russ. Wegemaß = 1,066 78 km

westaustralische Strömung s. Agulhasströmung

westeuropäische Zeit s. Zonenzeit

Westfeste = westliche *Halbkugel

westgrönländische Strömung s. Irminger = Strömung

Westpunkt Untergangspunkt der Sonne am *Horizontkreise zur Zeit der Tag- und Nachtgleiche (Abb. 77)

Westwindtrift s. antarktische Ostströmung

Wetter nennen *Davis-*Braun (L 47a¹/56 f.) die Gesamtheit der meteorologischen Faktoren und Erscheinungen (*Temperatur, *Wind, *Luftfeuchtigkeit, *Niederschlag) für einen oder mehrere Tage; erstrecken sich Beobachtung und Aussage über längere Zeiträume, so sprechen Davis-Braun von *Witterung, bei langjährigen Mitteln vom *Klima eines Ortes, einer Landschaft

Wetterkarten s. synoptische W.

Wetterleuchten der Widerschein von Blitzen entfernter Gewitter

Weyprecht, Karl, Nordpolfahrer, *1838 zu König bei Michelstadt (Hessen), † 1881 zu Michelstadt; nahm an der österr. Polarexpedition mit *Payer 1872—1874 teil, entdeckte mit diesem 1873 das Franz-Josefs-Land

Whymper, Edward, engl. Forschungsreisender, * 1840 in London, † 1911 in Chamonix, nahm 1865—1867 an einer Expedition nach Alaska teil, bereiste 1872 Grönland, 1880 Ecuador (und bestieg als erster vollständig den Chimborasso), 1901 Kanada

Widderpunkt s. Frühlingspunkt

wiederbelebte Flüsse = *verjüngte F.

Wiek (nordd.: Wyk) die: kleine, flache Meeresbucht; estnischer Name für *Rias

Wiesenmoore s. Moore

Wiesenufer bei Flüssen s. Bergufer

Wildbäche die im normalen Zustande fast wasserlosen, nach starken Regengüssen und Schneeschmelzen aber plötzlich anschwellenden und oft verheerend wirkenden (*Muren, *Vermurung) Bäche des Hochgebirges; am unteren Ende häufen sie *Schuttkegel von großer Regelmäßigkeit an (L 37¹/487)

Wilkens, G. H., austral. Kapitän, unternahm 1927 einen Nordpolarflug (PM 1926/28, G3 1927/408)

Wind s. Luftdruck

Windaufschüttung die Anhäufung des vom *Winde auf dem Boden, doch auch durch die Luft geführten, u. a. der *Verwitterung entnommenen Materiales; sie ist „um so stärker, je weniger sich andere Kräfte der abgelagerten Windfracht bemächtigen können, am geringsten also in Gebirgen, wo sie von den *Flüssen hinausgeführt wird, größer schon im Überschwemmungsgebiet von Flachlandflüssen, noch größer an pflanzenarmen, z. B. sandigen *Flachküsten, am größten natürlich in *Trockengebieten, obwohl der Wind selbst seine Fracht aus diesen hinaus in die Nachbarschaft trägt. Ursache der W. ist die Abnahme der *Windgeschwindigkeit" (L 5/188). S. auch L 11³/340 ff. und äolische Ablagerungen, Dünen, Löß

Winddruck soviel wie *Windstärke; im besonderen die vom *Winde gegen das Gestein ausgeübte Kraft, die „feintönige Bindemittel aus seinen haarspalten" hinausführt und so das durch Temperaturschwankungen bereits gelockerte Gefüge weiter sprengt (L 2/358; 11³/126)

15*

Winderosion s. Ablation, Deflation, Windwirkungen (L 3/587 ff.; 5/188 ff.; 7/Bd. 2²/269 ff.; 11³/335 ff.; 34/662 ff.)

Windgeschwindigkeit hängt ab von der Größe des *Gradienten, ist (bei gleichem Druckgefälle) in niederen Breiten größer als in höheren, ferner (wegen der geringeren Reibung) größer über dem Meere und mit zunehmender Höhe als in den untersten Luftschichten über dem Lande, im Waldlande schwächer als über Fluren und Seen (L 60a/402 u. ö.; 62a/91 ff.) (s. auch barische Windgesetze, Beaufort-Skala, Buys-Ballotsches Windgesetz).

Windgürtel (W.regionen) s. Windsysteme der Erde, Monsune, Luftdruckgebiete (L 2/609 ff.)

Windkant(n)er Gerölle mit mehr oder weniger scharfen, vom *Winde angeschliffenen Kanten und „geglätteten, einen matten Firnisglanz zeigenden Flächen" (L 37¹/311, hier auch Abb.)

Windmessung s. Beaufort-Skala und Schalenkreuzanemometer(L47a¹/157f.)

Windrose s. Kardinalpunkte

Windschatten = *Leeseite des Windes

Windschatten-Wüsten nennt *Supan (L3/175) im Ggs. zu polaren und innerkontinentalen regenarmen Gebieten wie passatischen Wüsten mit beständigen Polarwinden die in windarmen Gebieten gelegenen W.

Windschliff die abtragende Tätigkeit des Windes (*Winderosion), der Sand, Kies und Schnee gegen Widerstände treibt und sie zerreibt (L 11³/335)

Windseen s. Meereswellen

Windstärke gewöhnlich soviel wie *Windgeschwindigkeit, im besonderen hinsichtlich der Größe der Windfrachten (Wüsten!) gebraucht (L 5/189 f.)

Windstauströmungen die durch Stürme, die das Wasser zu der von der Küste treiben, erzeugten *Meeresströmungen; diese W. vereinigen sich mit den reinen *Triftströmungen zu einer mächtigen, bis zum Boden reichenden neuen Strömung mit gesteigerter Geschwindigkeit und (gegenüber den Triftströmungen) verringerten Ablenkung durch die *Erdrotation (L 3/328 f. mit Abb.)

Windströmungen nennt *Supan (L 3/331) die durch die Winde erzeugten *Trift-und*Kompensationsströmungen

Windsysteme der Erde a) Über einem etwa je 5° breiten, mit dem Sonnenstande sich verschiebenden Gürtel zu beiden Seiten des *Äquators (der sog. äquatorialen Zone, Fig. 80 SQ) steigt die Luft infolge der starken Erwärmung (senkrechte Sonnenbestrahlung!) gleichmäßig in große Höhe auf und strömt oben in Ω.=, noch höher in SO.=Richtung (Fig. 78); dieses äquatoriale *Tiefdruckgebiet heißt, da nur seitliche Luftbewegungen als Wind gespürt werden, in den unteren Schichten die Region der *Kalmen; neben Windstillen leichte Brisen bei bewölktem Himmel.

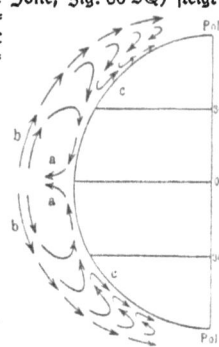

Abb. 78. Luftaustausch zwischen Pol und Äquator. (Aus Geistbeck, Leitfaden der mathem. und phys. Geographie, Freiburg, Herder.)
aa aufsteigender Luftstrom; bb Antipassate; cc westliche Winde

b) Die oberen, als *Äquatorialströme oder *Antipassate bezeichneten bewegten Luftschichten fließen jenseits des Kalmengürtels gegen die Pole zu nach N. und S. bis etwa gegen 30—35° Br. ab, wo sie — inzwischen stark abgeführt und infolge der immer größeren Ablenkung durch die *Erdrotation gegen den Äquator hin — den Boden erreichen, um von hier, wo durch die absteigende Luft als ein zweiter Windstillengürtel ein *Hochdruckgebiet mit überwiegend trockenem und schönem Wetter, die *Roßbreiten, entstehen, als *Passate an der Erdoberfläche bis 3000 m Höhe zum Ersatz der vom Äquator aufgestiegenen Luft zu ihm hin zu wehen, wobei diese sehr beständigen und durch ihre Stärke (6—8 m in der Sekunde) jedem fühlbaren und von den Schiffen ausgenutzten Gegenströme der (im Zuge weißer

Windtriften — Winkeltreue   223

Federwölkchen, durch die Verfrachtung vulkanischer Asche, mittels Ballonbeobachtungen usw. erkennbaren) Antipassate durch die Erdrotation aus nördlichen

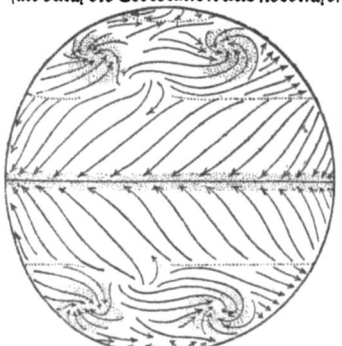

Abb. 79. Planetarisches (mathematisches) Windsystem. (Aus L 47a¹/41.) In der Mitte Kalmen, nördlich davon Nordost-, südlich davon Südost-Passate, die punktierte Linie begrenzt die Roßbreiten, bzw. polwärts die Zone der veränderlichen (vorherrschend westlichen) Winde

und südlichen zu NO.- bzw. SO.-Winden werden (Fig. 79). c) Während die höchsten Schichten der Antipassate weiter als SW.-, bzw. NW.-Winde gegen die Pole abfließen, immer wieder teilweise tiefer sinkend und in den mittleren Luftschichten (zwischen 3000 und 8000 m) gegen den Äquator rückströmend, folgen jenseits der gleichfalls mit dem Sonnenstande sich verschiebenden Roßbreiten (den sog. subtropischen Zonen, Fig. 80 ST) bis zu einem neuen Tiefdruckgebiete in etwa 62—66° Br. in den unteren Luftschichten (vertikal als dritte Luftströme) die beiden Gürtel der (gegenüber den Passaten durch selbständige Luftwirbel weniger beständigen, also) veränderlichen Winde, die in Mitteleuropa vorherrschend aus SW. und W. kommen; auch diese Windsysteme wandern mit der Verschiebung der je nach Sommer oder Winter am meisten erwärmten Gebiete (Fig. 80). d) In der Umgebung der Pole, jenseits also des subarktischen bzw. subantarktischen Tiefdruckgebietes, herrschen wiederum in der Umgebung eines nord- und südpolaren Hochdruckgebietes äquatorial gerichtete Winde, in der *Arktis bei geringerer Regelmäßigkeit NW.-, in der *Antarktis bei größerer Beständigkeit SW.-Winde

Windtriften = *Triftströmungen

Windwellen die im Gegensatz zu den von den *Gezeiten geschaffenen strömenden Wellen, nur die Form, doch kaum ihre Lage ändernden, vom *Wind erzeugten *Meereswellen

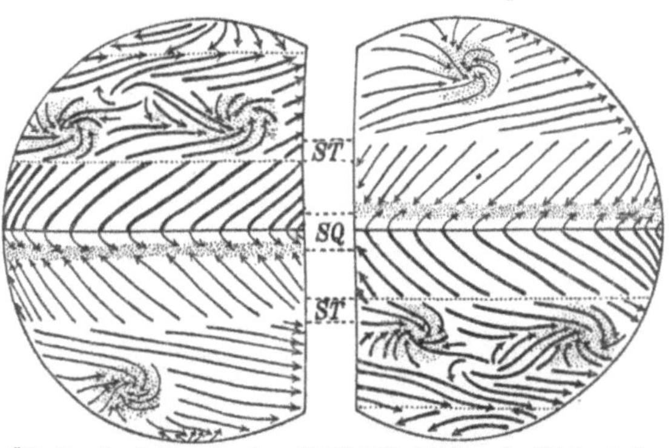

Windwirkungen s. Abtragung, Aufschüttung, Windaufschüttung, -erosion

Winkelgeschwindigkeit der Planeten (Erde) der Winkel, um den sich die Planeten (die Erde) in einer Sekunde drehen

Winkelmeßinstrumente s. Gnomon, Spiegelsextant, Theodolit

Winkeltreue bei Globus und Landkarte s. Globus

Abb. 80. Darstellung der terrestrischen Beeinflussung der Winde, d. h. das System der wirklichen Winde. (Aus L 47a¹/43). ST Subtropen, SQ subäquatoriale Zone. Links für den Nordwinter, rechts für den Nordsommer

Winterregen die jahreszeitliche Verteilung des *Niederschlags, deren Maximum ganz oder vorwiegend in den Winter fällt. S. auch Regenregionen, Regenzeiten und Sommerregen
Wintersolstitium s. Solstitien
Wintersonnenwende s. Solstitien
Wirbelgewitter s. Gewitter
Wirbelstürme besonders heftig kreisende *Zyklonen von häufig verheerenden Wirkungen. Gewöhnlich gibt ein lokal aufsteigender warmer Luftstrom den Anstoß zur Wirbelbewegung, die dann in schnellem Dahinwandern gewaltige Luftmassen mit sich reißt. „Das Zentrum wandert meist mit großer Schnelligkeit in flachen Bogen vorwärts, und die umgebende Luft dringt in immer enger gekrümmten Bahnen spiralförmig in das wandernde Kerngebiet ein, so daß der Ablenkungswinkel der Windrichtung gegen das Sturmzentrum hin kleiner und kleiner wird" (L 2/597). Besonders arg sind die W. der Tropenzone (*tropische Zyklonen), da infolge des geringen Einflusses der *Erdrotation die Luft gegen das *Wirbelzentrum sehr stark zuströmt (L 62a/133 ff.)
Wirbelzentrum der Mittelpunkt der Luftbewegungen bei *Wirbelstürmen
Wirtschaftsgeographie der hauptsächlich die geographische Verbreitung der Wirtschaftsformen betrachtende Zweig der *Anthropogeographie. Nach Preißler (in L 121/211) mit der besonderen Aufgabe, „die verschiedenen Erdräume als Schauplätze der wirtschaftlichen Tätigkeit des Menschen zu betrachten und zu zeigen, inwiefern die Natur der betreffenden Erdteile das Wirtschaftsleben bedingt oder beeinflußt und wie anderseits dieses dem geographischen Bilde der Landschaft sein bestimmtes Gepräge verleiht". Vgl. auch L 95—107, ferner A. Rühl, „Aufgaben und Stellung der W." in ZGEB 1918 und K. Hassert, Wesen und Bildungswert der W. (1919)
Wißmann, Hermann v., deutscher Afrikaforscher, * 1853 zu Frankfurt a. d. O., † 1905 bei Liezen in Steiermark. Durchkreuzte 1881/82 Afrika von Loanda aus über den Tanganjika nach Osten, 1886/87 vom Kongo bis zum Tanganjika. Schrieb u. a. „Im Innern Afrikas" (3. Aufl. 1891), „Unter deutscher Flagge quer durch Afrika" (8. Aufl. 1902)
Witterung s. Wetter
Woeikof, Alexander Jvanovič, Klimatologe, * 1842 in Moskau, † 1916 als Prof. an der Universität Petersburg. Werke: „Die Klimate der Erde" (1887), Mitarbeiter am Bande „Rußland" in *Kirchhoffs Länderkunde von Europa; zahlreiche wichtige Aufsätze in der Meteorologischen Zeitschrift, PM usw.
Wogen = *Wellen
Wogulen s. finnisch-ugrische Völkergruppe
Wolgatataren s. Turkvölker
Wolken Anhäufung von Tröpfchen in höheren Luftschichten, wo vor allem durch Abkühlung aufsteigender feuchter Luft infolge ihrer Ausdehnung eine Kondensation des Wasserdampfes erfolgt, die kleinsten Tröpfchen aber leicht schon durch schwache aufsteigende Luftbewegungen schwebend erhalten werden können. In der Höhe erneuert sich die Tröpfchenbildung beständig, während Tröpfchen, die in trockene Luftschichten gelangen, sofort verdampfen. Man unterscheidet (konventionell) 10 Wolkenformen, deren wichtigste sind: *Zirrus (federwölkchen aus feinen, weißen Fasern in etwa 7—11000 m mittl. Höhe), *Kumulus (Haufenwolke, zumal dem Sommer wärmerer Gebiete eigentümlich, in etwa 1400 bis 2000 m: „massig, geballt, oft glänzend weiß"), *Stratus (Schichtwolke, streifenförmiger Wolkenschleier in niederen Höhen) und *Nimbus (die dichte Regenwolke in etwa 1500—2000 m Höhe) (L 2/616; 62a/110f.; 60a/281 ff.)
Wotjäken s. finnisch-ugrische Völkergruppe
Würm-Eiszeit nach *Pend-*Brückner in den Alpen auf die *Würm-Riß-Interglazialzeit folgende jüngste (vierte) *Eiszeit (s. auch Klimaschwankungen), Schneegrenze 1000—1200 m unter der heutigen (L 64/151, 153)
Würm-Riß-Interglazialzeit (*Schneegrenze in den Alpen 300 m höher als die heutige) s. Interglazialzeiten
wurzellos s. Deckentheorie

wurzellose Gebirge *Deckschollen größeren Ausmaßes

wurzellose Gesteine im Gegensatz zu den am Orte ihrer Entstehung befindlichen wurzelnden (= *autochthonen) Gesteinen die ortsfremden (= *allochthonen), die z. B. in einer *Decke vorkommen

wurzelnde Gesteine s. wurzellose Gesteine

Wüste (pflanzengeographisch), **Wüstensteppe** s. Steppe

Wüstenwinde s. Chamsin, harmattan, Samum

Xanthometer [gr. xanthós gelb, métrein messen] „eine blaue Flüssigkeit (Kupfervitriol) und eine gelbe (neutrales chromsaures Kali) werden in abgestuftem Prozentsatz miteinander vermischt; die verschiedenen Mischungen, in geschlossenem Fläschchen nebeneinandergelegt, bilden die Skala" (L 5/88)

xerophil [gr. xerós trocken, phílein lieben] die Trockenheit liebend, auf trockenem Boden wachsend

Xerophilenklima durch große Trockenheit charakterisierter (unter pflanzengeographischen Gesichtspunkten aufgestellter) *Klimatypus

Xerophyten [gr. phytón Gewächs] s. hydatophyten

Yoldiameer nach dem Rückzug der *eiszeitlichen *Gletscher erfolgte Ausbreitung der baltischen Meeresbedeckung von Kristiania an über Süd- und Mittelschweden, Finnland, die großen nordrussischen Seen bis zum Eismeer (nach der Yoldia arctica-Muschel genannt) (L 64/116)

Younghusband, Sir Francis Edward, englischer Forschungsreisender, * 1863 in Murree, bereiste besonders Zentralasien (1903/04 amtlich als Teilnehmer an der englischen Expedition nach Tibet), Vorderindien und Südafrika. Schrieb: „The heart of a continent" (1896) und „South Africa of to day" (1898) u. a.

Zackenfirn 1½—2½ m hohe, spitze Auflösungsformen tropischer Schneeflächen, auch *Büßerschnee, ital. "nieve penitente, genannt, da sie sich in den Anden vom dunklen Untergrunde wie weißgekleidete Büßerinnen abheben; die intensive Besonnung bei trockener Luft scheint im Verein mit gleichmäßig wehenden warmen Winden ihre Entstehung aus ursprünglich unebener Oberfläche, zumal in niederen Breiten, zu begünstigen (L 3/222; 5/200; 11³/301; 65/25)

Zahl der Menschen auf der Erde Man darf sie mit rund 1665 Mill. annehmen; davon entfallen auf Asien 893 (871), auf Europa 449 (462), Amerika 181 (194), Afrika 135 (130), Australien und Ozeanien 7 (8) (L 2/763 und Wichmann in J. Perthes' Taschenatlas⁶¹ (1925) S. 18

Zahn, Gustav Wilhelm v., Geograph, * 1871 in Dresden, Prof. an der Universität Jena. Morph. und verkehrsgeogr. Aufsätze in Zeitschriften. Beitr. „Asien als Erdteil" in Erdbild d. Ggwart (1927 ff.)

Zechstein [soviel wie zäher Stein oder von den Bergleuten des thüringischen Mansfeld danach genannt, daß im Z. die Zechen für den Abbau des Kupferschiefers standen] s. geologische Zeitalter

Zehngradfelder *Gradfelder von 10 Graden Seitenlänge, also mit 100 *Eingradfeldern

Zehrgebiet der Gletscher der im Gegensatz zu dem durch vorwiegende Niederschlagszufuhr gekennzeichneten *Nährgebiet, unterhalb der Schneeregion (*Schneegrenze) gelegene, durch überwiegende Abschmelzung gekennzeichnete Teil des *Gletschers

Zeilendörfer nennt Beschorner (L 5/357) Siedlungen mit „zeilenartig aneinanderschließenden Gehöften"

Zeitbestimmungen s. Ortszeit, Sonnen- und Sternzeit

Zeit, mittlere, s. mittlere Zeit

Zeitgleichung der Zeitunterschied zwischen der *Kulmination der wahren und der mittleren Sonne an demselben Tage (s. Sonnentag); bloß am 15. 4., 14. 6., 31. 8. und 24. 12. kulminieren beide Sonnen gleichzeitig (Z. = Null); die größte Schwankung erfährt die Z. am 10. 2., wo der mittlere Mittag 14 Min. 27 Sek. vor der Kulmination der wahren Sonne, und am 2. 11., wo er 16 Min. 19 Sek. nach ihr stattfindet

Zeitmaß s. Bogenmaß

Zenit [arab. semt Weg] Scheitelpunkt:

der genau senkrecht über dem Standort des Beobachters liegende Punkt am sichtbaren Himmelsgewölbe. Ggs.: Nadir

Zenitabstand (Z.distanz) eines Gestirnes: das Bogenstück zwischen Gestirn und *Zenit, gemessen auf dem *Vertikalkreis dieses Gestirnes (Abb. 10)

Zenitalregen = *Tropenregen

Zenitdistanz soviel wie *Zenitabstand

Zenitflut die *Flut von jenem Punkte, der den *Mond im *Zenit hat; auch an der entgegengesetzten Stelle tritt eine größte Anschwellung ein (*Nadirflut)

zentrale *Erdbeben [gr. kéntron Spitze, Mittelpunkt] jene, bei denen die *Homoseisten sich der Kreisform nähern

Zentraleruptionen s. Labialeruptionen

Zentrallinie die den Sonnen- und Erdmittelpunkt verbindende Gerade

Zentral- (oder gnomónische) **Projektion** [lat. projícere vorwerfen, entwerfen; gr. gnomón der Zeiger an der Sonnenuhr (eine Projektion, die für die Konstruktion von Sonnenuhren ver-

Abb. 81. Zentrale azimutale Äquatorial-(Meridian-) Projektion. (Aus L 23¹/108)

wendet wird)] *perspektivische Projektion, bei welcher der Augenpunkt in der Erdmitte liegt und die abgebildeten Gebiete auf eine Tangentialebene projiziert werden. Die Abstände der Gradnetzkreise wachsen nach außen sehr stark, so daß eine volle Halbkugel nicht dargestellt werden kann. Verwendung in der Astronomie und (da die Richtungen für die Fahrten in der *Orthodrome hier, wo die Kugelgroßkreise als Gerade erscheinen, unmittelbar abgelesen werden können) für Schiffahrtskarten. Bei

der zentralen Polarprojektion sind die *Breitenkreise Kreise, die *Meridiane Gerade unter gleichen Winkeln, bei der zentralen Äquatorialprojektion die Breitenkreise Hyperbeln, die Meridiane Gerade, bei der zentralen Horizontalprojektion die Breitenkreise Kegelschnittslinien, die Meridiane (gegen den Pol konvergierende) Gerade (L 2/223; 5/77; 23¹/30 ff.). (Abb. 11, 59, 81)

zerbrochen (tektonisch) von *Verwerfungen durchsetzt

Zerrungen der *Erdkruste werden bei *Verwerfungen angenommen (L 41/79), von anderen hingegen als unmöglich, zumal bei Gebirgsfaltung (Zerrungsbögen: L 28²/685), bestritten (L 37¹/881, 5. Aufl.). Vgl. auch L 3/378, 666; 11³/29; 37²/210

zerstückelte Rumpfflächen entstehen, indem *Rumpfflächen durch Brüche in mehrere, in verschiedene Höhenlage gebrachte Stücke zerlegt werden (L 3/720)

Zeugen s. Tafelrestberge

zickzackförmige Wasserscheiden entstehen bei wechselständiger Anordnung von Tälern beiderseits einer Erhebung, so daß von den *Flüssen die ursprünglich gerade Scheidelinie zurückverlegt wird (L 3/544 mit Abb.)

Zirkumpolarsterne [lat. circum ringsum, also den Pol umgebende Sterne] solche, die einen so kleinen Drehkreis ihrer scheinbaren täglichen Bewegung besitzen, daß nicht bloß ihre obere *Kulmination, sondern auch ihre 12 Stunden später eintretende untere noch oberhalb des *Horizonts verbleibt (Abb. 50)

Zirkustäler von *Wagner (L 2/344) den *Karen gleichgesetzt

Zirruswolke [lat. cirrus Haarlocke, Franse] s. Wolken

Zodiakallicht [gr. zodiakós (kýklos) Tierkreis] meist ein vom *Horizont emporsteigender matter Lichtkegel, der von der Sonne ausgeht und in der *Ekliptik sich erstreckt; auf der nördlichen Halbkugel im Frühling am abendlichen Westhimmel, im Herbste am morgendlichen Osthimmel, in den Tropen zu allen Jahreszeiten sichtbar (L 5/52; Wislicenus, Astrophysik [SG Nr. 91] S. 61 ff.)

Zodiakus s. Tierkreis

zonal zusammengesetzte Faltengebirge [gr. zoné Gürtel] s. einfache Faltengebirge

zonale Faltengebirge so genannt wegen der räumlich zonenartigen Anordnung der geologischen *Formationen (L 3/ 678; 44/53)

Zone, warme (heiße), **gemäßigte und kalte** die Einteilung der Erdoberfläche in fünf Gürtel auf Grund des *mathematischen Klimas. Die warme oder heiße Z. zwischen nördlichem und südlichem *Wendekreis umfaßt 202,6 Mill. qkm, die nördl. gemäßigte Z. zwischen nördlichem Wende- und Polarkreis und die südliche gemäßigte zwischen südlichem Wende- und Polarkreis umfaßt je 132,6 Mill. qkm, die nördlich des Nordpolarkreises gelegene nördliche kalte und die südlich des Südpolarkreises befindliche südliche kalte Z. bedecken je 21,2 Mill. qkm

Zonenzeit die für einen im allgemeinen 15 *Längengrade umfassenden *Meridianstreifen durch Übereinkunft aus praktischen (Verkehrs-) Gründen geltende Zeit; von der Z. des Nachbargebietes um eine Stunde verschieden. *Westeuropäische Zeit, die Z. des Greenwicher *Meridians, ist eingeführt in Großbritannien, Belgien, Holand, Frankreich und Spanien, *mitteleuropäische Zeit, die Z. des 15. Meridians ö. L. gilt in Deutschland, den Ländern der früheren österr.-ungar. Monarchie, Norwegen, Schweden, Dänemark, Schweiz und Italien, *osteuropäische Zeit, die Z. des 30. Meridians ö. L. besteht in Rumänien, Bulgarien und der europäischen Türkei. Z. haben aber auch Nordamerika, Ostasien und Australien eingeführt

zoogéne Gesteine [gr. zóon Tier, génesis Entstehung] s. Gesteinsbildung

Zuaven s. Berber

Zuckerrohr (Saccharum officinarum) in den Tropen allgemein kultivierte Pflanze, deren Halme den Zuckersaft liefern; aus der Melasse wird Rum bereitet

Zugstraßen der *Zyklonen Die hauptsächlich in mittleren und höheren Breiten sich bildenden *Minima wandern fortwährend und halten dabei gewisse Bahnen ein, was wichtig ist, da die fortschreitenden Zyklonen die Veränderlichkeit des *Wetters bewirken. In Europa ist der Norden das Hauptdurchzugsgebiet. Eine Straße führt von Island längs der norwegischen Küste über den *Polarkreis entweder ins Eis- bzw. Weiße Meer oder gegen SO. ins Innere Osteuropas. Von den Britischen Inseln geht eine zweite Straße über die Nordsee und Südschweden und die Ostsee nach Finnland, eine dritte läuft vom westlichen Mittelmeer entweder nach SO. oder über das Schwarze Meer gegen NO. nach Osteuropa. An Kreuzungspunkten (südwestlich von Island, Südschweden) entstehen meist beständige *Tiefdruckgebiete (L 3/123ff.). Kärtchen der „gebräuchlichsten" Z. d. Z. über Europa bei R. Hennig, Unser Wetter² (ANuG 349) S. 7, Abb. 1

Zulu s. Betschuanen, Sambesivölker

Zungenbecken der Gletscher flache, nach außen häufig durch eine Felsbarre abgegrenzte und daher zentripetal entwässerte, oft auch seenerfüllte Wannen, die im Endgebiete ehemaliger *Gletscher liegen (L 5/207)

zusammengesetzte Falte eine *Falte, deren Schenkel oder *Sattel in sich wieder gefaltet ist, so daß sich sekundäre (oder Spezial-) Falten bilden

zusammengesetzte Faltengebirge s. einfache Faltengebirge

zusammengesetzte Verwerfung s. einfache Verwerfung

Zweigradfelder *Gradfelder von zwei Graden Seitenlänge, also mit vier *Eingradfeldern

Zwillingsbeben *Erdbeben, bei denen sich der Hauptstoß nach 2—3½ Sek. wiederholt

Zwillingsflüsse zwei unweit voneinander entspringende Ströme, die eine Zeitlang nebeneinander fließen und sich später vereinigen (Ganges und Dschamna) (L 2/458; 54/85)

Zwischeneiszeiten = *Interglazialzeiten

Zwischenländer nennt *Wagner (L 2/ 277) „festländische Verbindungsstücke zwischen Kontinentalmassen", da sie gleichzeitig eine trennende Schranke zwischen zwei benachbarten Meeren sind, bzw. die „Verbindungsstücke äußerer *kontinentaler Glieder mit dem *Rumpfe" eines *Erdteils; verschmälert sich das Zw. „im Verhältnis der benachbarten Gebiete beträchtlich", so spricht man von *Landengen (*Isthmen)

Zwischenmeer s. Kanalmeer

Zykloide [gr. kýklos Kreis] s. Trochoide

zyklonale Niederschläge jene, die durch aufsteigende Luftströme im Mittelpunkte eines *Tiefdruckgebietes entstehen. Eine andere Art bilden die *konvektiven Niederschläge, d. h. jene, die durch aufsteigende Luftströme entstehen, „die sich in den heißen Nachmittagsstunden windstiller Sommertage lokal über größeren und kleineren Ebenen entwickeln", wobei die Überhitzung des Bodens einen *labilen Gleichgewichtszustand der *Atmosphäre erzeugt; eine dritte Art schließlich sind die *orographischen Niederschläge, die entstehen, wenn Gebirge horizontale Luftströmungen zwingen, sich aufwärts zu bewegen, „wodurch selbst relativ trockene Winde in Regenwinde verwandelt werden können" (L 3/152)

Zyklone 1. horizontale, kreisförmige Luftbewegung auf ein *Tiefdruckgebiet (Minimum) zu, auf der nördlichen Halbkugel stets im dem Uhrzeiger entgegengesetzten Sinne, auf der südlichen im Sinne des Uhrzeigers umkreist und durch die *Erdrotation dort nach rechts, hier nach links abgelenkt; 2. in der Mitte vertikal aufsteigende (= Tiefdruckgebiet) und in den oberen Schichten seitwärts (gegen das Maximum) abfließende Luftströmung, während in den unteren Schichten Luft zum Ersatz herzuströmt. Ggs.: *Antizyklone (Abb. 3 und 4)

Zyklus s. geographischer Zyklus

Zylinderprojektionen [lat. projicere vorwerfen, entwerfen] jene *Kartenprojektionen, bei denen das Gradnetz auf einen die Erdkugel längs des Äquators berührenden Zylinder übertragen wird oder auf einen Zylinder, der den mittelsten *Breitenkreis des darzustellenden Gebietes schneidet. Auf allen Z. sind die Breitenkreise gerade Linien. Man unterscheidet echte Z., bei denen Breitenkreise und *Meridiane sich rechtwinklig schneidende Gerade sind (*quadratische und oblonge *Plattkarte, *Mercatorprojektion), und unechte Z., bei denen die Breitenkreise Gerade, die (zueinander nicht parallelen) Meridiane Gerade oder Kurven sind (*Sanson-Flamsteedsche und *Babinet-Mollweidesche Projektion) (L 23¹/64 ff.) (s. Abb. 12, 53, 58, 65 und 67)

Geologische Zeitalter

d. h. die Hauptepochen der Erdgeschichte, denen je eine der fünf *Formationsgruppen entspricht. Eine Altersfolge der *Gesteine läßt sich aus ihren Lagerungsverhältnissen zueinander und den in ihnen eingeschlossenen Versteinerungen (*Petrefakten, *Fossilien) ehemaliger Organismen gewinnen. Folgende Tabelle diene als Übersicht der geologischen (erdgeschichtlichen) Z.

Geologische Zeitalter bzw. *Formationsgruppen	*Geologische Perioden bzw. *Formationen	Bemerkungen (L 40/166 f.)
I. *Archaische (*azoische) Ära (= *Archaikum)	a) anhydrische oder *präozeanische Periode [gr. a ohne, hýdor Wasser] b) ozeanische Periode (Bildung der Urmeere)	Entstehung einer festen Erstarrungskruste. Kein organisches Leben. *Kristallinische Schiefer sind neben alten *Eruptivgesteinen (*Granit) an der Zusammensetzung des Urgebirges (der archäischen Massive und der Zentralzonen der großen *Kettengebirge) beteiligt. Weit verbreitet *Vulkanismus und Gebirgsbildung (*Faltung; das uralte Gneisgebirge, in Hebriden und Lofoten auftauchend). Schichten sehr stark gestört (zusammengepreßt, überschoben). Am Ende der arch. Ä. treten gewaltige, anscheinend über die ganze Erde verbreitete Krustenschrumpfungen ein, die sog. „Laurentische Revolution".
II. *Archäozoische (*proterozoische, *eozoische) Ära (= *Algontium, *Präambrium) Die Urzeit der Erde. Die Ablagerungen dieser Ära bedecken etwa 19,85 Mill. qkm der Landoberfläche.	a) Spätalgontium (Huron) b) Frühalgontium	Es entsteht das Leben auf der Erde: die ersten Muscheln, Schnecken, Armfüßer, Krebse, Würmer, Radiolarien, Spongien bis zum Silur — Zeitalter der Algen. Neben gneis- und glimmerschieferartigen Gesteinen *klastische Gesteine (Quarzite, Sandsteine, Tonschiefer usw.). Schichten nicht selten horizontal gelagert; die anfangs bedeutendere Gebirgsbildung weicht später *Abtragung und *Verwerfungen (längs deren Spalten ausgedehnter Vulkanismus). Vgl. die präkambrischen Rumpfflächen auf Abb. 1.
III. *Paläozoische Ära (= *Paläozoitum) Das Altertum der Erde. Die Ablagerungen des Pal. bedecken etwa 17,18 Mill. qkm der Landoberfläche.	1. *Kambrium 2. *Silur	Die ersten Quallen, Stachelhäuter und Kopffüßer (Nautiloiden); Aufblühen der Trilobiten (Krebsfamilie). Eiszeit? Nordeuropa vom Meere überflutet. Seetange (Fukoiden), erste Landpflanzen. Im unteren Silur reiche Entfaltung der Seelilien, Blütezeit der Trilobiten, Armfüßer und Nautiloiden, die ersten Riesenkrebse (Gigantostraken), Korallen

(Vulkanische Ausbrüche in weiter Verbreitung)

Geologische Zeitalter bzw. *Formations- gruppen	*Geologische Perioden bzw. *Formationen	Bemerkungen (L 40/166 f.)
	3. *Devon	u. Foraminiferen; im oberen S. die ersten Fische (Panzerfische), Blütezeit der Nautiloiden und Riesenkrebse, die ersten Ammonoideen (Goniatiten). Vermutlich gleichmäßig warmes Klima. Korallenriffe auch in der heutigen Arktis. Weitgehende Meeresüberflutung heutiger Kontinentalsockel. Stellenweise Gebirgsbildung (kaledonische Faltung in Irland, Wales, Schottland und Norwegen). Verwandte unserer Nadelhölzer. Im unteren Devon die ersten Lungenfische und Quastenflosser, im oberen Blütezeit der Panzerfische, Rückgang der Trilobiten. } Vulkanische Ausbrüche in weiter Verbreitung.
	4. *Karbon (Steinkohlenformation) a) Unterkarbon (Kulm) b) Oberkarbon (produktive Steinkohlenformation)	Großartige Entwicklung von bärlappartigen Gewächsen (Siegelbäumen), Schachtelhalmen und Farnen (Baumfarnen). Im unteren Karbon Rückgang der Kopffüßer, Aussterben fast aller Trilobitenfamilien, Aussterben der Panzerfische; im oberen K. die ersten Insekten (Schaben), die ersten vierfüßigen Landwirbeltiere (Stegokephalen und Reptilien), die ersten Spinnen. Steinkohlenbildung bei gleichmäßig warmem (feuchtem) Klima. Entstehung großer Faltengebirge im heutigen mittleren Europa (herzynische Faltung des varistischen und armoritanischen Gebirges).
	5. *Perm oder *Dyas a) *Rotliegendes b) *Zechstein	Im Rotliegenden Blütezeit der Stegokephalen und Schmelzschuppenfische (Ganoiden), im Zechstein Aufblühen der Ammoniten (Ammonshörner). Die Faltungsbewegungen erloschen; Brüche und große vulkanische Deckenergüsse. Wechselndes Klima: wüstenhafte Zustände in Mitteleuropa im späteren Perm, Eiszeit in Südafrika, Ostindien und Australien.
IV. *Mesozoische Ära (= *Mesozoikum) Das Mittelalter der Erde. Es erscheinen bereits höher stehende Lebewesen, deren	1. *Trias a) *Buntsandstein b) *Muschelkalk c) *Keuper (oberste Stufe: *Rhät)	Gewaltige Schachtelhalme, Baumfarne und Nadelhölzer. Im Buntsandstein Aufblühen der Reptilien, im Muschelkalk die ersten Ichthyosaurier, Krokodile, Dinosaurier, im Keuper die ersten Säugetiere (kleine Beuteltiere), Flugsaurier und Schildkröten, die ersten Belemniten ("Donnerkeile") und Käfer, die letzten

Geologische Zeitalter bzw. *Formationsgruppen	*Geologische Perioden bzw. *Formationen	Bemerkungen (L 40/166f.)
Formen teilweise schon an die jetzigen erinnern. Charakteristisch unter den Tieren sind besonders die Reptilien. Die Ablagerungen des M. bedecken etwa 19,85 Mill. qkm der Landoberfläche.	2. *Jura a) unterer oder schwarzer *Jura (*Lias) b) mittlerer oder brauner *Jura (*Dogger) c) oberer oder weißer *Jura (*Malm) 3. *Kreide (*Kretazeische Formation) a) untere Kreide α) *Neocom (*Wealden) β) *Gault b) obere Kreide α) *Cenoman β) *Turon γ) *Senon δ) *Danien	Stegokephalen. Im außeralpinen Mitteleuropa wiederholter Wechsel von Land und Flachmeer, im alpinen meist Tiefsee. Starker Vulkanismus in Nordamerika, Australien und Alpen; Gebirgsbildung fehlt. Warmes, trockenes Klima. Nadelhölzer, Baumfarne. Im unteren Jura Aufblühen der Ichthyosaurier und Flugsaurier. Die ersten Tintenfische. Aufblühen der Belemniten; im mittleren J. die ersten Schmetterlinge, Blütezeit der Belemniten; im oberen die ältesten Eidechsen, die ersten Vögel (Archaeopteryx), die ersten Frösche, Aufblühen der Dinosaurier. Schon seit dem Ende der Trias im Gebiete der Alten Welt Vordringen des Meeres, das Europa förmlich in Inseln auflöst. Vulkan. Ausbrüche im westlichen Südamerika. Im oberen J. Beginn der *sazonischen Faltung. Warmes, gleichmäßiges Klima. Die ersten Dikotyledonen (zweikeimlappige Laubgewächse): Buche, Pappel, Eiche. In der unteren Kreide die ersten Schwanzlurche, Aufblühen der Knochenfische, in der oberen Aufblühen der Vögel, Riesenflugsaurier, die ältesten Schlangen. Gegen Ende der Kr. Niedergang und Aussterben der Ammoniten und Belemniten sowie aller größeren Reptiliengruppen (ausgenommen Krokodile, Eidechsen, Schlangen und Schildkröten), doch Zunahme der Säugetiere. Erst Rückzugsbewegung des Meeres aus Mittel- und Westeuropa, dann bedeutende Ausdehnung über die heutigen Erdteile. Erlöschen des Vulkanismus. In der oberen Kr. Ausklingen der sazonischen Faltung, Beginn der alpinen Faltung. Abkühlung des Klimas, Entwicklung klimatischer Zonen.
V. *Känozoische Ära (= *Känozoikum) Die Neuzeit der Erde. Die Formen der Lebewesen werden immer mehr den jetzigen ähnlich. Säugetiere treten	1. *Tertiär a) Alttertiär oder *Paläogen α) *Eozän β) *Oligozän	Die Vegetation ist in Mitteleuropa echt tropisch. Rasches Aufblühen der (Riesen-)Säugetiere (Insekten- und Fleischfresser, Fledermäuse, Wale, Zahnarme, Nagetiere, Huftiere, Affen). Im Eozän vulk. Massenausbrüche in Vorderindien Abessinien und Sumatra.

Geologische Zeitalter bzw. *Formationsgruppen	*Geologische Perioden bzw. *Formationen	Bemerkungen (L 40/166 f.)
massenhaft und in außerordentlicher Größe auf. Aus abgenützten Feuersteinsplittern wird das Vorkommen des Menschen in Europa schon im Jungtertiär vermutet. Die Ablagerungen des Tertiärs bedecken etwa 8,71, des Quartärs etwa 19,17 Mill. qkm der Landoberfläche; von Wüstensand sind 7,35, von Gletschern 1,94, von jüngeren Eruptivgesteinen 3,96 Mill. qkm bedeckt.	b) Jungtertiär oder *Neogen α) *Miozän Unter-M. (1. Mediteranstufe) Mittel-M. (2. Mediteranstufe) Ober-M. (Sarmatische Stufe) β) *Pliozän Unter-Pl. (Pontische Stufe) Mittel-Pl. Ober-Pl. 2. *Quartär a) Diluvium oder *Pleistozän (*Eiszeit) b) Alluvium (Jetztzeit)	Palmen, Bambus, Lorbeer, Feigen, Birke, Erle, Ulme, Linde. Rasche Entwicklung der einzelnen Säugetierstämme. Blütezeit der Landsäugetiere (Riesensäugetiere: Mastodon, Dinotherium, Riesenhirsch), die ersten Menschenaffen. Im mittleren Tertiär letzte Auffaltung der heutigen Hochgebirge (auch der Alpen), in Mitteleuropa Hauptphase der *Verwerfungen. Braunkohlenbildung. Im Miozän starker Vulkanismus in Westamerika, Mitteleuropa und Vorderasien. Im Alttertiär Rückzug und Vordringen des Meeres über die heutigen Erdteile, im Jungtertiär allmähliche Entwicklung der gegenwärtigen Grenzen von Land und Meer. Klima bis ins Pliozän auch im Norden warm. (Erratische Blöcke, Moränen, Geröll- und Sandablagerungen, *Löß.) Mammut, Höhlenbär, Renntier, Auerochs, Pferd. In Südamerika Riesenfaultiere und Riesengürteltiere, in Australien Riesenbeuteltiere. Sichere Spuren des Menschen in Europa. Ausbildung des heutigen Geländes. Jetzige Pflanzen und Tierwelt. Zahlreiche Tiere hat der Mensch dem Erlöschen nahegebracht oder ganz ausgerottet, andere gezähmt.

Verzeichnis der wichtigsten verwendeten Abkürzungen.

* bedeutet entweder den Hinweis auf ein vorhandenes, im Alphabet aufzusuchendes Stichwort oder, bei biographischen Angaben, geboren. Das behandelte Stichwort (bei Zusammensetzungen auch das vorangehende) wird bei Wiederholungen bloß mit dem Anfangsbuchstaben bezeichnet. Leicht verständliche und übliche Abkürzungen (z. B.: zum Beispiel, Kl. Antillen: Kleine Antillen) sind hier nicht besonders erwähnt. s. kürzt ab: Siehe; vgl.: Vergleiche; Ggs.: Gegensatz; lat.: lateinisch; gr.: griechisch; v. H.: vom Hundert; v. T.: vom Tausend; N., S., W., O.: Norden, Süden, Westen, Osten; Ergh.: Ergänzungsheft; Abb.: Abbildung; ANuG: Aus Natur und Geisteswelt; WuB: Wissenschaft und Bildung; SG: Sammlung Göschen; GZ: Geographische Zeitschrift; PM: Petermanns Mitteilungen; ZGEB: Zeitschrift der Gesellschaft für Erdkunde zu Berlin; DN: Die Naturwissenschaften; GR: Geologische Rundschau; GJ: Geographisches Jahrbuch; GK: Geographen-Kalender; MGG: Mitteilungen der Geogr. Gesellschaft; L 47¹/25 verweist mit dem L auf die folgende Literaturzusammenstellung, mit der großen Ziffer auf die betreffende Nummer derselben, der hochgestellten kleinen auf einen bestimmten Teil oder Band, mit der Ziffer hinter dem Strich auf die aufzusuchende Seitenzahl. Sonst bezeichnet bei Literaturangaben eine hochgestellte kleine Ziffer neben dem Titel oder der Jahreszahl des Erscheinens die Auflagenzahl.

Verzeichnis der häufiger herangezogenen Literatur.

1. Sueß, Ed., Das Antlitz der Erde, 4 Bände, 1883/1909, Wien, Tempsky
2. Wagner, H., Lehrbuch der Geographie, 10. Aufl., Bd. 1: Allgemeine Erdkunde, 1920/23, Hannover, Hahn
3. Supan, A., Grundzüge der physischen Erdkunde, 6. Aufl. 1916, Leipzig, Veit u. Co., 7. Aufl. in 2 Teilbänden, bearb. v. E. Obst, 1927/28, Berlin, W. de Gruyter u. Co., im Erscheinen
4. Heiderich, Fr., Die Erde; eine allgemeine Erd- und Länderkunde, 3. Aufl., 1. Teil: Allgemeine Erdkunde, 1923, Wien, Hartleben
5. Handbuch der geographischen Wissenschaft, herausg. von O. Kende, Bd. 1: Allgemeine Erdkunde, 1914, Berlin, Vossische Buchhandlung
NB. Hieraus: Kraft, V., Gegenstand, Aufgaben und Methode der Geographie als Wissenschaft; Vollkommer, M., Geschichte der Erdkunde u. der erdkundlichen Entdeckungen; Herz. N., Mathematische Geographie; Meding, L., Ozeanographie u Klimatologie; Tams, E., Endogene Dynamik; Sölch, J., Die Formung der Landoberfläche; Adamović, L., Pflanzengeographie; Werner, Fr., Tiergeographie; Friedrich, E., Anthropogeographie, Wirtschafts- u. Verkehrsgeographie; Buschan, G., Völkerkunde; Beschorner, H., Historische Geographie
6a. Geographisches Handbuch, herausg. von A. Scobel, 5. Aufl., 2 Bände, 1909, Bielefeld u. Leipzig, Velhagen u. Klasing
6b. Ule, W., Grundriß der allgemeinen Erdkunde, 2. Aufl. 1915, Leipzig, Hirzel
7. Philippson, A., Grundzüge der Allgemeinen Geographie, Bd. 1, Bd. 2¹ u. 2², 1921/24, Leipzig, Akadem. Verlagsgesellschaft
8. Sapper, K., Geologischer Bau und Landschaftsbild, 2. Aufl., 1922, Braunschweig, Vieweg u. Sohn

Verzeichnis der häufiger herangezogenen Literatur

9. Allgemeine Geographie, ANuG Bd. 627: Machatschek, F., Geomorphologie; Bd. 628: Ders., Physiogeographie des Süßwassers; Bd. 632: Krebs, N., Die Verbreitung des Menschen auf der Erdoberfläche; Bd. 634: Vogel, W., Politische Geographie. Leipzig u. Berlin, B. G. Teubner
10. Hann, J. v., Hochstetter, E., Pokorny, A., Allgemeine Erdkunde, 5. Aufl., 3 Bände, Bd. 1: Hann, Die Erde als Ganzes, ihre Atmosphäre und Hydrosphäre; Bd. 2: Brückner, Ed., Die feste Erdrinde und ihre Formen; Bd. 3: Kirchhoff, A., Pflanzen- und Tierverbreitung, 1896/1899, Wien u. Leipzig, Tempsky
11. Passarge, S., Die Grundlagen der Landschaftskunde; ein Lehrbuch und eine Anleitung zu landeskundlicher Forschung und Darstellung. Bd. 1: Beschreibende Landschaftskunde. Bd. 2: Klima, Meer, Pflanzen- und Tierwelt in der Landschaft. Bd. 3: Die Oberflächengestaltung der Erde. 1919/21, Hamburg, L. Friederichsen u. Co.
12a. Ratzel, Frd., Die Erde und das Leben. Eine vergleichende Erdkunde. 2 Bde., 1901, Leipzig, Bibliographisches Institut
12b. Lautensach, H., Handbuch zu Stielers Handatlas, Bd. 1: Allgem. Geographie, 1926, Gotha, J. Perthes
13. de Martonne, E., Traité de géographie physique, 4. Aufl., 1925ff., Paris, A. Colin
14. Banse, A., Lexikon der Geographie, 2 Bde., 1923/24, Braunschweig, Westermann
15. Kretschmer, K., Geschichte der Geographie, 2. Aufl., 1923, SG Bd. 624
16. Günther, S., Geschichte der Erdkunde, 1904, Wien u. Leipzig, Deuticke
17. Ders., Das Zeitalter der Entdeckungen, 4. Aufl., 1919, ANuG Bd. 26. Leipzig u. Berlin, B. G. Teubner
18. Hassert, K., Die Polarforschung, 3. Aufl., 1914, ANuG Bd. 38
19. Wegemann, G., Grundzüge der mathematischen Erdkunde, 1926, Berlin, Gebr. Borntraeger
20. Neumann, L., Mathematische Geographie u. Kartennetzentwurfslehre, 1923, Breslau, F. Hirt
21a. Martus, H. C. F., Astronomische Erdkunde. Kl. Ausg., 2. Aufl., 1902, Dresden u. Leipzig, Koch
21b. Günther, S., Grundlehren der mathematischen Geographie und elementaren Astronomie, 5. Aufl., 1900, München, Ackermann
22. Zondervan, H., Allgemeine Kartenkunde, 1901, Leipzig, Teubner
23. Groll, M., Kartenkunde, 2. Aufl. bearb. von O. Graf, 1922/23, SG Bd. 30 u. 599
24. Eckert, M., Die Kartenwissenschaft, Bd. 1 (1921), Bd. 2 (1925), Berlin, de Gruyter u. Co.
25. Geisler, W., Das Bildnis der Erde, 1925, Halle, E. Thamm
26. Hugershoff, R., u. O. Israel, Kartographische Aufnahmen und geogr. Ortsbestimmung auf Reisen, Bd. 1, 1925, SG Bd. 607
27. Wegener, A., Die Entstehung der Kontinente und Ozeane, 3. Aufl., 1922, Braunschweig, Vieweg
28. Arldt, Th., Handbuch der Paläogeographie, Bd. 1: Paläontologie, Bd. 2: Orographie, Hydrographie, Klimatologie u. Biogeographie der Vorzeit 1917/1919, Berlin, Borntraeger
29. Koßmat, Fr., Paläogeographie, 3. Aufl., 1924, SG Bd. 406
30. Dacqué, E., Geographie der Vorwelt (Paläogeographie), 1919, ANuG Bd. 619. Leipzig u. Berlin, B. G. Teubner
31. Dacqué, E., u. A. Wegener, Paläogeographie (Enzyklopädie der Erdkunde), 1926, Wien u. Leipzig, F. Deuticke
32a. Kober, L., Der Bau der Erde, 1921, Berlin, Gebr. Borntraeger
32b. Prey, A., C. Mainka, E. Tams, Einführung in die Geophysik, 1922, Berlin, J. Springer
33. Kober, L., Lehrbuch der Geologie, 1923, Wien, Hölder-Pichler-Tempsky
34. Salomon, W., Grundzüge der

Geologie, Bd. 1: Allgemeine Geologie, 1923/24, Stuttgart, Schweizerbarth
35. Toula, Fr., Lehrbuch der Geologie, 3. Aufl., 1919, Wien u. Leipzig, Hölder
36. Credner, H., Elemente der Geologie, 11. Aufl., 1912, Leipzig, Engelmann
37. Kayser, E., Lehrbuch der Geologie, Bd. 1 u. 2, 7. u. 8. Aufl., 1923, Stuttgart, Enke (im Text zit. nach der 6. Aufl. 1921)
38. Schaffer, Fr. X., Lehrbuch der Geologie, Bd. 1: Allgem. Geologie, 2. Aufl., 1921, Wien u. Leipzig, F. Deuticke
39a. Tornquist, A., Geologie, Bd. 1: Allgemeine Geologie, 1916, Leipzig, Engelmann
39b. Kayser, E., Abriß der allgem. und stratigraphischen Geologie, 4. u. 5. Aufl., 1925, Stuttgart, Enke
39c. Sapper, K., Vulkankunde, 1927, Stuttgart, Engelhorn
39d. Sieberg, A., Geologische, physikalische und angewandte Erdbebenkunde, 1913, Jena, G. Fischer
40. Abel, O., Allgemeine Geologie, 1910, Wien u. Leipzig, Tempsty
41. Wilckens, O., Grundzüge der tektonischen Geologie, 1912, Jena, Fischer
42. Frech, Fr., Allgemeine Geologie, 3. u. 4. Aufl., 1917/21, 6 Bände ANuG Bd. 207—211 u. 61. Leipzig u. Berlin, B. G. Teubner
43. Weinschenk, E., Grundzüge der Gesteinskunde, 1. Teil: Allgemeine Gesteinskunde als Grundlage der Geologie, 3. verb. Aufl., 1913, Freiburg, Herder
44. Wilckens, O., Allgemeine Gebirgskunde, 1919, Jena, Fischer
45. Stille, H., Grundfragen der vergleichenden Tektonik, 1925, Berlin, Gebr. Borntraeger
46. Davis, W. M., Die erklärende Beschreibung der Landformen, Deutsch bearbeitet von A. Rühl, 2. Aufl., 1924, Leipzig u. Berlin, Teubner
47a. Davis, W. M., u. Braun, G., Grundzüge der Physiogeographie, 2. Aufl., 1915/1917, 2 Bände, ebd.
47b. Davis, W. M., u. Oestreich, K., Praktische Übungen in physischer Geographie. Textheft und Atlas, 1918, ebd.
48. Passarge, S., Physiologische Morphologie, 1912, Hamburg, Friederichsen
49a. Lehmann, R., Physische Erdkunde, Bd. 1, 1925, Braunschweig, Vieweg u. Sohn
49b. Hettner, A., Die Oberflächenformen des Festlandes, 1921, Leipzig, B. G. Teubner
50. Richthofen, F. v., Führer für Forschungsreisende, 1886, Hannover, Jänecke
51. Penck, A., Morphologie der Erdoberfläche, 2 Bände, 1894, Stuttgart, Engelhorn
52a. Penck, W., Wesen und Grundlagen der morphologischen Analyse, 1921, Leipzig
52b. Penck, W., Die morphologische Analyse, 1924, Stuttgart, Engelhorn
53a. Dageler, P., Bodenkunde, 2. Aufl., 1921, SG Bd. 455
53b. Ramann, E., Bodenbildung und Bodeneinteilung (System der Böden), 1918, Berlin, Springer
53c. Milch, L., Die Zusammensetzung der festen Erdrinde, 2. Aufl., 1926, Wien u. Leipzig, F. Deuticke
53d. Stiny, J., Leitfaden der Bodenkunde, 1923, Wien u. Leipzig, C. Gerold's Sohn
54. Ule, W., Physiogeographie des Süßwassers (Enzyklopädie der Erdkunde), 1925, Wien u. Leipzig, F. Deuticke
55a. Gravelius, H., Flußkunde (= Grundriß der gesamten Gewässerkunde, 1), 1914, Berlin, Göschen
55b. Drenthahn, R., Kreislauf des Wassers und Gewässerkunde, 1927 SG Bd. 960
56a. Krümmel, O., Handbuch der Ozeanographie, 2 Bände, 2. Aufl., 1907/1911, Stuttgart, Engelhorn
56b. Schott, G., Geographie des Atlant. Ozeans, 2. Aufl., 1926, Hamburg, C. Boysen
57. Schott, G., Physische Meereskunde, 3. Aufl., 1924, SG Bd. 112

Verzeichnis der häufiger herangezogenen Literatur

58. Just. Perthes' See-Atlas, bearb. von H. habenicht, mit nautischen Notizen von E. Knipping, 10. Aufl., 1914, Gotha
59. Andrée, K., Geologie des Meeresbodens, Bd. 2, 1920, Berlin, Gebr. Borntraeger
60a. Hann, J., Lehrbuch der Meteorologie, 4. Aufl. von R. Süring, 1926, Leipzig, Tauchnitz
60b. Hann, J. v., Handbuch der Klimatologie, 3. Aufl., 3 Bände, 1908 bis 1911, Stuttgart, Engelhorn
61a. Köppen, W., Klimakunde, 2. Aufl., 1911, SG Bd. 114
61b. Trabert, W., und Defant, A., Meteorologie, 4. Aufl., 1916, ebd. Bd. 54
61c. Schulze, Fr., Luft- und Meeresströmungen, 1911, ebd. Bd. 551
62a. Defant, A., und E. Obst, Lufthülle und Klima (Enzyklopädie der Erdkunde), 1921, Wien u. Leipzig, F. Deuticke
62b. Defant, A., Wetter u. Wettervorhersage, 2. Aufl., 1926, Wien u. Leipzig, F. Deuticke
63. Köppen, W., Die Klimate der Erde, 1923, Berlin, de Gruyter u. Co.
64. Werth, E., Das Eiszeitalter, 2. Aufl., 1917, SG Bd. 431
65. Machatschek, Fr., Gletscherkunde, 2. Aufl., 1917, ebd. Bd. 154
66. Eckardt, W. R., Klima und Leben (Bioklimatologie), 1912, ebd. Bd. 629
67. Ders., Paläoklimatologie, 1910, ebd. Bd. 482
68. Köppen, W., und A. Wegener, Die Klimate der geologischen Vorzeit, 1924, Berlin, Gebr. Borntraeger
69. Passarge, S., Vergleichende Landschaftskunde, 4 Hefte, 1922 bis 1924, Berlin, D. Reimer
70. Graebner, P., Lehrbuch der Pflanzengeographie, 1910, Leipzig, Quelle u. Meyer
71. Diels, L., Pflanzengeographie, 1908, SG Bd. 389
72. Kerner, A., v. Marilaun, Pflanzenleben, 3 Bände, 3. Aufl. bearbeitet von A. Hansen, 1916, Leipzig, Bibliogr. Institut
73. Warming, E., Lehrbuch der ökologischen Pflanzengeographie, 3. Aufl., deutsche Ausgabe von P. Graebner, 1918, Berlin, Bornträger
74. Schimper, A. J., Pflanzengeographie auf physiologischer Grundlage, 2. Aufl., 1908, Jena, Fischer
75a. Hayek, A., Allgemeine Pflanzengeographie, 1926, Berlin, Gebr. Borntraeger
75b. Engler, A., Pflanzengeographie (in „Kultur der Gegenwart" Teil 3, Abt. IV/4), 1914, Leipzig, B. G. Teubner
76. Hansen, A., Die Pflanzendecke der Erde, 1920, Leipzig u. Wien, Bibliogr. Institut
77. Brauer, A., Tiergeographie (wie 75 b)
78. Jacobi, A., Tiergeographie, 2. Aufl., 1919, SG Bd. 218
79. Dahl, G., Tiergeographie (Enzykl. d. Erdkunde) 1925, Wien, F. Deuticke
80. Hesse, R., Tiergeographie auf ökologischer Grundlage, 1924, Jena, G. Fischer
85. Ratzel, Fr., Anthropogeographie, 2 Bände, Bd. 1 in 3., Bd. 2 in 2. Aufl., 1909/1912, Stuttgart, Engelhorn
86. Kirchhoff, A., Mensch und Erde, 4. Aufl., 1914, ANuG Bd. 31, Leipzig u. Berlin, B. G. Teubner
87. Schmidt, M. G., Natur und Mensch, 1914, ANuG Bd. 458, Leipzig u. Berlin, B. G. Teubner
88. Brunhes, J., La Géographie humaine, 3 Tle., 3. Aufl., 1925, Paris, Alcan
90. Ratzel, Fr., Politische Geographie, 3. Aufl., 1923, München, Oldenbourg
91. Supan, A., Leitlinien der allgemeinen politischen Geographie, 2. Aufl., 1922, Leipzig, Veit u. Co.
92. Schöne, E., Politische Geographie, 1911, ANuG Bd. 353, Leipzig u. Berlin, B. G. Teubner
93. Maull, O., Politische Geographie, 1925, Berlin, Gebr. Borntraeger

Verzeichnis der häufiger herangezogenen Literatur 237

95. Dove, A., Methodische Einführung in die allgemeine Wirtschaftsgeographie, 1914, Jena, G. Fischer
96. Hassert, K., Allgemeine Verkehrsgeographie, 1913, Berlin u. Leipzig, Göschen
97. Richthofen, F. v., Vorlesungen über allgemeine Siedlungs- und Verkehrsgeographie, 1908, Berlin, D. Reimer
98. Friedrich, E., Geographie des Welthandels und Weltverkehrs, 1911, Jena, Fischer
99. Partsch, J., Geographie des Welthandels (herausg. von R. Reinhard), 1927, Breslau, F. Hirt
100. Kende, O., Erde und Wirtschaft in Zahlen, statistische Tabellen, 1926, Hamburg, Hanseatische Verlagsanstalt
101. K. Andrees Geographie des Welthandels, vollst. neu bearbeitet von einer Anzahl von Fachmännern und herausg. von Fr. Heiderich und R. Sieger, 4. Aufl. in 3 Bdn. (Die allgemeine Wirtschafts- u. Verkehrsgeographie wird der 3 Bd. enthalten); 1926 ff., Wien, L. W. Seidel u. Sohn
102. Eckert, M., Leitfaden der Handelsgeographie, 3. Aufl., 1911, Berlin u. Leipzig, Göschen
103. Sapper, K., Allgemeine Wirtschafts- und Verkehrsgeographie, 1925, Leipzig, B. G. Teubner
104. Friedrich, E., Allgemeine und spezielle Wirtschaftsgeographie, 3. Aufl., Bd. 1: Allgemeine Wirtschaftsgeographie, 1926, Berlin, de Gruyter u. Co.
105. Schmidt, W., Geographie der Welthandelsgüter, 2 Bde., 1925, Breslau, F. Hirt
106. Schmidt, O., Wirtschaftsforschung und Geographie, 1925, Jena, G. Fischer
107. Passarge, S., Die Erde und ihr Wirtschaftsleben, 1927, Hamburg, Hanseatische Verlagsanstalt
108. Schurtz, H., Völkerkunde, 1903, Wien u. Leipzig, Deuticke
109. Illustrierte Völkerkunde, herausg. von G. Buschan, 2. Aufl., 3 Bde., 1922/26, Stuttgart, Strecker u. Schröder
110. Weule, K., Leitfaden der Völkerkunde, 1912, Leipzig u. Wien, Bibliogr. Institut
111. Schmidt, W. und W. Koppers, Völker und Kulturen (Bd. 3 von „Der Mensch aller Zeiten"; 1. Teil: Gesellschaft u. Wirtschaft d. Völker), o. J. (1926), Regensburg, J. Habbel
112. Schmidt, M., Völkerkunde, o. J. (1924), Berlin, Ullstein
113. Haberlandt, M., Völkerkunde SG Bd. 802), Tl. 2: Beschreibende Völkerkunde, 3. Aufl., 1920
114. Haberlandt, M., Die Völker Europas und des Orients, 1920, Leipzig, Bibliogr. Institut
115. Anthropologie (in: „Kultur der Gegenwart"), 1923, Leipzig, B. G. Teubner
116. Scheidt, W., Rassenkunde, Bd. 1, 1925, München, Lehmann
117. Krause, F., Das Wirtschaftsleben der Völker. Jedermanns Bücherei, 1924, Breslau, F. Hirt
118. Schmidt, W., Die Sprachfamilien und Sprachenkreise der Erde, 1926, Heidelberg, C. Winter
119. Reallexikon der German. Altertumskunde, herausg. von J. Hoops, 5 Bde., 1911 ff., Berlin, W. de Gruyter u. Co.
120. Schnaß, Fr., Lehren und Lernen, Schaffen und Schauen in der Erdkunde, 1 (= Schriften für Lehrerfortbildung, 2), 1919, Prag, Wien u. Leipzig, Schulwissenschaftl. Verlag A. Haase
121. Der moderne Erdkunde-Unterricht. Beiträge zur Kritik u. Ausgestaltung herausg. von R. C. Rothe u. E. Weyrich, 1912, Wien u. Leipzig, Deutsche
122. Kraft, V., und F. Lampe, Methodik der Erdkunde als Wissenschaft und Unterrichtsgegenstand (Enzykl. d. Erdkunde), 1928, Wien u. Leipzig, Deuticke
123. Hettner, A., Die Geographie, ihre Geschichte, ihr Wesen und ihre Methoden, 1927, Breslau, F. Hirt
124. Graf, O., Vom Begriff der Geographie, 1925, München, Oldenbourg

Zeitschriften.

Geographische Zeitschrift, Leipzig 1895 ff., Teubner

Petermanns Mitteilungen (aus J. Perthes' geogr. Anstalt), Gotha 1855 ff., J. Perthes

Geographisches Jahrbuch, Gotha 1866 ff., J. Perthes

Zeitschrift der Gesellschaft für Erdkunde zu Berlin, Berlin, Mittler u. Sohn

Mitteilungen der Geographischen Gesellschaft in Wien, Wien, Lechner

Mitteilungen der geogr. Gesellschaft in München

Mitteilungen des Vereins f. Erdkunde in Leipzig (München, Duncker u. Humblot)

Geographischer Anzeiger, Gotha 1900 ff., J. Perthes

Geogr. Jahresberichte aus Österreich, Wien, F. Deuticke

Annales de géographie, Paris, A. Colin

The Geographical Journal, London

The Scottish Geographical Magazine, Edinburgh

Rivista geografica Italiana .. a Firenze, Florenz

Zeitschrift für Geomorphologie, Berlin, 1925 ff., Gebr. Borntraeger

Die Naturwissenschaften, Berlin 1912 ff., J. Springer

Zeitschrift für Gletscherkunde, für Eiszeitforschung und Geschichte des Klimas, Berlin, Gebr. Borntraeger

Zeitschrift für Gewässerkunde, Dresden 1900 ff.

In der Sammlung „Teubners kleine Fachwörterbücher" erschienen ferner:

Philosophisches Wörterbuch. Von Studienrat Dr. P. Thormeyer. 3. Aufl.
Psychologisches Wörterbuch. Von Privatdoz. Dr. F. Giese. 2. Aufl. Mit zahlr. Fig. [U. d. Presse 1928]
Musikalisches Wörterbuch. Von Prof. Dr. H. J. Moser.
Kunstgeschichtliches Wörterbuch. Von Dr. H. Vollmer.
Wörterbuch zur deutschen Literatur. Von Oberstudienrat Dr. H. Röhl.
Physikalisches Wörterbuch. Von Prof. Dr. G. Berndt. Mit 81 Fig.

Chemisches Wörterbuch. Von Prof. Dr. H. Remy. Mit 15 Abb. u. 5 Tabellen. (Doppelbd.)
Zoologisches Wörterbuch. Von Dr. Th. Knottnerus-Meyer.
Botanisches Wörterbuch. Von Prof. Dr. O. Gerke. Mit 103 Abb.
Handelswörterbuch. VonHandelsschuldirekt. Dr. V. Sittel und Justizrat Dr. M. Strauß.
Wörterbuch der Warenkunde. Von Prof. Dr. M. Pietsch.
In Vorb.: Volkskundliches Wörterbuch. Von Prof. Dr. E. Fehrle. Astronomisches Wörterbuch. Von Dr. J. Weber.

Geographische Zeitschrift. Herausgegeben von Dr. *A. Hettner,* Prof. an der Univ. Heidelberg. 34. Jahrg. 1928. 10 Hefte. Halbjährlich $\mathcal{RM}$ 12.—

„Die geographische Zeitschrift darf auf das vergangene erste Vierteljahrhundert ihres Bestehens mit dem Gefühl treuer Pflichterfüllung und erfolgreichen Schaffens zurückblicken, und ihr Leserkreis mit lebhaftem Danke für das viele, was sie ihm bot. Länderkundliche Darstellungen von vorbildlicher Methodik und reichem Inhalt, wissenschaftliche Beleuchtungen politisch- und wirtschaftsgeographischer, vor allem nationaler Fragen standen neben methodischen Erörterungen dabei voran. Hierin ist die geographische Zeitschrift führend gewesen." („**v. Drygalski i. d. Mitteil. d. Geograph. Gesellschaft München 1920**".)

Die erklärende Beschreibung der Landformen. Von *W. M. Davis*, Prof. an der Harvard-Universität Cambridge (Mass.). Deutsch bearbeitet von Dr. *A. Rühl,* Prof. an der Universität Berlin. 2. Aufl. Mit 212 Abb. u. 13 Taf. [XXXII u. 565 S.] gr. 8. 1924. Geh. $\mathcal{RM}$ 18.—, geb. $\mathcal{RM}$ 21.—

Die Bedeutung der Davisschen Methode für die geographische Wissenschaft ist längst anerkannt, sie tritt in keinem anderen Werk so klar hervor wie in dem vorliegenden. Zahlreiche Beispiele und vor allem die praktischen Übungen an tatsächlichen Formen lassen den Leser tief in die geomorphologischen Probleme eindringen.

Grundzüge der speziellen Physiogeographie mit Benutzung von W. M. Davis' Physical Geography und der deutschen Ausgaben. Zum Gebrauch beim Studium und auf Exkursionen neubearbeitet von Dr. *G. Braun,* Prof. an der Universität Greifswald.

I. Teil: Spezielle Physiogeographie. 3. Aufl. (Band I und II der 2. Aufl.) u. II. Teil: Allgemeine vergleichende Physiogeographie. [In Vorb. 1928.]

Die 3. Auflage des Buches ist von Prof. Braun nach freundlicher Vereinbarung mit Prof. Davis allein neu bearbeitet worden. Das Werk erfuhr dabei insofern eine vollständige Umgestaltung, als der Inhalt des 1. Bandes der 2. Auflage (Propädeutik) zum großen Teil fortfiel, so daß Raum geschaffen wurde, um systematisch nach dem Prinzip der vergleichenden Geographie die Verbreitungserscheinungen nach Kategorien der sog. allgemeinen Erdkunde und danach die Gliederungsfragen darzustellen.

Somit bringt der neue 1. Band die Grundlagen der Wetter- und Klimakunde, eingehend die geologische Grundlage der Morphologie und von diesei den Analytischen Teil; der neue 2. Band die Synthetische Morphologie (die Landschaften) und die Verbreitung von Bau und Formen, von Boden, Klima und Pflanzen über die Erde hin.

Praktische Übungen in physischer Geographie. Von *W. M. Davis*, Prof. an der Harvard-Univ. Cambridge (Mass.). Übertragen und neu bearb. von Dr. *K. Östreich,* Prof. an der Univ. Utrecht. Textband. [XII u. 116 S.] gr. 8. 1918. Kart. $\mathcal{RM}$ 4.—. Atlas mit 38 Taf. (22×26,5 cm.) Kart. $\mathcal{RM}$ 2.60

Verlag von B. G. Teubner in Leipzig und Berlin

Geomorphologie. Von Dr. *F. Machatschek*, Prof. a. d. Eidgenöss. Techn. Hochschule, Zürich. M. 33 Abb. [129 S.] 8. 1919. (ANuG Bd. 627.) Geb. RM 2.—
„Machatscheks Geomorphologie ist ein Handbuch im Kleinen, gedrängt zwar in der Darstellung, aber klar im Ausdruck und reich an Beispielen; es gewinnt an Wert durch die Abbildungen und die kritische Behandlung der noch ungelösten Probleme. Dem Lehrer der Erdkunde in Oberklassen und dem Studierenden der Geographie wird Machatscheks Geomorphologie wertvolle Dienste leisten." (**Naturwiss. Monatshefte.**)

Grundzüge der Meteorologie. Von Prof. Dr. *W. König*, Leiter der Wetterdienststelle, Berlin. Mit 3 Tafeln, 12 Figuren und 1 Tabelle im Text. [54 S.] kl. 8. 1927. (Math.-Phys. Bibl. Bd. 70) Kart. RM 1.20

Einführung in die Wetterkunde. Von Dr. *L. Weber*, weil. Prof. an der Universität Kiel. 3. Aufl. Mit 28 Abb. im Text und 3 Tafeln. [IV und 122 S.] 8. 1918. (Aus Natur und Geisteswelt Bd. 55.) Geb. RM 2.—

Unser Wetter. Eine Einführung in die Klimatologie Deutschlands an der Hand von Wetterkarten. Von Dr. *R. Hennig*, Berlin. 2. Aufl. M. 48 Abb. i. T. [118 S.] 8. 1919. (Aus Natur und Geisteswelt Bd. 349.) Geb. RM 2.—

Ebbe und Flut sowie verwandte Erscheinungen im Sonnensystem. Von *G. H. Darwin*, weil. Prof. an der Universität Cambridge. Autor. deutsche Ausg. nach d. 3. engl. Aufl. V. *A. Pockels*, Braunschweig. M. einem Einführungswort v. Prof. Dr. *G. von Neumayer*, weil. Dir. d. dtsch. Seewarte z. Hamburg u. 52 Illustr. 2. Aufl. [XXIV u. 420 S.] 8. 1911. (Wiss. u. Hyp. Bd. V.) Geb. RM 10.—

Physiogeographie des Süßwassers. Von Dr. *F. Machatschek*, Prof. a. d. Eidgenöss. Techn. Hochschule Zürich. Mit 24 Abb. i. T. [122 S.] 8. 1919. (Aus Natur und Geisteswelt Bd. 628.) Geb. RM 2.—
„Der reichhaltige Inhalt des Buches verrät ein tiefgründiges Wissen. Jeder, der sich den Stand der Forschung zur Physiogeographie des Süßwassers zu eigen machen will, wird in Ms. Arbeit einen trefflichen Führer auch durch die schwierigen, oft noch nicht ganz geklärten Fragen allgemeiner Erdkunde finden." (**Naturwiss. Monatshefte.**)

Grundzüge der Geodäsie. Mit Einschluß der Ausgleichungsrechnung. Von Prof. Dr.-Ing. *M. Näbauer*, München. 2. Aufl. M. 291 Abb. [XIV u. 486 S.] 8. 1925. (Handb. der angew. Mathem. Bd. III.) Geb. RM 17.—, geb. RM 19.—

Geodäsie. Eine Anleitung zu geodätischen Messungen für Anfänger mit Grundzügen d. Hydrometrie u. d. direkten (astronomischen) Zeit- u. Ortsbestimmung. V. Dr.-Ing. *H. Hohenner*, Prof. a. d. Techn. Hochschule, Darmstadt. M. 216 Fig. [XI u. 348 S.] gr. 8. 1910. (Naturw. u. Techn.) Geb. RM 12.—

Feldbuch für geodätische Praktika nebst Zusammenstellung der wichtigsten Methoden und Regeln sowie Musterbeispielen. Von Dr.-Ing. *O. Israel*, Prof. a. d. Techn. Hochschule Dresden. Mit 46 Fig. im Text. [IV u. 160 S.] 1920. (Teubners techn. Leitfäden Bd. 11.) Kart. RM 4.—

Karte und Kroki. Erläuterte Herstellung und Lesen von Karten aller Art mit besonderer Berücksichtigung einfacher Methoden. Von Dr. *H. Wolff*, Stud.-Rat a. d. Oberrealschule a. Hindenburgpark in Berlin-Wilmersdorf. Mit 47 Fig. [IV u. 58 S.] kl. 8. 1917. (Math.-Phys.-Bibl. Bd. 27.) RM 1.20

Verlag von B. G. Teubner in Leipzig und Berlin

Anthropologie. (Eine Gesamtdarstellung der Anthropologie, Völkerkunde und Urgeschichte.) Unter Mitarbeit hervorrag. Fachgelehrter herausgeg. von Geh. Med.-Rat Prof. Dr. *G. Schwalbe*, weil. Prof. a. d. Univ. Straßburg u. Dr. *E. Fischer,* Prof. a. d. Univ. Freiburg i. Br. (Kultur d. Gegenwart, v. Prof. Dr. *P. Hinneberg.* Teil III, Abt. V.) Mit 29 Taf. u. 102 Abb. i. T. [VIII u. 684 S.] gr. 8. 1923. Geh. *RM* 26.—, geb. *RM* 29.—, in Halbl. *RM* 34.—

Geopolitik. Von Prof. Dr. *R. Hennig.* [U. d. Presse 1928.]

Allgemeine Wirtschafts- und Verkehrsgeographie. Von Geh. Reg.-Rat Dr. *K. Sapper,* Prof. a. d. Universität Würzburg. Mit zahlr. kartogr. u. stat.-graph. Darstellungen. 2. Auflage. Geb. ca. *RM* 12.—

Grundriß der Wirtschaftsgeographie. Von *K. von der Aa*, Prof. an der Handelshochschule in Leipzig. 8. Aufl. Mit 82 Skizzen. [VI u. 152 S.] gr. 8. 1927. Kart. *RM* 2.—

Teubners Weltwirtschaftskarten. Von *K. von der Aa*, Prof. an der Handelshochschule Leipzig und Dpl.-Hdl. Dr. *E. Fabian*, Stud.-Rat an der öffentl. höheren Handelslehranstalt, Bautzen.

Für die Sammlung sind folgende Karten vorgesehen: I. Kraftstoffe: I. Steinkohle, Braunkohle. 2. Erdöl*. 3. Wasserkräfte, elektrische Arbeit*. II. Rohstoffe: I. Baumwolle, Jute, Flachs*. 2. Wolle, Seide, Kunstseide*. 3. Eisenerz, Roheisen. 4. Kupfer, Elektrizitäts-Industrie. 5. Metalle. 6. Kautschuk, Automobil-Industrie*. III. Lebens- und Genußmittel: 1. Brotgetreide (Weizen, Reis, Gerste)*. 2. Futtergetreide (Mais, Gerste, Hafer)*. 3. Kaffee, Tee, Kakao*.
Die mit * bezeichneten Karten sind bereits erschienen beziehungsweise im Druck.

Jede Karte auf Papyrolin mit Stäben *RM* 7.50, auf Karton zum Einspannen in Wechselrahmen *RM* 4.50, Wechselrahmen *RM* 8.—

Grundzüge der Länderkunde. Von Dr. *A. Hettner,* Prof. a. d. Univ. Heidelberg. Bd. I: Europa. 4., verb. Auflage. Mit 4 Tafeln, 269 Kärtchen und Fig. im Text. [XI u. 383 S.] gr. 8. 1927. Geb. *RM* 14.— Bd. II: **Die außereuropäischen Erdteile.** 3., verb. Aufl. Mit 197 Kärtchen und Diagrammen im Text. [VI u. 452 S.] 8. 1926. Geh. *RM* 14.—, geb. *RM* 16.—

Landeskunde von Deutschland. Hrsg. v. Dr. *N. Krebs*, Prof. a. d. Universität Berlin. Teil I: Süddeutschland. Von *N. Krebs.* Mit 15 Fig. im Text. [IV u. 146 S.] gr. 8. 1923. Kart. *RM* 4.—. Teil II: Nord- und Ostdeutschland. Von Dr. *B. Brandt*, Professor a. d. deutsch. Univ. Prag. Teil III: Westdeutschland. Von Dr. *H. Schrepfer*, Privatdoz. a. d. Univ. Freiburg i. Br. (Teil II u. III in Vorb. 1928]

Englands Weltherrschaft. Von Dr. *A. Hettner,* Prof. a. d. Universität Heidelberg. 4. umgearb. Aufl. des Werkes: Englands Weltherrschaft und der Krieg. [U. d. Presse 1928.]

Japan und die Japaner. Eine Landeskunde. Von Dr. *K. Haushofer*, Prof. an der Universität München. Mit 11 Karten im Text und auf 1 Tafel. [VI und 166 S.] gr. 8. 1923. Kart. *RM* 5.—, geb. *RM* 6.—

Verlag von B. G. Teubner in Leipzig und Berlin

In der Sammlung „Aus Natur und Geisteswelt" (jeder Band geb. ℛℳ 2.–) sind u. a. erschienen:

Allgemeine Geographie.

Geomorphologie. Von Prof. Dr. *F. Machatschek*. Mit 33 Abb. (Bd. 627.) (Näheres s. S. 2 der Anzeigen.)

Physiogeographie des Süßwassers. Von Prof. Dr. *F. Machatschek*. Mit 24 Abb. (Bd. 628.) (Näheres s. S. 2 der Anzeigen.)

Das Meer, seine Erforschung und sein Leben. Von Prof. Dr. *O. Janson*. 3. Aufl. Mit 40 Abbildungen. (Bd. 30.)

Geographie der Vorwelt. (Paläogeographie.) Von Prof. Dr. *E. Dacqué*. Mit 18 Fig. i. T. (Bd. 619.)

Die Verbreitung des Menschen auf der Erdoberfläche. (Anthropogeographie.) Von Prof. Dr. *N. Krebs*. Mit 12 Abbildungen im Text. (Bd. 632.)

Natur und Mensch. Von Oberstudiendir. Prof. Dr. *M. G. Schmidt*. Mit 19 Abb. (Bd. 458.)

Politische Geographie. Von Prof. Dr. *W. Vogel*. Mit 12 Abb. im Text. (Bd. 634.)

Das Zeitalter der Entdeckungen. Von Geh. Hofrat Prof. Dr. *S. Günther*. 4. Aufl. Mit einer Weltkarte. (Bd. 26.)

Die Polarforschung. Geschichte der Entdeckungsreisen zum Nord- und Südpol von den ältesten Zeiten bis zur Gegenwart. Von Prof. Dr. *K. Hassert*. 3. Aufl. Mit 2 Abbildungen im Text und 2 Karten. (Bd. 38.)

Anthropologie und Ethnologie.

Vorgeschichte Europas. Grundzüge der alteuropäischen Kulturentwicklung. Von Prof. Dr. *H. Schmidt*. I. Stein- und Bronzezeit. Mit 8 Tafeln und 2 Zeittabellen. II. Eisenzeit. [In Vorb. 1928.] (Bd. 571/72.)

Entwicklungsgeschichte des Menschen. Vier Vorlesungen. Von Dr. *A. Heilborn*. 2. Aufl. Mit 61 Abbildungen nach Photographien und Zeichnungen. (Bd. 388.)

Die Eiszeit und der vorgeschichtliche Mensch. Von Geh. Bergrat Prof. Dr. *G. Steinmann*. 3. Aufl. (Bd. 302.)

Allgemeine Völkerkunde. In 3 Bänden. Von Dr. *A. Heilborn* und Prof. Dr. *K. Th. Preuß*. 1. u. 2. Aufl. Mit zus. 105 Abb. (Bd. 487–488, 452.)

Vermessungs- und Kartenkunde.

Die Landmessung. Von Geh. Finanzrat *F. Suckow*. Mit 69 Zeichn. i. T. (Bd. 608.)

Kartenkunde. Von Finanzrat Dr. Ing. *A. Egerer*. I. Einführung in das Kartenverständnis. Mit 49 Abbildungen im Text. (Bd. 610.)

Ausgleichungsrechnung nach der Methode der kleinsten Quadrate. Von Geh. Reg.-Rat Prof. *E. Hegemann*. Mit 11 Figuren im Text. (Bd. 609.)

Photogrammetrie. (Einfache Stereo- u. Luftphotogrammetrie.) Von Dipl.-Ing. *H. Lüscher*. Mit 78 Figuren im Text und auf 2 Tafeln. (Bd. 612.)

Nautik. Von Direktor Dr. *J. Möller*. 2. Aufl. Mit 64 Fig. im Text u. 1 Seekarte. (Bd. 255.)

Geologie.

Allgemeine Geologie. Von Geh. Bergrat Prof. Dr. *Fr. Frech*. 6 Bände. 3. u. 4. Aufl. (Bd. 207/11, 61.) I. Vulkane einst und jetzt. Mit Titelbild und zahlr. Abb. II. Gebirgsbau und Erdbeben. Mit Titelbild und 57 Abb. III. Die Arbeit des fließenden Wassers. 4. Aufl. Mit 1 Titelbild und 50 Abb. im Text und auf 3 Tafeln. IV. Die Bodenbildung, Mittelgebirgsformen und Arbeit des Ozeans. Mit 1 Titelbild und 68 Abb. V. Steinkohle, Wüsten und Klima der Vorzeit. Mit 39 Abb. i. T. VI. Gletscher einst und jetzt. Mit 46 Abb. i. T.

Unsere Kohlen. Eine Einführung in die Geologie der Kohlen unter Berücksichtigung ihrer Gewinnung, Verwendung und wirtschaftlichen Bedeutung. Von Privatdozent Bergassessor Dr. *P. Kukuk*. 3., verb. Aufl. Mit 55 Abb. i. T. und 3 Tafeln. (Bd. 396.)

Verlag von B. G. Teubner in Leipzig und Berlin

MIX
Papier aus verantwortungsvollen Quellen
Paper from responsible sources
FSC® C105338

If you have any concerns about our products,
you can contact us on
ProductSafety@springernature.com

In case Publisher is established outside the EU,
the EU authorized representative is:
**Springer Nature Customer Service Center GmbH
Europaplatz 3, 69115 Heidelberg, Germany**

Printed by Libri Plureos GmbH
in Hamburg, Germany